차밍시티,
사람을 연결하여 매력적인 도시를 만듭니다

자연과 인간이 공존하는 지속가능한 도시
바이오필릭 시티

바이오필릭 시티 자연과 인간이 공존하는 지속가능한 도시

지은이 티모시 비틀리(Timothy Beatley)
옮긴이 최용호, 조철민
디자인 정서연, 비팬북스
펴낸이 조철민

펴낸곳 차밍시티 **등록번호** 제2018-000205호(2018년 6월 25일)
주소 서울특별시 종로구 종로5길 7 16층
전화 02-857-4875 **팩스** 02-6442-4871 **전자우편** charmingcity@seoulpi.co.kr
홈페이지 https://www.facebook.com/making.charmingcity/
초판1쇄 발행 2020년 3월 25일 **초판2쇄 발행** 2022년 9월 20일

차밍시티 값 22,000원
ISBN 979-11-965311-1-9 (93530)

이 도서의 국립중앙도서관 출판예정도서목록(CIP)는 서지정보유통지원시스템 홈페이지(http://seoji.nl.go.kr)와 국가자료공동목록시스템(http://www.nl.go.kr/kolisnet)에서 이용하실 수 있습니다.(CIP제어번호: CIP2020009183)

해당 책 판매를 통한 차밍시티의 순수익 10%는 도시의 문제 해결을 위해 기부됩니다.

Handbook of Biophilic City Planning & Design
Copyright © 2017 by Timothy Beatley
Korean Translation Copyright © 2020 by CharmingCity
Korean edition is published by arrangement with Island Press
through Duran Kim Agency.

이 책의 한국어판 저작권은 듀란킴 에이전시를 통한 저작권사와의 독점 계약으로 차밍시티에 있습니다. 신저작권법에 의해 한국 내에서 보호를 받는 저작물이므로 무단 전재와 복제를 금합니다.

자연과 인간이 공존하는 지속가능한 도시
바이오필릭 시티

티모시 비틀리 지음
최용호, 조철민 옮김

차밍시티

저자 서문

이 책은 도시 내 환경을 보다 살기 좋고, 지속가능하고, 회복탄력성 있게 만드는 자연의 힘에 대해 이야기한다. 여러 측면에서 유용하게 활용될 수 있도록 책을 기획하였다. 첫 번째로 도시 계획, 도시 디자인, 도심 내 프로젝트에 자연을 어떻게 통합할 수 있는지에 대한 상당한 정보를 제공하며, 바이오필릭 도시화Biophilic Urbanism에 대한 개념과 이를 기반으로 하는 도시 모델에 대한 종합적인 가이드를 제시한다. 두 번째로 미래 도시는 어떠한 모습일지, 어떤 느낌을 가질지, 그리고 어떠한 기능을 할지에 대한 영감을 준다. 도시화가 점차 진행될수록 도시와 자연 환경 상호간의 관계성에 대한 새로운 프레임과 이를 기반으로 하는 도시 모델이 요구된다. 이 책은 기후 변화와 전 세계적인 환경 문제로부터 위협을 받는 지구 상의 인간을 포함한 모든 생명체의 미래에 대한 희망을 제공한다. 책에서 소개하는 방법론, 아이디어, 전략, 그리고 도심 내 최신 사례들이 전 세계적으로 직면한 문제에 대한 완벽한 해결책을 제시하지는 못하지만 올바른 방향성 아래에서 설득력 있는 방법을 제시한다.

이 책은 버지니아대학교에서 바이오필릭 시티 프로젝트의 일환으로 수행한 연구 내용을 종합하고 확장하였다. 2011년부터 시작된 이 프로젝트는 거대 도시에서 메트로폴리탄 도시에 이르기까지 바이오필릭 디자인에 기반한 아이디어, 원칙, 사례가 적용된 모습을 살펴본다. 초기에는 미국 및 전 세계 7개 파트너 도시에 집중하였고, 2013년 바이오필릭 시티 박람회 이후 10개 도시를 집중적으로 분석하였다. 또한 많은 연구원, 전문가, 정치가와 협력하여 바이오필릭 시티가 무엇이고 미래에는 어떠한 양상을 보일지에 대한 아이디어를 개선해 나갔다.

프로젝트 초기 몇 년간은 바이오필릭 도시화에 대한 개념을 구체화하고 이를 선도하는 도시 사례를 살펴보는 데 집중하였다. 2013년 10월 글로벌 바이오필릭 시티 네트워크의 출범과 함께 프로젝트의 규모가 확대되었다. 지구상의 도시들이 자연을 가치 있게 여기고 존중하며, 자연을 중심으로 도시의 미래를 설계하고 계획할 수 있게 하는 통찰력을 공유하고, 지리적인 경계와 상관없이 협력하게 하기 위한 공통된 의제와 방법을 활성화하기 위해 네트워크가 출범되었다.

이 책은 바이오필릭 시티 네트워크의 노력을 기반으로 하여 도심 내 자연에 대한 초기적인 이해와 토론을 보다 개선하고 강화하기 위해 기획되었다. 지속 가능한 도시sustainable cities, 회복탄력성을 갖춘 도시resilient cities, 재생 도시regenerative cities와 같은 유사 개념 및 용어의 가치를 이해하고 받아들이는 것을 계속하는 가운데 '바이오필릭 시티'biophilic cities라는 용어를 사용하는 것이 용이하고 필수적이라고 생각하였다.

왜? 이미 그린 시티, 그린 인프라와 같은 용어가 자주 사용되지 않는가? 맞는 말이다. 하지만 이러한 용어가 갖는 의미는 상당히 제한적이다. 그린 시티는 건물과 이웃의 에너지 소비량을 줄이고 생태학적 발자국을 감소시키는 것을 설명하기 위해 주로 사용된다. 이는 중요한 목표이다. 하지만 그린 시티는 이웃과 커뮤니티 그리고 사람들이 살고 싶은 도시 전반에 대해 설명하지 못하고 친환경 디자인과 계획에 국한된다.

바이오필릭biophilic은 자연과 생물체 모두를 강조하며, 자연에 대한 '사랑'philia을 기반으로 상호간의 관계성을 중시하며, 현대 도시에는 어떠한 도시 계획과 디자인이 필요한지를 보다 정확하게 포착한다. 자연을 단순히 인프라로 간주하는 것을 넘어서 보다 적극적이고 열정적으로 자연을 가꾸고, 보호하고, 보살피고, 연결되어야 한다. 사람들은 건강과 웰빙을 위해서 자연과 연결되어야 하며 이를 입증하는 과학적 증거가 계속해서 늘어나고 있다. '바이오필릭 시티'는 다른 유사 용어들이 설명하지 못하는 도시 자연의 중요성을 반영하고 있다.

이 책은 최신 사례를 포함한 여러 이야기를 담고 있다. 1부에서는 바이오필릭 시티와 바이필릭 도시화를 정의하는 핵심 아이디어, 이론, 문헌을 요약한다. 2부와 3부는 상당한 양의 안내서를 담고 있다. 2부는 바이오필릭 시티 프로젝트를 통해 수 년에 걸쳐 집중적으로 연구한 주요 도시들에 대한 내용을 심도 있게 다룬다. 이들 도시는 바이오필릭 시티 네트워크에 참여한 초기 멤버들이다. 3부는 전 세계 각지 도심 내 바이오필릭 혁신 사례를 다양하고 간결하게 설명한다. 4부에서는 어떻게 도시 내 바이오필리아를 개선하고 바이오필릭 시티로 나아갈 수 있을지에 대한 성찰과 교훈이 담겨 있다. 이 책은 주요 도서와 온라인 자료를 포함한 방대한 자료 목록과 참고 문헌으로 마무리된다.

더불어 책의 여러 장에서는 바이오필릭 시티 이론과 사례에 대한 종합적인 이해를 제공한다. 이는 바이오필릭 아이디어, 원칙 그리고 현재 도시에서 관찰되는 사례의 실용적인 혼합이며 미래에 대한 열망이다. 독자들은 전 세계 도시에서 이미 이루어진, 혹은 진행되고 있는 바이오필릭 시티를 살펴볼 수 있다.

향후 몇십 년간 도시가 경험하게 될 도전은 상당히 어려울 것이다. 그러나 도시가 자연을 위한 공간을 마련하고, 인간의 건강, 웰빙, 의미 있는 삶에 있어서 자연의 중요성을 이해하면 흥미로운 시기가 될 것이다.

감사의 글

이 책을 쓰고 본문 내용과 사례를 연구하는 데 도움을 준 많은 분들에게 이 지면을 빌어 감사의 말을 전한다. 많은 사람들이 데이터와 정보 수집 및 제공에 도움을 주었다. 파트너 도시의 연락책과 협업자들에게 특별한 감사를 드린다. 여기에 거론된 분들이 모두는 아니지만 다음에 거명된 분들에게 감사의 마음을 전한다.

싱가포르의 레나 찬; 웰링턴의 세리아 웨이드 브라운 시장, 앰버 빌, 찰스 도허티; 포틀랜드의 마이크 하우크, 매트 버린, 린다 돕슨; 밀워키의 매트 하워드, 에릭 쉠버거, 마샤 케이튼 캠벨; 오슬로의 페르 군나 로와 마크 루카렐리; 몬트리얼의 사빈 쿠셔와 호세 듀플레시스; 샌프란시스코의 스콧 에드먼드슨과 피터 브라스토; 영국 버밍엄의 닉 그레이슨과 롭 매켄지; 리우데자니이루의 세실리아 헤르조그; 스페인 비토리아의 루이스 안드레스 오리브와 레베카 디오스; 피닉스의 크래그 토마스와 데이비드 피야브카.

바이오필릭 시티 아이디어에 큰 도움을 주고 지원하는 분들로, 줄리아 아프리카, 빌 브라우닝, 허버트 드라이세이틀, 존 하디디안, 스티븐 켈러트, 스텔라 타르네이, 헬레나 반 빌레트, 캐서린 베르너, 제니퍼 월치가 있다.

워싱턴 DC의 서밋 재단과 이곳의 지속가능성 담당관인 대릴 영은 바이오필릭 시트 네트워크에 새로 참여한 도시들을 위한 재정적, 정신적 지원을 아끼지 않았으며, 이에 감사한다. 이 연구에 대한 초기 재정 지원은 'Biophilic Urbanism: Global Methods and Metrics' 보조금으로 진행되었으며, 이후 추가 지원을 통해 프로젝트의 웹 페이지를 개발하고 바이오필릭 시티 네트워크가 새롭게 시작되었다.

조지 미첼 재단George Mitchell Foundation은 바이오필릭 시티 프로젝트에 대해 상당한 재정적 지원을 했으며, 바이오필릭 시티 네트워크가 가동되는 데에도 크게 영향을 미쳤다. 조지 미첼은 슬프게도 2013년에 세상을 떠났지만 시대를 앞선 새로운 뉴타운인 우드랜즈Woodlands를 이안 맥하그와 함께 설계하고 만든 것에서 입증되었듯이 지속가능한 바이오필릭 시티 설계 분야를 이끌면서 촉진시킨 이로 기억될 것이다. 조지 미첼을 알게 되어서 기뻤으며, 녹색 도시화 및 바이오필릭 시티를 건설하는 데 있어서 그의 개인적, 재정적 지원을 받게 되어 영광이었다.

커틴대학교의 피터 뉴만 교수에게 감사를 드린다. 그는 바이오필릭 시티 및 바이오필릭 도시화 개념을 개발하는 데 있어 협력자이자 긴밀한 동료였다. 이 책에 나오는 많은 도시와 프로젝트와 인물은 전 세계를 아우르는 피터의 넓은 인적 네트워크와 그의 추천이 없었다면 이 책에 수록되지 못했을 것이다.

버지니아대학교 도시환경계획과의 많은 대학원생들이 이 프로젝트에 여러 모로 도움을 주었다. 그들은 이 책에 수록된 각종 정보와 사례를 직접 정리하기도 했고, 여러 해에 걸쳐 바이오필릭 시티 프로젝트 작업에 참여하기도 했다. 특히 홀리 헨드릭스, 해리엇 제임슨, 사라 슈람, 아만다 벡, 마리아 글리슨, 브리아나 버그스트롬, 디타 버드, JD 브라운에게 감사한다. 이 책을 모두 읽으면서 편집에 참여한 칼라 존스와 줄리아 트리만에게 특별한 감사를 드린다.

이 책에 수록된 일부 장은 앞서 세상에 나온 다른 책이나 블로그에서 일부 가져왔다. 어떤 내용은 우리가 운영하는 <Biophilic Cities> 블로그에 먼저 게시된 것도 있다. 2부의 일부 장은 앞서 출간된 책과 일부 중복된다. 싱가포르를 다룬 장의 초기 버전은 <SiteLines(Foundation for Landscape Studies)>에, 오슬로를 설명하는 내용은 <Green Oslo: Visions, Planning and Discourse(Ashgate)>에 있지만 여기에서는 대폭 수정되었다. 그리고 버밍엄과 샌프란시스코 관련 내용은 저자 비틀리가 <Planning Magazine> EverGreen 칼럼에 기고한 내용이다.

역자 서문

이 책을 읽는 대다수 독자는 도시에 살고 있을 것입니다. 그리고 하는 일도 다양할 것입니다. 가르치는 사람일 수 있고, 정책을 입안하고 실행하는 일을 할 수 있고, 배우는 학생일 수 있고, 엔지니어일 수 있고, 그냥 일반인일 수 있습니다. 연령대도 10대부터 고령층에 이르기까지 다양할 것입니다. 직업, 나이, 성별에 상관 없이 여러분이 도시에 살고 있거나 도시에 살 계획이라면 이 책은 여러분을 위한 책입니다.

'바이오필릭 시티 인과 경로 모델'에 따르면 '도시 자연'은 우리가 관심을 기울이고 있는 정신 건강, 신체 건강, 수명, 삶의 질, 행복에 영향을 미친다고 합니다. 또한 도시에 자연이 있다면 도시는 회복탄력성$_{resilience}$을 갖추게 되고, 이로 인해 도시가 안고 있는 각종 취약성과 위험을 줄일 수 있으며, 사회적, 문화적, 환경적 상실감도 감소시킬 수 있다고 합니다. 이의 시작은 바로 '도시 자연'인데, 도시 자연은 거창하지 않습니다. 출근하다 나무를 보거나, 퇴근 중에 놀이터 옆 작은 공원을 지나가거나, 차창 밖 꽃을 잠깐 볼 수 있다면 우리가 살고 있는 도시에는 '도시 자연'이 있는 것입니다. 퀸즐랜드대학교 연구진은 '자연 복약'에 대한 연구를 했으며, 고혈압인 사람이 30분 동안 녹지를 방문하면 혈압이 낮아진다는 사실을 밝혀냈습니다. 또 다른 연구에서는 사람이 자연 속에서 5분만 걷거나 자전거 타기 같은 활동을 하면 매우 큰 변화를 경험할 수 있다고 합니다(이 연구에서는 60분보다 5분이 더 효과가 크다고 합니다). 이에 일부 의사들은 '자연을 정기적으로 처방'하고 있고, 싱가포르의 쿠텍푸아트병원은 병실, 로비, 옥상 등 모든 곳에 자연을 두어서 환자 치료에 자연을 활용하고 있습니다.

지역사회와 국가 측면에서 바이오필리아는 회복탄력성에도 큰 영향을 미칩니다. 북중미 최빈국인 아이티에 2010년 큰 지진이 발생해서 수십만 명이 죽고 백만 명이 넘는 이재민이 발생했습니다. 법도 미치지 못하고 공공 서비스도 없고 환경도 열악하고 갱단의 폭력이 난무해서 사람을 두려워 하는 이 도시를 회복시킬 수 있는 방법이 없어 보였습니다. 이 재난에 대처하기 위해 대통령까지 나서서 마티상 공원 프로젝트를 시작했습니다. 지역 주민들은 자부심과 애착심을 가지고 공원을 지키고 가꾸었습니다. 공원에 식물원을 만들고, 문화 및 레크리에이션 프로그램을 진행했습니다. 공원 내 커뮤니티 센터를 통해서 폐기물을 수거하고 주민들의 건강을 돕고 학생들의 학비를 보조했습니다. 그 결과 사람들이 덜 위험하고 사람들에게 더 가까이 다가가도 된다는 인식이 생겼습니다. 도시의 한 축인 사람이, 지역사회가 회복되기 시작한 것입니다.

이 책에 제시되어 있는 많은 프로젝트와 계획의 기본 특징들 중 하나는 '주변의 작은 것에서 시작'했다는 것입니다. 건물 벽에 화단을 하나 만들고, 병원 창가에 꽃을 심고, 기존에 있던 작은 숲을 보호하고, 동네 골목에 나무를 심고, 도시의 수많은 건물들 중 한 곳에 바이오필릭 요소를 적용했습니다. 또 다른 특징은 그 작은 시작이 지속되면서 큰 변화로 이어졌다는 것입니다. 도시 공원에서 캠핑을 할 수 있게 되었고, 도시에 날아든 새를 살릴 수 있었고, 도시의 오염된 강을 되살릴 수 있었고, 도시에서 식량을 생산하게 되었고, 크림 도시를 녹색 도시로 만들 수 있었고, '정원 속 호텔', '정원 속 병원', '숲 속 도시', '정원 속 도시'가 탄생할 수 있었습니다. 이와 같이 도시와 도시를 구성하는 주체들이 자연을 매개로 연결됨으로 인해 인간과 다른 생명체와 도시의 지속가능성과 회복탄력성이 향상되었습니다.

바이오필릭 시티를 만드는 일을 어느 한 주체가 할 수 없습니다. 도시의 지도자, 공무원, 기업, 시민 자원 봉사자, 국가, 엔지니어, 건축가, NGO, 지역 단체, 학자, 활동가 등 모든 구성원이 협력해야 합니다. 이 협력이 제대로 실현되려면 정부 기관의 적절한 동기부여가 있어야 하며, 시민들의 자발적인 참여가 있어야 합니다.

전 세계 많은 나라에 '녹색당'이 있습니다. 녹색당은 대개 환경, 여성, 소수를 대변합니다. 이 기조상 미래 어느 시점에 '바이오필릭당'이 만들어질지도 모르며, 바이오필릭당은 아마도 사람, 자연, 생명체를 대변할 것입니다. 이 세 주체는 원래 조화롭게 공존하였습니다. 애초에 그 자리에 있던 자연에 도시가 들어오고 그 도시가 커지면서 '거대 도시' 안에 사람과 자연과 생명체가 부속된 것처럼 여겨집니다. '도시 자연'을 예전의 '자연' 수준으로 회복시킬 수 있다면 도시 안에 살고 있는 사람과 생명체가 도시와 조화롭게 공존할 수 있을 것으로 보입니다.

이 책을 번역하면서 스마트폰 잠금화면을 나비 그림으로 바꾸고, 모니터 바탕화면도 산으로 바꾸었습니다. '간접 자연'에 대한 경험도 산길을 걷는 것과 동일한 효과를 낸다고 해서 그렇게 했습니다. 스마트폰 나비를 볼 때마다 스마트폰 속 이메일의 업무 스트레스가 조금은 줄어드는 것 같습니다. 이 글이 끝나면 근처 공원을 한바퀴 돌 생각입니다. 그리고 멀리 있는 자연이 아닌 내가 살고 있는 도시 속 자연과 더 친해질 계획을 짜려고 합니다. 그렇게 하면 공원 나무 밑 개미가 저와 더 밀접하게 연결될 것입니다.

마지막으로, 책 출간을 주관한 차밍시티의 사람과 도시와 자연에 대한 열정에 박수를 보냅니다.

2020년 3월, 역자 최용호 올림

'바이오필릭 시티'를 출간하며

텍사스A&M대학 대학원에서 부동산 개발을 공부했습니다. 두 명의 교수님이 계셨는데 한 분은 댈러스에서 부동산 개발 회사를 운영하는 대표로 현장에서의 살아 있는 경험을 전달하였고, 다른 한 분은 이론적인 내용을 가르치는 데 중점을 두었습니다. 당시 현업에서 부동산 개발 회사를 운영하는 교수님은 학생들로부터 존경을 받았는데, 이론적인 내용을 전달하는 교수님은 뜬구름 잡는 이야기만 한다고 알게 모르게 무시를 당했습니다.

사업타당성 분석, 인허가, 사업관리, 부동산법 등 여러 가지를 공부했지만, 지금 돌이켜보면 저에게 남은 자산은 뜬구름 같은 이야기를 하던 교수님의 가르침이었습니다. 이야기의 핵심은 단순합니다. 부동산 개발은 경제적 가치만을 기준으로 판단하면 안되고, 사회적 가치, 환경적 가치, 심미적 가치를 종합적으로 고려하여 진행해야 한다는 것입니다. 네 가지 관점에서 도시를 바라보고 부동산 개발을 진행한다는 의미로 QNV$_{\text{Quadruple Net Value}}$ 분석법이라고 합니다. 이상적이고 추상적인 개념이라 그것의 가치를 공감하는 학생은 없었습니다. 수익성은 숫자로 계산되어 측정이 가능하지만, 사회적, 환경적, 심미적 가치는 추상적이고 주관적인 영역이기 때문에 그것의 가치를 양적으로 측정하는 데 상당한 어려움이 있습니다.

대학원 과정 동안 네 가지 관점을 통해 부동산 개발을 접근하는 방향성 아래 수업이 진행되었습니다. 당시 학습한 내용들은 구체적인 지식이 아닌 잔상으로 남아 있습니다. 실제적인 지식으로 남아 있지는 않지만 깨달음이 되어 큰 자산이 되었습니다. 이는 실무에서의 가치관과 방향성을 설정하는 데 주요한 역할을 하였고, 다른 이와 다른 저만의 정체성을 갖게 하였습니다.

<바이오필릭 시티> 책을 번역 출간하게 된 계기는 대학원에서 수강했던 '지속가능한 개발'Sustainable Development이라는 수업에서부터 시작됩니다. 당시 '친환경 건물 내에서의 업무 생산성'이라는 주제를 연구했습니다. 해당 주제에 대해 연구하면서 '바이오필리아' 이론과 이를 기반한 '바이오필릭 디자인'에 대해 알게 되었고, 바이오필릭 디자인에 기반한 친환경 공간 내에서 사람들이 경험하는 긍정적 효과에 대해 알게 되었습니다. 그리고 도시화가 점점 심해지는 현대 사회에서 발생하는 여러 문제를 극복하는 데 바이오필릭 시티가 핵심적인 역할을 할 수 있다는 믿음을 갖게 되었습니다.

바이오필릭 시티라는 도시계획적 개념은 바이오필리아 이론에 기반합니다. 바이오필리아 이론은 20세기를 대표하는 저명한 생물학자인 에드워드 윌슨이 대중화한 개념으로 인간은 '생명체Bio에 대한 사랑philia'을 내재하여 진화했음을 이야기합니다. 바이오필릭 시티는 '인간은 본성적으로 자연 환경 가운데에 있을 때 신체적으로 건강하고 정서적으로 안정된다'는 믿음 아래 도시 내 사람들의 일상에 자연을 가져옵니다. 도시에 사는 사람들, 그리고 그들의 삶의 질적인 측면을 중요하게 여깁니다. 녹지율을 포함한 도시 내 자연 인프라를 구축하고, 그 안에서 다양한 생명체와 사람이 공존하는 도시 모습을 제안합니다.

책의 저자인 티모시 비틀리는 바이오필릭 시티라는 친환경 도시계획 이론을 정립한 이 분야의 세계적인 권위자입니다. 그는 바이오필릭 시티 이론을 기반으로 전 세계에 주요 도시를 포함하는 '바이오필릭 시티 네트워크'를 만들었습니다. 이러한 연대를 기반으로 전 세계 여러 도시들이 자연과 인간이 공존하는 바이오필릭 시티 모델로 나아갈 수 있는 실질적인 노력을 하고 있습니다. 그리고 이러한 범 세계적인 연대를 위한 이론적 배경과 전 세계 도시에서 관찰한 사례들을 책에 온전히 녹여냈습니다. 이 책은 전 세계의 여러 지방자치단체, 기업, 학계로부터 최근 큰 주목을 받고 있는 바이오필릭 도시화에 관한 최고 수준의 서적으로, 학문적 이론, 실제 사례, 실질적 방법론을 살펴볼 수 있습니다.

2018년 유엔에서 발표한 자료에 따르면, 전 세계 인구의 55퍼센트가 도시에 살고 있으며, 2050년에는 전세계 인구의 68퍼센트가 도시에 살 것이라고 합니다. 2050년까지 도시 지역에 약 25억 명의 인구가 증가할 것이며, 이러한 인구 증가의 90퍼센트가 아시아 및 아프리카 지역에서 이루어진다고 합니다. 도시화가 진행될수록 인간과 자연은 점차 물리적으로 격리되는 경향을 보입니다. 도시화로 인한 자연과의 격리는 인류에 새로운 도전 과제가 되었습니다.

자연에 대한 사랑을 기반으로 도시와 자연 그리고 사람 간의 관계성을 중시해야 합니다. 자연을 단순히 인프라로 간주하는 것을 넘어 자연을 적극적으로 보살피고 도심 내 사람과의 물리적인 연결성을 높여야 합니다. 인간은 건강하고 의미 있는 삶을 위해서 일상의 삶의 공간에서 자연과 밀접하게 연결되어야 하며, 이러한 당위성을 입증하는 과학적 증거가 계속해서 나타나고 있습니다.

도시는 향후 몇 십 년 동안 상당히 심각한 환경 문제를 경험하게 될 것입니다. 그러나 도시가 자연을 위한 공간을 마련하고, 사람들의 건강과 의미 있는 삶에 있어서 자연의 중요성을 이해한다면 흥미로운 시기가 될 수 있을 것입니다. 바이오필릭 시티로 나아가기 위해서는 정부 및 지자체 차원에서의 노력도 중요하지만, 개인의 인식 전환과 참여가 매우 중요합니다. 책상 앞에 작은 화분을 놓는 것에서부터 바이오필릭 시티는 시작될 수 있습니다. 이 책이 높은 도시화율을 보이는 한국 사회의 여러 문제를 개선하고 매력적인 도시를 만들기 위한 실질적인 안내서가 되기를 희망합니다.

2020년 3월, 차밍시티 조철민 올림

목차

저자 서문 · 005

감사의 글 · 008

역자 서문 · 011

'바이오필릭 시티'를 출간하며 · 014

PART 1 바이오필릭 시티의 배경과 이론

- 1장 　도시 자연의 힘 - 바이오필릭 도시화의 본질적 이익 · 029
- 2장 　바이오필릭 시티의 자연 이해하기 · 047
- 3장 　도시 자연 식단 - 도시 생활을 윤택하게 하는 자연 · 083
- 4장 　바이오필릭 시티와 회복탄력성 · 097

PART 2 바이오필릭 시티 만들기 - 글로벌 사례들

- 5장 　싱가포르 - 정원 속 도시 · 117
- 6장 　위스콘신주 밀워키 - 크림 도시에서 녹색 도시로 · 145
- 7장 　뉴질랜드 웰링턴 - 타운벨트에서 블루벨트로 · 161
- 8장 　영국 버밍엄 - 건강, 자연, 도시 경제 · 179
- 9장 　오리건주 포틀랜드 - 강 도시에 만들어진 녹색 거리 · 193
- 10장 　캘리포니아 샌프란시스코 - 베이의 바이오필릭 시티 · 213
- 11장 　노르웨이 오슬로 - 피오르드와 숲의 도시 · 241
- 12장 　스페인 비토리아 - 압축 도시의 자연 · 261

| PART 3 | 전 세계의 혁신적인 사례와 프로젝트 |

| I | 바이오필릭 계획과 법규 · 279
| II | 시민 과학 및 지역사회 참여 · 287
| III | 바이오필릭 건축과 설계 · 293
| IV | 자연을 도시로 다시 불러들이고 복원하기 · 331
| V | 바이오필릭 시티 전략들 · 403

| PART 4 | 성공과 미래의 지향점 |

| 13장 | 새로운 바이오필릭 시티들에서 얻는 교훈 · 417
| 14장 | 남아 있는 장애물과 도전 과제 극복 · 449
| 15장 | 결론 – 미래의 도시 재구상 · 465
| 부록A | 참고 자료 · 475
| 부록B | 참고 문헌 · 483
| 부록C | 인명·지명·기타 · 513

사례 연구 목록

CASE I 바이오필릭 계획과 법규

캐나다 온타리오주 토론토: 녹색 지붕 조례 · 281
캐나다 브리티시컬럼비아주 밴쿠버: 그리니스트 시티 액션 플랜 · 282

CASE II 시민 과학 및 지역사회 참여

뉴욕주 뉴욕시: 도시 공원에서의 캠핑 · 289
인도 방갈로르: 어반 홀쭉이로리스 프로젝트 · 291

CASE III 바이오필릭 건축과 설계

A 새를 고려한 도시 설계
일리노이주 시카고: 아쿠아 타워 · 295

B 바이오필릭 공장과 비즈니스 파크
인도 님라나: 히어로 모토코프의 정원 공장과 글로벌 부품 센터 · 297
네덜란드 암스테르담: Park 20|20 · 299

C 녹색 지붕과 녹색 벽
일리노이주 시카고: 녹색 지붕들 · 303
멕시코 멕시코시티: 아조테아 베르데 · 304
웨스턴오스트레일리아주 프리맨틀과 퍼스: 그린스킨즈 · 306
호주 시드니: 원 센트럴 파크 · 310

- D   녹색 테라스와 타워 – 수직 자연
  - 베트남 호치민: 스태킹 그린 하우스 · 312
  - 멕시코 멕시코시티: 수직 공원 · 313
  - 뉴욕시 SOHO: 300 라파예트 스트리트 · 314
  - 뉴욕시 브롱크스: 비아 베르데 · 317
  - 이탈리아 밀라노: 보스코 베르티칼레 · 322
- E   치유 공간/건강과 자연
  - 매사추세츠주 보스턴: 스팔딩 재활병원 · 323
  - 캐나다 온타리오주 미시소거: 크레딧 밸리 병원의 카를로 피다니 필 지역 암센터 · 324
  - 워싱턴 D.C. 조지타운대학교: 힐리 패밀리 학생 센터 · 326
- F   다감각의 바이오필릭 디자인
  - 펜실베이니아주 피츠버그: 핍스 식물원 & 식물원 정원 · 328

CASE IV   자연을 도시로 다시 불러들이고 복원하기

- A   강 되살리기
  - 캘리포니아주 LA: 로스엔젤레스강 활성화 · 333
  - 버지니아주 리치몬드: 제임스강 리버프론트 플랜 · 336
  - 대한민국 서울: 청계천 복원 프로젝트 · 339
  - 미주리주 세인트루이스: 그레이트 리버 그린웨이 디스트릭트의 리버 링 · 341
  - 스페인 자라고사: 루이스 부누엘 워터파크 · 342
- B   나무와 도시 숲
  - 영국 런던: RE:LEAF 프로그램 · 345
  - 호주 멜버른: 도시 숲 전략 · 346

C	그린웨이, 그린벨트, 도시 산책로	
	알래스카주 앵커리지: 도시 산책로 망 · 348	
	중국 청두: 청두의 생태계 벨트와 정원 도시 비전 · 350	
	브라질 리우데자네이루: 트릴하 트랜스카리오카 · 353	
D	녹색 골목, 생태 골목길	
	텍사스주 오스틴: 녹색 골목 프로그램 · 354	
	캐나다 퀘벡주 몬트리올: 녹색 골목 · 358	
E	녹색 인프라와 도시 생태 전략	
	아르헨티나 부에노스아이레스: 코스타네라 노르테 · 361	
	일리노이주 시카고: 시카고 와일더니스 · 363	
	텍사스주 휴스턴: 휴스턴 와일더니스 · 365	
	영국 런던: 녹색 그리드 · 366	
	애리조나주 피닉스와 스코츠데일: 맥도웰 소노란 보호 구역 · 367	
F	혁신적인 공원과 자연 구역	
	영국 런던: 소공원 프로그램 · 373	
	독일 베를린: 수겔란드 자연 공원 · 375	
	뉴욕주 뉴욕시 브루클린: 고와너스 운하 Sponge Park · 377	
	중국 톈진: 챠오위안 공원 · 379	
G	바이오필릭 시티의 물 설계	
	메릴랜드주 볼티모어: 건강한 항구 이니셔티브 · 382	
	텍사스주 휴스턴: 버팔로 바이유 · 384	
	펜실베니아주 필라델피아: 그린 시티, 클린 워터스 프로그램 · 386	
	뉴욕주 뉴욕: 팔레이 공원 · 388	

| H | 야생 생물 통행로와 도시 생물다양성 계획
    남아프리카공화국 케이프타운: 도시 생물다양성·389
    캐나다 앨버타주 에드먼턴: 야생 동물 통로·390
    케냐 나이로비: 도시 자연 공원 계획·393
    미주리주 세인트루이스: 밀크위즈 포 모나크·395
| I | 먹거리가 자라는 도시
    펜실베니아주 필라델피아: POP·399
    워싱턴주 시애틀: 비콘 푸드 프레스트·400

바이오필릭 시티 전략들

| A | 자연과 빈민, 재해 복구
    브라질 리우데자네이루: 시티 생태 공원·405
    아이티 포르토프랭스: 마티상 공원·407
| B | 자연 센터
    일리노이주 시카고: 에덴 플레이스 자연 센터·409

1부
바이오필릭 시티의 배경과 이론

바이오필릭 시티가 왜 필요하며, 이를 뒷받침하는 증거로 무엇이 있는가?
많은 바이오필릭 시티에는 어떤 고유한 특징이 있으며, 바이오필릭 시티를 규정하는 관점으로는 어떤 것이 있는가?
바이오필릭 시티는 도시의 회복탄력성과 지속가능성을 어떤 방식으로 향상시키는가?

1부에서 이러한 질문들의 답을 얻는 데 필요한 기본 지식을 얻을 수 있다.

1장에서는 바이오필리아의 역사를 설명하고, 빌딩과 도시에서의 바이오필리아 활용법을 살펴본다. 도시에 자연을 조성하면 건강, 심리, 경제 측면에서 무엇이 좋고 어떤 가치가 있는지를 입증하는 증거들이 많이 있고 새로운 증거들도 속속 나오고 있다. 1장에서는 이 증거들을 고찰한다.

2장에서는 바이오필릭이 무엇인지를 더 세밀하게 살펴본다. '바이오필릭 시티'라는 분야가 나온지 얼마 되지 않았고, 그로 인해 다양한 특징과 관점이 있다. 현재 정립된 특징에서 한발 더 나아가서 향후 바이오필릭 시티가 어떻게 될지를 2장에서 고찰한다.

3장에서는 여러 도시에 만들어진 다양한 유형의 자연을 살펴보고, 도시에서 자연을 경험하고 즐기는 방법을 설명한다. 또한 3장에서는 '도시 자연 식단'이라는 아이디어를 소개할 것이며, 이는 도시 환경에 어떤 유형의 자연이 어느 정도까지 필요한지를 생각할 수 있는 틀이라고 보면 된다.

4장에서는 바이오필릭 시티를 강화하기 위해 우리가 취하는 일련의 행위와 전략이 도시의 회복탄력성 및 지속가능성을 높인다는 명확한 논거를 제시한다. 그리고 도시 설계 및 계획 수립 시 바이오필릭 특징을 적용하면 우리의 건강과 회복에 영향이 미칠텐데, 이와 관련된 직간접 모델들을 4장에서 제시한다.

1장

도시 자연의 힘

바이오필릭 도시화의 본질적 이익

인간은 자연 및 자연 환경과 접촉해야 한다. 인간이 건강하고, 행복하고, 결실을 맺고, 의미 있는 삶을 영위하려면 자연이 필요하다. 현대의 도시에 사는 인간에게 자연은 선택이 아니라 필수이다. 도시에는 이미 상당한 규모의 자연이 있으며, 이것을 보존하고 회복시키고, 새로운 형태의 자연을 활성화하고 만들 수 있는 새로운 방법을 찾고 개발하는 것은 21세기를 살아가는 인간에게 중요한 과제이다.

또한 지속가능성과 회복탄력성을 갖춘 도시를 창조하기 위해 간결성과 밀집성을 고려한 설계가 필요하다. 인간이 걸어다닐 수 있고, 대중교통을 이용할 수 있고, 에너지와 온실 가스 총량을 줄일 수 있는 도시를 만들려면 도시는 더 조밀하고 더 컴팩트해야 한다. 이런 상태의 도시를 만들 수는 있다. 그러나 도시와 자연을 통합하고, 도시에 사는 모든 사람들이 그들이 필요로 하는 자연과 매일 혹은 매시간 접촉할 수 있는 방법을 찾으면서 앞서 언급한 것과 같은 바이오필릭 시티를 만드는 일은 우리가 풀어야 할 숙제이다.

우리는 확실히 '도시 시대'에 살고 있다. 현재 전 세계 인구의 약 54퍼센트가 도시에 살고 있으며, 미국과 유럽 도시에서는 그 비율이 훨씬 더 높다. 불과 수십 년 만에 전 세계의 도시 인구는 크게 증가하였다. 유엔에 따르면 도시에 거주하는 사람 수가 1950년에는 7억 5천 6백만 명이었지만 2014년에는 약 40억 명으로 증가했다고 한다. 2014년 유엔 보고서는 2050년에 이르러 전 세계적으로 도시에 살고 있는 인구 비율이 70퍼센트에 달할 것으로 전망한다.

우리가 현재 살고 있는 글로벌 시대에서는 하나의 정부를 여러 개의 도시와 대도시가 묶인 것으로 표현하기도 하고, 지리적 범위를 지정할 때 도시와 대도시로 설명하기도 한다. 파라그 카나는 2010년에 발간된 외교 전문지인 포린

폴리시Foreign Policy에서 다음과 같이 피력하고 있다(Khanna, 2010). "21세기에 지배의 주체는 미국, 중국, 브라질, 인도 같은 나라가 아니라 도시일 것이다. 관리 불능 정도가 심해지고 있는 시대에는 주state보다 도시가 거버넌스의 섬이 되고 있으며, 도시라는 거버넌스 섬에서 미래 세계 질서가 만들어질 것이다. 이 새로운 세계는 하나의 지구촌이 아니며 그렇게 되지도 않을 것이며, 여러 네트워크들에 속한 하나의 네트워크가 될 것이다."

도시를 구성하고 있는 작은 지역의 자연과 큰 지역의 자연을 활성화시키고 재성장시키기 위한 중요한 조치들을 단계적으로 밟아 나가야 한다(그림 1.1 참고). 또한 주변의 다른 도시들에서도 동일한 조치들이 취해지도록 해야 하고, 더 나아가 전 세계적인 확산을 위한 주도적인 조치들이 수반되어야 한다.

그림 1.1 현대 도시는 더 컴팩트해지고 밀집되어야 한다. 또한 자연과 더 가까운 관계를 형성해야 한다. 이것이 어떻게 가능한지를 잘 보여주는 도시가 바로 싱가포르이다. 자연 안에 파묻혀 있는 밀집된 도시를 떠올리고 싶다면 싱가포르를 보면 된다. 이를 대변하듯이 최근에 싱가포르의 모토는 '정원 도시'에서 '정원 속 도시'로 바뀌었다(사진 출처: 저자).

바이오필리아

바이오필리아라는 개념은 이 책이 주창하는 것의 기반이 된다. 바이오필리아라는 용어를 처음 만든 사람은 독일의 사회심리학자인 에리히 프롬이었다. 이후 하버드의 곤충학자인 윌슨이 바이오필리아 개념을 더 공고히 했으며, 이는 그가 곤충학자라는 직업상 자연 세계를 위해 부단히 노력한 것에서 기인한다. 윌슨은 바이오필리아를 '살아 있는 유기체에 대한 인간의 본래 타고난 정서적 친화성'으로 정의하고 있다. 여기서 '본래 타고난'innate은 유전적인 것으로, 바이오필리아가 인간 본성의 일부라는 것을 의미한다(Wilson 1984, 31). 예일대 명예 교수이자 바이오필리아의 아이디어 발전에 중요한 역할을 하고 있는 스티븐 켈러트는 유기체와 인간 사이의 연결과 친화성이 인간 안에 유전적으로 내재되어 있지만 유전적으로 '약한' 성향이 있으며, 근육을 강화하고 운동시켜야 하는 것처럼 문화적인 강화와 훈련이 근본적으로 필요하다고 믿고 있다(Kellert, 2005).

바이오필리아에서는 현대 풍광을 구성하는 어떤 것들이 인간의 생존을 도우며, 진화론적 역사상 생존을 중시하는 그런 기질이 인간에게 전달되었다고 주장한다. '조망-은신 이론'에 따르면 인간은 넓은 전망의 풍광을 선호하거나 원하는 성향이 있는데, 그 이유는 그런 풍광이 생존에 유리하기 때문이다. 은신(예: 동굴, 절벽)도 비슷한 이유, 즉 생존에 유리하기 때문에 선호된다고 한다. 또한 인간은 물과 해변으로 된 환경을 선호하는데, 이 역시 생존에 유리하기 때문이다. 이에 대해서는 뒤에서 더 자세히 살펴본다.

스티븐 켈러트는 다른 사람들, 특히 유디트 히어와겐, 로저 울리히, 빌 브라우닝과 함께 바이오필리아의 아이디어를 발전시키고 상세화하기 위해 많은 일을 했다. 그들의 작업은 건축 분야에서 바이오필리아 아이디어를 적용하고 자극하는 데 도움이 되었다(Kellert, Heerwagen, and Midor 2008).

자연의 치유력을 보여주는 증거들 증가

공원과 자연이 얼마나 많은 가치와 혜택을 주는지를 규정하고 강조한 역사는 프레더릭 로 옴스테드부터 시작해서 이안 맥하그에 이르기까지 꽤 오래되었다. 그러나 인간이 자연과 함께할 때 인간에게 도움이 되는 다양한 방법을 문서화하고 실제 예를 보여주는 과학적 증거와 학술적 연구가 폭발적으로 늘어난 것은 그렇게 오래되지 않았다. 워싱턴대학교의 캐슬린 울프 박사는 녹지와 건강 사이의 관계에 관한 연구를 주제로 한 2,800건의 주요 기사를 분석하였고, 분석 결과 이 주제를 다룬 대다수의 문헌들이 1990년대와 2000년대부터 시작되었다는 결론을 이끌어냈다. 1970년대와 1980년대에 출간된 논문들도 있었지만 그 수는 매우 적었다. 즉, 학계에서 녹지와 건강 사이의 관계에 관심을 기울이기 시작한 것은 최근부터였다는 것을 알 수 있다(Wolf and Flora 2010).

자연과 접촉하면 정신과 육체에 긍정적인 이득이 얼마나 많이 있는지를 보여주는 주목할 만한 연구가 많이 나오고 있다. 자연에 노출되면 스트레스를 줄이고 인지 능력을 향상시키는 데 도움이 된다. 레이첼과 스티븐 카플란은 '주의 회복 이론'에 대한 초기 연구를 이끌었으며, 이 연구에서 스트레스와 감정적인 부담에서 회복하는 데 있어서 자연이 중요한 역할을 한다는 점을 강조한다(Rachel and Kaplan 1989).

자연의 치유력에 대한 로저 울리히의 연구는 바이오필릭 디자인 세계에서 많은 사람들에게 분기점이 되었다. 담낭 수술을 받은 환자들의 회복에 대한 그의 연구는 자연적인 특징이 회복력을 담보할 수 있다는 사실을 경험에 기인한 엄격한 방법으로 보여준 최초의 연구 중 하나였다. 이 연구에 따르면 나무가 보이는 병실에 있는 환자들이 벽돌만 있는 병실에 있는 환자들에 비해 더 빨리 회복했고, 진통제도 더 많이 필요하지 않았다고 한다. 이 연구 이후 이와 유사한 연구들이 많이 진행되었으며, 비슷한 결론에 이르렀다.

일본 연구원들은 삼림욕에 관한 광범위한 연구를 진행했다(삼림욕을 일본어로 신린요쿠shinrin-yoku라고 하는데, 신린shinrin은 '숲'이라는 뜻이고, 요쿠yoku는 '목욕하다', '햇볕을 쬐다'라는 뜻이다). 일본 연구원들은 숲에서 걸을 때 생물 물리학적으로 매우 긍정적인 유익함이 있다는 사실을 보고서에 기록하였는데, 스트레스 호르몬인 코티솔이 감소하고 면역 체계가 향상된다고 적시하였다. 이렇게 되는 주된 원인은 상록수에서 나오는 천연 화학 물질인 피톤치드 때문인 것으로 여겨지고 있다. 일본 정부는 이 주장에 따라 도시 주변에 다수의 '산림 치료 기지'를 만들었다(Wang, Tsunetsugn, and Africa 2015).

나무와 숲, 그리고 다른 형태의 도시 자연은 정신 건강에 중요한 역할을 하고 스트레스를 감소시킨다. 바이오필릭 이론과 연구에서는 자연 요소 중 여러 가지를 제안하는데, 특히 물은 가치가 높고 선호되는 자연 요소다. 마이클 디플레지와 그의 팀은 이를 보여주는 중요한 연구를 수행했다. 영국에 거주하고 있는 사람들을 대상으로 한 대규모 연구에서 연안 환경과 얼마나 가까운

지가 건강과 밀접한 관련이 있다는 것을 밝혀냈다.

도시에 살고 있는 사람들이 녹색 공간에 인접해 있으면 스트레스 호르몬 수치가 낮아지고 '자가 보고' 스트레스 수준도 낮아지는 것으로 나타났다. Ward Thompson et al.(2012)과 Roe and Aspinall(2011)이 진행한 혁신적인 연구에서 이것을 입증하였다. 이 연구에 참여한 사람들은 하루 종일 타액 코티솔 수치를 모니터링하였고, 연구원들은 낮 시간 동안의 코티솔 패턴을 추적하면서 스트레스가 코티솔의 생물학적 주기 순환에 어떤 영향을 미치는지 연구했다. 타액 코티솔 수치와 '자가 보고' 스트레스는 녹색 공간과 반비례 관계에 있는 것으로 밝혀졌다.

네델란드 연구원들이 <역학과 공동체 건강 저널>에 발표한 2009년 연구에서는 어떤 지역의 초록색이 다양한 질병을 예측한다는 사실을 밝혀냈다. Maas et al.(2009)에서 이끌어낸 결론은 다음과 같다.

> 조사가 진행된 24개의 질병 군집 중 15개에 대한 연간 유병률을 따져 보았을 때 반경 1킬로미터에 녹색 공간이 더 많은 생활 환경에서 산 사람들의 유병률이 더 낮았다. 녹지 공간이 집과 떨어져 있는 것보다는 가까이 있는 것이 더 중요하게 작용했다. 녹지 공간이 집에 가까이 있을수록 특정 질병이 더 적게 발생했다. 이 연구는 다른 연구들과 차별화되어 있는데, 다른 연구들은 신체적, 정신적 건강의 자가 인식 척도와 녹지 공간 사이의 관계에 초점을 맞추었다. 이것은 의료 기록 상, 특정 질병과 녹지 공간 사이의 관계를 평가한 최초의 연구다.

이와 유사하게, Feda et al(2015)이 진행한 최근 연구에서 공원과의 인접성과 청소년의 인지 스트레스 감소 사이에 강한 연관성이 있음이 밝혀졌다. 최근의 많은 연구는 자연에서 걷는 것이 기분과 인생관을 긍정적으로 개선할 수 있으며, 다른 신체적, 정신적 유익도 준다는 사실을 보여주고 있다. 현대 생활양식의 많은 부분이 앉아서 이루어지기 때문에(특히 일하는 동안에는) 걷기라는 신체적 운동이 주는 유익은 확실하다. 움직이지 않고 앉아 있는 생활은 '새로운 흡연'이라는 말이 나올 정도다(Perinotto 2015). 자연 속에서 걸으면 뇌도 매우 긍정적인 방식으로 바뀔 수 있다. 스탠포드의 그래고리 브랫맨과 그의 동료들이 진행한 새로운 연구에서는 자연에서 걸으면 우울증의 전조로 여겨지는 음울함이나 심사 숙고를 줄이는 데 도움이 된다고 한다(Bratman et al. 2015; Reynolds 2015). 다른 연구들에서도 자연에서의 보행이 마음과 기분을 긍정적으로 좋게 만든다는 비슷한 결론에 도달했다. 그러나 싱가포르국립대학교 소속 과학자들이 최근에 기후(열과 습도)가 외부에 있는 사람에게 부정적인 영향을 줄 수 있다는 점을 강조함에 따라 더 많은 연구가 필요하다(Saw et al. 2015).

자연을 가까이 하면 현대 생활에서 발생하는 스트레스를 많이 해소할 수 있으며 정서적 건강과 신체적 건강에 많은 이익이 된다. 도시에서 나무를 곁에 두고 나무를 심으면 건강상 어떤 유익과 가치가 있는지를 보여주는 새로운 연구들이 많이 있다. 가령, 나무와 출생시 낮은 체중 사이의 역관계를 보여주는 연구가 있고(Donovan et al. 2011), 빈 공터에 나무를 심었을 때 범죄율과 총기 폭력 감소에 미치는 영향을 분석한 연구도 있다. Troy, Grove, and O'Neil-Dunne(2012)에서는 나무 캐노피와 범죄 사이의 역관계를 밝혔는데,

"나무 캐노피가 10퍼센트 늘면 범죄율이 11.8퍼센트 감소한다"는 결론에 이르렀다. 토론토에 거주하는 30,000명 이상의 주민을 대상으로 한 연구에서는 도시의 나무 밀도와 본인이 인식하는 건강과 공식적으로 보고된 심혈관 대사 질환이 강하게 관련되어 있다는 사실을 밝혀냈다(이 연구에서는 교육과 수입 같은 사회 경제적 변수를 모두 반영하지 않았다). 도시에 나무가 많을수록 사람들은 고혈압 같은 질병에 덜 걸리고 더 건강하다는 느낌을 받을 가능성이 높다(그림 1.2 참고). 평균적으로 특정 블록에 나무가 10그루만 더 많아도 7년은 더 젊고 1만 달러 더 많다고 느낄 가능성이 있다는 것이 연구에 참여한 저자들의 결론이다(Bullen 2015; Kardan et al. 2015).

그림 1.2 샌프란시스코는 도시의 작은 공간에 자연을 만드는 작업을 선구적으로 진행하고 있다. 도시에서 생기는 스트레스를 낮추고 삶의 질을 높이는 데 도움을 줄 수 있는 곳들이 있다(사진 제공: 저자).

도시에서 자연의 역할을 이해하기 위한 새로운 기술과 기법

기술이 발전함에 따라 자연에서 경험한 자연의 힘을 개인들이 파악하고 측정할 수 있게 되었다. 영국의 제니 로와 그녀의 동료들은 휴대용 뇌파 검사 모자를 활용한 첫 번째 연구 그룹 중 하나다. 연구원들은 휴대용 뇌파 검사를 활용해서 피실험자가 병원 외부 환경을 돌아다니는 동안 뇌에서 일어난 현상을 모니터링할 수 있다. <영국 스포츠 의학 저널>에 발표된 한 연구에서는 휴대용 뇌파 검사 모자를 착용한 에든버러대학교 학생들을 약 30분 동안 산책시켰다. 도시의 여러 구역을 다니게 했는데, 가게가 많은 분주한 거리와 쇼핑 공간이 있는 구역과 공원 및 녹색 공간이 있는 구역을 돌아다니게 했다. 돌아다니는 동안 뇌를 스캔한 데이터가 전송되었다. 이 연구의 결과는 '주의 회복 이론'과 일치했다. "녹지 공간 구역으로 이동할 때 욕구 불만, 할 일에 대한 생각, 자극 정도가 낮아졌다. 그리고 깊이 사색하는 지수가 높아졌다. 녹지 공간에서 벗어나면서 할 일에 대한 생각 정도가 높아졌다"(Aspinall, Mavros, Coyne, and Roe 2013).

이들 연구에서 알 수 있듯이 자연이 미치는 긍정적인 힘을 더 잘 이해하기 위해 뇌 스캔을 활용하는 것이 하나의 트렌드가 되었다. 앞에서 언급한 브랫맨의 연구에서 '자연 산책'에 참여한 사람들과 자연이 없는 환경에서 산책한 사람들에 대해 산책하기 전과 산책한 후에 뇌 스캔을 진행했다. 그 결과 걷기가 뇌에서 생각과 관련된 영역인 슬하전두피질에 영향을 미친다는 명확한 증거가 나왔다. 이와 같이 도시에서 살고 있는 사람들에게 자연이 미치는 영향을 이해하는 데 있어서 뇌 과학이 점차 더 많이 활용되고 있다.

'언제 어디서 가장 행복한가요'라는 질문을 받을 때 자연의 가치가 재확인된다. 스마트폰이 거의 모든 사람에게 보급되면서 일상생활에서 자연이 얼마나 많이 중요한지를 파악할 수 있게 되었다. 한 예로, 영국에서 진행된 '맵피니스 프로젝트'를 들 수 있다. 아이폰 앱으로 만들어진 이 프로젝트에 60,000명의 영국인이 참여했고, 앱에서 경고음이 울릴 때 참가자들은 그 순간 본인들이 얼마나 행복한지를 표시했다. 참가자의 현재 위치를 나타내는 지오코드, 참가자가 선택한 응답, 기타 여러 변수를 확보했다. 참가자들은 자연에 있을 때 가장 행복한 것으로 나타났고, 이것이 이 프로젝트의 핵심 결론들 중 하나다(MacKerron and Mourato 2013).

자연 요소들이 있는 작업 환경에서 일할 때 생산성이 더 높아진다는 것이 최근에 진행된 일련의 연구에서 입증되었다. 또 다른 흥미로운 연구에서는 병원의 자연 채광이 어떤 영향을 미치는지를 살펴보았다. 특히 간호사들의 기분과 행복에 중점을 두고 연구가 진행되었다. <HERD 저널>에 발표된 이 연구에서는 병원에서 자연광을 쐬면 간호사의 업무 환경에 큰 효과가 나타난다는 것을 밝혀냈다. 코넬의 라나 자데쓰는 혈압 같은 것에 어떤 차이가 있는지, 간호사들이 서로 얼마나 많이 대화를 나누었는지를 꽤 독특한 방법으로 측정했다. 간호사들의 업무 공간에 일광량을 더 많게 하였을 때 혈압 수치가 더 낮아졌고 간호사들 사이에 더 많은 접촉이 있었다. 특히 흥미로운 것은 채광량이 더 많은 간호실에서 더 많은 웃음이 흘러나오는 것이 관찰되었다. 더 행복한 간호사가 간호 업무를 더 효과적으로 수행할 것이며, 추측컨대 이러한 긍정적인 느낌이 그 공간에서 일하는 다른 많은 사람들과 병실에 있는 환자들에게도 전달될 것이다(Osgood 2014).

창의성, 인간성, 장기적 시각

사람이 자연과 함께하면 다른 사람을 더 잘 돌아보고 배려하는 데 도움이 된다는 것이 점점 더 분명해지고 있다. 최근의 몇몇 연구에 따르면 자연이 곁에 있을 때 행동이 관대해질 가능성이 더 높다는 결과가 나왔다(Weinstein, Przybylski, and Ryan 2009).

van der Wal et al.(2013)의 최근 연구에 따르면 자연과 함께할 때 사람들이 미래에 대해 더 많은 가치를 부여하고 생각하는 경향이 있다고 한다. 일련의 실험 결과, 도시 경관과 비교해서 자연 경관을 접한 후에 미래의 가치를 낮춰볼 가능성이 더 낮게 나왔고, 현재의 만족감을 포기하고 미래의 보상을 바라볼 가능성이 더 크게 나왔다. 왜 이런 결과가 나왔는지는 명확하지 않다. 자연과 함께할 때 기대하는 것, 즉 자연에서 전달되는 건강하고 풍요로운 느낌이 관련된 걸로 보인다. 또한 낙천적인 느낌이 고취되는 것도 합리적인 가설로 보인다.

또한 우리는 자연과 함께 있을 때 창의성이 더 좋아지는 것 같다. 자연 주변에 있을 때 협력할 가능성이 더 높다는 증거가 있다(Zelenski, Dopko and Capaldi, 2015). 유타대학교와 캔자스대학교의 연구원들은 자연 속에 파묻힌 학생 참가자들이 창의적 문제 해결 과제를 더 잘 수행한다는 사실을 밝혀냈다(Atchley, Strayer and Atchley 2012). 심지어 초록색을 아주 짧게 보기만 해도 창의적인 과제를 푸는 능력이 더 좋아졌다(Lichtenfeld , Elliot, Maier, and Pekrun 2012). 현재 인류가 직면하고 있는 전 지구적인 심각한 환경 문제를 효과적으로 해결하는 일에 관심이 있다면 우리 주변에 그림 1.3과 같은 자연을 두면 가장 풍부하고, 협력적이고, 창의적인 결과를 이끌어낼 가능성이 있다.

그림 1.3 일부 도시 근처에는 야생을 만끽할 수 있는 곳이 있다. 버지니아주 리치몬드가 좋은 예인데, 제임스강(이곳을 지금은 '센트럴파크'라고 부른다)에 물리적인 접근 향상성을 높이는 연구가 진행되고 있다. 도심에서 수십 미터 거리에 클래스 4의 급류가 있고, 왜가리 번식지가 있고, 일 년 중 특정 시기에는 회귀하는 하는 청어떼를 볼 수도 있다(사진 제공: 저자).

바이오필릭 시티의 경제적 이익

자연이 부여한 경제적 이익과 부를 보여주는 경제 문헌이 오래전부터 다양하게 나오고 있다. 나무를 심어서 키우는 데 초기 비용이 들어가지만 나무는 이 비용의 몇 배를 돌려준다는 사실을 우리는 알고 있으며, 그 사실을 확실하게 보여주는 많은 연구들이 있다. 학교와 사무실에 자연 채광, 신선한 환기, 녹지가 있으면 학습 및 업무 환경이 유의미하게 개선되고, 주목할 만한 경제적 가치로 이어진다(가령, 학교의 경우 시험 성적과 학습 능력이 향상되고, 사무실의 경우 결근이 줄어든다).

도시나 교외에 나무가 있으면 땅 가치가 올라가는 것처럼 집 주변에 공원이 있으면 집의 시장 가치가 올라간다. 최근에 '공유지를 위한 신탁기금'은 공원으로 인해 유발되는 경제적 가치를 계산하였는데, 수치가 매우 높게 나왔다. 샌프란시스코만 하더라도 연간 경제적 이익(공원으로 인해 발생하는 수익, 시민과 도시에 대한 경제적 비용 절감, 자산 창출)이 9억 5천 9백만 달러에 이르는 것으로 계산되었다(Trust for Public Land 2014).

많은 연구에 따르면, 개별적으로 혹은 집단적으로 자연에 투자하면 도시의 부와 가치가 올라간다고 한다. 가령, Donovan and Butry (2010)은 오리건 주 포틀랜드에 있는 나무들을 연구하였으며, 나무가 있으면 집의 가치가 수천 달러 올라간다는 결론에 이르렀다. 이 연구 결과를 도시 전체에 적용해서 추론했더니 "포틀랜드에 있는 모든 집에 나무가 있을 때의 효과를 평균적으로 적용했을 때 총 가치는 13억 5천만 달러가 된다"는 결과를 이끌어냈다(Donovan and Butry, 2010, 81).

컨설팅 회사인 테라핀 브라이트 그린은 바이오필릭 요소를 갖춘 도시들에 어떤 경제적 이익이 있는지를 계산하고, 뉴욕시에서는 어떤 수치가 나오는지를 산출한 보고서를 냈다. 뉴욕 소재 학교에서 결석이 줄어들면서 수백만 달러의 세금을 줄일 수 있었고, 사무실의 바이오필릭 업무 환경도 개선되었다. 녹색 자연이 생기면서 범죄가 줄어들었고, 이는 결국 더 큰 경제적 가치로 이어졌다. 이 연구의 결론은 막대한 경제적 가치가 생긴다는 것이었는데, 뉴욕시의 경우 바이오필릭의 경제적 가치가 2010년 기준으로 연간 27억 달러를 상회하는 것으로 나왔다. 또한 이 보고서에 따르면, 식물이 자라는 공간을 만들 때 꽤 많은 비용이 들어가지만 바이오필릭 시티의 막대한 가치는 비용을 상쇄하고도 훨씬 더 많이 남을 가능성이 있다고 한다(Terrapin Bright Green 2012, 23).

도시에서 공공이든 민간이든 자연에 투자하는 것보다 수익률이 더 높은 투자는 거의 없다. 이 주장을 뒷받침하는 사례가 있는데 휴스턴의 야심찬 '바이유 그린웨이 이니셔티브'가 그것이다. 이것을 완료했을 때의 경제성을 분석한 보고서가 최근에 나왔다. 토지 취득 비용은 4억 8천만 달러로 추정되는데 이는 상당한 금액으로써 이 지역에 산책로와 공원들을 조성하는 일을 더디게 할 정도의 규모일 수도 있다. 그러나 녹지 공간을 만들었을 때 육체적, 정신적 건강상 유익과 삶의 질 향상을 돈으로 추정하면 이 역시 매우 높게 나온다. 보수적으로 잡아도 연간 이익은 1억 1천 7백만 달러 이상이 될 것으로 추정된다. 연구 보고서 작성자는 다음의 말로 결론을 맺는다. "휴스턴 지역을 더 위대하게 만들기 위해 4억 8천만 달러를 투자해서 이보다 더 큰 연간 수익률을 낼 수 있는 것은 없다"(Crompton and Marsh Darcey Partners 2011, 12).

결론

우리 주변에 자연을 두어야 할 분명한 이유는 매우 많이 있으며, 특히 지난 수십 년에 걸쳐 이를 입증하는 경험적 증거도 더 많이 생겼다. 우리 주변에 자연이 있을 때 우리는 더 행복하고, 더 건강하고, 더 활발해진다. 우리 주변에 자연이 있을 때 우리는 더 관대해지고, 더 창의적이 되고, 더 오래 생각할 수 있다. 우리가 더 진취적이고 건강해지면 배려심과 인정이 더 많은 인간이 된다. 바이오필리아 이면에는 인간이 자연 세계와 상호 공존한다는 기본 약속이 있으며, 이 약속을 토대로 본다면 자연과 함께할 때 우리에게 일어나는 위와 같은 변화들은 놀라운 것이 아니다. 우리가 집에 있을 때 더 여유가 있고 자연 환경에 있을 때 더 편안한 것은 당연한 일이다. 이러한 이유로 인해 녹지가 더 많고 더 친환경적인 도시를 만들려는 열망을 가지고 노력하고 있는 것이다. 또한 경제적 관점에서의 연구와 각종 증거들에서도 많은 이유를 찾을 수 있다. 즉 나무, 공원, 녹색 지붕, 산책로에 투자하면 더 큰 이익과 더 큰 수익이 생긴다. 이상에서 언급한 여러 관점에 비추어 볼 때 도시를 바이오필릭 관점에서 설계하고 계획을 수립하는 일에는 충분한 의미가 있다.

2장

바이오필릭 시티의 자연 이해하기

도시들에서 자연은 여러 다른 모양으로 존재하며, 경험할 수 있는 방법도 다양하다. 그러나 어느 정도 선에서 자연은 사회적 산물이다. 우리 주변에는 눈에 보이는 새와 포유류가 있고, 엄청난 수를 자랑하는 무척추동물이 있으며, 사람 눈에 거의 보이지 않는 다른 생명체들이 있다. 도시와 그 주변에 있는 자연은 이러한 다양한 생물과 생존 체계로 구성되어 있으며, 이 책에서는 이러한 자연에 대해 논의하고자 한다. 도시와 그 주변에 있는 고층 건물에는 녹색 옥상과 녹색 발코니가 많이 생기고 있으며, 수직 파사드와 정원도 많아지고 있다. 물론 이것들은 사람이 설계하고 만든 것이지만 우리는 이를 긍정적으로 보고 있으며, 회색과 아스팔트로 이루어진 도시에 하나의 자연 요소로 정착되고 있다. 이 책에서는 실외 공간이 도시에 어떤 영향을 미치는지를 중점적으로 다룬다. 그러나 우리는 실내 자연도 실외 공간만큼이나 도시에서 중요한 역할을 한다는 점을 충분히 인지하고 있다. 이번 장에서는 도시를 '자연이 있는 공간'으로 보고 이해하는 새롭고도 중요한 방법들을 자세히 다룰 것이다.

도시 - 많은 종을 위한 생태계이자 서식지

　도시와 그 주변에는 우리가 일반적으로 생각하는 것보다 더 많은 엄청난 양의 자연이 있다. 전 세계 많은 도시의 경계부에는 산업용으로 경작되는 농지가 있으며 이 농지가 하나의 자연 풍경을 만들고 있다. 이런 자연으로 둘러싸인 도시의 공원, 마당, 옥상의 생물다양성은 매우 높다. 이런 다양성을 지키기 위해 단작물에 대한 모니터링이 주의 깊게 이루어지고 있으며 다양성을 저해하는 단작물이 많아지면 농약을 사용해서 다양성을 지키기도 한다. 미래에는 도시가 생물다양성을 간직한 곳으로써, 그리고 전 세계적으로 훼손되고 있는 자연을 보호하고 복원하고 지키는 '도시의 방주' 역할을 하는, 아니 꼭 해야 한다는 사실이 점점 더 많이 인식되고 있다. 필자가 예전에 썼던 책인 <Biophilic Cities(2011)>에서는 도시에서 자연과 생물다양성을 발견할 수 있는 곳을 많이 소개하고 있다. 나뭇가지 끝에 있는 곰팡이와 이끼, 구름 옆에서 떠다니는 박테리아, 우리 발 아래 토양에 있는 많은 생명체에 이르기까지 생물다양성은 우리가 눈으로 보는 곳, 위, 아래, 옆, 모든 곳에 있다.

도시에서 새로운 종이 최근에 발견된다는 것은 도시 환경에서 발견된 자연의 범위가 어느 정도인지를 보여주는 증거이다. 흔히 우리가 깨닫거나 식별하는 것보다 훨씬 더 많은 토종 동식물이 있다. 2014년에 뉴욕시에서 새로운 종의 표범 개구리가 발견되었다(Feinberg et al. 2014). 그리고 얼마 지나지 않아 센트럴파크에서 진행된 생물다양성탐사에서 새로운 종의 지네를 발견하기도 했다(Stewart 2002). 많은 도시가 해양 세계 가장자리에 위치하고 있으며, 이들 도시에서는 상당한 양의 생물다양성을 확인할 수 있다. 싱가포르는 해양 생물에 대한 포괄적인 조사에 착수했으며, 그전에 과학계에 알려지지 않은 14종의 생물을 발견했다(Hoh 2013). 새로운 생물을 발견하는 일이 여전히 진행되고 있으며, 여러 도시들에서 많은 작업들이 진행되고 있다.

도시가 성장하고 발전하면 도시가 위치한 곳의 자연 경관이 크게 바뀐다. 그러나 우리가 찾고자 한다면 자연과 생물다양성의 기존 패턴들 중 많은 부분이 그대로 남아 있다는 사실을 알게 되며, 이는 물을 연구하는 수문학에서도 확인되고 있다. 도시가 위치한 자연이 변하는 것에 따라 도시에 존재하는 생태계, 식물상, 동물상도 변화를 겪는다. 어떤 연구에서는 일부 개미 종이 도시에서 식욕이 더 왕성해지고, 새들도 도시의 소음에 반응하여 울음 소리 주파수를 바꾸며, 도시의 환경에 적응하고 번성하는 새로운 동식물군이 나타나고 있다는 결과가 나왔다. 이와 같이 도시 자연은 역동적이며 계속해서 변화하고 있다(그림 2.1 참고).

그림 2.1 시카고 스카이라인을 배경으로 한 링컨파크 동물원. 모든 도시에서는 인위적으로 만들어진 환경과 자연 세계가 역동적으로 결합되어 있다(사진 제공: 저자).

여러 가지 감각을 가지고 있는 도시 자연

우리는 도시에서 여러 가지 다른 방법으로 자연을 경험한다. 우리는 자연을 보고, 자연을 관찰하며, 시각적으로 연결된 자연을 즐긴다. 그러나 다른 감각, 특히 소리를 통해서도 자연을 만난다. 자연이 많은 도시에서는 자연이 주는 음악적 파노라마의 중요성과 가치를 인식한다. 필자의 인생에서 여치, 메뚜기, 청개구리 등이 여름밤에 내는 소리는 아주 중요하며 필자의 삶의 질을 매우 향상시킨다. 게다가 한낮에 울리는 매미와 새 소리는 도시인이 즐길 수 있는 달콤한 음악이다. 특히 자연의 소리를 인식할 때 혼자가 아니라, 도시 공간을 다른 많은 생명체와 나누고 있다는 느낌에 감사하게 된다.

사운드 생태학자인 버니 크라우스는 자연의 소리를 녹음하고 분석하는 일에 평생을 바쳤다. 우리는 자연의 소리들이 주는 심리적인 가치와 다른 여러 가치를 깊이 인식하고 있다. 크라우스에 따르면 우리가 도전해야 할 과제는 그냥 조용히 듣는 것이라고 한다. 자연의 소리가 자동차와 고속도로, 비행기, 헬리콥터, 압축 드릴, 기타 건축 소음에 묻힐 때는 조용히 듣는 게 어렵다. 따라서 바이오필릭 시티의 아젠다에는 조용한 지역들을 통합하는 것이 들어가고, 건강에 위해가 되는 도시의 기계 소음과 높은 소음을 제한하는 것도 들어간다.

자연 소리와 소리 풍경이 얼마나 유익한 효과를 내는지에 관한 연구가 발표되고 있다. Hedblom et al. (2014)는 이미지와 새 소리를 조합해서 도시의 젊은이들에게 들려주고 그 반응을 조사했다. 연구 결과, 참가자들은 새 노래 소리가 들릴 때 이미지를 긍정적으로 평가한 비율이 더 높았고, 여러 마리의 새가 노래할 때도 이미지에 대한 평가를 긍정적으로 매겼다. "우리가 진행한 실험에 따르면 참가자들은 연작류 새의 노래를 일반적으로 좋아했고, 한 종보다는 여러 종이 노래할 때 더 좋아했다. 그리고 주거 지역의 도시 환경에서 새 노래 소리가 들리면 그곳의 가치를 더 높게 매겼다. 우리는 연구에서 도출된 이러한 데이터를 보고 새의 노래가 도시 환경에 대한 사람들의 경험을 향상시킨다는 결론에 이르게 되었다"(2014, 472).

물론 우리를 자연에 연결하는 데 도움을 줄 수 있는 다른 중요한 감각이 있다. 시각과 소리가 핵심이지만 냄새와 맛도 있으며, 자연 세계를 만지고 느낄 수 있는 많은 기회가 있다. 부드러운 조약돌을 손 안에 잡고 있거나 나무껍질을 쓰다듬으면 분명히 유익함이 뒤따른다. 꽃과 꽃을 피우는 나무가 내뿜는 향기를 맡거나 정원에서 딴 과일 같은 것의 향기를 경험하면 우리는 그곳과 연결되고, 지구가 주는 선물과 연결되며, 깊은 바이오필릭 세계를 경험하게 된다. 도시에서 냄새를 맡으려는 노력의 일환으로 '냄새 지도'가 나오게 되었다(모든 냄새가 자연에서 나는 냄새는 아니고 또 모든 냄새가 즐거움을 주지는 않는다). 도시의 '소리 지도'도 개발되었는데, 냄새 지도와 비슷한 개념이라고 보면 된다(Logan 2009).

도시의 자연 - 큰 곳과 작은 곳

바이오필릭 시티의 자연은 여러 가지 형태로 되어 있으며, 큰 곳도 있지만 작은 곳도 있다. 도시 주변이나 도시 안에는 눈에 뛰는 환상적인 자연이 많이 있다. 리우데자네이루 중심부에 위치한 1천만 평 규모의 티주카 국립공원에는 세발가락나무늘보와 주황색가슴 흑색큰부리새가 살고 있다. 나이로비 국립공원에서는 도시의 스카이라인을 배경으로 얼룩말, 사자, 기린을 볼 수 있다. 필자는 시드니와 브리즈번에서 대형 박쥐인 회색머리날여우박쥐를 본 경험을 잊지 않고 있다. 또한 도시 주변에는 멋진 해양 생물들이 살고 있다. 샌프란시스코에서는 회색고래를 볼 수 있고 웰링턴 항구에서는 범고래를 만날 수 있다.

지질학, 수문학, 조경학이 도시, 강, 산, 협곡에 다양한 조합으로 적용되면 더 넓은 환경적 맥락이 만들어지고, 이는 우리가 사는 도시 생활의 물리적, 시각적 배경이 된다. 도시마다 고유한 자연적 특징, 지형, 날씨, 기후 조건이 있어서, 해당 도시와 지역의 고유성과 차별성이 형성되며 더 큰 도시 자연이 만들어진다.

바이오필릭 시티는 현미경 수준에서부터 생물권역 및 대륙 수준에 이르기까지 모든 수준의 자연을 고려해야 한다. 필자는 도시의 미생물 세계에 관해 배우고 글을 쓰는 과학자들(전문가도 있고 아마추어도 있음)이 오래 전부터 있었다는 것에서 영감을 얻었다. 특히 아그네스 캣로우 같은 빅토리아 시대의 작가들을 특별하게 생각한다. 아그네스 캣로우는 1851년 <Drops of Water>라는 책을 썼다. 이 책에서는 템스강이나 담수 연못에 있는 4방울의 물에서 발견할 수 있는 미생물을 설득력 있게 묘사했다. 삽화도 흥미롭고 놀라웠으며, 지금도 일반인은 알지 못하는 유기체를 묘사하고 있다. 캣로우는 책의 부제에서 이들 유기체를 '(현미경으로 볼 수 있는) 기이하고 아름다운 주민'으로 묘사하고 있다(Catlow 1851). 이 놀라운 유기체들은 현미경 바깥 세상에 있는 우리에게는 다른 방식으로 보이고 행동한다. 아주 작은 이들 생명체를 묘사하기 위한 적절한 용어로 극미동물animalcules이라는 말이 나왔다. 캣로우가 적극적으로 주장했듯이 우리가 무심코 지나가는 근처 자연에서 이 작은 생명체를 볼 때 분명하고 놀라운 즐거움에 빠져든다.

도시 아래 토양에도 많은 생명체가 있으며, 이들 생명체가 주는 생태학적, 경제적 이익을 새롭게 인식하려는 움직임이 있다. 뉴욕 센트럴파크의 토양생물상soil biota에 대한 연구가 2014년에 진행되었으며, 그 연구에서 놀라울 정도로 많은 미생물다양성을 발견했다. 연구에 참여한 저자들은 다음과 같은 결론을 내렸다. "센트럴파크의 토양에는 지구 생물군계에서 발견한 것만큼 많은 토양 미생물 계통 및 토양 군집 유형이 있었다"(Ramirez et al. 2014).

물론 도시에는 많은 무척추동물이 있다. 노스캐롤라이나주립대학교의 롭던 및 그의 연구실과 럿거스대학교의 에이미 새비지 같은 사람들이 진행한 새로운 연구 덕분에 작은 생물이 활동하면서 살아가는 방법과 도시에 적응하는 방법을 더 잘 이해할 수 있게 되었다. 이와 관련된 것으로 뉴욕시에 있는 개미들의 다양성에 대한 연구가 있다. 던과 새비지 및 이들의 동료들은 뉴욕시 개미들에 대한 최초의 종합적인 연구 결과를 발표했으며, 모두 42종을 찾아냈다(Savage, Hackett, Youngsteadt and Dunn 2015). 그들은 도시에서 숲이 있는 자연 구역을 조사했고 이곳에서 개미 다양성이 가장 높은 것으로 나타났다. 그러나 중앙 분리대 같이 스트레스가 더 많은 곳에서도 꽤 높은 개미 다양성이 있다는 사실을 찾아냈다. 이러한 개미 다양성은 인상적이었다. 특히 약 80만 평당 7만 명이 살고 있을 정도로 인구 밀도가 높고 도시화 정도가 높다는 점을 감안할 때 이 정도의 다양성이 있다는 것이 놀라웠다. 미국에서 밀집도가 가장 높은 도시들에도 이와 같이 놀라운 생명이 살 수 있다.

모든 창과 모든 모퉁이에서 보이는 도시의 자연

바이오필릭 시티는 도시 안에, 그리고 도시 주변에 있는 자연을 최대한 활용한다. 자연은 항상 존재하며, 그런 자연이 만들어내는 것을 눈으로 보고 몸으로 느끼게 하는 노력들이 실행되고 있다. 이 책에 나오는 많은 도시들이 강과 수로를 복원하고, 새로운 접근 및 연결 지점을 만들기 위해 노력했다. 뉴욕, 리치몬드, 버지니아 같은 도시에서는 해안선을 따라 만든 공원, 산책로 및 접근 지점 같은 여러 수단을 통해 강변과의 연결에 중점을 둔 계획을 모색해왔다. 이와 비슷하게 많은 도시들은 도시 주변에 있는 강, 바다, 산을 시각적으로 연결하려는 노력을 기울이고 있다. 창, 옥상, 계단에서 크든 작든 자연을 보면 즐거워지고 스트레스가 줄어드는 효과가 있다.

물과 가까이 하면 많은 이익이 있다는 사실이 점점 더 많은 이해를 얻고 있다(Nichols 2014). 그래서 바이오필릭 시티들은 물과 관련된 이익을 극대화하기 위한 방법을 모색하고 있다. 물론 이와 관련된 위험(예: 해수면 상승)도 있기 때문에 균형을 맞추는 것도 잊지 않고 있다. 볼티모어, 오슬로, 보스턴을 포함해서 많은 도시들은 보행자가 접근할 수 있는 워터프론트 산책로에 투자하고 있다. 건강상 이익을 보여주는 한 예로 보스턴에 있는 스팔딩 재활병원의 이전을 들 수 있다. 이 병원은 보스턴 하버워크에 접근할 수 있도록 보스턴 항구로 이전했다. 이전하면서 물을 최대한 많이 볼 수 있는 구조로 설계했다(예: 휠체어에 앉은 사람도 물을 볼 수 있도록 창문 높이를 낮추었음). 도시 환경에 물을 포함시킬 수 있는 방법이 많이 있다. 가령, 분수나 인공 폭포를 만들 수 있고, 강에 조명을 설치할 수도 있다. 뉴욕시에 있는 아주 작은 도시 공간인 팔레이공원에 있는 폭포 같이 물을 만날 수 있는 아주 작은 시설조차도 긍정적인 위안과 고독을 준다는 사실을 부정하는 사람은 거의 없을 것이다 (팔레이공원에 대해서는 3부의 사례를 참고한다).

도시에 숨겨져 있는 자연 알아가기

도시 내부와 도시 주변에는 거대한 생물학적 다양성이 있으며, 이 중 많은 것이 어떻게든 숨겨져 있다. 이러한 생물다양성이 도시의 토양 속에 숨어 있을 수 있고, 미생물 생명체로 숨어 있을 수 있으며, 자연 속에 여러 형태로 숨어 있을 수 있다. 해양 자연이나 수생 자연도 이에 해당된다. 일반인들은 바닷속이나 민물 속에 사는 유기체를 통상적인 방식으로 그냥 보거나 접촉할 수 있지 않다. 이러한 자연과 연결하고, 알아가고, 정서적으로 배려할 수 있으려면 특별하고도 창의적인 전략을 마련해야 하는데 이것이 바이오필릭 시티가 추구해야 하는 핵심이기도 하다(그림 2.2 참고).

바이오필릭 아젠다를 이루기 위해 앞으로 나가고 있는 도시들은 이렇게 숨겨진 형태의 자연을 찾아내고 알리기 위해 다양한 기법을 사용한다. 지역에 있는 경이로운 자연을 연중 다른 시간대에 보고 경험할 수 있는 곳(예: 시애틀과 북서부의 연어 관람 구역)을 도시에 살고 있는 시민들에게 알리기 위해 노력할 수 있고, 소실된 강을 표시하는 스마트폰 앱을 만들 수 있다. 그러나 도시에서 보기 어렵거나 찾기 어려운 자연 요소들을 알리고 이들 자연 요소와 함께하는 것이 중요하다.

그림 2.2 사람들은 다양한 종류의 공원, 나무, 녹지 공간에서 휴식, 묵상, 여가를 즐길 수 있다. 런던에 있는 햄스테드 히스는 주거지 가까이 있는 자연 공간으로써 많은 이들의 사랑을 받고 있다. 이곳 토양에는 미생물이 있고 나뭇가지에는 이끼가 있으며, 우리가 생각하는 것보다 훨씬 더 많은 자연이 있다(사진 제공: 저자).

도시 자연: 인간이 만든 자연, 기존의 야생 혹은 준야생 자연

건물과 사람이 만든 인위적인 환경을 녹색 요소나 특징과 통합할 수 있는 많은 방법이 나오고 있으며, 이러한 방법들을 통해 바이오필릭 도시화가 실현되고 있다. 생태 옥상에서부터 수직 정원과 파사드, 스카이파크와 에코 브리지에 이르기까지 적용할 수 있는 디자인 기법, 아이디어, 기술이 점점 더 많아질뿐만 아니라 자리를 잡아가고 있다. 또한 사람이 디자인한 바이오필릭 특징에 대한 연구와 조사가 확대됨에 따라 이들 특징에 통합되어 향상될 수 있는 생물다양성도 매우 많아지고 있다. 바이오필릭 특징이 적용된 공간들을 예전부터 도시에 있던 야생 및 준야생 공간, 즉 도시에 아직 남아 있는 초원 지대, 도시를 흐르는 강에 자연 그대로 남아 있는 구간, 오래된 삼림 지대에 접목시킬 수 있다.

오늘날 우리는 밀집된 수직 도시에 있는 고층 타워에 살면서 자연 세계와 연결하는 방법을 찾을 수 있다. 이를 염두에 두고 설계된 자연 요소들에는 많은 생물다양성이 내포될 수 있다. 가령, 뉴욕시 녹색 지붕에 대한 연구에서는 뉴욕의 지상에 있는 공원에서 발견되는 생물다양성과는 달리 곰팡이와 이끼가 다양하게 있다는 것이 밝혀졌다. 런던의 녹색 지붕에 대한 연구에서도 다양한 무척추 생물뿐만 아니라 영국에서 희귀하거나 거의 없는 생물도 있다는 것이 확인되었다(Kadas 2006).

이 새로운 자연 중 많은 것은 수직 영역에 있다. 불과 몇 년 전에는 환상으로만 여겨졌던 기술과 디자인 전략이 지금은 실제로 시도되고 테스트되고 있다. 그 결과 실용성과 타당성이 입증된 증거를 갖게 되었다. 가령, 밀라노의 트윈 타워에서 보스코 베르티칼레 프로젝트가 진행되었다. 이 프로젝트에서 '하늘 숲'이 문자 그대로 현실이 되었다. 이탈리아 건축가인 스테파노 보에리가 설계한 이 고층 주거용 타워는 바닥부터 지붕까지 발코니와 일체가 된 나무들로 둘러싸여 있으며, 수천 개의 식물과 약 900그루의 나무가 심겨져 있다. 얼마 전까지만 하더라도 수직 숲을 만들려는 열망은 건축 렌더링에서 묘사되는 공상처럼 보였지, 공학 및 건축 관점에서 실제로 구현될 것으로 여겨지지는 않았다. 물론 지금도 환상적인 렌더링으로 존재하는 것이 더 일반적이지만 10년 전이나 2년 전에 비해서는 더 현실적이고 실현 가능성이 더 높아졌다. 미래의 도시에서는 지상에 조성되는 전통적인 자연과 건축 렌더링에서만 보던 환상적으로 설계된 자연이 합쳐진 새로운 형태의 자연이 만들어질 것이 분명하다.

외부 자연과 내부 자연

현대 생활에서 우리는 하루 중 대부분의 시간을 집이나 사무실 등 실내에서 보낸다. 어떤 통계에 따르면 90퍼센트 이상의 시간을 실내에서 보낸다고 한다. 맑은 공기, 풀 스펙트럼full spectrum 자연 일광, 화초, 모든 종류의 자연은 실내 환경에서 생산성과 기분을 향상시킨다는 연구가 많이 나와 있다. 건물의 인테리어 공간을 설계할 때 바이오필릭 컨셉을 적용하는 것은 바이오필릭 시티를 가늠하는 중요한 척도이며, 도시에 건강한 공간과 장소를 만드는 데 있어서도 중요한 요소가 된다. 테라리엄 유리 용기에서부터 소형 실내 녹색 벽에 이르기까지 규격화된 상업용 제품과 시스템이 많이 나오고 있고, 녹색 인테리어 디자인 예시들이 많이 생긴다는 점에서 여러 가지 가능성이 확인되고 있다. 실내와 실외 사이의 심리적, 물리적 경계가 모호해지고 있으며, 그 결과 자연과 훨씬 더 친밀하고 광범위하게 연결되고 있다. 이 책에서 소개하는 계획 및 디자인 기법들 중 대부분은 실외 환경을 다룬다. 그러나 바이오필릭 도시화가 자연을 실내에서 감상하는 것도 중요하게 여긴다는 점에서 '방을 중심으로 하나의 자연 영역 만들기' 전략을 강조한다.

집과 사무실 등 실내 환경에 자연을 도입하려면 창의력이 요구된다. 이와 관련해서 실내 녹색 벽, 자연 환기, 자연 채광 공간, 실내 숲 아트리움 같은 아이디어들이 나왔다. 그리고 바이오필릭 시티에서는 이런 아이디어들을 실내로 끌어들여 건강상의 이익을 확보해야 한다는 것이 일반적인 중론으로 자리 잡고 있으며, 단순한 대체물이 아니라 필수적인 수단으로 여겨지고 있다. 바이오필릭 시티 네트워크 행사에 나온 유리 테라리엄을 예로 들 수 있다. 버지니아대학교 스쿨오브아키텍처에 전시된 테라리엄은 컴팩트하고 작지만 보는 이들에게 자연에 대한 깊은 인상을 주었다. 샌프란시스코 베이 에어리어에 있는 크루키드 네스트라는 회사가 디자인한 이 테라리엄은 '바이오필릭 방울'이라는 애칭을 받았으며, 사무실 환경에서 자연을 접할 수 있는 소소한 즐거움을 주고 있다. 이 회사의 임원인 캔댄스 실비에 따르면 소비자들이 이 제품에 좋은 반응을 보이고 있으며, 이런 테라리엄을 50개 정도 디자인했다고 한다. 각 테라리엄은 하나하나 독특하게 디자인되었으며, 지역에 살고 있는 식물들로 채워져 있고, 손으로 불어서 만든 유리가 장식되어 있다.

자연 요소를 실내로 가져오려는 역사는 오래 되었다. 최초 사례로 '워드의 상자'Wardian case가 있는데, 의사였던 나다니엘 백쇼 워드가 이를 고안했다. 이것을 만들게 된 계기는 1800년대 초반, 런던의 악화된 대기질에 대응하기 위해서였는데, 그 당시에 런던의 대기 오염이 너무 심해서 야외 정원과 꽃밭에서 식물을 키울 수 없을 정도였다. 물론 지금은 실내를 녹색으로 조성하는 방법과 재배 시스템이 많이 나와 있으며, 이런 것들을 활용해서 실내 녹색 벽을 만들거나 안뜰에 분수를 만들거나 화분에 나무와 식물을 심어서 외부 환경을 보완하는 실내 자연 환경을 얼마든지 꾸밀 수 있다.

자연 환경 디자인에서 실내와 실외 경계를 없애거나 최소화하려는 작업이 계속 되고 있으며, 이를 위해 슬라이딩 문과 창문, 실내로 연결되는 광장과 녹색 구역, 빛 가림막 등 여러 방법을 창의적으로 활용하고 있다. 실내에 식물을 키움으로써 에어컨 사용을 줄이려는 노력을 기울이다 보면 실내와 실외 경계를 극복하는 데 도움이 될 것이다.

바이오필릭 디자인으로 도시에 자연 만들기

바이오필릭 시티 운동은 건물 차원의 디자인을 통해 많은 진척이 있었다. 특히 지난 10년 동안 바이오필릭 디자인에 많은 성과가 있었다. 새로운 책(예: Kellert, Heerwagen, and Mador 2008)이 출간되었고, 리빙 빌딩 챌린지 및 웰 빌딩 스탠다드 같은 녹색 및 건강 건물 인증 시스템에 바이오필릭 디자인 원칙들이 포함되었다. 또한 바이오필릭 원칙들이 얼마나 유용하고 확실하게 자리 잡고 있는지를 보여주는 디자인 사례들도 늘어나고 있다. 이제 바이오필릭 시티를 떠올릴 때 집, 사무실 빌딩, 병원 같은 건물에 자연 요소가 얼마나 있는지를 보게 된다. 자연 도시라고 하면 도시에 있는 각종 건물에 풍부한 자연이 있어야 한다.

또한 바이오필릭 디자인 운동을 통해 주민들이 원하는 자연 환경의 수준을 파악할 수 있었다. 박스 2.1과 박스 2.2는 자연에 대해 서로 보완되는 2가지 가이드라인이다. 컨설팅 회사인 테라핀 브라이트 그린의 빌 브라우닝과 케이티 라이언이 작성한 박스 2.1에는 14개의 바이오필릭 디자인 패턴이 잘 요약되어 있다. 박스 2.2에는 예일대학교 교수이며 바이오필릭 분야의 대가인 스티븐 켈러트가 제시한 바이오필릭 디자인 아이디어가 요약되어 있다. 이 두 박스에는 집과 건물뿐만 아니라 도시 환경 전체적으로 수역, 일광, 숲, 녹색 공간, 자연의 소리 등 주민들이 보고 경험하고 싶어하는 자연의 주된 특징과 모습이 요약되어 있다.

박스 2.1 14개의 바이오필릭 디자인 패턴

바이오필리아 이면에는 인간과 자연이 깊이 연결되어 있다는 개념이 들어 있다. 우리가 모닥불 타는 소리와 해안에 부딪히는 파도 소리에 왜 감탄하는가, 자연을 보면 창의성이 왜 높아지는가, 그림자를 보거나 높은 장소에 가면 왜 신비로움과 두려움을 느끼는가, 정원을 가꾸거나 공원을 거닐다 보면 왜 마음이 편안해지는가? 이 모든 것을 설명할 때 인간과 자연이 깊이 연결되어 있다는 바이오필리아를 떠올리면 답을 찾을 수 있다.

바이오필릭 요소들은 인간의 성과 지표(예: 생산성, 정서적 복지, 학습, 창의성, 힐링)에 실질적이고 측정 가능한 이점을 확실하게 보여주고 있다. 세계 인구가 계속 도시로 몰려들고 있으므로 이러한 특징들은 더 중요해질 것이다. 이론가들, 연구자들, 디자인 전문가들은 사람이 도시에 살면서 어떤 자연의 모습에 가장 많은 영향을 받는지 수십 년 동안 연구해 왔다. 뉴욕시에 있는 전략 계획 컨설팅 회사인 테라핀 브라이트 그린은 연구 결과를 <14 Patterns of Biophilic Design>에 따라 분류했다. <14 Patterns of Biophilic Design>은 책이기도 하고 디자인 도구이기도 한데, 자연, 인간 생물학, 인공 환경 디자인 사이의 관계를 설명하고 있다. 이의 주된 목적은 바이오필릭 디자인을 통해 인간이 바이오필리아의 유익함을 경험할 수 있게 하고, 개인과 사회 전체가 건강하게 발전하게 만드는 것이다.

1. 자연과의 시각적 연결 – 자연 요소, 생명 시스템, 자연적인 과정 보기
2. 자연과의 비시각적 연결 – 자연 요소, 생명 시스템, 자연적인 과정에 대해 의도적이고 긍정적인 호감을 일으키는 청각, 촉각, 후각, 미각
3. 불규칙적인 감각 자극 – 통계적으로 분석이 가능하지만 예측하기 어려운 자연과의 확률론적이고 일시적인 연결

다음 페이지에서 계속

4. 열 및 기류의 변동성 – 기온, 습도, 피부가 느끼는 공기 흐름, 표면 온도의 미묘한 변화
5. 물의 존재 – 물을 보고, 물소리를 듣고, 물과 접촉하면서 어떤 장소에 대한 경험을 확고하게 하기
6. 역동적인 빛과 산란되는 빛 – 시간에 따라 변하는 다양한 빛과 그림자의 세기를 조절해서 자연에서 발생하는 것과 같은 조건 만들기
7. 자연 시스템과의 연결 – 자연적인 과정, 특히, 건강한 생태계의 특징인 계절적, 일시적 변화를 인식하게 만들기
8. 생태 형태와 패턴 – 자연에서 지속적으로 유지되고 있는 윤곽, 패턴, 질감, 수적인 배열을 상징적으로 참고할 수 있는 수단 확보
9. 자연과 물질 연결 – 지역의 생태나 지리를 반영하도록 자연에서 난 물질과 요소를 최소한으로만 가공해서 특정 장소에 대한 인상을 확실하게 심기
10. 복잡성과 질서 – 자연에서 접한 것과 비슷한 공간적 계층 구조를 유지하는 풍부한 감각 정보 제공
11. 전망대 – 감시와 계획을 위해 멀리까지 볼 수 있는 탁트인 시야
12. 피난처 – 환경 조건 혹은 주요 활동 흐름에서 피할 수 있으며 완전한 보호가 가능한 장소 확보
13. 신비로움 – 부분적으로 모호한 전망이나 다른 감각 장치를 통해 더 많은 것을 받을 수 있다는 확신을 받게 해서 더 깊이 빠져들 수 있도록 유도
14. 위험/유해 – 신뢰할 수 있는 보호 수단이 갖추어진 식별 가능한 위협

테라핀 브라이트 그린이 만든 <14 Patterns of Biophilic Design(2014)>이나 <The Economics of Biophilia(2012)> 외에 여러 출간물을 무료로 볼 수 있다. 이것들을 보고 싶으면 terrapinbrightgreen.com/publications을 방문하기 바란다.

> ### 박스 2.2 바이오필릭 디자인의 속성
>
> I. 자연 직접 경험
>   빛, 공기, 물, 식물, 동물, 날씨, 자연 경관과 생태계
>
> II. 자연 간접 경험
>   자연을 그린 그림, 천연 소재, 자연 색상, 자연 빛과 공기 시뮬레이션, 자연스러운 모양과 형태, 자연 떠올리기, 풍부한 정보, 오래됨, 변화, 시간에 따라 생긴 그윽한 멋, 자연의 기하학적 구조, 생체 모방
>
> III. 공간과 장소 체험
>   전망대와 피난처, 체계적인 복잡함, 부분을 전체에 통합, 한 공간에서 다른 공간으로 넘어감, 이동성과 길 찾기, 장소에 대한 문화적/생태적 애착
>
> 출처: Kellert and Calabrese (2015).

　이 두 바이오필릭 디자인 원칙은 자연의 모양과 형식의 가치를 강조하고 있으며, 이에 대해서는 저자가 앞서 냈던 책(Beatley 2011)에서 언급한 바 있다. 자연과 함께한다고 해서 병의 치료에 도움이 된다거나 정신 건강에 유익하다는 명확한 증거는 아직 없다. 그러나 바이오필릭 디자인 원칙들을 준수하면 도시에 안락함과 즐거움이 더해질 것이고, 도시에 자연을 둔다는 상징성이 확보될 것이며, 이 세상을 다른 많은 생명체와 공유할 수 있게 된다는 것이 필자의 확신이다. 오슬로의 건축물에 적용된 물고기와 수생 자연에서부터 뉴질랜드 웰링턴의 거리 및 공공 장소에 있는 양치 식물 모양의 기둥에 이르기까지 이를 보여주는 다양한 사례들이 있다. 이와 같이 자연을 딴 모양, 형상, 모방도 바이오필릭 시티를 형성하는 데 도움이 된다.

바이오필릭 시티가 갖추어야 할 특징

먼저 도시 구역들에 복잡하게 존재하는 자연을 파악하면, 그 다음으로 도시 전체적인 차원에서 도시 구역들을 이해해야 한다. 바이필릭 도시에 살면서, 바이오필릭 시티를 만들기 위해 노력한다는 것은 무엇을 의미하는가?

도시에서 바이오필리아를 구현하는 것을 여러 가지 방법으로 설명할 수 있다. 첫째로, 바이오필릭 시티를 서술적으로, 시적으로 묘사하는 것이다. 즉, 바이오필릭 시티를 만드는 것을 말로 명확하게 표현하는 것이다.

박스 2.3은 바이오필릭 시티 프로젝트에서 자주 사용되는 방법이다. 박스 2.4는 바이오필릭 시티가 갖추어야 할 핵심 특징과 속성들 중 일부를 요약한 목록이다. 여기에 제시된 목록은 바이오필릭 시티의 비전 중 일부에 불과하다. 더 자세히 알고 싶으면 <Biophilic Cities (Beatley 2011)>를 참고한다.

자연이 풍부한 도시

기본적인 의미에서 바이오필릭 시티는 풍부한 자연이 있는 도시이다. 이 특징을 설명하기 위해 '자연이 풍부한'natureful이라는 단어를 사용한다. 자연은 나무와 숲, 개울과 강, 초원과 야생화, 조류 및 야생 동물과 같이 다양한 형태로 우리 주변에 가까이 존재한다. 녹색의 바이오필릭 시티를 방문할 때면 이러한 풍부한 자연을 눈으로 보고 인지한다. (이런 곳에 있으면 더 좋고 행복한 느낌을 받는다.) 뒤의 여러 장들에서는 도시에서 자연을 보호하고, 복원하고, 새로운 형태로 성장시키는 독창적인 방법들을 살펴볼 것이다.

박스 2.3 바이오필릭 시티 서약

우리 도시를 바이오필릭 시티로 만드는 데 있어 시 당국, 위원회, 대학이 도움을 아끼지 않을 것을 약속한다. 또한 다른 도시들과 함께 바이오필릭 시티 네트워크에 가입하기 위해 노력할 것을 약속한다. 바이오필릭 시티는 자연이 풍성한 곳으로써, 남녀노소가 매일 또는 매순간 자연 환경을 접할 수 있으며, 시민들이 매우 가까운 곳에 있는 자연을 체험할 수 있는 곳이다. 또한 바이오필릭 시티에서는 도보, 자전거, 대중교통을 이용해서 더 넓은 자연 구역의 자연을 더 깊이 체험할 수 있다. 바이오필릭 시티 환경에서 인간은 다양한 동식물 및 균류와 깊이 연계되어 있으며, 시민들도 자연에 호기심을 가지고 자연 보호 활동을 적극적으로 한다. 바이오필릭 시티에 사는 시민들은 자연 세계를 배우고, 즐기고, 참여하면서, 야외에서 상당히 많은 시간을 보낸다. 바이오필릭 시티를 이끄는 정치인과 선출직 의원들은 모든 정책에서 자연을 우선시하고, 도시 개발 계획을 수립할 때 자연 복원 및 자연 환경과의 연결을 염두에 둔다.

바이오필릭 시티 네트워크의 회원이 되겠다는 의사를 표명한다는 것은 자연을 보호 및 복원하고 가능한 모든 곳에 새로운 자연을 최대한 만들고 기존 자연 세계와 연결하기 위해 부단하게 노력하겠다는 것을 의미한다. 우리 도시에서 성공한 수단, 기법, 프로그램, 프로젝트 관련 정보와 통찰력을 공유하고, 다른 도시들이 바이오필릭 특징을 더욱 많이 갖춘 도시가 되도록 지원하고, 관련된 데이터 수집 및 분석을 도울 것이다. 또한 도시 자연을 보호하고 확장하기 위한 노력에 대해 다양한 형태의 정치적, 전문적 지원을 아끼지 않을 것이며, 기술 전문가와 기술 지식도 공유할 것이다. 정기적인 회의에 참석해서 경험과 배운 점을 공유하여, 바이오필릭 도시화를 구현하기 위한 협력 활동에 앞장서서 참여하고 지원할 것을 약속한다.

바이오필릭 시티 사명을 적극적으로 지원하고, 시민들이 우리 도시에서 자연을 접할 수 있는 기회를 보호하고 향상시킬 것을 약속한다.

> ### 박스 2.4 바이오필릭 시티란?
>
> 1. 바이오필릭 시티는 풍부한 자연이 있고 자연을 경험할 수 있는 기회가 많은 곳이다.
> 2. 바이오필릭 시티는 생물다양성이 확보된 도시로써 다양한 식물군, 동물군, 균류가 자라는 곳이다.
> 3. 바이오필릭 시티는 다중 감각이 살아 있는 곳이다.
> 4. 바이오필릭 시티는 자연 공간과 자연 특징이 서로 연결되어 있고 통합되어 있는 곳이다. 바이오필릭 시티에서 사람은 자연 속에서 살고 있다.
> 5. 바이오필릭 시티는 자연으로 둘러싸인 곳으로 시민들을 자연에 몰입시킨다. 이러한 바이오필릭 시티에 사는 사람들은 자연을 방문하는 것이 아니라 자연 속에서 산다.
> 6. 바이오필릭 시티에서는 야외 활동이 활발히 이루어진다.
> 7. 바이오필릭 시티에는 녹색만 있지 않고 청색도 있다. 즉, 육생만 있지 않고 해양이나 수생도 공존하는 곳이다.
> 8. 바이오필릭 시티에는 큰 자연도 있고 작은 자연도 있다.
> 9. 바이오필릭 시티에 살고 있는 사람들은 자연을 돌보고 자연에 관심을 기울인다. 연령대에 상관 없이 모든 시민이 주변 자연을 적극적으로 즐기고, 바라보고, 배우고, 참여한다.
> 10. 바이오필릭 시티는 깊은 호기심을 자극한다. 이런 바이오필릭 시티는 경외심을 불러일으킨다.
> 11. 바이오필릭 시티는 다양한 생명을 돌보고 키운다. 도시에 존재하는 다른 종의 본질적인 가치와 권리를 존중한다.
> 12. 바이오필릭 시티는 주변부에 있는 자연도 돌본다.
> 13. 바이오필릭 시티는 자연에 투자한다.
> 14. 바이오필릭 시티는 자연에서 영감을 받고, 자연을 모방한다.
> 15. 바이오필릭 시티는 자연의 모양과 형태를 부각시킨다.
> 16. 바이오필릭 시티는 자연과 자연 경험을 공평하게 분배한다.
>
> 출처: <Beatley (2011)>을 기초로 보완하였음.

자연과의 교류

　자연의 풍성함이 매우 중요한 요소이지만, 자연만 풍성하다고 해서 그 도시를 바이오필릭 시티라고 하지는 못한다. 자연에 참여해서 즐기고 자연을 감상하고 자연을 찬미할 수 있어야 한다. 도시 시민들이 야외에서 자연과 접하는 시간이 얼마나 될까? 가령, 산책, 자전거 타기, 수영, 사색, 가만히 응시하기, 청소, 환경 관리 등을 하면서 도시 주변에 있는 자연을 활발하게 살펴보고 배우는가? 이들 활동 중 일부는 특별한 개입이나 설계나 계획 없이도 할 수 있는 것들이다. 가령, 길을 걷거나 가게에 가거나 지하철로 가는 것과 같은 일상적인 도시 생활을 하는 동안 주변의 나무나 화초를 보는 것도 자연을 수동적으로 체험하는 예가 된다. 하지만 자연을 더 적극적으로 접할 수 있다. 예를 들어 조류 관찰 동아리에 가입할 수 있고 상당한 노력과 성실이 요구되는 이벤트에 참석할 수도 있다. 이런 자원 봉사 활동에 참여하면 자연에 관해 더 많이 알게 된다. 또한 이를 통해 도시 자연을 더 깊이 이해하게 되고 자연과의 개인적인 관계도 더 심화된다. 바이오필릭 시티는 자연과의 깊은 연대감을 장려하기 위해 클럽, 기구, 프로그램을 다양하고 활발하게 운영하고 있다. 이 중 일부는 시와 공공 기관에서 운영하는 것이고, 다른 일부는 민간이나 지역사회에서 운영한다.

　이와 같이 다양한 참여 및 연결 활동을 강화하려면 특정 기반 시설이 확보되어 있어야 한다. 6장에서는 위스콘신주 밀워키에 있는 혁신적인 도시 생태학 센터들을 소개한다. 이들 센터는 개인이 자금을 출연해서 만들어졌으며, 해당 지역을 중심으로 활동한다. 이들 센터에서 제공하는 많은 서비스를 통해 사람들은 자연을 더 쉽게 배우고 자연 활동에 참여할 수 있다. 이들 센터는 구체적으로 학생들의 자연 방문을 주선하고, 자연 속에서 걷는 이벤트를 후원하고, 자연을 온전히 즐기기 위해 필요하지만 구매하기에는 부담이 되는 크로스컨트리 스키나 스노우슈즈 같은 장비들을 빌려주기도 한다.

다양한 규모가 통합되어 있는 자연 시스템

앞에서 언급했듯이 집이나 사무실 같은 실내 공간에도 자연 환경을 만들 수 있다. 바이오필릭 시티에는 규모와 수준이 다른 다양한 자연이 서로 연결되어 있다. 바이오필릭 시티 프로젝트에서는 바이오필릭 시티를 개인이나 가족이 생활하고 일하는 자연이 있는 곳으로, 또한 주변에 더 큰 자연이 있어서 그곳을 즐길 수 있는 곳으로 설명하고 있다. 바이오필릭 시티에 사는 사람들은 하루가 시작해서 하루가 끝날 때까지 자연을 보고 경험할 수 있으며, 일정이 허락하는 한 충분히 많은 자연을 오랫동안 즐길 수 있다.

자연을 품은 사례가 많이 나오고 있다. 밀라노의 보스코 베르티칼레는 숲과 연결된 새로운 주거용 타워다. 조지타운대학교에 새로 들어선 힐리 패밀리 센터 같은 공공 교육기관도 자연을 품고 있다. 그리고 보스턴에 있는 스팔딩 재활병원 같은 의료시설에도 자연 요소가 많이 들어와 있다. 다양한 규모의 건물에 많은 자연을 통합할 수 있으며, 오늘에 이르러 모든 건물을 바이오필릭 건물로 만들 수 없는 특별한 이유를 제시할 수 없다. 적어도 일부라도 바이오필릭 요소를 건물에 도입할 수 있다.

주변 생명을 인간적으로 헤아리는 마음; 공생 윤리

앞에서 논의한 바와 같이 도시 속 자연 환경의 신체적, 정서적, 경제적 이점은 증명되었다. 그러나 바이오필릭 시티는 한 단계 더 나아가, 사람이 얻는 이득과 관련없이 자연의 근본적인 가치가 있다고 본다. 종으로서의 호모사피엔스는 지구에 복잡하게 얽혀서 살고 있는 생물들 덕분에 생존을 이어왔다. 따라서 인간은 큰어치부터 퓨마, 개미, 절지 동물에 이르기까지 도시 공간을 함께 사용하고 있는 다른 생명체를 존중하는 심오한 윤리 의식을 갖춰야 한다.

바이오필릭 시티는 도시민들이 한 공간에 여러 다양한 생명체와 함께 산다는 철학을 가지고 있다. 이는 검증된 사실일뿐만 아니라 유익성과 타당성 있는 조건이기도 하다. 바이오필릭 시티 시민들은 주변에 있는 이러한 자연을 이해하고 그러한 자연에 감사할 필요가 있다. 또한 다른 생명체와의 공생을 위해 적극적으로 노력해야 한다. 미국과 다른 나라의 여러 도시에서 코요테 같은 종과의 공생이 이루어지고 있다.

이런 공생에서 중요한 관건은 우리 주변에 있는 생명체들의 복잡성과 정교함을 이해하는 것이다. 우리가 대부분의 척추 동물에 대해서는 이해의 폭이 꽤 넓다. 그러나 일부 동물의 고유한 능력과 특징을 완전히 이해하고 있지 못하다. 워싱턴대학교의 존 마즐루프는 미국 까마귀의 지능에 대해 새로운 사실을 밝혀냈다. 즉 미국 까마귀가 사람 얼굴을 인식하고 상당히 긴 시간이 지나도 특정 사람의 얼굴을 기억할 수 있다는 연구 결과를 발표했다(Marzluff et al., 2010). 노던아리조나대학교 교수인 콘 슬로보치코프는 흑꼬리 대초원 설치류의 위험 신호와 발성을 연구해 왔으며 이들의 언어는 이전에 생각했던 것보다 훨씬 복잡하고 정교하다는 결론에 이르렀다(Slobodchikoff, Perla, and Verdolin 2009). 대초원 설치류에게는 포식자인 인간을 명시하는 명확한 단어가 있었고, 포식의 특징(예: 높이, 색)을 묘사하는 새로운 단어를 만드는 능력이 있는 것으로 확인되었다. 논문에서는 이러한 언어 능력을 '생산성'productivity 이라고 했다. 또한 대초원 설치류는 존재하지 않는 사물에 대해 소통하는 능력도 가지고 있는데, 논문에서는 이러한 언어 능력을 '대치'displacement라고 정의했다.

이러한 통찰력은 지구와 도시 환경에서 사람과 공생하는 복잡하고 신비로운 생명체들을 바라보는 새로운 창이 되고 있다. 인간은 다른 생명체를 평가할 때 인위적으로 정한 '지능'의 기준과 편견을 토대로 평가하는 경향이 있으며, 이에 주의해야 한다. 한편, 도시 공간에서 우리와 함께 살고 있는 다른 생명체들의 탁월함을 인정하고, 그들에 대해 더 많이 배우고, 그들이 받아야 할 당연한 존경심을 보일 필요가 있다.

도시 설계 시 야생 동물과 생물다양성을 고려할 수 있는 방법이 많이 있다. 최근 연구에서는 인공 조명이 박쥐에게 미치는 영향을 밝혀냈으며, 이를 토대로 박쥐에게 더 친화적인 도시를 조성하는 효과적인 방법을 제시했다. 즉, 박쥐에게 해가 되는 인공 조명을 줄이고, 박쥐에게 적절한 나무를 심고, 박쥐가 다른 생태계와 연결될 수 있게 함으로써 인공 조명이 박쥐에게 미치는 나쁜 영향을 해소할 수 있다(Freeman 2015).

주변 자연에 대한 호기심; 경외의 도시

바이오필릭 시티에 사는 사람들은 주변 자연에 관심이 많다. 자연 경관, 소리, 주변에 있는 동물들의 흔적에 호기심을 가진다. 조류, 곤충, 나무의 이름을 알기 위해 노력하고, 주변 자연계의 다양한 생명체와 복잡한 상황을 존중한다.

도시 자연에는 호기심을 일으키는 것이 많이 있으며, 이에 대한 우리의 이해도 빠르게 좋아지고 있다. 도시 환경에서 새로운 종이 발견되고 있다. 가령, 생물다양성탐사 행사 중 낙엽 사이에서 센트럴파크 지네를 발견했다. 최근에 인상적인 사례도 있었다. 벼룩파리과에 속하는 파리 30종을 새로 발견한 것이다. 그것도 LA 가정집 뒷마당에서 발견했다. 많은 종이 도시 생활에 적응하기 위해 행동을 수정하고 있으며, 이와 관련된 연구가 많이 나와 있다. 도시에 사는 새들은 도시에 적응하기 위해 소리의 높이와 주파수를 변경한다(Jha 2009). 그리고 포식자가 무엇인지에 따라 행동을 바꾼다(Science News 2012). 코요테 같은 일부 종은 이미 도시 생활에 성공적으로 적응했으며, 사람들은 도시에 살고 있는 이들 다른 생명체를 완벽하게 이해하기 시작하고 있다. 이런 다양한 관점에서, 우리는 아주 짧은 기간 동안 일어나고 있는 진화와 적응을 목격하고 있다.

자연 세계와 인공 세계가 새롭게 혼합되는 사례들이 많이 나오고 있다. 또한 도시에서 자연의 신비를 체험할 수 있는 새로운 기회도 많이 생기고 있다. 주목할 만한 예로, 멕시코 자유꼬리박쥐가 있다. 이 박쥐는 매년 여름이면 텍사스주 오스틴에 있는 콩그레스 애비뉴 브릿지 아래에 머무르는데 그 수가

150만 마리에 이른다. 오리건주 포틀랜드의 한 학교 굴뚝에 자리 잡은 복스칼새 떼는 장관을 이루며, 많은 사람들이 이를 보러 온다. 해양 지역에 있는 도시들에는 바다가 주는 환상적인 자연이 있다. 샌프란시스코 해변에 가면 해변을 따라 이동하는 귀신고래를 볼 수 있고, 뉴질랜드 웰링턴 항구에 가면 범고래를 만날 수 있다.

모든 도시 자연이 경이로움과 경외심을 불러일으키지는 않지만 많은 도시 자연이 사람들의 신비와 감탄을 자아낸다. 이 책에 소개된 일부 도시에서 이러한 경외심을 일으키는 장소들의 경우 아주 큰 동물을 볼 수 있는 곳이 많다. 가령, 웰링턴이나 샌프란시스코에서는 범고래, 돌고래, 여러 종류의 고래를 볼 수 있다. 다른 곳에는 송골매나 박쥐를 볼 수 있으며, 곤충과 미생물처럼 작은 동물들을 통해서도 자연에 대한 경이로움을 경험할 수 있다. 여기서 언급한 모든 것에서 자연의 장엄함을 느낄 수 있다(그림 2.3 참고).

경외심을 경험한다는 것이 무엇일까? 연구원들은 이것을 정의하고자 했으며, 켈트너와 하이트는 두 가지 특징을 확인했다. 하나는 '광대함'vastness이고 다른 하나는 '수용성'accommodation이다. 이들에 따르면, '자신보다 훨씬 더 큰 것, 즉 자신이 설정한 일반적인 수준보다 더 큰 것을 경험'할 때 광대함을 느낀다고 한다. 그리고 '새로운 경험을 자신이 가진 세계의 시각으로 동화시키려고 할 때 일어나는 마음가짐의 변화'가 수용성이라고 한다. 결론적으로 두 연구원은 정신 구조가 조정되는 것으로 보고 있다(Keltner and Haidt 2003).

그림 2.3 자연에 대한 경이로움과 경외심을 다음 세대에 심어주는 것은 바이오필릭 시티의 주요 목표 중 하나이다. 뉴질랜드 웰링턴에 위치한 아일랜드베이 해양 교육센터에 있는 터치탱크에서 아이들이 즐겁게 놀고 있다(사진 제공: 저자).

도시 자체를 공원으로 만들기

많은 도시와 마을은 아주 오래전부터 공원을 만들었고 공원을 만들려는 계획을 세워 왔다. 주거지와 업무 지구에 공원을 만드는 일이 중요하다는 것에는 이견이 없다. 그러나 어떤 도시를 방문할 때 특정 장소, 즉 '저곳'에 가면 자연이 있다는 이미지가 확고하게 고착화된 면도 없지 않아 있다.

바이오필릭 시티들은 예전보다 더 심오하고 야심찬 비전을 세우고 있으며, 그 중심에는 바이오필릭 시티 생활을 훨씬 더 확실한 방법으로 다시 설정하기 시작해야 한다는 생각이 깔려 있다. 많은 도시에서 지금까지의 녹색 계획은 일정한 거리를 두고 공원을 조성하는 것에 집중되어 있었다. 공원에 대한 적절한 접근성을 확보하고 인근에 공원을 만드는 것도 중요한 목표다. 그러나 바이오필릭 시티에 대해 우리가 두는 목표는 훨씬 더 앞으로 나간다. 즉 도시 자체를 하나의 생태계로, 또한 더 큰 자연 공간으로써 도시를 이해하기 시작하자는 것이다. 왜 공원으로 걸어가거나 공원을 따로 방문해야 하는가? 도시를 공원 안에 둘 수는 없는가? 도시 자체를 공원으로 만들 수는 없는가?

바이오필릭 시티에 살고 있는 모든 생명체는 도시 속 자연에 몰입해서 자연을 경험하고 자연과 연계해서 살아야 한다는 것이 바이오필릭 시티의 지향점이다. 바이오필릭 시티 네트워크에 가입되어 있는 많은 도시들은 이런 획기적인 포부를 가지고 있다. 뉴질랜드 웰링턴은 '숲 속 도시'라고 선언했고, 멜버른은 이와 비슷한 비전이 들어간 야심찬 도시 숲 계획을 만들었다. 파트너 도시인 싱가포르도 최근에 도시 모토를 '정원 도시'에서 '정원 속 도시'로 바꾸었다(5장 참고). 이는 그저 미묘한 언어적인 차이가 아니라, 도시 설계에 대한 커다란 방향 전환이라고 볼 수 있다. 싱가포르는 도시들 안에 존재하는 자연은 자연, 도시는 도시라는 이분법적 사고를 극복하기 위한 여러 가지 방법을 찾고 있다.

호주 멜버른은 새롭게 주목받고 있는 바이오필릭 시티로써, 싱가포르와 비슷한 방향으로 가기 위해 몇 가지 단계를 밟아나가고 있다. 멜버른은 2040년까지 숲 캐노피 비율을 22퍼센트에서 44퍼센트까지 2배로 늘릴 야심찬 계획을 세웠으며, 이를 실현하기 위해 힘을 쏟고 있다. 멜버른은 '도시 속 숲이 아니라 숲 속 도시'라는 명성을 얻고 싶어한다(Lynch 2015).

이런 변화에 대한 예를 런던에서도 볼 수 있다. 최근에 런던은 런던을 세계 최초의 '국립 도시 공원'으로 만들려는 계획을 세웠다. 런던에 상당히 많은 녹색 공간과 자연이 있는데, 스스로를 게릴라 지리학자라고 부르는 다니엘 레이블-엘리슨은 도시 자체를 국립공원으로 다시 만들자는 야심찬 계획을 제시했다. 그는 런던을 국립공원으로 만들면 '역동적이고, 혁신적이고, 진화적인 런던의 능력을 보존할 수 있다'는 믿음을 가지고 있다. 또한 그는 런던이 국립공원이 되면 런던이라는 도시가 안고 있는 가장 큰 문제들 중 일부를 해결할 수 있으며, 런던의 생물다양성과 레크리에이션 기회를 조정하고 강화할 수 있으며, 사람들에게 영감을 줄 수 있다고 믿고 있다(Raven-Ellison, 2014).

이 주장의 바탕에는 설득력 있는 근거들이 있다. 도시 자연 관련 통계를 보면 런던이 국립공원과 비슷한 모습을 보이기 시작하고 있다. 대도시 47퍼센트가 녹색 공간으로 되어 있고, 이곳에는 약 380만 개의 정원이 있다. 런던에는 3,000개의 공원이 있고, 이곳에는 13,000종 8만 그루의 나무가 자라고 있어서 세계에서 가장 큰 도시 숲을 이루고 있다(Usborne, 2014). 현재 런던 시장에게 제출할 온라인 캠페인이 진행 중이며, 이 아이디어가 영국 전체에서 어떻게 받아들여질지 두고 봐야 할 것이다. 일단 왕립조류보호협회와 런던야생생물트러스트에서는 이 제안을 지지하고 있다. 이 제안이 법적으로 혹은 행정적으로 인정되는 것과 별개로, 이를 통해 런던 도시 환경에 대한 시민들과 공무원들의 인식이 크게 바뀔 것으로 예상된다.

다른 도시들을 이끄는 바이오필릭 시티들

바이오필릭 시티들은 자연과 인간 이외의 다른 생명을 보호할 윤리에 의거해 자연 보존에 있어 세계적인 리더십을 보이고 있다. 바이오필릭 시티들은 다른 도시들의 귀감이 될 정도로 자연에 대한 지지를 아끼지 않고 있으며 자연을 보존하기 위한 행동을 충실하게 수행하고 있다. 또한 바이오필릭 시티들은 자연을 활용하는 패턴(예: 수백킬로미터 혹은 수천킬로미터 떨어진 곳에서 물, 에너지, 건축 자재, 식량 등과 같은 자원이 도시로 집중)에 대한 부정적인 영향을 파악하고 조정하는 일을 용이하게 하는 각종 프로그램과 정책을 운용하고 있다. 다른 도시의 귀감이 되는 바이오필릭 시티는 도시 바이오필리아가 새롭게 지향하는 목표이며, 이와 관련된 사례가 아직 많지는 않다.

바이오필릭 시티가 글로벌 리더십과 조처에 대해 책임감 있는 표현을 할 수 있는 방법이 여러 가지 있다. 일단 자연 보존 관련 국제 포럼을 개최하거나 주최하거나 적극적으로 참석할 수 있다. 그리고 다른 도시들의 자연 보존을 돕고 지원하기 위한 도시간 협약을 맺을 수도 있다. 또한 다른 국가나 도시들과 국제 협약이나 조약을 맺을 수도 있다. 도시 국가가 성장하고 있는 상황에서 이러한 일은 매우 많이 일어날 것이다.

주목받는 바이오필릭 시티 개념

요즘 지구 환경과 관련해서 좋은 소식이 별로 없다. 이러한 시점에 바이오필릭 시티를 만들려는 비전과 움직임은 희망으로 다가오고 있다. 바이오필릭이라는 용어가 많이 사용되고 있지 않지만 도시 환경에서 자연이 중요하고 필수적인 역할을 한다는 인식이 자리잡고 있다.

20~30년 전 독일, 네덜란드, 북유럽에서 녹색 정원이나 생태 정원이 조성되기 시작했고, 북미 도시들도 이에 관심을 보였다. 지난 10년 동안 녹색 지붕이 대세가 되었으며 도시 건물 설계 시 필수 항목으로 들어가는 비율이 높아졌다. 그레이터 런던 당국은 최근에 항공 사진으로 런던 중심부의 생태 지붕을 조사하였으며, 그 결과 약 700개의 녹색 지붕이 확인되었다(GLA, 2014). 런던 중심부의 녹색 지붕이 표시된 지도를 인터넷에서 확인할 수 있으며, 시민들과 건물주들이 앞으로 녹색 지붕을 더 설치할 것이므로 그 수는 늘어날 것이다. 유럽과 북미 여러 도시들에서도 이와 비슷한 추세로 녹색 지붕이 많아질 것으로 예상된다. 몇년 전만 해도 이런 친녹색 요소를 권장하는 프로그램을 운용하는 도시가 많지 않았지만 지금은 매우 많아졌으며, 토론토 같은 일부 도시들은 녹색 요소를 의무화하고 있다.

다른 긍정적인 트렌드들도 있다. 거의 모든 문화권과 나라에서 자연과 떨어져 실내에서 많은 시간을 보내는 것이 일반적이지만 도시에서 자연을 즐길 수 있는 새로운 방법들을 모색하고 있다. 도시를 강 및 워터프론트와 다시 연결하려는 상당한 노력이 지속적으로 진행되고 있다. 포틀랜드, 밀워키, 싱가포르를 포함해서 바이오필릭 시티 프로젝트에 속한 파트너 도시들은 강을 자연 원래대로 복원하여 서식지를 개선하고 시민들을 자연과 다시 연결하려는 노력을 기울이고 있다(예: 매년 여름 포틀랜드에서 진행되는 행사인 빅 플로트). 코펜하겐이나 베를린 같은 많은 도시들이 오염이 심하게 되어 있던 항구와 강에 공영 수영장을 개발해 왔다. 런던도 템즈강에 공영 수영장을 개발할 계획이지만, 템즈강의 경우 아직도 수질 오염 문제가 관건으로 남아 있다.

많은 도시들이 녹색 및 자연화에 대해 종합적인 비전을 세우고 싶어 한다. 브리티시컬럼비아주의 밴쿠버는 2020년까지 세계 최고의 녹색 도시가 되겠다고 선언했고, 이를 위해 인상적인 액션 플랜을 발표했다. 세계적으로 많은 도시들이 밴쿠버와 비슷한 포부를 드러냈다. 특히 유럽에서는 유럽녹색수도 인증을 받기 위해 활발하게 움직이고 있다. 스페인의 비토리아가 2012년에 이 인증을 받았으며, 이에 대해서는 12장에서 자세히 설명한다.

다른 트렌드들도 있다. 새로운 이니셔티브와 기술(특히 스마트폰)이 많이 나오고 시민 과학이 활발해지면서 자연 관찰 및 자연 교류에 직접 참여하는 개인들이 더 많아졌다. 가령, 미국 국립 광학천문대가 운영하는 '글로브앳나이트' 프로그램은 시민들이 본인이 살고 있는 장소에서 밤하늘의 밝기를 측정하도록 한다. 지난 8년 동안 운영되는 중에 매우 많은 사람들이 이 프로그램에 참여했으며, 115개 나라에서 10만 개의 측정 자료가 '대화형 데이터맵'에 업로드되었다(www.globeatnight.org/about.php). 이러한 것들은 도시 주민들이 주변에 있는 자연 환경을 직접 배우고, 연구하고, 정서적으로 연결되는 새로운 기회로 자리잡고 있다. 조류와 나비를 관찰하는 것에서부터 물 속이나 물 위에 있는 해양 동물을 촬영하는 것에 이르기까지 직접 참여하는 방법들이 많이 있으며, 불과 몇 년 전만 하더라도 이런 기회들이 없었다.

결론

  도시에는 여러 형태의 자연이 존재한다. 작은 숲이나 토종 동식물 및 진균류 같이 예전부터 있던 게 그대로 남아 있는 경우가 있고, 녹색 지붕이나 수직 정원과 같이 새로 디자인된 자연도 있다. 이 상황에서 본질적으로 도시와 자연을 합쳐야 한다는 인식이 커지고 있다. 도시가 존재하려면 지질학적, 수문학적, 생태학적 환경을 잘 갖추는 것이 중요하고, 이러한 것들이 잘 갖춰져 있으면 도시 시민들이 주변 자연과 물리적으로, 시각적으로 연결될 기회도 많아진다는 점을 인식해야 한다. 우리 주변의 산, 해안선, 강은 우리의 삶의 영역을 정하고 장소를 나누고 정의하는 데 있어 핵심적인 역할을 한다.

  2장에서는 바이오필릭 시티들의 새로운 특성들을 소개했다. 바이오필릭 시티에는 풍성한 자연이 있으며, 극도로 자연적이며, 주민들은 주변에 있는 자연에 참여하고 돌보는 일에 적극적이다. 또한 바이오필릭 시티들은 도시 외곽에 있는 자연, 동식물상, 진균류에도 큰 관심을 보이며, 자연 보존 분야에 대한 글로벌 리더십을 발휘하면서 바이오필릭 가치를 표방할 것으로 기대된다.

3장

도시 자연 식단
도시 생활을 윤택하게 하는 자연

도시에 사는 사람들마다 각기 다른 방법으로 도시에 있는 자연을 이해할 수 있다. 이와 관련해서 몇 가지 질문을 할 수 있다. 우리가 더 건강하고 더 행복하다고 느끼기 위해 얼마나 많은 시간 동안 자연에 노출되어야 하는가, 긍정적인 반응으로 이어지기 위해 어떤 형식의 자연이 있어야 하는가? 우리는 이것을 '도시 자연 식단'urban nature diet이라고 표현한다.

우리가 자연에서 필요로 하는 것은 개인의 생활 환경에 따라 달라진다. 건물 내부에서 일을 하고 있다면 그에 맞는 특정한 종류의 자연을 필요로 한다. 아프다면 자연에서 얻을 수 있는 치유하는 힘이나 평온하게 하는 힘이나 빠르게 회복시키는 힘이 필요할 것이다. 자연이 가지고 있는 풍경, 소리, 체험이 병원에 있다면 좋을 것이다.

자연을 경험하는 것에 있어 각종 야외 활동에 참여하고 즐기는 시간은 중요한 요소다. 우리는 도시에서도 자연을 찾고 방문할 수 있다. 즉 워터프론트 산책로를 따라 하이킹을 할 수 있고, 공원에서 피크닉을 즐길 수 있으며, 조류를 관찰하며 휴일을 보낼 수도 있다. 그러나 이보다 훨씬 더 소소하게 자연을 경험할 때가 더 많다. 즉 하늘을 나는 새를 잠깐 보거나 새의 짧은 지저귐을 듣기도 한다. 고층 아파트 창문에서, 혹은 버스나 열차 차창 밖으로 자연을 살짝 보기도 한다. 이렇게 막간을 이용해서 짧게 만나는 자연도 강력하고 즐거운 경험이 된다. 도시에 더 많은 자연이 있을수록 우연히 겪는 일상적이고 잠깐 동안의 이런 경험들이 많아질 것이고, 이런 경험 속에서 우리 인생에 특별하면서도 중요한 무언가가 더해 질 가능성이 높아진다.

바이오필릭 상호 작용을 촉진시키기 위해 도시에는 나무 캐노피가 많이 있어야 하고 도시 내에서의 생물다양성 수준이 높아야 한다. 그러나 그런 자연이 아무리 많이 있더라도 의미가 자동으로 부여되는 것은 아니다. 도시에 살고 있는 사람들이 그런 자연을 알아주어야 하고, 그 자연을 돌보아야 하고, 어떤 식으로든 자연에 동참하면서 자연의 모습을 보고 자연의 소리를 들어야 하며, 자연을 적극적으로 즐겨야 하고, 자연 편에 서서 움직여야 한다.

Bratman, Hamilton, and Daily (2012)는 자연에서의 경험을 분류하는, 그리고 자연 경험에 관한 연구를 구성하는 유용한 체계를 제시했다. 이를 위해 노출 유형(그림, 창 보기, 물리적 근접), 환경 유형(도시 녹색, 수역, 숲 등), 자연을 경험하기 위해 자연에서 보낸 지속 시간을 결합했다(박스 3.1 참고).

박스 3.1 도시에서 자연을 경험할 수 있는 몇 가지 방법들

- 야외에서 실제 자연 관찰하기, 보기, 듣기
- 하이킹, 캠핑, 야외 활동
- 바람, 비, 안개를 몸으로 느끼기
- 정원 가꾸기, 나무 심기, 거리나 해변 쓰레기 청소 등 목적에 맞게 야외 자연 즐기기
- 자연 보호 클럽이나 단체에 참가하기
- 창으로 자연 바라보기
- 실내 자연 체험(예: 테라리움, 아쿠아리움, 실내 녹색 벽 보기)
- 컴퓨터 화면에서 자연 이미지 보기
- 자연 관련 독서, 자연 관련 강의 참석
- 예전에 경험했던 기억이나 자연 생각하기

자연에서 얼마나 오래 있어야 하는가?

유의미한 유익함을 누리기 위해 얼마나 오랫동안 자연을 경험(예: 새 소리 듣기, 공원 나무 아래 앉아 있기, 물 따라 걷기 등)해야 하는가? 이것은 중요한 질문이자 우리 모두에게 관심 있는 질문이다. 도시 자연 식단에는 원시림이나 해변에서 자연을 보고 자연의 소리를 듣고 자연을 경험하는 메뉴가 올라가기보다는 일상적인 하루를 보내는 중에 일련의 자연, 즉 날아가는 새를 잠깐 보거나 스카이라인을 보거나 열지어 있는 녹색 나무를 보는 메뉴가 더 자주 올라갈 것이다. 자연에 대한 이런 다양한 경험이 우리에게 무엇을 추가로 더 제공하는가? 그리고 이 책에서 논의하는 긍정적인 이익과 가치를 충분히 주는가?

이 책과 바이오필릭 시티 프로젝트 관련 연구에서는 자연과 물리적으로 직접 접촉하는 것, 즉 자연으로 둘러싸인 야외에서 시간을 보내고, 하이킹을 즐기고, 수영을 하고, 나무 아래 앉아 있는 것에 얼마나 큰 가치가 있고 얼마나 중요한지를 이야기한다. 그러나 사무실이나 아파트 창으로 자연을 보는 것만으로도 치료 및 다른 유익함이 있다는 것을 보여주는 주목할 만한 근거들이 있다. 오리건대학교의 연구원들은 자연을 보면서 일하는 근로자들이 그렇지 않은 근로자들보다 병가 시간이 11시간 더 적다는 사실을 밝혀냈다(Elzeyadi, 2011). 해청마흔그룹의 연구에 따르면 책상 가까이에 있는 창으로 자연을 보는 콜 센터 직원이 그렇지 않은 직원보다 6~12퍼센트 더 빠른 전화 업무 처리 속도를 보였다고 한다(Heschong Mahone Group, 2003). 자연 전망을 유지하기 위해 건물의 높이와 위치를 제한하는 오랜 전통이 있다(예: 덴버는 유명한 공원인 로키의 전망을 보호하고 있다). 그리고 병원과 다른 건물을 지을 때 자연 전망을 최대한 확보하기도 한다.

그림 3.1 도시에서 자연을 즐기고 경험할 수 있는 방법은 매우 많이 있다. 자연과의 물리적 연결이 중요하지만 시각적 연결도 중요하다. 조지타운대학교의 힐리 패밀리 센터를 설계할 때 자연과의 시각적 연결을 중요하게 생각했다. 이 건물의 테라스 밖에서 한 학생이 공부를 하고 있으며, 그 앞에는 깨끗하고 아름다운 포토맥강이 펼쳐져 있다(사진 제공: 저자).

공원이나 녹지를 1주일에 한두 번 방문하면 상당한 이익을 얻을 수 있다. 퀸즐랜드대학교의 다니엘 샤나한과 그녀의 동료들은 우울증과 고혈압에 자연이 긍정적인 역할을 한다는 사실을 밝혀냈다. 이를 위해 '자연 복약' 방식을 활용했다. 그들의 연구에는 브리즈번에 거주하고 있는 1,500명 이상의 사람들이 참여했으며, 30분 동안 녹지 공간을 방문하면 고혈합에 도움이 된다는 사실을 밝혀냈다(Shanahan, et all 2016). 우울증은 사람을 쇠약하게 만들고 많은 희생을 요구하는 질병이지만 도시에 자연이 많이 있다면 우울증이 심해지는 것과 유병률을 줄이는 데 큰 역할을 할 수 있다.

아주 짧은 시간 동안 자연과 함께하더라도 유효한 긍정적인 효과가 있다는 연구 결과들이 있다. 이런 효과를 '용량 반응'dose response이라고 한다. Barton and Pretty(2010)은 '자연 속에서의 신체적인 활동'green exercise, 가령 자연이 있는 곳에서의 걷기와 자전거 타기 같은 것이 사람의 자존감과 기분에 어떤 영향을 미치는지를 연구했다. 연구 결과, 5분 활동에서 가장 큰 변화가 일어난다는 사실이 확인되었다(참고로, 10~60분 활동 및 반나절 활동은 5분 활동보다 효과가 낮았지만 긍정적인 영향력은 분명히 있었고, 종일 활동은 5분 활동에 근접한 이익을 주는 것으로 나타났다). 자존감과 기분 개선이 얼마나 오랫동안 지속되는지는 명확하지 않았다. 이 연구에서는 아주 짧은 시간의 자연 경험이 얼마나 큰 힘을 발휘하는지를 확인하였다. 연구원들은 다음과 같이 결론을 내리고 있다. "자연과 짧은 시간 동안 함께하는 것만으로도 정신 건강에 바로 이익이 될 것이다. 몸을 쓰지 않고 교통 수단으로만 오가는 도시민의 일반적인 생활을 중단하는 것은 흡연을 중단하는 것만큼이나 의미가 있으며, 그런 생활을 중단하고 짧은 시간 동안 걷기 같은 가벼운 운동이라도 한다면 건강상 긍정적인 효과가 바로 나타날 것이다"(2010, 3951). 이와 같이 작지만 효과가 분명한 '자연 복약'으로 바이오필릭 생활을 실현할 수 있다.

Ward Thompson(2014)는 녹지 공간과 스트레스 감소에 관한 그녀의 연구에서 다음의 결론을 이끌어냈다. "연구 결과, 녹지 공간이 많을 때 스트레스가 낮아지다는 상관 관계가 확인되었다. 그런데 자연 환경과의 접촉은 매우 사소하게 일어났지만 그 결과는 크게 나타났다"(2014, 227).

멜버른대학교의 케이트 E. 리와 그녀의 동료들은 실험 참가자들에게 꽃이 있는 가상의 녹색 지붕을 40초 동안 보여주었으며, 이 정도만으로도 긍정적인 결과가 나타난다는 사실을 알아냈다(업무 오류 저하 및 인지 복원 향상)(Lee et al. 2015). 워싱턴포스트에서는 도시의 사무실 환경에서 일하는 근로자들에게 녹색 지붕을 포함한 여러 형태의 자연이 왜 중요한지를 알리는 기사에 케이트의 연구 결과를 인용했다. "하루 종일 진행되는 현대인들의 노동은 집중력을 떨어뜨리므로 '짧은 시간의 녹색 휴식'을 제공하면 정신력이 다시 충전되어서 떨어진 집중력이 복원될 수 있다"(Mooney 2015에서 인용). 하루 동안 짧은 휴식을 많이 갖는다면 도시에서 살고 있고, 도시에서 일하고 있고, 도시를 방문하는 모든 이에게 이익이 될 것이며, 그렇게 되기를 소망한다. 여기서 언급한 연구들에서 확인되었듯이 아주 짧은 '자연 복약'만으로도 큰 효과가 나타날 것이다.

직접 경험과 간접 경험

스티븐 켈러트는 자연과의 직접 접촉, 간접 접촉, 가상 접촉 사이에 어떤 차이가 있는지를 확인하는 연구를 진행했다(Kellert 2002). 켈러트에 따르면 '직접 자연'direct nature은 '자연 환경이나 인간이 아닌 다른 종과 신체적으로 직접 접촉하는 것'이다. 켈러는 다음과 같이 설명하고 있다. "직접적인 접촉이라 함은 뒤뜰, 근처 숲, 초원, 개울, 집 주변, 공원, 버려진 공터에서 젊은 사람이 자발적으로 운동을 하거나 활동을 하는 것을 말한다. 여기서 자연 환경은 사람의 조작이나 활동에 영향을 받기는 하지만 인간의 개입이나 통제와는 완전히 독립적으로 기능을 수행하는 생물과 서식지를 갖춘다"(2002, 118).

　자연에 직접 노출되면 바이오필릭 효과가 최대로 나타난다. 그리고 도시에 살고 있는 사람들이 야외에 있는 야생 자연(새, 나무, 곤충)을 더 많이 만지고 느끼고 볼수록 효과는 더 높아진다. 그러나 직접적인 방식이 아니라 간접적인 방식으로 자연과 접촉해도 가치가 있다.

　켈러트는 '간접 자연'indirect nature을 '실질적인 신체 접촉이 있지만 훨씬 더 제한적이고, 프로그램에 따라 진행되고, 관리가 이루어지는 상황에서 이루어지는 것'으로 보고 있다. "자연 서식지와 인간이 아닌 다른 생물에 대한 간접 경험은 일반적으로 규제가 있고 부자연스러움이 있는 인간 활동의 산물이다. 이런 상황 속에 있는 자연은 대개 인간이 여러 가지 의도를 가지고 만들어서 완벽하게 조작하는 곳이다. 그 예로 어린이들은 동물원, 수족관, 식물원, 수목원, 자연사 박물관, 자연 센터에 있는 식물, 동물, 서식지를 만날 수 있다"(2002, 118).

　테라리엄이나 수족관을 바라봄으로써 실내 자연을 경험하는 것도 간접 자연 범주에 들어간다(그림 3.2 참고). 수족관에 있는 물고기를 보고 있을 때 어떤 일이 일어나는지를 입증한 연구들이 많이 나오고 있으며, 심박수를 줄여서 평온하게 하는 데 도움이 된다는 연구 결과도 있다(Cracknell et al. 2015). 수조 유리를 통해 간접적으로 경험하는 것으로 시각적인 경험치는 높지만 실제 만질 수는 없다. 그러나 이것도 실시간으로 경험하는 실제 자연이다.

그림 3.2 중요한 목표는 집과 일하는 곳의 내부 공간에 독창적인 방법으로 자연을 들이는 것이다. 이것은 샌프란시스코의 크루키드 네스트사가 설계해서 버지니아대학교 스쿨오브아키텍처에 둔 초록 테라리엄이다(사진 제공: 저자).

마지막으로, 켈러트가 '상상 자연'symbolic nature=vicarious nature으로 분류한 자연이 있다. 상상 자연을 다음과 같이 정의하고 있다. "자연 세계와 실제 신체 접촉을 하지 않는 가운데 경험하는 자연이다. 자연을 직접적, 간접적으로 만나지 않고 그 대신 자연을 표현한 것이나 묘사한 장면을 보며, 이것이 어떤 때는 사실적이지만 상황에 따라서는 다분히 상징적이거나 은유적이거나 어떤 양식에 맞게 특징을 표현할 수도 있다"(2002, 119).

도시에 있는 자연 이미지 중에서 가장 뛰어난 것들은 건물 공간과 정면에 그려지거나 인쇄된 것들이다. 이의 예로 미국의 많은 도시에는 로버트 와일랜드가 그린 놀라운 고래 벽화들이 있다(와일랜드 재단에 가면 일부 벽화를 볼 수 있다). 스마트폰 앱이나 컴퓨터 게임 같은 가상 혹은 전자적 수단이나 텔레비전이나 인터넷을 통해 자연을 경험할 수 있는데, 이런 것들도 상상 자연 범주에 속한다.

경험의 다양성

다양한 형식의 자연과의 접촉을 최대화하는 방식으로 도시 생활을 짜는 것이 주요 목표이다. 이를 위해서는 누군가의 삶이 이루어지는 내부 공간에 녹색 및 자연 요소를 두어야 한다. 사무실의 경우 작업자의 생산성을 저하시키고 숨을 막히게 하는 듯한 창 없고 녹색이 없는 작업 환경과 칸막이로 되어 있는 설계를 개선해야 한다. 이와 관련해서 회사와 사업을 이끄는 사람들은 특별한 역할을 해야 한다. 먼저 작업 환경이 어떻게 설계되느냐에 따라 업무의 품질과 직원들의 건강이 크게 영향을 받는다는 사실을 인식해야 한다. 그리고 사업 감각이 좋은 사람은 생산성과 건강 비용을 고려해서 업무 환경을 설계한다는 사실도 깨달아야 한다.

주거 환경을 꾸밀 때 집에 다양한 자연 요소를 배치해야 한다. 풍부한 일광과 자연 환기가 식물을 건강하게 키우는 데 필요한 조건이며, 이 조건은 사람들의 건강에도 동일하게 적용된다. 집 주변의 공간에는 비옥한 땅이 있다. 영국에서 정원의 생물다양성을 조사한 초기 연구에서는 많은 사람들이 살고 있는 곳 아주 가까이에 꽤 많은 자연이 있다는 것이 확인되었다(셰필드대학교의 연구원들이 진행한 BUGS 이니셔티브 참고)(Gaston et al. [2007]).

내부 세계와 외부 세계 사이의 장벽을 극복하는 것은 디자이너와 건축가의 일상적인 과제였으며, 바이오필릭 시티를 만드는 데 있어 매우 중요한 일이다. 인구가 많은 도시에서 더 살기 좋고 지속가능한 환경을 만들려면 안뜰이나 발코니 같은 공간을 어떻게 할지 고민해야 한다. 싱가포르에서 많은 영감을 얻을 수 있다(싱가포르에 대해서는 5장에서 자세히 설명한다). 싱가포르의 경우 새로운 형식의 수직 자연, 하늘 공원, 녹색 요소를 만드는 데 있어 안뜰이나 발코니 같은 공간을 중요하게 활용했다.

또한 쿡폭스 아키텍츠 같은 회사가 진행한 새로운 디자인 작업에도 깊은 인상을 받았다. 맨해튼 소호의 캐스트아이언 디스트릭트에서 진행한 주택 공급 프로젝트인 300 라파예트의 디자인을 공개했는데 녹색 발코니를 새롭고 혁신적인 방법으로 접근했다. 토종 식물을 파악하기 위해 야생동물보존협회의 에릭 샌더슨이 함께한 이 프로젝트에서는 약 310평의 녹색 발코니와 많은 화분이 사용되었다. 낮에 보면 야외에 조성되어 있는 멋진 녹색 공간이 커다란 아파트를 감싸고 있는 모습을 볼 수 있다. 모든 구조물의 디자인과 시공은 주민들이 도시 자연 식단을 조금 더 즐길 수 있는 기회를 제공하도록 배려되었다(이 사례를 더 자세히 알고 싶으면 3부에 있는 사례들을 참고한다).

도시 자연의 여러 요소들을 생각할 때 유용하게 사용한 프레임워크로 '자연 피라미드'Nature Pyramid라는 것이 있다(그림 3.3 참고). 음식 피라미드를 모형으로 해서 우리의 음식 소비에 관한 결정을 이끌어내기 위해 사용된 자연 피라미드는 건강한 도시 자연 식단을 어떻게 구성해야 하는지를 개별적으로, 그리고 전체적으로 생각할 때 도움이 된다. 음식 피라미드의 꼭대기에 있는 것들(소금과 고기)과 같이 자연 피라미드의 꼭대기에 있는 것들(멀리 있는 자연을 집중적으로 방문하는 것)이 높은 수준의 가치와 보상을 보장하지만 우리의 자연 식단 대부분을 그것들로 채울 수는 없다(또한 이렇게 하면 탄소 발자국을 적절한 수준으로 유지할 수 없다). 음식 피라미드에서와 같이 우리 주변에 있는 모든 형태의 자연과 자연 경험을 깊이 생각하고, 일상의 자연으로 우리의 자연 식단을 짜야 한다(자연 피라미드에 대해 더 자세히 알고 싶으면 Beatley, 2012를 참고한다).

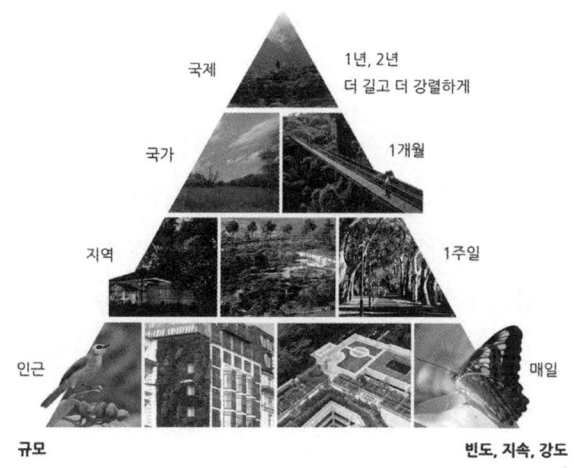

그림 3.3 자연 피라미드는 건강한 도시 자연 식단을 무엇으로 구성해야 하는지를 이해할 때 가장 먼저 고려하는 방법이다. 이것은 싱가포르에서 개발한 특별한 버전의 피라미드이다. 컨셉은 타냐 덴클라-콥이 제공했고, 저자가 보완하였다(이미지 출처: 싱가포르 국립공원위원회).

음식에 비유하는 것은 유용하다. 또한 도시 자연 1인분이 무엇으로 이루어지는지 생각해볼 수도 있다. 아마도 도시 자연 1인분에는 한 마리 새를 보는 것, 새가 날아가면서 노래하는 것, 무리로 날아가는 새떼, 혹은 이것들이 조합된 것이 1일 최소 자연 권장량일 것이다. 두 마리의 새, 몇 그루의 나무, 하나의 녹색 벽, 다른 여러 가지 조합은 어떤가? 이것은 한번쯤 음미해도 될 흥미로운 질문이며, 도시 자연 식단을 구성하는 개별 요소가 기후나 위치에 따라 바뀔 수 있다는 사실을 인식하는 것도 중요하다(원래 그 자리에 있던 것이든지 혹은 계획적으로 만들어진 것이든지, 피닉스 같은 사막 도시의 자연 요소는 헬싱키나 리오데자네이루 같은 도시와 다를 수밖에 없다).

결론

바이오필릭 시티를 지지하기 위한 두 가지 핵심 질문이 있다. 하나는 '우리가 도시에서 필요로 하고 원하는 자연은 어떤 종류인가'이고, 다른 하나는 '다양한 자연 경험 중 도시에서 경험할 수 있는 것이 무엇인가'이다. 이 질문들에 대한 대답은 각 도시에 따라 다를 것이며, 실제로 매우 다양한 결과로 이어질 것이다. 가령 나이로비에서는 잘 보존되어 있는 작은 숲을 걸을 수 있고, 시애틀에서는 수평선에서 산을 볼 수 있다. 심지어 자연을 그냥 바라보거나 자연을 생각하는 것이 될 수도 있다. 연구할 수 있는 흥미로운 주제는 매우 많이 있으며, 건강한 도시 자연 식단 구성에 영향을 미치는 변수들도 아주 많이 있다. 기후, 생태, 도시의 위치에 따른 다양한 생물학적 특성이 도시 자연 식단 구성에 큰 영향을 미친다(예: 많은 도시에서 녹색 지붕이 제 역할을 하지만 건조한 사막 환경에서는 적절하지 않다). 자연이 건강 증진에 미치는 긍정적인 효과와 영향은 성별, 나이, 기본적인 건강 상태 등 같은 여러 변수에 따라 다를 것이다.

4장

바이오필릭 시티와 회복탄력성

미국과 세계 각지에 있는 도시들이 많은 도전에 직면해 있다. 어떤 도전은 비교적 새로 나타난 것인데, 기후 변화, 식량 및 물 부족이 그에 해당된다. 또 다른 도전은 주기적으로 일어나지만 공통으로 발생하는 것들인데, 빈곤 퇴치, 적정 비용으로 적당한 주거 공급, 일자리 공급, 경제 활동이 그에 해당된다. 실제 사례에서 판명되었듯이, 자연에 투자하는 것은 위에 언급한 거의 모든 도전을 해결하는 데 도움이 되고, 도시와 도시 시민들에게 더 많은 회복탄력성을 여러 가지 방법으로 제공하는 데 도움이 된다.

기후, 해수면 상승 대처 필요성, 뜨거워진 날씨, 극심한 가뭄 증가, 극단을 치닫는 기상 이변에 대한 걱정이 많아지면서 '회복탄력성'resilience이라는 개념이 많은 공감을 얻는 것이 이상한 일은 아니게 되었다. 바이오필릭 시티가 지향하는 목표와 회복탄력성이 추구하는 목표는 상호 보완적인 역할을 한다.

회복탄력성을 주제로 한 문헌과 회복탄력성을 정의하고 개념화하는 방법이 많이 나오고 있다. 회복탄력성을 이야기할 때 자주 인용되는 정의를 박스 4.1에 정리해 두었다. 일관되게 강조되는 것으로 세 가지가 있는데, 적응하기, 변화에서 배우기, 폭풍과 충격 견디기가 있다. 물론 이 모든 것의 지향점은 삶의 질을 유지하는 것이다.

바이오필릭 '도시화'urbanism는 광범위하고도 복합적인 회복탄력성을 우선하고 있다. 그림 4.1에서 볼 수 있듯이 도시 속의 자연은 도시의 조건과 도시의 개체에 대해 다양한 방법으로 영향을 줄 수 있다. '바이오필릭 시티 인과 경로 모델'에서는 도시의 자연과 도시의 회복탄력성 사이에서 직접적으로 영향을 미치는 경로와 간접적으로 영향을 미치는 경로가 있다는 것을 제시하고 있다.

> **박스 4.1 커뮤니티 회복탄력성의 의미**
>
> "심리적인 동요와 변화를 흡수하고, 활용하고, 심지어 이익을 이끌어내는 시스템의 능력이며 < 중략 > 시스템 구조의 질적인 변화 없이 시스템이 지속되는 것이다." - C. S. 홀링(1973, 9)
>
> 라틴어 resilire로, '도약하기 위해 다시 뛰어 오르는 것' 혹은 '공이 어떤 것에 부딪힌 후 제자리로 다시 돌아오는 것'을 의미한다. 이 의미에는 '내구성', '유연성', '적응성', '부러지지 않는 휘어짐'이 내포되어 있다.

그림 4.1 도시의 숲은 생태학적으로 필수적인 역할을 한다. 즉 빗물을 축적하고, 도시를 식히는 데 도움을 주고, 여러 가지 방법으로 도시의 회복탄력성을 높인다(사진 제공: 저자).

바이오필릭 도시화와 바이오필릭 시티 프로그램의 가치와 성공을 가늠할 수 있는 많은 종류의 성과와 방법이 있으며, 인과 경로 모델을 통해 이 사실을 확인할 수 있다. 바이오필릭 프로젝트들은 개인 및 공중 위생과 관련이 있을 뿐만 아니라 도시의 집단적인 회복탄력성을 위한 조건을 만드는 것과도 관련이 있다. 또한 이들 바이오필릭 프로젝트는 도시의 인프라와 경제를 회복시키는 능력이 있으며, 주요한 스트레스 요인과 충격을 극복하는 것에도 일조하고 있다.

바이오필릭 목표와 회복탄력성 목표 사이의 물리적 연결

도시 기온이 높아졌으며, 이는 우리가 극복해야 할 중요한 과제로써, 향후 몇 년 동안 더 심각해질 것이다. 지난 수십년 동안 도시는 도시 열섬 현상을 겪었으며, 인위적으로 도시화된 도시는 주위에 있는 시골 지역보다 훨씬 더 더워졌다. 도시와 시골의 기온 차이는 최근 몇 년 동안 더 커졌으며, 기후 변화의 영향으로 인해 도시의 여름 기온은 훨씬 더 높아질 것으로 예상된다.

최근에 클라이미트 센트럴은 미국에서 규모가 가장 큰 60개 도시의 도시 열섬 효과에 대한 연구를 진행했다(Kenward, Yawitz, Sanford, Wang, 2014). 이 연구에서는 도시가 주변 시골 지역보다 평균적으로 2.4°F 더 더웠다는 사실을 발견했다. 그러나 연구 대상인 60개 도시들마다 꽤 큰 편차가 있었다. 상위 10개 도시는 나머지 50개 도시에 비해 훨씬 더 높은 기온 차이를 보였다. 라스베이거스가 가장 높았는데, 주위 시골 지역보다 7.3°F 더 더웠다. 앨버커키(5.9°F), 덴버(4.9°F), 포틀랜드(4.8°F), 루이빌(4.8°F), 워싱턴 D.C.(4.7°F)가 더운 도시 상위에 이름을 올렸다.

이 연구에서는 실제로 더운 날 수가 증가하고 있다는 사실을 알아냈다. 또한 고온과 나쁜 공기 질(지상 오존으로 측정) 사이에 상관관계가 있다는 것도 밝혀냈다. 도시가 더워지면서 도시의 공기가 건강에 해로워지고 있을 뿐만 아니라 이외에 다른 중요한 위해 요소들이 있다는 것을 확실하게 알 수 있다.

좋은 소식이 있다. 도시의 열 위험을 완화하거나 해결할 수 있는 단계적인 방법들이 있다. 많은 사람들이 이 책에서 주장하는 바이오필릭 설계 및 계획 수립 방법을 사용한다. 클라이미트 센트럴의 연구에서는 다음과 같은 결과가 나왔다. "나무, 공원, 흰색 지붕, 도시 인프라의 대체 재료를 더 많이 사용하도록 계획되고 설계된 도시의 경우 도시 열섬 영향을 줄일 수 있다. 그러나 온실가스 배출량이 증가하면서 향후 수십 년 동안 미국의 여름 평균 기온이 더 높아질 것으로 예상되며, 도시 열섬과 이에 관련된 건강 위험이 악화될 것이다"(Kenward, Yawitz, Sanford, Wang, 2014, p. 4).

이와 비슷하게, 물이나 식량과 같이 국가적으로나 전 세계적으로 어렴풋이 나타나지만 어느 순간 심각하게 다가올 만한 제한적인 자원이 있다. 이와 관련된 문제들을 해결하는 데에 바이오필릭 설계와 계획이 도움이 될 수 있다. 상수 공급만큼이나 급박한 문제들도 몇 가지 있는데, 많은 도시, 특히 건조한 환경에서는 상수 부족 현상이 심각한 관심사가 되었다. 기후 변화로 인해 가뭄은 실제로 거의 모든 도시에서 관심사가 될 것이다. 물 부족이 현실화되면서 많은 도시에서 적극적인 수자원 보존 프로그램을 채택하고 있으며, 물 재사용 전략과 같은 추가 조치를 취해야 할 필요성이 실질적으로 증가하고 있다.

도시에 식물을 심고 식재 계획을 수립할 때 내건성 조경을 고려함과 동시에 가뭄에 강한 식물 종을 심어야 한다. 이와 같이 도시에 나무, 식물, 초목을 심으면 도시의 물 회복탄력성을 더 높일 수 있다.

녹색 벽이나 녹색 지붕과 같이 바이오필릭 특징을 갖추도록 디자인하면 물 재사용 및 공급과 관련된 문제를 크게 개선할 여지가 있다. 스페인 테라고나의 타바칼레라 공원에 있는 대형 녹색 벽을 예로 들 수 있다. 식물 종묘장인 비버 테르의 알렉스 푸이그가 설계한 3,300평에 이르는 이 거대한 녹색 벽은 샤워실과 욕실에서 나온 중수도 용수를 정수 처리한다. (결과적으로 하루에 대략 26,000리터의 물을 절약한다.) 이 벽은 바빌론이라고 하는 녹색 벽 시스템을 사용하며, 바빌론은 조립식 식물 상자들로 구성되어 있으며, 이들 상자는 쌓고 연결하는 방식으로 설치된다. 벽에는 새 둥지들이 디자인되어 있으며, C2C 인증도 받았다(C2C Cradle to Cradle은 윌리엄 맥도너가 개발한 상품 인증 시스템으로, 같은 제목으로 그가 출간한 책에 제시되어 있는 원칙들을 기반으로 한다. 이에 대해 더 자세히 알고 싶으면 www.C2ccertified.org를 참고한다).

또 다른 좋은 예를 시애틀에 있는 불릿 센터에서 볼 수 있다. 불릿 재단 이사자 '지구의 날'Earth Day을 조직화한 데니스 헤이스가 아이디어를 낸 이곳은 시애틀이라는 도시가 있기 전에 더글러스퍼 숲이 했던 것과 같은 기능을 하도록 설계되었다. 이 건물의 3층에 녹색 지붕이 있는데, 이 지붕은 인공 습지 같은 기능을 한다. 즉 건물의 싱크대와 샤워실에서 흘러온 중수도 용수를 걸러내고 정화한다(건물 지하실에 있는 1,893리터 저장 탱크가 사용된다). 또 다른 예를 샌프란시스코 공공수도사업소의 새로운 본사 건물에 통합되어 있는 '리빙머신'에서 볼 수 있다. 이 시스템은 13층 건물에서 나오는 모든 중수도 용수뿐만 아니라 하수까지 모두 처리한다. 이 처리 시스템의 일부는 구조물 내부에 들어 있지만 이 시스템에서 가장 환상적인 요소는 무성한 습지로 된 인도이다. 이 습지 인도를 오가는 사람들은 아름다운 생체 친화적 특성을 경험한다.

바이오필릭 목표와 회복탄력성 목표 사이의 정서적 연결

여러 형태로 되어 있는 도시의 자연은 사회적 관계와 네트워크를 기르고 친화적인 관계를 구축하는 데 도움을 주며, 이를 통해 건강상 의미 있는 개선을 이루고 정서적인 회복에도 기여할 수 있다. 미시간대학교의 연구원들이 약 7,000명의 사람들을 추적한 결과, 사회적 응집성을 갖추고 다른 변수들을 통제할 수 있는 지역에 사는 사람들에게서 뇌졸중과 심장 마비 위험이 크게 낮아진다는 사실이 드러났다(Kim, Park and Peterson, 2013; Kim, Hawes and Smith, 2014).

이 연구에 응답한 사람들은 이웃들과의 응집성을 확인할 수 있는 일련의 질문과 제시문을 받았는데, 가령 "당신에게 곤란한 일이 일어났을 때 주변에 당신을 도울 수 있는 사람들이 많이 있는가"와 같은 질문이 주어졌다 (Goodyear 2013; Kim, Park, and Peterson 2013). 사회적 응집성이 더 클수록 건강이 더 좋고 회복탄력성도 더 큰 것으로 확인되었다.

도시의 물리적 요소와 정서적 요소를 결합하면 물리적 디자인과 공간의 품질이 사회적 자본의 범위에 영향을 미친다. 뉴햄프셔에 있는 두 도시에서 이웃 동네까지 걸어서 갈 수 있는 곳에 대한 연구가 최근에 진행되었으며, 이 연구에서 시사하는 바가 있다. 걸어서 갈 수 있는 이웃한 20곳에 살고 있는 약

700명의 참가자가 연구에 참여했는데, 연구원들은 걸어서 갈 수 있는 이웃이 더 많은 곳에서 신뢰 수준이 더 높고 지역 참여 수준도 더 높다는 사실들을 밝혀냈다. (주변에서 걸어갈 수 있는 곳이 얼마나 많은지를 참가자들에게 질문하는 식으로 해서 걸어갈 수 있는 이웃이 얼마나 많은지를 파악했다.) 걸어서 이웃으로 가는 목적이 지역사회에서 진행되는 프로젝트에 참여하기 위해서일 수 있고, 클럽 모임에 참석하기 위해서일 수 있고, 자원 봉사를 하기 위해서 가는 것일 수 있고, 그냥 친구 집에 가는 것일 수 있는데, 무엇이든 상관이 없는 걸로 했다(Rogers, Halstead, Gardner, and Carlson 2011, p. 209). 걸어서 이웃으로 가기에 적합한 곳에 살고 있는 주민들은 좋은 건강을 유지하고 있고 더 행복할 가능성이 높다고 볼 수 있었다.

또한 도시에 살고 있는 사람들은 도시에 있는 자연을 활용해서 생태 복원과 정화 활동을 진행할 수 있다. Miles, Sullivan, and Kuo (2000)은 시카고 지역의 대초원 복원 프로그램에 참여한 자원 봉사자들을 대상으로 연구를 진행하였으며, 이 연구에는 '자원 봉사의 심리적 편익'이 잘 드러나 있다. 300명의 자원 봉사자를 대상으로 한 설문조사 결과를 보고서로 만들던 연구원들은 자원 봉사자들이 자원 봉사를 하면 왜 그들의 삶의 만족도가 향상되는지를 이해하고 싶어 했다. 설문조사 결과를 보면 자원 봉사 프로그램에 기부하고 직접 참여하면 개인적인 유익과 만족도가 높게 나타나는 것으로 드러났다. 연구원들은 만족도를 여러 범주로 나눠서 조사했는데, 그중에서 '의미 있는 행동' 범주와 '자연의 매력' 범주가 응답자들 사이에서 가장 높은 점수를 받았다. 이 설문조사 결과는 자원 봉사를 통해 자연과 함께 할 때 어떤 가치가 있는지를 보여주는 다른 연구들과 궤를 같이 한다.

도시의 공공 장소는 도시의 회복탄력성과 바이오필릭을 이루는 데 있어서 매우 중요하다. 몬트리얼과 오스틴 같은 도시의 녹색 골목, 샌프란시스코의 공원과 보도 정원, 오슬로와 토론토 같은 해안 도시의 해안 산책로에는 바이오필릭 시티가 갖춰야 할 많은 요소들이 있다. 도시에 새로운 공공 장소가 만들어질 때 이들 요소가 많이 적용되고 있다. 이렇게 만들어진 도시의 공간과 장소에서는 사귐과 교류가 일어나고 있으며, 공유 도시의 공적인 윤리 성향이 여러 모로 일체화되고 있다.

많은 경우에 도시에 있는 자연을 확장하고 성장시키는 일이 긍정적인 영향을 직간접적으로 동시에 미칠 수 있다. 도시에 나무를 심는 일이나 도시 열섬 현상을 해결하기 위해 취할 수 있는 여러 단계의 조치는 온도를 직접 낮추고 사회적 네트워크 및 사회 자본을 강화할 수 있다. 이렇게 되면 개인, 가족, 이웃 공동체가 도시를 뜨겁게 하는 주요 사안에 반응하고 대처하는 능력이 향상될 수 있다.

건강과 회복탄력성

도시에 있는 자연의 유익함이 여러 모양으로 다르게 일어난다. 즉 도시에 있는 자연이 도시를 구성하는 여러 사회 그룹과 구성원들에게 다른 영향을 미치는데, 이 사실을 인식할 필요가 있다. 가령, 어린이들은 특별히 중요한 사회적 그룹에 해당하는데, 연령 분포의 다른 끝에 있는 노인들도 매우 중요한 사회적 그룹이다.

지금 성장하고 있는 어린이들이 느끼는 자연과의 단절에 대해 많은 논의가 있어 왔는데, 이에 대해 리차드 루브가 특히 관심을 기울였다. 요즘 어린이들은 자연을 두려워하는 마음이 있고, 외부 세계를 두려워하는 마음도 있다(Louv 2008, 2012).

자연의 긍정적인 가치는 어린이에게 완벽하게 적용된다. 학교에 다니는 아이들이 학교에서 자연, 풀 스펙트럼 햇빛, 신선한 공기, 녹지와 함께할 때 최고의 유익함을 얻는다. 학교에서 풀 스펙트럼 햇빛을 받으면 시험 점수가 올라간다. 즉, 야외 수업과 야외 활동은 아이들에게 아주 유익하다. 코넬대학교의 환경 심리학자인 낸시 웰스가 진행한 연구를 포함해서 일부 연구들에서는 자연과 함께할 때 인지적 유익함이 있는 것으로 밝혀졌는데, 특히 불우한 청소년들이 자연과 함께하면 인지적 유익함이 더 높은 것으로 나타났다(Wells 2000). 게다가 자연에서 시간을 많이 보내면 그만큼 ADHD 증상이 줄어들고 자폐증 치료에도 도움이 될 수 있다는 연구 결과가 있다.

Roe and Aspinall(2011) 연구에서는 실내 교실에서 시간을 보냈을 때와 야외 교실에서 시간을 보냈을 때 어떤 결과가 있는지를 비교했으며, 야외에서 시간을 보낸 청소년들에게 훨씬 더 긍정적인 결과가 있는 걸로 나타났다. 구체적으로 그들의 기분이 좋아졌다(측정 기준은 에너지, 기분 좋은 정도, 스트레스, 화남, 네 가지였다). 그리고 개인 목표에 도달했을 때 지각하는 효과성도 좋아졌다. 행동 문제를 가진 아이들이 자연에서 시간을 보내면 그렇지 않은 아이들보다 긍정적인 변화가 눈에 띄게 좋아졌다. 아이들은 자연으로부터 큰 혜택을 받는데, 이들이 나무 및 녹지와 가까이하고 야외 활동을 지속적으로 하면 아이 개인뿐만 아니라 가족의 회복탄력성에도 긍정적인 영향을 미친다는 사실은 전혀 의심의 여지가 없다.

도시 빈곤과 회복탄력성

도시에 자연을 두면 여러 면에서 회복탄력성을 도모할 수 있다(그림 4.2 참고). 구체적으로 도시 빈곤 문제와 일자리 문제를 해결할 수 있다. 특히 도시의 어려운 이들에게 새로운 형식의 경제적 기회와 사회적 기회를 줄 수 있다.

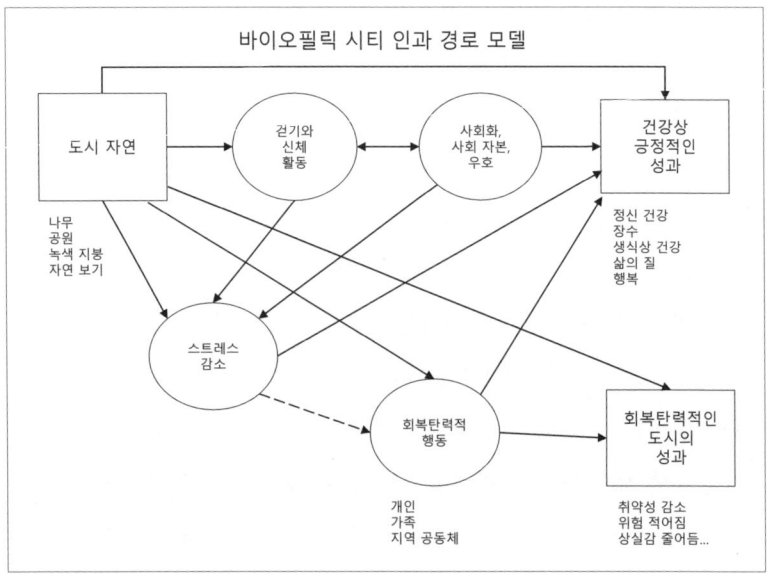

그림 4.2 바이오필릭 시티 인과 경로 모델. 자연이 건강, 지속가능성, 회복탄력성에 영향을 미칠 수 있는 잠재적인 인과 경로는 다양하다. 이 그림은 가장 중요한 직간접 영향들 중 일부를 보여준다. 실선 화살표는 변수들 사이의 알려진 인과 효과를 나타내고, 점선 화살표는 가설 또는 가능성이 있는 인과 효과를 나타낸다.

이 책에서 설명하고 있는 대다수의 혁신적인 프로그램과 제안들 중 많은 것은 빈곤하고 불리한 상황에 처해 있는 이웃과 사회 집단을 돕기 위한 것이다. 가령, 도시 속 자연에 식용 가능한 작물이 있는 조경과 공원이 조성되면 도시에서 저렴하고 건강한 음식을 확보할 수 있다. '필리 오차드 프로젝트' 같은 지역사회 식량 계획의 목표는 도시에 나무와 녹지를 늘리는 것인데, 그 핵심은 식량이 부족한 곳을 대상으로 하겠다는 것이다. 이와 비슷하게 인구 밀도가 높은 곳과 건물에서 식량을 생산하려는 노력(예: 뉴욕시의 브롱크스에 있는 비아버디)이 진행되고 있고, 시애틀의 비콘 푸드 포레스트와 같은 '퍼머컬처'permaculture가 등장하고 있다. 이 모든 것은 이웃의 회복탄력성 강화에 역점을 두고 있다.

바이오필릭 시티를 만들려면 도시를 녹지화해야 하고 이를 위해서는 새로운 형태의 고용이 일어나야 한다. 마요라 카터가 시작한 SSBX 같은 조직은 새로운 일자리와 그 일자리에 필요한 교육을 진행하는데, 주된 목적은 개인과 이웃의 경제를 향상시키는 것이다. 그뿐만 아니라 해당 지역에 더 많은 자연을 가꾸는 것도 목표로 하고 있다. 나무 심기, 묘목장 만들기, 생태 옥상 디자인 및 가꾸기 사업은 녹색 일자리를 늘릴 수 있는 중요한 원천이 될 수 있으며, 이것이 경제 회복탄력성을 이끌 수 있다.

개발도상국 도시들에는 빈곤이 만연해 있으며 바이오필릭 도시화가 이 문제를 해결할 가능성이 있다는 사실을 인식하는 것이 중요하다. 개발도상국에 있는 도시의 빈민가에 나무를 심고 식용 조경을 하고 하천과 강의 수질을 개선한다고 해서 그곳에 사는 사람들이 자연이 주는 유익함을 누릴 수 있을까? 대답은 무조건 '그렇다'이다. 가정과 건물에 살고 있는 사람들이 건강하려면 제대로 된 음식, 에너지, 식수가 확보되어야 하는데 이와 관련된 많은 문제는 자연을 가꾸고 성장시키려는 노력을 통해 가장 잘, 그리고 가장 효과적으로 이루어질 수 있다.

그림 4.3 도시에서 식량을 재배하는 방법을 확대하면 바이오필릭과 회복탄력성이 더 높아진다. 싱가포르의 쿠텍푸아트 병원의 옥상 일부에는 먹거리가 재배되고 있다(사진 제공: 저자).

결론

이번 장에서는 바이오필릭 시티가 본질적으로 회복탄력성을 확보한 도시라는 사실을 설명했다. 도시에 자연을 통합할 의도로 진행된 모든 행위, 프로젝트, 정책, 즉 도심에 나무 심기, 녹색 옥상과 녹색 벽, 식용 조경과 정원 같은 것들은 도시의 회복탄력성을 강화하는 데 도움이 된다.

녹색 도시가 되면 물 사용량이 줄어들고, 만성 가뭄에 더 잘 견디고, 열이 줄어들고, 에너지 소모량이 줄며, 도심 지역에서 최소한으로 필요한 식량 중 일부를 공급받을 수 있다. 즉 자원 소모를 크게 줄일 수 있다. 그리고 나무, 녹지, 공원, 야생 생물 같은 바이오필릭 요소들은 도시에 살고 있는 개인과 가족의 건강과 복지에 기여하며, 회복탄력성 강화에도 도움이 된다. 그뿐만 아니라 신체 운동을 촉진하고, 기분과 정신 건강을 향상시키고, 장기적인 만성 스트레스가 줄어들게 만든다. 이 모든 것은 바이오필릭 시티를 조성하고 도시의 회복탄력성을 완전하게 구축하는 데 있어 중요한 요소들이다.

2부
바이오필릭 시티 만들기 · 글로벌 사례들

2부에서는 바이오필릭 도시화를 선도하고 있는 도시들을 몇 곳 살펴본다. 이들 도시 중 대다수는 버지니아대학교의 바이오필릭 시티 프로젝트에 참여했거나 연구된 적이 있다. 사례들마다 자연적 맥락, 사회적 맥락, 정치적 맥락이 각기 다르다. 그러나 모든 사례에서 드러난 매력적인 도시의 모습은 계획을 수립하고 정책 목표를 세울 때 자연이 얼마나 중요한지를 여실히 보여주었다.

각 사례를 살펴보면 바이오필릭 도심 공간, 사용된 계획 및 디자인 도구, 진행 중인 바이오필릭 프로젝트와 혁신 사례, 지금까지 성공한 사례, 직면했던 장애물과 도전 과제를 확인할 수 있다. 일부 도시는 해당 도시를 묘사하는 방법과 열망으로써 바이오필릭 도시화를 포용하고 있는데, 영국의 버밍엄과 뉴질랜드의 웰링턴을 예로 들 수 있다. 바이오필릭 수준이 좀 낮은 다른 도시들에서도 자연을 보존하고 복원하고 연결하려는 철학을 가지고 지속적인 노력을 기울이고 있다.

이들 도시 중 어떤 곳도 바이오필릭 시티가 무엇인지 완전하게 나타내는 모델은 아직 없다. 그러나 3부에서 제시하고 있는 도시들마다 가지고 있는 각 사례들과 전 세계적으로 진행된 조사 내용을 합쳐서 고찰한다면 도시에 있는 자연을 지식적인 측면이나 여러 관점에서 생각할 수 있으며 바이오필릭 도시화가 보장하는 약속과 앞으로의 가능성을 상당 부분 알 수 있을 것이다.

5장

싱가포르
·
정원 속 도시

섬 도시인 싱가포르는 말레이 반도의 남쪽 끝에 위치해 있으며, 면적은 약 2억 2천평으로 상대적으로 작으며, 540만 명이 살고 있다. 이렇게 밀집된 곳의 생활 환경을 설계하고 계획을 세우는 일은 중요한데, 대다수의 인구는 고층 빌딩에 살고 있다. 그러나 싱가포르에는 놀라울 정도로 녹지가 많으며 곳곳에 자연이 많이 있어서, 아시아의 수직 녹색 생활의 새로운 모델을 만들고 있다. 이 모델은 아시아의 다른 도시나 다른 대륙의 다른 도시에도 적용될 수 있을만큼 매력적이다. 국립공원위원회의 회장인 풍홍위엔을 최근에 만났는데 "싱가포르에서 수직 녹색 생활 모델을 설계하고 실행하게 된 것은 어쩔 수 없는 일이었다. 싱가포르의 인구 밀도가 높고 국토가 좁기 때문이었다"라고 말했다.

싱가포르는 일반화하기 어려운 나라다. 왜냐하면 싱가포르에는 종교, 문화, 언어가 매우 다양한 사람들이 조화롭게 살고 있으며, 단기간에 세계에서 최고 높은 수준의 경제적, 사회적 발전을 이루었기 때문이다. 사회 및 건강 통계는 인상적인데, 싱가포르의 기대 수명은 세계에서 네 번째로 높고 유사 사망률은 네 번째로 낮은데 이는 미국보다 훨씬 높은 수준이다. 미국 국무부는 싱가포르를 헌법을 둔 '의회 공화국'이라고 부르지만 1959년에 영국으로부터 독립한 이후 싱가포르 정부는 대체적으로 1당인 인민행동당 체제로 통치되고 있다.

신생 국가인 싱가포르의 정치 역사에서 상당 부분이 초대 총리인 리콴유의 영향을 받았다. 리콴유는 싱가포르의 발전에 지대한 영향을 미쳤으며, 정원과 원예에 관한 깊은 관심으로 인해 싱가포르는 바이오필릭 시티의 특징을 갖추게 되었다. 리콴유는 1963년에 전국적으로 나무 심기 캠페인을 시작했으며, 리콴유가 가장 먼저 나무를 심는 흑백 사진을 쉽게 찾아볼 수 있다. 싱가포르에서 리콴유가 얼마나 중요한 인물인지는 논쟁의 여지가 없다. 2015년 3월 그가 죽었을 때 싱가포르 각계각층에서 그를 추모하는 열기가 쏟아져 나왔으며, 이를 볼 때 그가 싱가포르에서 얼마나 중요했는지를 알 수 있다.

 싱가포르가 독재 국가처럼 느껴지지는 않지만 싱가포르 정부가 국민들의 일상생활을 상당히 깊이 통제하는 것은 확실하다. 싱가포르 정부가 정책적으로 강력하게 밀었을 때 싱가포르의 녹색 비전이 빠르고 구체적으로 실행되었다. 싱가포르가 독립 국가로써 처음 시작할 때부터 중앙집중이 자연스러운 나라였다. 인구 밀도가 높은 도시에 자연을 접목시키려는 노력은 1960년대로 거슬러 올라간다. 그 당시에 도시의 모토는 '정원 도시'Garden City였다. 앞에서 언급한 것처럼 리콴유에게는 도시를 녹지로 만들려는 개인적인 열정이 있었기 때문에 이런 모토가 나오게 되었다. 최근 들어, 싱가포르는 새로운 모토를 내세웠는데, '정원 속 도시'City in a Garden가 그것이다. 두 모토에는 언어상 작은 뉘앙스 차이가 있지만 그 사소한 차이는 꽤 중요하다. 즉, 도시는 단순히 정원들이 있는 장소가 아니며, 현존하는 그리고 미래에 개발되는 모든 것과 건물들이 어우러진 하나의 정원이 되어야 한다는 의미에서 '정원 속 도시'라는 슬로건을 내걸었다(그림 5.1 참고).

그림 5.1 싱가포르는 고층 건물과 푸른 자연이 결합된 '정원 속 도시'를 열망하고 있다(사진 제공: 저자).

싱가포르의 신록을 보면 일정 부분 모든 것이 잘 자라는 열대 환경에 온 것처럼 생각되는데 이렇게 가꾼 데에는 깊은 뜻이 있다. 섬 내부의 많은 부분은 자연보호구역으로 강력한 보호를 받고 있다. 즉 섬 내부는 광범위한 공원 시스템으로 되어 있는데, 이들 공원은 300킬로미터에 달하는 파크 커넥터 네트워크(파크 커넥터: 공원이나 자연보존구역 같은 녹지 공간을 연결하는 통로나 산책로)로 연결되어 있다. 파크 커넥터 네트워크에는 기존에 있던 오솔길이 있고, 자전거 도로가 있으며, 환상적인 산책로가 도시의 광대한 녹지 속으로 들어가거나 녹지를 통과해서 다른 곳으로 연결되거나 녹지를 거슬러 올라가거나 있다.

여러 개의 공원으로 구성된 서든 리지스가 있으며 이곳에서 인상적인 코스를 경험할 수 있는데, 높이 솟아 있는 캐노피워크를 걸어서 숲을 지나갈 수 있다. 자연과 인공 구조물의 빼어난 풍경과 전망을 즐길 수 있다. 이 모든 것이 고층 건물로부터 불과 수 백미터밖에 떨어져 있지 않다(그림 5.2 참고).

그림 5.2 싱가포르에는 약 300킬로미터에 이르는 파크 커넥터가 있다. 서든 리지스를 따라 난 코스로 가면 숲 캐노피를 만날 수 있다(사진 제공: 저자).

필자는 2012년에 이곳을 방문해서 산책을 했으며, 코스가 기억에 강하게 남았다. 멀지 않은 곳에 건물이나 도로가 보이기는 했지만 자연과 녹지를 경험할 수 있었다. 이곳을 걷다 보면 꽤 많은 자연을 만날 텐데 필자는 많은 나비를 보았고 커다란 왕도마뱀도 만났다. 도로 위로 다리들이 있어서, 차가 오가는 도로 위를 걸어서 지나갈 수 있다. 특히 핸더슨 웨이브 다리가 인상적이었는데, 가장 높은 것은 36미터에 달한다. 싱가포르는 수직 영역에서 새로운 공적 공간을 창출하고 있는데, 이것이 어떤 방식으로 이루어지는지를 이 다리를 보면 알 수 있다. 이 다리가 높기도 하지만 폭도 꽤 넓어서 필자가 방문했던 날 그 다리 위에서 피크닉을 즐기는 사람들도 있었다.

싱가포르 정부는 에너지 및 수자원 그룹인 셈코프와 협력 관계를 맺고 서든 리지스 산책 코스에 싱가포르에서 자생하고 있는 가장 큰 수종의 나무를 심고 있으며, 이는 '거인의 숲'을 상상하게 한다. 이곳에 있는 나무 중 툴롱의 높이는 80미터이고 카푸르파지의 높이는 70미터에 달한다.

파크 커넥터는 생태학적 연결을 이룰 뿐만 아니라 주요 주거 지역과 인구 밀집 지역을 공원과 연결한다. 싱가포르 사람들은 파크 커넥터에 망처럼 연결되어 있는 산책로와 길을 통해 자연에 접근할 수 있으며, 도로를 이용하지 않고도 다른 곳으로 이동할 수 있다. 싱가포르 사람들은 번화한 거리와 도로를 건너지 않고도 핸더슨 웨이브 같은 도보 다리를 이용해서 도시를 산책하고, 한가롭게 거닐고, 도보 여행도 할 수 있다.

싱가포르의 나무 캐노피 덮개는 아름답고 여러 층으로 되어 있는데 싱가포르 정부는 이곳을 크게 해서 나무를 심는 전략을 세웠다. 이렇게 하면 그늘이 많이 생기기 때문에 싱가포르 정부는 주요 도로를 따라 반폐쇄형 캐노피를 만들려는 노력을 기울여왔다. 레인트리는 자연 수종이 아니지만 흔히 볼 수 있는 일반적인 수종으로서 나뭇가지가 지붕 모양으로 넓고 아름답게 우거져 있고, 착생 식물이 주렁주렁 매달려 있는, 그 자체로서 소규모의 복잡한 생태계를 구성하고 있다. 싱가포르 도처의 여유 공간에는 나무가 심겨져 있고 녹지가 조성되어 있다. 고속도로와 고가도로 아래, 도로의 중앙 분리대, 건물 주위에 나무가 있을 것 같지 않은 작은 공간에도 나무와 풀이 있다.

수직 정원: 녹색 고층 도시를 성장시키는 방법

싱가포르의 혁신은 수직 녹화 분야에서 특히 인상적이다. 왜냐하면 미래의 도시 성장은 대부분 고층 빌딩이 이끌 것이기 때문이다. 싱가포르 국립공원위원회에서는 스카이라이즈 그리닝을 운영하고 있는데, 녹색 벽, 녹색 지붕, 하늘 공원, 하늘 테라스, 다양한 종류의 수직 녹색 설비의 설치에 필요한 보조금을 최대 50퍼센트까지 지원한다. 도시 일부 지역에서는 녹색 공간을 의무적으로 갖추어야 한다. 이외에도 수직 녹화를 권장하기 위한 다양한 지원책이 마련되어 있다. 먼저, 관련 연구 개발을 전폭적으로 지원하고 있다(예: 싱가포르 국립공원위원회는 호트파크에서 주관하는 녹색 벽 모니터링 및 테스트 사업을 지원하고 있으며, 이에 대해서는 이 장의 뒤에서 자세히 논의한다). 그리고 매년 스카이라이즈 그리닝 대회를 진행해서 상을 수여하고 있다. 또한 위원회는 CUGE_{Centre for Urban Greening and Ecology}를 만들었으며, 이를 통해 조경 전문가를 키우고 도시의 녹화를 권장하고 있다. 그리고 <시티그린>이라는 잡지를 출간하여, 전 세계 여러 도시의 도심에서 이루어지고 있는 녹화 사업과 이에 대한 생각을 사람들에게 알리고 있다.

수직 녹화에는 여러 가지 다른 형식이 있다. 민간 부문에서 새롭고 창조적인 수직 녹색 디자인이 많이 나와서 민간 부문이 주도권을 잡았다. 가령, 36층 주거형 타워인 뉴타운 스위트에는 긴 녹색 벽과 5층마다 튀어나온 외부 정원 테라스가 있다. 또 다른 예로 158 세실 스트리트가 있다. 이곳에는 7층으로 된 환상적인 녹색 벽이 있는데, 이는 관개 시스템으로 구성되어 있으며, 생생한 실내 공간과 부분적으로는 외부 공간을 만들어낸다. 또 다른 예로는 싱가포르 아트스쿨 건물이 있는데 건물 전면에 거대한 격자 구조물을 만들어서 덩굴나무가 타고 올라가게 만들었다. 솔라리스 건물도 있는데, 몇 개 층마다 하나의 숲을 조성했다.

사람들의 감탄을 자아내는 건축물인 솔라리스의 설계자는 녹색 마천루 전문가인 켄양이다. 15층인 솔라리스에는 많은 생태학적 디자인 특징이 결합되어 있는데, 하나의 오피스 건물인 이곳에는 풍부한 채광이 제공되면서 전력 사용량은 비교적 낮다. 그러나 시각적으로 가장 극적인 것은 하나의 연속된 녹색 리본이 건물을 감싸는 방식으로 되어 있다는 점이다. <아키텍트>의 논평 기사에서 '생태학적 골조', '연속 나선형으로 조경된 비탈길'이라는 평을 받은 솔라리스에는 자연이 있고 걸을 수 있는 공간이 있으며, 건물을 식히기도 한다(그래서 에너지 소비를 줄일 수 있었다). 총 길이는 약 1.5킬로미터에 이르며, 녹색 영역이 건물 면적을 초과한다(1층 위 약 95퍼센트에 조경이 되어 있다). 회사의 소개 자료에는 "이 프로젝트의 생태학적 설계 컨셉에서 핵심 요소는 '연속된 조경'이다. 연속된 조경을 함으로써 건물 내에 식물이 있는 모든 구역에서 유기체와 식물 종이 원활하게 이동하며, 이로 인해 모든 생태계가 건강해지고 생물다양성이 향상된다"는 내용이 있다(Yeang and Hamzah n.d.).

싱가포르의 독창적인 수직 녹화를 발전시킨 중요한 정책이 몇 가지 있는데, '스카이라이즈 그리너리 인센티브 계획'과 '랜드스케이프 교체 정책'이 대표적이다. 이들 정책에 따라 (섬의 많은 곳에서) 건물을 새로 지을 때는 최소한 그 땅에 원래 있던 만큼의 자연이 그 건물에 마련되어 한다. 켄양의 솔라리스에서 이를 실현하였는데, 그 이후 새로 들어서는 건물들에서 이 요구사항을 준수하고 있다. 인센티브 계획에 따라 국립공원위원회는 수직 녹화에 들어가는 투자 비용을 최대 50퍼센트까지 지원하는데, 이는 주거 프로젝트와 비주거 프로젝트 모두에 적용된다.

국립공원위원회에서는 매년 '스카이라이즈 그리너리 어워드'를 주는데, 이를 통해 우수한 성과를 낸 프로젝트를 널리 알리고, 수직 녹화를 교육하고, 공공 산업과 건축 산업에서 수직 녹화에 대한 관심을 일으킨다.

바이오필릭 도시화 연구 및 개발을 지원하겠다는 약속을 가장 잘 볼 수 있는 것이 호트파크이다. 국립공원위원회는 건설부 및 싱가포르국립대학교와 협력하여 여러 가지의 수직 녹화 기술을 모니터링 및 테스트해 왔다. 이 공원에서 눈여겨볼 만한 수직 벽 시스템으로 8개의 4×6 미터 벽과 하나의 제어벽이 있다. 각 벽의 지지 구조물 유형과 두께가 다르다. 장기적으로 진행된 모니터링에서 벽의 표면 온도를 측정했고, 벽 유형에 따라 소리를 감쇠시키는 정도를 측정하기 위한 실험을 진행했다(Chiang and Tan 2009).

창의적인 수직 녹화가 정책 입안자와 소비자 모두에게 가치가 있다는 여러 수준의 신호가 있다. 도시 주택 시장도 밀집도가 높은 프로젝트에서 녹색 관련 요소들이 중요하다는 사실을 파악했다. 지역 신문인 스트레이츠 타임즈의 주말판을 살펴보면 녹지와 자연이 중요한 편의시설로 제공되면서 도시에서 부동산을 구매하거나 임대할 때 녹지를 중요하게 고려하는 경향이 강해지고 있다는 것을 알 수 있다. 최신판에 게재된 한 페이지 전면 광고에는 'Welcome home to Eco-Blissfulness'라는 문구가 있고, 새로운 프로젝트의 녹색 인증서를 자랑하며, 수직 농업, 우수 관리, 도보 5분 거리의 메트로 시스템도 강조하고 있다. 다른 광고에서는 발코니에서 울창한 나무 캐노피를 볼 수 있으며, 자연과 야외에 접근할 수 있고, '자연이 한 눈에 보인다'는 점을 강조한다. 또 다른 광고에서 주된 카피는 '온갖 자연이 당신의 문 앞에'로 되어 있다.

새로 건축되고 있거나 건축 계획 중에 있는 많은 건물들을 보면 설계하는 사람이나 지으려는 사람들이 수직 녹색을 더 높이 적용하고 싶어한다는 사실을 알 수 있다. 일례로, SAA 아키텍츠가 설계한 젬$_{Jem}$이라는 새로운 복합시설이 있다. 이 프로젝트에서 조성될 녹지 총량은 대지의 122퍼센트가 될 것으로 추정되며, 더 인상적인 것은 설계가 매우 자세하다는 것과 새로운 자연을 다양한 방식으로 포함시켰다는 점이다. 녹지는 네 개의 구분된 구역, Active Laneways, Cascading Skypark, Sky Terraces, Sky Sanctuary로 조성되어 있다. 이것들은 통합된 하나의 녹색 프로젝트로 진행되었으며, 건물이 다 만들어진 후에 자연 요소를 넣는 것이 아니라 기획 단계에서부터 창의적이고 신중하게 설계되었다(박스 5.1 참고).

그리고 새로운 고층 건물을 설계할 때 얼마나 더 많은 녹지를 넣을 수 있는지가 하나의 추세가 되었다. 파크로얄 온 피커링 호텔에서 무엇이 가능한지를 확인할 수 있다. 스카이라이즈 그리너리 어워드 2013년 수상작인 이 건물은 오피스/호텔 복합 건물로써 대지 면적의 약 215퍼센트에 이르는 자연이 건물 안에 조성되어 있다. 그리고 약 4,500평에 이르는 자연 요소들이 들어 있다(그림 5.3 참고).

박스 5.1 수직 벽 녹화 – 한계를 넘어서는 새로운 프로젝트들

싱가포르의 여러 신축 건물 프로젝트는 무엇이 가능한지를 보여주고 수직 영역에서 자연이 어떻게 공간을 차지하는지를 보여준다. 주롱 지역에 위치한 17층 규모의 오피스, 리테일 단지인 젬에는 네 곳의 서로 다른 구역인 Active Laneways, Cascading Skypark, Sky Terraces, Sky Sanctuary에 자연이 있다. 건물 내 전체 녹지 공간의 면적은 건축물이 있는 대지 면적 대비 122퍼센트 수준을 보인다. SAA 아키텍츠가 설계한 이 건물은 그린 마크 플래티넘 어워드를 수상하였다. 수직 벽면 녹화 뿐만 아니라 물, 에너지 보존 등 여러 측면에서 지속가능 요소를 포함하고 있어 건물의 환경적 악영향을 현저하게 줄였다.

파크로얄 온 피커링 호텔은 녹화 측면에서 더 야심찬 모습을 보인다. 객실에서 보이는 테라스에는 자연이 있고 실제 접근이 가능하며, 테라스 지역을 포함한 건물 내 전체 녹지 면적은 약 4,537평 규모이다. 367개의 객실을 보유한 이 숙박 시설은 올해의 호텔상을 수상하였다. 일층 높이에는 수변 시설, 화분, 그리고 300미터 길이의 가든 워크가 있다. WOHA가 설계한 16층 규모의 이 호텔은 여러 바이오필릭 특성을 갖고 있다. "가볍고 짙은 색의 나무, 조약돌, 물, 유리와 같이 자연적인 자재와 질감이 호텔 디자인 전반에 적용되었다"(Park Royal Hotels, 2013). 이곳은 '정원 속 호텔'이라는 이름이 어울리는 호텔이다.

다음 페이지에서 계속

옹문숨과 리차드 하셀은 그들의 이름을 조합한 이름의 건축 디자인 사무소인 WHOA를 설립하였고 자연 요소를 활용하여 기존의 한계를 뛰어넘는 시도를 하였다. 하셀은 그들의 녹색 프로젝트를 설명하며 발주처와 일반 대중들의 긍정적인 반응을 언급하였다. 호텔의 객실 점유율은 예상보다 높은 수준을 보이며 객실 요금은 두 배가 되었다. 호텔이 지닌 자연적 요소는 호텔 내 고객들만이 아니라 거리를 지나는 사람들에게도 즐거움을 선사한다. 하셀은 "사람들은 자연적 요소를 지닌 건물에 매료되며 상당히 감성적으로 반응한다"고 설명하였다.   - 티모시 비틀리

그림 5.3 싱가포르 파크로얄 온 피커링 호텔 거리 전경. 이 건물은 대지의 200퍼센트 이상을 수직 녹화 형식으로 통합시켰다. 녹색 요소들은 이 호텔을 매력적으로 만들기에 충분했으며, 개장한 날부터 특정 객실 요금을 거의 두 배 가까이 더 받을 수 있었다(사진 제공: 저자).

정원 속 병원 - 방주 같은 병원

싱가포르는 병원과 헬스케어 시설에도 바이오필릭 원칙을 적용하고 촉진하는 데 혁신적으로 앞서가고 있다. 그리고 도시를 녹지화할 때 어떻게 더 건강하고 치유에 도움이 되는 환경으로 바뀌어 갔는지를 보여주는 인상적인 예들도 제시하고 있다. 필자는 쿠텍푸아트병원을 운영하는 리앗텡릿을 만났는데, 이 병원은 아마 전 세계에서 녹지화가 가장 잘 되어 있고, 가장 앞선 바이오필릭 병원일 것이다(필자가 본 병원들 중 단연 최고였다). 리앗의 이야기는 알렉산드라라는 오래된 병원에서 시작된다. 그의 이야기를 들으면 이 병원은 자연을 이용한 치유력을 높일 잠재력이 매우 높았던 것 같다. 그는 꽃을 심고 녹지로 가꾸는 데 관심 있는 병원의 일부 직원에게 몇 백 달러를 지원했고, 그때부터 시작해서 병원의 환경이 크게 바뀌었다고 한다. 시간이 지나, 리앗은 월요일을 아예 식목일로 지정하고, 약 100여 종의 자생 나비가 오기에 충분한 숙주 식물을 심는 것을 목표로 정했고, 이것을 병원이 성공하고 잘 운영되는 흥미롭고도 특별한 척도로 삼았다. 2~3년의 시간이 지나면서 102종의 나비가 병원을 찾았다. 그 이후 리앗은 새로운 병원을 맡게 되어 떠났고, 새로 간 그곳에서 바이오필릭에 대한 열망이 더 커졌다.

리앗은 모든 건물에서 자원을 복구하고 회복시킬 기회를 찾을 수 있다고 믿으며, 이는 쿠텍푸아트병원의 설계 철학에서 크게 영향을 받은 것이다. 현재 리앗은 쿠텍푸아트병원의 CEO로 있으면서 병원의 자연을 조화롭게 만들고 부각시킬 것을 찾기 위해 여러 면으로 애쓰고 있다. 리앗은 국가적으로 하나의 목표를 세우고 싶어한다. "전 세계적으로 열대 우림이 없어지고 있는 시점에 우리만이라도 '노아의 열대 우림 방주'를 만들 것을 제안한다. 그 일환으로써 몇 종의 열대 우림을 이곳으로 가져오는 프로젝트를 진행하고자 한다."
리앗은 아직 그렇게 되지는 않았지만 병원에 강 수달 가족이 살게 되는 대담한 목표를 염두에 두고 있으며, 그가 맡은 쿠텍푸아트병원은 놀라운 생물다양성이 실현 가능한 환경을 의도적으로 만들고 있다. 병원 내부와 주변에서 많은 나비와 새를 만날 수 있는데, 눈에 띄는 곳에 설치되어 있는 벽면 플래카드에는 그곳에서 관찰된 종의 총 수가 기록되어 있다. 병원의 연못들에는 약 92종의 토종 물고기가 서식하고 있다(외래종인 코이 잉어는 발견되지 않았다!).

병원에는 식량도 재배되고 있다. 지역사회에 있는 한 원예 그룹은 새로 개간할 땅을 잃었고, 이에 리앗과 병원은 그 원예 그룹이 병원 옥상을 사용할 수 있게 했다. 옥상에서의 농사가 잘 되어서 지금은 옥상의 상당 부분에서 농사가 이루어지고 있다. 병원 환자들이 창문을 통해 농사 짓는 모습을 보고, 그것에서 즐거움을 느꼈고, 풍경을 통해 병을 치유하는 하나의 수단이 되었다 (그림 5.4 참고).

그림 5.4 쿠텍푸아트병원은 자연 치유력을 모색하려는 병원들의 모델이 되었다. 이 병원에는 자연 치유를 고려하여 설계된 많은 요소들이 있는데, 창가의 화단부터 시작해서 중앙에 있는 폭포에 이르기까지 여러 종류가 있다. 이 그림은 병원의 한 건물 옥상이 도시 농업 부지로 이용되고 있는 것을 보여준다(사진 제공: 저자).

병원에는 매우 많은 녹지가 있고, 이는 주변 자연환경과 이어지고 있다. 병원의 자연이 병원에 오는 이들의 치유에 좋은 영향을 미친다는 것은 부인할 수 없는 사실이다. 리앗에 따르면 병원을 설계할 때 치유 개념이 가장 우선시되었다고 한다. "우리가 생각한 것은 여러분이 병원에 올 때 혈압과 심박 수가 올라가지 않고 떨어지는 것이었다." 병원에는 창문 정원이 있고, 메인 인테리어로 폭포가 있는 녹색 안마당이 있다. 중환자실을 포함해서 병원의 대다수 병실에서는 이 녹색 환경을 볼 수 있다.

이 병원은 지역사회 사람들이 찾는 공간이 되었다. 학생들이 공부하러 우리의 녹색 공간에 온다는 이야기를 여러 번 들었다. 이 병원은 처음부터 주변 이웃과 연계되도록 설계되었다(주변 이웃들의 녹화 과정도 검토되었다). 국립공원위원회의 한 관계자에 따르면 "주말 저녁이 되면 이 병원은 사람들로 북적인다"고 한다.

쿠텍푸아트병원의 긍정적인 경험으로 인해 싱가포르 정부의 담당 부서에서는 추후 지어질 모든 병원에서 쿠텍푸아트병원과 비슷한 녹색 및 치유 기능을 갖출 것이라고 약속했다. 최근의 주목할 만한 예로 새로 개원한 응텡풍 종합병원을 들 수 있다. 이곳은 발코니에 많은 나무를 심고 녹지를 조성하였으며, 심지어 병동 층의 각 병실에도 창문을 두도록 설계했다.

물에 대해 다시 생각하기

최근에 시작된 가장 인상적인 프로젝트로, 싱가포르의 빗물 집수 시스템을 재구성해서 자연을 복원하려는 계획이 있다. 싱가포르의 새로운 '액티브, 뷰티풀, 클린 워터 프로그램'은 국립공원위원회와 공공시설청의 공동 노력으로 추진되고 있다. 파일럿 프로젝트로 가장 먼저 시작된 비샨-앙모키오 공원은 원래 직선으로 된 콘크리트 배수로였는데 프로젝트가 진행되고 나서는 아름답고 구불구불한 자연스러운 개울이 되었다(박스 5.2 참고). 독일 디자이너인 허버트 드라이세이틀이 맡아서 진행했으며, 그 결과 40층의 주거용 타워 주변으로 3.2킬로미터의 자연으로 된 생명의 띠가 아슬아슬하게 이어지게 되었다(그림 5.5 참고). 이 공원의 생물다양성은 확연하게 드러난다.

> ### 박스 5.2 비샨-앙모키오 공원
>
> 2006년 싱가포르 공공시설청은 노후화된 수자원 시설을 정비하고, 섬 국가 내의 모든 물을 모으고, 물 부족 국가로서 수자원의 중요성에 대한 대중의 인식을 제고하기 위해 액티브, 뷰티풀, 클린 워터 프로그램을 시작했다. 첫 번째 시범 사업 중 하나로 비샨-앙모키오 공원이 조성되었다. 1988년 주택개발청 아파트 근처에 조성된 이 공원은 노후화되어 2006년 새롭게 정비가 될 필요가 있었다.
>
> 조경 건축가인 허버트 드라이세이틀은 싱가포르 국립공원위원회와 공공시설청 관계자와 함께 공원의 문화적 차원의 비전을 발전시키기 위해 협업했다. 초기 디자인 단계에서, 드라이세이틀은 팀원들과 함께 1주일간 공원에 머물며 다이어그램을 그리고 국립공원위원회 및 공공시설청 직원들과 작업 방식을 논의했다. 해당 주 마지막에 국립공원위원회 및 공공시설청 대표에게 그들의 생각을 발표하였고, 두 기관은 자금을 투입하여 칼랑강의 재정비를 진행하기로 했다. 칼랑강은 1980년대 후반 공원이 개장하면서부터 홍수 시 수량 조절을 위한 목적으로 설치된 20미터 너비의 우기 배수관으로 흐르고 있었다. 이러한 협력적 노력을 바탕으로 총 187,550평 면적의 공원이 두 기관에 의해 운영되었다. 국립공원위원회가 157,300평 면적의 지역을 운영하고, 인근의 30,250평 면적의 콘크리트 수로는 공공시설청이 운영한다.
>
> 다음 페이지에서 계속

가장 급격한 변화는 기존 콘크리트 배수관이 새로운 강둑으로 개조된 것이다. 칼랑강에 새롭게 조성할 넓은 너비의 수로를 위해 기존의 콘크리트를 파내었고 이를 통해 물의 흐름이 자연스럽게 변화하였고, 강과 공원이 있는 비산 지역의 거주민과 연결되었다. 부지 내 모든 콘크리트는 재사용되어 새로운 강둑을 위한 기반 및 안정화 재료로 사용되었고, 리사이클 힐이라고 불리는 공원 장식물을 만드는 데 사용되었다.

강 재정비 사업에서 중요한 부분은 생명공학 기술을 시도하고 통합한 것이다. 이는 서양 국가에서는 일반적이지만 열대 지방 도시에서는 이전에 시도되지 않던 것이다. 드라이세이틀과 그의 팀원들은 열대 지역 도시의 조건 아래 어떤 기술이 가장 잘 맞는지 확인하기 위해 9개월에 걸쳐 11가지 생명공학 기술을 실험하였다. 리버린 파크의 싱가포르 지역 책임자의 설명에 따르면, 장작단, 정비된 사석, 돌망태 등을 포함한 생명공학 기술이 성공적으로 활용되어 강의 물줄기는 매일 변화하며, 공원 직원들은 지속적으로 기술적 효능에 대한 관찰을 지속할 수 있었고 강의 새로운 흐름을 여러 가지 방법으로 실험할 수 있었다.

지역의 초등학생들도 공원 재정비 과정에 참여하였다. 공원 재정비를 위한 사전 준비 기간에 칼랑강을 살펴보는 워크샵을 진행하였고 학생들이 초대되어 참석하였다. 해당 지역 학생들의 강에 대한 예술적 해석이 이루어졌다. 학생들의 예술적 해석이 가미되어 만들어진 창의적인 예술 작품들은 비샨-앙모키오 공원 중심부에 위치한 버블 플레이그라운드에 전시되었다.

다음 페이지에서 계속

새롭게 재정비된 칼랑강은 우기 배수관들 사이를 관통하여 약 27킬로미터 길이를 구불구불 흐른다. 기존 콘크리트에서 강의 물줄기를 드러내는 작업을 통해 자연 공간을 새롭게 규정하고 재활성화시켰으며, 인근에 높은 인구 밀도의 고층 아파트에 거주하는 지역 주민과 연결시켰고, 공원에 커다란 변화를 가져왔으며, 도시 내 자연의 역할을 새롭게 정립한 거대한 문화적 변화로 대표된다(그림 5.5 참고). 재정비된 공원의 생물다양성이 현저히 증가되어 여러 나비 종들과, 새들이 서식하고 있으며 심지어 2014년 5월에는 희귀한 비단수달이 관찰되었다(Lay 2014). 공원 직원은 "방문객 수 또한 증가하였으며, 레노베이션 이전과 비교하여 상대적으로 더 오랜 시간 체류한다"고 설명했다.

그림 5.5 비샨-앙모키오 공원의 칼랑강은 예전에 콘크리트 배수로였는데 지금은 구불구불한 강으로 바뀌었다(사진 제공: 저자).

다음 페이지에서 계속

> 2016년 기준으로 공공시설청은 32개의 액티브, 뷰티풀, 클린 워터 프로그램을 완료하였고, 민간 부동산 개발 회사와 다른 공공 기관이 54개의 프로젝트를 완료하였다(PUB, 2016). 비샨-앙모키오 공원은 섬 국가인 싱가포르에서의 수상 레크리에이션, 심미성, 운영에 상당한 변화를 가져왔고 국내 및 국외에서 진행될 미래 프로젝트들에 영감을 주었다.   - 줄리아 트리만

예를 들어 공원에는 22종의 잠자리가 있고, 물총새, 백로, 바람까마귀, 뻐꾸기 등 59종의 새가 있다(World Landscape Architecture, n.d.). 이곳은 조류를 관찰하고 야생 생물을 볼 수 있는 주요 장소가 되었다. 이 공원을 찾는 사람이 계속 늘어서 지금은 약 3만 명의 사람들이 찾아오고 있으며, 사람들을 이곳으로 이끄는 주된 매력은 이곳에 자연이 있기 때문이다.

시민 참여

싱가포르는 자연을 연결하고 배려하는 문화를 만들기 위해 많은 작업을 하고 있다. 도시 전역에서 정원을 지원하는 프로그램이 있는데, '커뮤니티 인 블룸'이 그것이다. 이 프로그램의 지원을 받는 일부 정원에서는 먹거리를 생산하고, 어떤 곳은 꽃과 나비를 키우고 있다. 그 수는 현재 480개에 이르며, 계속 늘고 있다. 후강초등학교에 가면 자연이 학교 공간에 어떻게 들어올 수 있는지 실감할 수 있다. 이 학교 안마당에는 여러 개의 정원이 들어서 있는데, 필자가 지금까지 본 가장 아름다운 녹색 벽들 중 하나도 이곳에 있다. 이 벽은

학교에 다니는 학생들이 설계한 것이다(스카이라이즈 그리너리 프로그램에서 지원하였다). 모든 아이들이 이런 학교에 다닐 수 있기를 바란다.

싱가포르의 자연과 거대한 토종 생물다양성이 해안 및 해양 영역으로 확대되고 있으며, 자연을 보존하려는 노력들이 점점 더 중요해지고 있다. 이것은 도시에 있는 '정원'에 관해 생각하는 다른 방법이다. 특히 1960년대에 광범위한 토지 개간 및 해안선 개발이 있었으며 이로 인해 맹그로브와 산호초가 많이 없어졌다. 그러나 싱가포르가 해안 및 해양 환경을 다른 시각으로 보고 있다는 긍정적인 징후가 많이 있다. 중요한 전환점은 팔라우 우빈(싱가포르를 둘러싸고 있는 큰 섬들 중 하나)의 습지 및 조간대 평지 구역인 첵자와에서 추진된 토지 매립 프로젝트를 2001년에 사람들이 반대했을 때이다. 이곳에는 풍부한 해양 생물이 있는데, 뽈복, 오렌지 불가사리, 항균 해면 동물, 카펫 말미잘 등이 서식하고 있었다(Ng, Corlett, and Tan 2002). 이곳에 들어선 새로운 방문자 센터와 1킬로미터 길이의 보드워크는 이들 생물의 서식지에 영향을 미칠 것이지만 첵자와는 사람들이 좋아하는 방문지가 되었다. 요즈음 가장 인기 있는 활동으로 국립공원위원회의 가이드가 안내하는 조간 산책이 있는데, 싱가포르 사람들은 썰물 때 이국적인 해양 생물을 직접 볼 수 있다. 웹 사이트인 와일드 싱가포르http://www.wildsingapore.com를 운영하고 있으며 해양 보존을 위한 시민 지원단을 이끌고 있는 리아탄은 이 수직 도시를 해양 생명들과 연결하기 위한 방법을 찾는 일이 중요하다는 믿음을 가지고 있다. 그녀는 다음과 같이 말하고 있다. "나는 사람들이 해양 생물들을 보고, 경험하고, 느낄 필요가 있다고 믿는다. 그러다가 때가 되면 그들은 해양 생물을 옹호할 것이라고 믿는다"(R. Tan, pers. comm., February 1, 2012).

싱가포르가 전 세계에서 가장 활발한 항구라는 사실에 비추어볼 때 싱가포르 해역에서 유지되고 있는 해양 생물다양성은 정말 놀랍다. 이곳에는 약 255종의 단단한 산호들과 100종 이상의 산호초 물고기들이 있다(Huang et al. 2009).

　해양 분야에는 해야 할 일이 많이 있다. 자연을 이해하고 관리하기 위해 주의를 기울이고 주안점을 두어야 할 일이 있는데 싱가포르는 모범을 보이고 있다. 가장 인상적인 것으로 2년 동안 진행된 CMBIComprehensive Marine Biodiversity Inventory가 있다. 여기서는 바다 아래, 그 아래, 바닥에 무엇이 있는지를 파악하는 작업이 진행되었다. 국립공원위원회가 이끄는 해양 조사에는 여러 나라에서 온 수많은 과학자와 수백 명의 시민 봉사자가 참여했다. 두 번의 광범위한 탐사가 진행되었으며 그동안 밝혀지지 않았던 해양 생물을 많이 찾아냈다. 약 100개의 새로운 종(싱가포르 해역에서 새로운 종)이 확인되었으며, 14종의 전혀 새로운 해양 생물 종도 발견되었다. '립스틱' 말미잘, 오렌지색 톱날꽃게, 작은 고비 물고기 같이 다소 놀랄 만한 발견도 있었다.

　2009년에 개발된 '블루플랜'으로 인해 도시/국가는 해양 자원을 더 잘 보호하고 관리하는 쪽으로 나아가고 있으며, 2015년에 최초의 해양 공원인 시스터즈 아일랜드 해양공원을 만들었다. 이곳이 약 12만 평으로 아주 넓지는 않지만 다양한 해양 생물다양성을 유지하고 있다. 다양한 산호초가 있으며, 특히 이 지역에서 점점 없어지고 있는 넵튠 컵 스폰지 같은 특별 관심종도 서식하고 있다.

　해양 공원은 주변에 펼쳐져 있는 놀라운 해양 세계를 사람들에게 알리고 참여시킬 수 있는 핵심 장소이다. 세인트 존스 섬에는 시스터즈 아일랜드 해양공원 공공 갤러리가 새로 만들어졌으며, 이곳은 공공 교육을 위한 주요 시설로 활용된다. 썰물 시 진행되는 트래킹과 두 종류의 수중 다이빙 코스가 운영되고 있다. 또한 이 갤러리는 시민 과학 프로젝트와 연구뿐만 아니라 서식지를 복원하기 위한 다양한 노력의 중심 지점이 될 것이다.

해안가를 따라 해양 서식지를 좋게 만들기 위한 새로운 기법과 기술을 연구하고 테스트하기 위한 노력들이 진행되었다. 일례로, 국립공원위원회 생물다양성 센터 소장인 레나찬이 제안한 타일을 새로 만드는 방파제에 붙여서 해양 생물에게 서식지를 제공할 수 있다.

새로운 형식의 도시 자연

싱가포르는 항구 전면 구역을 재개발하는 '가든스 바이 더 베이' 프로젝트를 시작했고 이는 국제적인 이목을 받았다. 특히 수퍼트리가 큰 주목을 받았다. 수퍼트리는 넓은 나무 형상으로 된 매우 크고 환상적인 금속 구조물이며, 식물과 초목으로 덮여 있다. 실제 나무와 같은 긍정적인 기능을 많이 제공하는데, 생물들의 서식지 기능뿐만 아니라 그늘을 만들고 더위를 피하는 장소로도 이용된다.

모두 18개의 수퍼트리가 있고, 12개는 수퍼트리 숲에 모여 있다. 가든스 바이 더 베이에 따르면 160,000개 이상의 식물이 수퍼트리에 심겨졌는데, 종 수는 200종 이상이며, 다양한 브로멜리아드, 난초, 양치류, 열대 플라워링 클라임버가 있다. 저녁이 되면 나무들에 불이 켜지고 환상적인 라이트 쇼가 진행된다.

수퍼트리는 엄청나게 크다. 가장 높은 수퍼트리는 16층 건물 높이다. 그 중 한 곳의 꼭대기에는 레스토랑이 있으며, 다른 곳과 연결된 통로가 있다. 7개의 수퍼트리에는 태양 전지판이 있어서 전기를 생산한다(실제 나무와 비슷하다). 또한 수퍼트리 외에 유리 돔으로 된 커다란 온실이 두 개 있다.

전망과 성공

싱가포르는 정원에 도시를 만드는 일에 성공했는가? 녹색 문화를 성장시키고 그와 동시에 최근 몇 년 동안 인구가 크게 늘었는가? 이들 질문에 '그렇다'라는 증거가 있다. 1986년 녹지와 2007년 녹지를 비교한 랜드샛 위성 이미지를 보면 개발이 크게 늘어나는 동안 녹지가 섬의 36퍼센트에서 47퍼센트로 늘었고, 그 기간 동안 주민은 거의 2백만 명 증가하였다(NParks 2009). 이 스토리가 완벽하지는 않다. 땅과 녹색 공간이 계속 없어지고 있으며, 많은 사람들이 믿고 있듯이 최근에 개발된 인구 밀도가 높은 지역(예: 풍골에 새로 조성된 에코디스트릭트) 일부에는 녹지가 없다. 이 아시아 모델에는 주목할 만한 것이 여전히 많이 있다. 싱가포르는 여러 가지 방식으로 리더십을 행사하고 있다. 즉 국립공원위원회는 '싱가포르 지수'Singapore Index라고 알려진 '도시 생물다양성 지수'CBI: City Biodiversity Index 개발을 주도하였고, 싱가포르 정부의 다른 부처와 기관에도 생물다양성의 중요성을 열심히 알렸다. 싱가포르가 개척한 녹색 도시화라는 브랜드는 아시아와 그 밖의 다른 지역에 있는 여러 도시에 영향을 미칠 것이며, 싱가포르가 이룬 수직 혁신은 인구 밀도가 높은 지역과 녹지를 효과적으로 결합해서 생물다양성을 보호하고 생활 조건을 개선할 수 있다는 것을 보여줄 것이다. 리콴유는 섬을 녹지로 만들고 정원 도시를 만들면 오늘날 싱가포르 사람들이 누리는 높은 삶의 질과 경제적 번영에 필요한 토대가 마련될 것이라고 믿었고, 싱가포르는 그러한 리콴유의 믿음을 입증하고 있다.

바이오필릭 시티를 만들기 위해 어떻게 생각하고 어느 방향으로 가야 할지와 관련해서 싱가포르는 인상적인 교훈을 많이 던져주고 있다. 한 가지 교훈은 바이오필릭 도시화에 대한 대중의 지원이 중요하다는 점이다. 이와 관련해서 여러 가지 다르지만 상호 보완되는 전략들이 마련되어야 하는데, 규제 준수(예: 랜드스케이프 교체 정책), 금융 혜택, 기술 지원, 연구 개발 지원 등과 관련된 모든 전략이 제 역할을 했다. 수직 녹지 혁신에 민간 부문을 참여시키는 것이 핵심이었다. 그리고 수직 녹지 요소들을 포함시키는 것이 얼마나 중요한지를 민간 개발회사들이 이해한 것 역시 확실한 성공 요인이었다(민간 개발자들이 생활 및 업무 환경을 개선하고, 시장성을 향상시키는 것만큼 녹지 요소를 중요하게 생각하게 되었다).

싱가포르는 도시 전체에 바이오필릭 인프라(예: 파크 커넥터)를 구축하기 위해 투자하고 강과 수로, 그리고 쿠텍푸아트병원 같은 개별 시설과 건물을 녹지화하고 복원하기 위해 노력하는 것에 충분한 가치가 있다는 것을 보여주었다. 쿠텍푸아트병원을 '정원 속 병원'으로, 파크로얄 온 피커링 같이 최근에 지은 건물을 '정원 속 호텔'로 개념을 다시 잡았는데, 도시를 환경 친화적이고 자연 친화적으로 만들 때 적용된 방법이 활용되었다. 도시에 적용된 방법을 개별 건물과 도시에 있는 작은 규모의 구역에 적용해서 모양과 구조를 잡을 수 있다는 사실을 알 수 있다.

싱가포르는 도시를 이해하는 새로운 혁신적인 방법을 찾아냈다. 여기에는 미래에 인구가 성장하려면 땅 뿐만 아니라 하늘에도 공원, 녹지, 자연이 필요하다는 이해가 있었다. 그리고 싱가포르는 실제 자연과 인공 자연이 합쳐진 하이브리드형 자연을 찾을 때도 혁신적인 방법을 모색했는데 주된 예가 바로 수퍼트리다(그림 5.6 참고).

싱가포르에서 다른 교훈들도 얻을 수 있다. 해양 자연을 포용하기 위해 싱가포르보다 더 많은 노력을 기울인 도시들도 있으며, 이러한 노력은 도시에 자연을 만들 수 있는 중요하면서도 새로운 기회다. 육지에 살고 있는 도시 사람들을 도시 근처의 해양 환경 및 해양 생물과 연결하는 일이 중요한 과제로 남아 있다. 싱가포르는 다른 해안 및 해양 도시들이 이해하고 따를 수 있는 진지한 방법으로 이 과제를 해결해 나가고 있다.

그림 5.6 가든스 바이 더 베이의 수퍼트리(사진 제공: 저자).

6장

위스콘신주 밀워키
·
크림 도시에서 녹색 도시로

밀워키는 역사적으로 맥주와 양조로 많이 알려져 있다. 지금은 대부분의 양조장이 없어졌고, 그 대신 밀워키는 다른 많은 분야에서 혁신적으로 변모하고 있다. 특히 도시의 지속가능성 및 녹지화와 관련된 새로운 모델을 만들어내고 있다. 3개의 강이 모이고 미시간 호수 옆에 자리한 밀워키는 탁월한 자연 자산과 아름다움을 지니고 있는 도시다.

구 산업 도시에서 미래를 다시 생각하는 도시로

밀워키는 도시 지속가능성에 있어서 상당한 진척을 이루고 있으며, 이는 톰 바렛 시장이 중점적으로 추진하고 있는 이슈이기도 하다. 바렛 시장은 '그린 팀'green team을 만들고, 이들로 하여금 도시의 새로운 지속가능성 계획을 준비하고 조언하도록 했다. 바렛 시장은 도시의 지속가능성 아젠다를 추진하기 위하여 2006년에 환경 지속가능성 기획단을 만들었다. 밀워키는 '크림 도시에서 그린 도시'로 전환하면서 이미 많은 성과를 이루었다. 빗물을 관리하려는 새로운 노력이 진행되고 있으며, 중앙 도서관을 포함해서 많은 곳에 녹색 지붕을 설치했고, 수천 그루의 나무도 심었다. 가정 에너지 합리화 프로그램을 매우 성공적으로 진행하고 있으며, HOME GR/OWN이라는 과감한 계획도 새로 추진하고 있다. HOME GR/OWN 계획이 진행되면서 약 300곳에 이르는 빈 공터를 재구성해서 지역사회에 새로운 기반을 조성하고 있다. 바렛 시장은 밀워키 저널 <센티널>에 기고한 기명 논평에서 HOME GR/OWN 계획을 '도시를 땅으로 다시 결합시키는' 노력이라고 평가했다(Barrett 2012).

미국의 많은 도시에서는 최근에 총기 폭력과 살인 사건이 빈발하게 일어났다. 몇 년 동안 살인 사건 발생 비율이 떨어지고 있기는 하지만 그래도 총기 폭력과 살인 사건은 놀라울 정도로 많이 일어난다. 그 가운데 기회가 적고 절망감이 큰 빈곤층이 거주하고 있는 지역에서 HOME GR/OWN 계획이 진행되면서 새롭게 도전하려는 인식이 높아지고 있다.

이 계획의 진원지는 노스 엔드이며, 밀워키의 빈 공터 중 대다수, 즉 2,400개 이상이 노스 엔드에 있다. 바렛 시장은 HOME GR/OWN 계획을 시장으로서 기울이려는 노력의 초석으로 삼았으며, 여기에는 도시의 많은 빈 공터를 지역사회에서 식량을 재배할 수 있는 공간과 기회로 삼으려는 의도도 포함되어 있다.

20개의 미니 공원과 지역 과수원이 비교적 저렴한 비용으로 2015년에 만들어졌다. 그레이터 밀워키 재단이 후원하고 위스콘신-밀워키대학교에서 설계를 지원한 지역사회의 이 새로운 공간들은 건강에 유익한 음식을 제공하고, 외관을 바꾸고, 팍팍한 환경에 가능성을 불어넣었다. 밀워키의 HOME GR/OWN 웹사이트에 따르면 이러한 노력의 주된 목적은 빈 공터를 지역사회 자산으로 개조하는 것인데, 세부적으로는 '지역사회에 새로운 경제적 기회를 창출하고, 건강한 먹거리를 만들어서 유통하고, 새로운 녹색 공간으로 탈바꿈시키는 것'이다. 최근에 만들어진 한 예로 에스겔 길레스피 공원이 있다. 두 개의 빈 공터를 붙여서 만든 이 공원에는 15그루의 과일 나무(사과와 배)를 심고, 수백 개의 식용 베리 덤불과 토종 다년생 식물을 심었다.

밀워키의 지속가능성 담당 부서를 책임지고 있는 에릭 쉠버거에 따르면 일부 주민들은 과수원을 짓는 계획에 신중한 반응을 보였는데 과일이 많이 떨어지면 지저분할 것이라는 우려 때문이었다. 이러한 우려에 따라 과일 나무 개수를 조금 줄여서 계획을 진행했다.

밀워키는 도시 농업과 지역사회 식량 생산에 있어서 혁신적인 작업을 하고 있으며, 이와 관련해서 이미 꽤 알려져 있는 도시다. 밀워키는 윌 앨런이 이끄는 비영리 조직인 그로우잉 파워의 본사가 있는 곳으로 유명하고, 최근에는 아쿠아포닉스 기업인 스윗 워터 오가닉스가 만들어졌다. 이곳은 앨런이 한 일에서 영감을 받아 만들어졌으며, 약간의 문제가 없지 않았지만 널리 알려졌다.

밀워키의 일부 지역에서 진행된 식량 및 도시 농업 이야기가 밀워키 외부에 널리 알려져 있지는 않다. 가장 인상적인 곳으로 앨리스즈 가든이 있는데, 이곳은 점점 커지고 있으며, 지역사회 기반 활동이 활발하게 일어나고 있다. 도시에서 가장 가난한 지역 중 하나인 린드세이 하이츠에 위치한 이 정원의 주된 목적은 한번에 많은 일을 하는 것이다. 즉, 근처의 젊은이들에게 일자리와 소득을 제공하고, 학생들을 위한 새로운 교육 프로그램을 만들고(근처에 브라운 아카데미 스쿨이 있음), 지역사회에 필요한 중요한 녹색 공간을 제공하는 것이다. 앨리스즈 가든이 만들고 성장시키는 일은 협업으로 진행되었다. 지역사회의 많은 조직과의 제휴 관계를 통해 진행되었는데, 밀워키 식량위원회, 위스콘신대학교, 도시 회복탄력성 센터도 함께했다.

필자가 아주 뜨거운 어느 여름날 밀워키를 방문했을 때 이 정원을 볼 기회가 있었다. 그곳에서는 많은 일이 일어나고 있었고, 많은 활동이 진행되고 있었으며, 많은 프로젝트가 돌아가고 있었으며, 아주 많은 젊은이들이 왕성하게 움직이고 있어서 현기증이 날 지경이었다. 도심 한복판에서 이곳처럼 밀집된 프로그램을 진행하기란 쉽지 않다. 이곳에서는 많은 수업이 진행되고 있으며,

이야기가 오가고 있고, 연극 무대가 열리고 있다. 그리고 원예 클럽 모임도 이루어지고 있다.

이 모든 활동은 불과 2,420평의 땅에서 이루어지고 있다. 이곳에서 이루어지는 활동에는 풍성한 열정과 의미가 겹겹이 쌓여 있으며, 이는 토양 자체만큼이나 복잡하고 유기적이다. 앨리스즈 가든은 지역사회에서 이루어지고 있는 여러 많은 활동들을 준비하는 기지이자 집 같은 역할을 한다. 이곳에서는 '헬시 코너 스토어' 계획이 진행 중인데, 이미 두 개의 가게가 이곳에서 생산을 하고 있으며, 최소한 두 명의 농부가 이곳에서 생산된 먹거리를 근처(폰디 시장 포함)에서 직거래로 판매하고 있다. 필자가 이곳을 방문한 날 이곳을 운영하고 있는 두 사람을 만났는데, 베니스 윌리엄스는 이곳의 프로젝트 관리자였고, 파투마 에마드는 도시 농장 관리자였다(그림 6.1 참고). 정원과 긍정적인 사회적 변화에 대한 이들의 에너지와 열정을 확연하게 느낄 수 있는 만남이었다.

이곳에 특별한 점이 있다면 아프리카계 미국인을 위한 음식 유산을 강조하고 있다는 것이다. 이곳에서는 '필드핸즈 앤 푸드웨이즈' 프로젝트를 운영하고 있는데, 노예제도가 있던 기간 동안 음식이 어떤 역할을 했는지를 시민들에게 교육하고 있다. 윌리엄스의 설명에 따르면 노예제도 시절에 있었던 어려움과 공포를 알리는 것이 아니라 그 이상의 다른 무언가를 보여주는 것이 이 프로젝트의 목적이라고 한다. 이 정원에는 주인의 부엌 정원이 있고, 노예의 지정 정원이 있다. 주인 정원과 노예 정원을 통해서 노예제도와 관련된 많은 이야기를 들을 수 있다. 가령, 아프리카의 일부 부족은 그들이 가진 독특한 농업 지식과 기술 때문에 노예 상인들의 표적이 되었다는 이야기도 들을 수 있다.

정원을 더 매력적이고 사용자 친화적으로 만드는 중요한 특징이 있다. 지역 사회 모임에 이용되는 공동 건물과 산책로가 있다. 그리고 사색 걷기와 사색 수업에 사용되는 미로도 있다.

그림 6.1 앨리스즈 가든은 밀워키의 린드세이 하이츠에서 주민들이 모이는 중요한 공간이 되었다. 이곳을 운영하고 있는 두 명의 핵심 리더가 있는데, 파투마 에마드(왼쪽)는 도시 농장 관리자로 있고, 베니스 윌리엄스(오른쪽)는 프로젝트 관리자로 있다(사진 제공: 저자).

그날 걸으면서 발견한 또 다른 특별한 것이 있었는데 독특하게 생긴 높은 '상자'였다. 곧 알게 된 사실이지만 이 상자는 이 정원에 있는 세 개의 '작은 무료 도서관'들 중 하나였다. 이 도서관의 모토는 '책 가져가기, 책 남기기'인데, 여기에는 문맹 퇴치와 지역사회 참여 의식 고취에 도움을 주자는 의미가 들어 있다. 위스콘신 원주민인 토드 볼과 릭 브룩스가 낸 이 아이디어는 현재 전 세계에서 호응을 얻고 있다(지금까지 수천 개가 만들어졌다).

앨리스즈 가든이 이 일대 사람들을 연대시킬 수 있는지 여부는 확실하지 않지만 진척의 징후는 있다. 정원이 들어선 부지는 파크 웨스트 프리웨이 고속도로 부지로 예정되어 있었다가 1970년대에 계획이 중단되었다. 그러나 그 전에 많은 집이 팔리거나 철거되었다. 없어진 가옥들 중 일부를 정원으로 대체하는 것은 긍정적인 움직임이 될 것이지만 현재 경제 상황에서는 하기가 어려울 것이다. 그러나 가든이 가지고 있는 생활 편의시설로서의 가치는 유용한 자산이 될 수 있다.

강 성공 스토리

밀워키의 많은 지역에서 식량 생산, 지역사회 구축, 자연과의 접촉을 결합하려는 프로젝트를 실행하고 있으며, 앨리스즈 가든도 그중 한 곳일 뿐이다. 밀워키는 도시를 흐르는 강을 재생하고 복원하려는 노력을 많이 했으며, 밀워키를 파악하려고 할 때 이 부분은 특히 중요하다. 많은 도시 계획 설계자들은 밀워키가 강에 들인 노력을 잘 알고 있다. 생활의 질을 직접적으로 더 높이는 데 있어서 강과 작은 하천을 복원하고 걸어다닐 수 있게 만드는 것보다 바이오필릭 특징을 갖추는 것이 더 중요하다. 밀워키를 이야기할 때 빼 놓을 수 없는 것이 바로 물이다. 존 노퀴스트 시장 시절로 돌아가서 보면, 그는 밀워키 강을 따라 아주 뛰어난 보행자 전용 길을 만들었다. 이것이 아직 다 완성되지는 않았지만 도시의 24 블록에 이르는 구간에 강을 따라 갈 수 있는 보행자 전용 길이 나 있다.

밀워키의 강 스토리에서 가장 최근에 일어난 이야기는 도시의 산업 시설이 많이 들어서 있는 메노모니강을 복원하기 위해 도시가 기울인 노력에서 읽을 수 있다. 이곳을 따라 있던 많은 재개발 구역에서 재개발이 진행되었으며, 메노모니 파트너십에 의해 새로운 회사들이 이곳으로 이전하였다. 그러나 아직도 사용되지 않는 빈 땅이 남아 있다.

도시 생태 센터를 통한 교육과 참여

도시 생태 센터는 밀워키에 있는 또 다른 독특한 조직으로, 메노모니강의 복원에서 핵심 역할을 맡고 있다. 이곳은 체험형 학습 센터인데, 주된 목적은 도시의 생태와 환경을 가르치는 것이다. 밀워키에는 이러한 도시 생태 센터가 하나만 있는 것이 아니라 총 세 개 있다. 세 번째 센터는 2012년 9월에 오픈했으며 메노모니강 옆에 있다. 이곳은 종전에 주점이었는데 여러 가지 녹색 요소들을 접목시켜서 개조되었으며, 자연 채광 시스템인 솔라튜브 채광 창과 빗물 수집 시스템도 갖추고 있다(그림 6.2 참고). 또한 센터는 센터 건물뿐만 아니라 메노모니강을 따라 버려져 있는 약 3만 평의 철도 야적장도 복원할 계획을 갖고 있다(그림 6.3 참고). 이곳 부지는 복원되어서 야외 교실로 점점 전환될 것이며, 보행자 및 자전거 도로도 새로 들어설 것이고, 지역사회 구성원을 위한 정원도 새로 만들어질 것이다.

그림 6.2 밀워키의 세 번째 도시 생태 센터가 메노모니강 옆에 2013년 오픈했다. 종전에 주점이었던 이곳에는 많은 녹색 시설이 만들어져서 적절하게 재사용되는 과정을 거쳤다. 이곳에는 자연 채광 시스템인 솔라튜브 채광 창과 빗물 수집 시스템이 갖춰져 있다(사진 제공: 저자).

그림 6.3 밀워키 스토리에서 강을 다시 발견하고 다시 연결하는 것이 큰 주제다. 최근에 이루어진 많은 작업은 도시의 메노모니강에서 중점적으로 진행되고 있다(사진 제공: 저자).

사실 밀워키는 체험형 자연 및 과학 학습에 어린이와 성인을 참여시키는 것에 있어서 미국에서 독보적인 위치에 있다. 도시 생태 센터는 501(c)(3) 비영리 조직으로, '지역사회에서 지역 주민이 주체가 되어 생태학적 이해를 장려하고 변화의 영감을 고취시킨다'를 목표로 하고 있다. 센터 본부는 리버사이드 파크에 있고, 다른 센터는 워싱턴 파크에 있으며, 새로 지은 센터는 메노모니 강변에 있다. 이들 생태 센터에 가면 인상에 남을 만한 경험을 할 수 있는데, 제왕나비 애벌레 관찰부터 시작해서 파랑새 집 만들기에 이르기까지 다양한 가족 프로그램이 운영되고 있다. 성인을 위한 프로그램도 있고, 취미 모임을 위한 프로그램도 운영 중인데, 도시 생태 사진 클럽, 도시 별 보기 모임, 새벽에 새 보며 산책하기 같은 모임에서 이곳을 이용하고 있다. 주변에 있는 많은 학교에서 이들 센터를 찾고 있다. 1년에 약 80,000명이 방문하고 있다(메노모니 센터 열기 전 숫자). 또한 이들 센터는 지역사회에 있는 학교들과 함께하는 강력한 협력 시스템을 만들고 있다.

이들 도시 생태 센터는 지역사회 활동의 실질적인 중심지이다. 이들 센터에는 어린이를 위한 여름 캠프가 있고 다양한 종류의 프로그램이 있는데, 성인과 어린이 모두를 위한 새 산책 및 강의가 있고, 여름 콘서트도 진행된다. 연간 보고서를 보면 1년 동안 어떤 영향력을 발휘했는지를 알 수 있는데, 1년에 20만 명이 넘는 방문자가 다녀갔고, 이 중에서 학생은 약 28,000명이다. 센터의 개인 자원 봉사자는 3,700명이 넘는데 이들은 센터에 많은 도움을 주고 있으며, 수천 그루의 나무와 식물을 심었다. 센터에는 박쥐, 개구리, 조류, 기타 여러 종에 관한 시민 과학 프로그램들이 다양하게 운영되고 있어서, 이들 프로그램에 참여해서 밀워키 지역의 도시 생태계를 고찰할 수 있다. 또한 지역 주민에게 장비를 대여하는데, 캠핑 장비, 크로스 컨트리 스키, 원예 도구, 아이스 스케이트, 스노우 슈즈, 썰매, 낚시 도구를 빌릴 수 있다. 2013년에 약 2,500건의 대여가 진행되었다(Urban Ecology Center 2014). 센터에서는 '인근 환경 교육 프로젝트'를 운영하고 있으며, 이 프로젝트를 통해 지역 학교에게 매우 인상적인 혜택을 주고 있다. 현재 약 53개 학교가 이 프로그램에 참여하고 있다. 프로그램에 참여하고 있는 학교들은 단발성 방문이 아니라 일년 연중 참여하고 있다. 이와 관련해서 센터 관계자는 "단순한 현장 견학이 아니라 상설 외부 교실로 운영되고 있으며, 외부에서 체험형으로 반복해서 활동함으로써 교실에서 배운 과학 개념을 더 확실하게 알 수 있도록 운영하고 있다"라고 밝히고 있다.

2016년에 도시 생태 센터는 위험한 환경에 있는 고등학생들 사이의 폭력 범죄를 줄일 목적으로 마련된 혁신형 시범 사업에 참여했다. 도시 생태 센터에는 '유스 웍스 밀워키'라고 하는 시카고에서 사용되었던 모델이 있는데, 이는 유급 일자리를 제공하는 사업이다. 시범 사업을 시행한 결과 고등학생들이 유급 일자리를 가지면 폭력적인 범죄를 저지를 가능성이 줄어든다는 것이 확인되었다. 아직 시범 사업으로만 진행되었지만 이러한 결과에서 도시 생태 센터 같은 조직이 바이오필릭 도시화를 통해서, 그리고 환경 교육과 봉사 활동을 통해서 일자리와 생계 수단을 안정적으로 제공할 수 있다는 사실이 입증되었다.

  리버사이드 파크의 도시 생태 센터와 연계된 또 다른 흥미로운 계획으로 2013년에 개장한 칠드런즈 포레스트가 있다. 미국 산림청이 제정한 특별 지정 프로그램인 '칠드런즈 포레스트'에 세 도시가 사례로 올라갔는데 이곳이 그중 하나다. 밀워키 로타리 센테니얼 수목원으로 더 잘 알려져 있는 이곳은 밀워키강 구역을 따라 약 5만 평의 면적에 조성되어 있다. 그곳에는 포장 산책로와 비포장 산책로가 있으며, 카누 론치도 있다. 수목원 입구에는 인상적인 석조 아치가 있다. 어린이와 가족을 자연, 특히 숲과 연결시킬 의도로 만들어진 이곳에는 약 70종의 토종 나무와 수천 그루의 토종 관목과 꽃이 심어져 있다. 칠드런즈 포레스트에는 여러 개의 야외 학습 구역이 있고, 자원 봉사자들이 탐방객의 관람을 돕고 있어서 학교 학생들의 주요 방문지로 자리잡았다. 방문자 안내소 역할을 하는 이미지네이처 스테이션의 심벌 마크는 나뭇잎 모양으로 되어 있으며, 이곳을 찾은 어린이들은 일종의 보물찾기 게임을 경험할 수 있다.

바이오필릭 시티에 필수적으로 있어야 할 협업 정신을 숲에서 확인할 수 있다. 숲은 여러 기관의 협업의 산물이다. 미국 산림청 동부 지부, 도시 생태 센터, 공원 관리소, 강 되살리기 재단, 로타리 클럽이 협업했으며, 이 기관들이 참여해서 수목원을 위한 기금이 많이 늘었다(프로젝트에 필요한 촉진 기금으로 약 40만 달러).

수목원은 1백만 평 규모의 밀워키 강 그린웨이로 가는 관문이다. 그린웨이의 수질 개선과 생물다양성 향상이 지속적으로 진행된 결과, 강 복원 및 부흥에 있어 빼어난 스토리가 만들어졌다(River Revitalization Foundation n.d.). 그린웨이는 기존의 여러 카운티 및 도시 공원(총 12개, 링컨 파크부터 노스까지 포함)과 연결된다. 그리고 이곳에서는 많은 생태 복원 프로젝트가 진행되었는데 대표적으로 1997년에 노스 애비뉴 댐 해체 프로젝트가 진행되었다. '밀워키 그린웨이 마스터 플랜'은 2010년에 준비되었으며, 밀워키시는 그린웨이 주변 개발을 통제하기 위해 특별한 이중지구지정제를 채택했다. '도시의 버려진 땅에 대한 비전 제시; 자연 공동체 복원 및 레크리에이션 기회 공유'를 마스터 플랜으로 잡았다. 그리고 미래의 투자, 프로젝트, 관리는 새로 구성된 밀워키 강 그린웨이 연합에서 맡는 것으로 했다(River Revitalization Foundation 2010). 하천 보존을 진행하는 지역사회의 여러 그룹들을 지원하는 일과 프로젝트 향상 및 활성화를 위해 지대를 설정하고 개발 규정을 개정하는 일은 모두 하천 보존 진행에 있어 중요한 과제다.

수자원

여러 가지 면에서 밀워키의 물은 중요한 바이오필릭 자산이자 조건으로, 물과 시민을 연결하는 작업을 여러 가지 창의적인 방법으로 추구하는 것이 목표이다. 카누와 카약으로 갈 수 있는 도시 워터 트레일(밀워키시 문서에는 이를 '물로 된 공원 도로'liquid parkway로 표현하고 있음)이 56킬로미터에 이르며 도시를 흐르는 세 강(밀워키강 포함)의 일부가 모두 포함된다. 미시간호의 호숫가도 매우 중요한 역할을 한다. 이곳에서 수영, 보트, 요트 항해를 즐길 수 있다. 미국에는 지역에서 비영리로 운영되는 요트 항해 클럽이 몇 곳 있는데, 밀워키도 그중 하나로 밀워키 커뮤니티 세일링 센터가 있다. 이곳에는 80척 이상의 가용 보트가 있으며, 요트 수업이 연중 운영되고 있다.

도시 지속가능성과 자연 세계와의 연결, 둘 모두를 더 향상시키기 위해 노력하는 도시는 몇 곳 없다. 밀워키는 밀워키라는 도시의 이미지, 도시 내부와 외부에서 바라보는 도시에 대한 인식, 밀워키의 장기 비전을 재구성하는 데 있어서 자연이 일정한 역할을 할 수 있다는 사실을 확실하게 인지하고 이를 수용했다. 밀워키가 기울인 노력들은 그곳에 있는 생태학적 자산을 충분히 이해하고 십분 활용한 것에서 결실을 맺었다. 특히 강과 호숫가는 밀워키가 가진 독특한 자연 자산이었다. 그리고 밀워키는 도시 생태 센터 같은 민간 단체와의 협업을 통해서 주변 자연 세계에 호기심과 열성을 보이는 지역사회 주민들을 적극적으로 참여시켰다.

7장

뉴질랜드 웰링턴

타운벨트에서 블루벨트로

뉴질랜드 수도인 웰링턴은 약 20만 명이 살고 있는 도시다. 웰링턴은 환경과 관련해서 진보적인 계획, 정책, 이니셔티브를 만들어낸 긴 역사를 가지고 있으며, 최근 몇 년 동안 자연 도시가 되기 위한 여러 방안을 한층 더 확장하고 발전시켜 왔다. 공원과 녹지는 웰링턴이 처음 형성되었을 때 만들어졌다. 도시 중심부는 U자 모양의 나무와 녹지인 '타운벨트'Town Belt로 둘러싸여 있으며, 이의 시작은 1841년 도시가 처음 계획되었을 때로 거슬러 올라간다. 세월이 흐르면서 타운벨트가 조금씩 좁아졌지만 마운트 빅토리아, 마운트 앨버트, 보타닉 가든을 위시해서 핵심 명물들은 그대로 남아 있다. 최근 들어 웰링턴 외부에는 넓은 그린벨트가 만들어졌으며, 이 그린벨트에는 사유지와 국유지가 섞여 있다. 웰링턴 내부와 외부에는 자연과 어우러진 길이 망처럼 연결되어 광범위하게 나 있으며, 능선 정상으로 연결되기도 하고 주요 공원을 연결하기도 하며 뛰어난 풍경과 멋진 바다 조망을 보여주기도 한다(그림 7.1 참고).

살아 있는 도시, 웰링턴

웰링턴에는 도시 속 자연을 확장하고 복원하기 위한 많은 프로그램이 있다. 주요 프로그램으로는 넓은 지역에 나무를 심는 계획, 2020년까지 2백만 그루의 나무를 새로 심는 계획(이미 상당 부분 진척되었음), 외래종을 토종으로 점차적으로 바꾸려는 노력이 있다. 외래종을 토종으로 바꾸려는 주된 이유는 강하기로 유명한 웰링턴의 바람에 외래종이 적응하고 버틸 수 없는 것으로 보이기 때문이다. 또한 웰링턴은 이웃 도시에 심을 수 있는 토종 나무 및 식물 종묘를 키우는 종묘 네트워크를 구축하는 일을 지원하고 있다.

그림 7.1 뉴질랜드 수도인 웰링턴은 오래 전부터 도시 주변 자연을 보호했으며, 그 시작은 타운벨트였다. 타운벨트는 도심을 감싸고 있으며 1841년 최초의 도시 계획이 시작될 때부터 조성되었다(사진 제공: 저자).

웰링턴에는 원래의 천연림이 상대적으로 별로 없다(활엽은 5퍼센트 미만, 해안 산림은 1퍼센트 정도만 남은 것으로 추정). 그러나 웰링턴에는 오타리-윌턴 부시와 보타닉 가든 같은 식물원과 보호림 같은 자연 공간이 아직 남아 있다. 도로변, 길가, 도로 중앙 교통 섬 같이 도시의 많은 자투리 땅에 토종 나무와 초목을 우선적으로 심었다. 물론 여기에는 전국적으로 위협이 되는 위해종도 포함되었다.

또한 웰링턴은 웰링턴 동물원을 재정적으로 지원하고 있다. 웰링턴 동물원은 타운벨트의 공간을 상당 부분 차지하고 있다. 네스트 트 코항가는 동물원 안에 있는 수의학 케어 시설로, 토종 야생 종을 주로 관리하고 있다. 처음 5년 동안 이 시설에서는 약 2,000 마리의 동물을 치료했으며, 병에 걸린 키위부터 위험에 처한 올빼미앵무새에 이르기까지 다양한 동물이 거쳐갔다(Wellington Zoo 2014).

외곽 그린벨트는 웰링턴시 당국이 소유한 공원과 보호구역으로 이루어져 있으며, '남쪽 해안부터 도시의 서쪽 능선을 따라서 콜로니얼 높까지 이어진 그린벨트에 토종 초목을 복원하고 아무나 와서 일상적으로 즐길 수 있는 레크리에이션 네트워크를 구축하는 것'을 비전으로 제시하고 있다(Wellington City Council 2015). 이 공원들에 온 주민과 방문객은 환상적인 경치 속에서 도보여행과 자전거 여행을 즐길 수 있다. 가장 좋은 걷기 및 자전거 타기 코스로 스카이라인 워크웨이가 있으며, 2006년에 만들어진 이곳의 길이는 12킬로미터에 이른다.

이 지역의 더 넓은 풍경에서 다른 특별한 기회를 만들 수 있다. 도시와 주변 지역은 재생 에너지에 남다른 애정을 보이고 있으며, 실례로 북서쪽에 위치한 바람 농장인 웨스트 윈드에는 62개의 터빈 풍력 발전기가 돌고 있다. 2.3메가와트 용량의 터빈은 도시의 풍력 자원을 이용해서 웰링턴 거주 인구가 가정에서 쓸 수 있는 에너지를 충분히 생산할 수 있다(뉴질랜드의 7만 가구가 쓰는 평균 전력량을 충분히 공급). 메리디안 에너지가 운영하는 이곳에는 양떼 목장과 휴양 공원이 있어서 시민들의 하이킹 코스로도 활용되고 있다.

재선 시장인 세리아 웨이드 브라운의 강력한 리더십으로 인해 지난 몇 년 동안 이 도시는 '우리의 살아 있는 도시'Our Living City라고 하는 새로운 이니셔티브를 개발했다. 웨이드 브라운은 도시 속에 자연을 만드는 일을 강력하게 추진하고, 도시 거주민과 빼어난 자연을 연결하는 일이 중요하다는 것을 강하게 주장했다. '우리의 살아 있는 도시'의 주요 목표는 '도시와 자연을 연결하는 일을 강화하고 건강한 환경에서 경제적 기회를 구축하여 웰링턴 시민의 삶의 질을 개선하는 것'이다(Wellington City Council 2015). 웰링턴시는 '우리의 살아 있는 도시'가 추구하는 철학을 구현하기 위해 나무를 심는 일에서부터 시작해서 '살아 있는 벽'을 시범적으로 설치하는 일과 '건강한 가정 만들기' 프로그램에 이르기까지 여러 가지 사업을 단계적으로 실행했다. 리빙 시티 보조금 프로그램을 운영하였으며, 이 프로그램을 통해 지역에서 진행되는 여러 프로젝트에 기금을 제공하고 있다. 그 규모는 매년 80,000뉴질랜드달러에 이른다.

2015년에 웰링턴은 '생물다양성 전략 및 행동 플랜'(2007년의 행동 플랜을 토대로 만들어짐)을 새로 채택했다. 이 계획에는 생물다양성을 보호하고 확장하기 위해 취하고자 하는 다양한 단계와 행동, 원칙, 철학이 들어 있다. 이 플랜의 제목은 '우리의 자연 수도'Our Natural Capital인데, 이것이 말장난처럼 보이기도 하지만, 도시 주변에 풍요로운 자연을 만들어서 도시에서의 삶과 정책을 체계화하겠다는 확실한 약속을 반영한 것이기도 하다(Wellington City Council 2015). 이 계획에는 웰링턴 시민들의 삶에 자연이 매우 중요하다는 것을 나타내는 문구가 들어 있다. "웰링턴 시민들은 자연에 연결되어 있다. 그들은 웰링턴의 생물다양성을 잘 알고 있고 이를 지키려는 열정도 가지고 있으며, 아주 가까이에 풍요로운 자연이 있는 도시에서 살기를 원한다"(Wellington City Council 2015).

생물다양성 전략에는 다양한 복원 및 관리 조치가 단기, 중기, 장기별로 들어 있으며(예: 도시의 특정 구역에서 해충 통합 관리 실행) 이 계획에서 더 많은 건물과의 연결 및 자연과의 접근이 상당 부분 고려되고 있다. 가령, 계획에서 제안하고 있는 한 가지 안으로, 새 둥지에 카메라를 설치해서 먹이 먹는 장면을 촬영하고 카메라로 찍은 사진을 일반 시민들에게 보여주는 것이 있었다(예: 앵무새 종인 카카, 리틀 블루 펭귄, 내항의 수중 환경). 도시의 옥상 정원과 공동체 텃밭 같은 것과 모든 시민이 도보나 자전거로 10분 이내 거리에 자연을 접할 수 있다는 것을 홍보하자는 안도 있다. '친수성' 개념을 도시 디자인에 넣자는 의견도 많이 있으며, 이는 웰링턴이 지금까지 해 왔던 것이기도 하다.

'친수성 도시 디자인'water-sensitive urban design이라는 용어는 뉴질랜드와 호주에 적용되는데, 이는 북미에서 저영향 개발, 분산형 현지 빗물 수집을 추구하는 것과 같다고 보면 된다. 웰링턴에서는 인상적인 프로젝트가 이미 몇 개 진행되고 있으며, 큰 잠재력을 보이고 있다. 특히 조경 건축 회사인 라이트 어소시에이츠가 설계한 18,000평 규모의 와이탕기공원을 눈여겨볼 만하다. 이 독특한 공원은 항구 오른쪽에 있으며, 획기적으로 재건축된 습지 시스템과 식생체류 시설은 도로와 고지대에서 항구로 흘러드는 빗물을 정화하는 데 도움이 된다(그림 7.2 참고). 공원의 대부분에는 '두꺼운 식재 경사 테라스'가 있으며, 이곳에 토종 식물이 있어서 아름답고 화려한 도시 자연을 이루고 있다(Wright + Associates n.d.). 이곳에는 식생 체류를 위한 '트리핏'treepit이 있는데, 이 시설은 도로와 주차장에서 흘러 나오는 빗물을 모으고 처리하는 빗물 정원과 산책로를 따라 나 있다. 그리고 이곳에는 스케이트 공원, 놀이터, 잔디가 깔린 피크닉장 등 많은 공공 장소가 있다.

그림 7.2 뉴질랜드 웰링턴에 있는 와이탕기 습지 공원은 도시의 항구에 인접한 경사 대지에 18,000평 규모로 조성되어 있다. 토종 식물이 심어져 있는 습지는 땅 위를 흐르는 빗물을 모아서 처리하고, 새로운 수변 공공 공간을 제공한다(사진 제공: 저자).

웰링턴에 새의 노래를 들려주기

제임스 쿡 선장이 태평양과 뉴질랜드를 처음 항해했을 때 함께한 과학 담당자는 그곳에서 귀청이 터질 것 같은 새들의 '새벽 합창'을 보고서에 기록했다. 그후 수십 년 사이에 유럽과 호주의 포유류(예: 담비, 쥐, 주머니쥐)가 들어오면서 이 새들 중 많은 새가 없어졌다.

웰링턴은 토종 조류 종을 복원하는 새롭고 대담한 보존 전략을 선구적으로 추진했다. 웰링턴에서 도시 생물다양성을 확보하기 위한 대규모 프로젝트를 많이 진행했는데 그중 하나로 질란디아('카로리 야생 보호구역'이라고도 함)

가 있다. 이곳은 원래 급수 저장 시설이었는데 지금은 토종 조류 종 복원을 위해 포유동물을 막는 울타리가 둘러쳐져 있다.

웰링턴 도심에서 불과 10분 거리 밖 계곡에 68만 평 규모의 생태 보호구역이 조성되어 있다. 이 보호구역은 웰링턴의 자연을 좋게 만드는 순기능을 많이 하고 있다. 보호구역 안팎에는 산책로가 있으며, 주민들이 이용할 수 있는 다양한 교육 프로그램이 있다. 보호구역은 사람들의 신뢰 가운데 운영되고 있으며, 자연을 복원해서 유럽인들이 오기 전에 존재했던 '빽빽하게 여러 층으로 되어 있던 저지대 과병/활엽 숲'으로 돌아가기 위한 500년 계획에 의해 관리되고 있다(Zealandia, "Forest Restoration" n.d.; Zealandia, "Progress to Date" n.d.). 이 작업은 오랫동안 진행될 것으로 예상된다.

단기간에 집중적으로 할 일은 외래 확산종을 제거하는 것이고, 장기적으로는 많은 토착 종을 점차적으로 다시 심는 것이다. 예를 들어, 최근 몇 년 동안 공원에는 여러 동물이 돌아왔는데 그중에서 큰도마뱀(tuatara: 실제 도마뱀은 아니고 큰 도마뱀처럼 생긴 종)과 자이언트 웨타(매우 큰 일종의 귀뚜라미)도 다시 돌아왔다.

포식자 방지용 철책의 디자인은 인상적인데, 길이는 8킬로미터에 이르고 높이는 2.2미터에 달한다. 그리고 상단은 '곡선 모양의 모자'처럼 되어 있다(그림 7.3 참고). 굴을 파는 포유동물을 막기 위해 땅 밑으로도 40센티미터가 들어갔다(Zealandia, "Our Groundbreaking Fence," n.d. 참고). 질란디아에서 이 철책은 1999년에 완공되었으며, 뉴질랜드와 다른 나라의 여러 곳에 이와 비슷한 철책이 만들어지는 계기가 되었다(최소 14곳에 이와 비슷한 철책이 있다).

그림 7.3 질란디아는 토종 서식지와 동물군 특히 조류를 복원하려는 과감한 노력의 산물이다. 도시 중심부에 위치한 이 자연 보호구역 주변에는 2.2미터 높이의 포식자 방지용 울타리가 설치되어 있으며, 이는 카카 앵무새 같은 토종 동물의 번식과 회귀를 위해 만들어졌다(사진 제공: 저자).

10년이 조금 더 지난 후에 지역의 생태계를 흔드는 종이 공원으로 되돌아 왔고 카카 같은 조류 종을 도시의 주변 이웃 지역으로 퍼뜨리는 일종의 번식지 역할을 하고 있다. 토종 앵무새인 카카에 대해 조금 살펴보겠다. 2002년에는 질란디아 계곡에 오클랜드 동물원에서 온 6마리의 카카가 있었다. 10년 후

그 수가 약 180~250마리로 늘었으며, 많은 수의 카카가 보호구역 주변을 다녀오거나 서식하고 있으며, 도시 전체로 영역을 점점 더 넓히고 있다("Kaka numbers recovering in Wellington" n.d.).

질란디아의 슬로건은 '웰링턴에 새의 노래를 들려주기'이다. 이는 바이오필릭 시티의 미래가 어떨지 상상이 되는 내용이다. 새 노래를 들으면 아름답게 느끼고 치료에도 도움이 되고, 이것이 바이오필릭의 척도라는 것을 알고 있다. 또한 웰링턴 시민들이 새 노래 소리를 즐길 수 있는 곳에 살 수 있게 하는 것이 도시 발전의 훌륭한 척도라는 것도 알고 있다.

새들이 안전한 보호구역을 떠난 후에 새들을 보호할 방법이 없는지에 대해 최근 몇 년 동안 집중적인 고민이 있었다. 이것을 흔히 '헤일로'halo라고 하는데, 보호구역에서 나온 새들이 집이나 거주지에 살고 있는 이웃(집 고양이 포함)과 접촉한다. 빅토리아 대학 교수이자 질란디아 신탁 위원회 회원인 찰스 다우러티는 헤일로 효과를 다음과 같이 설명하고 있다.

> 대부분의 사람들은 '헤일로 효과'Halo Effect라고 하면 뉴질랜드 토종 새인 투이와 다른 토종 새 개체수가 늘어나고, 이 새들이 포유동물 방지 울타리가 있어서 상대적으로 안전한 조류 보호구역을 넘어가서 카로리 같은 근처 교외나 아니면 도시의 더 넓은 지역을 차지하는 것이라고 생각한다. 그러나 새로 구성된 질란디아 신탁 위원회에서 보는 헤일로 효과에는 단순히 새벽에 들리는 새의 합창을 넘어서 웰링턴에게 주는 훨씬 더 많은 이점이 있다. 우리의 주요 목표로는 계곡의 생태를 복원하여 주변 지역에도 혜택이 넘치

게 하는 것이 있고, 지역의 청소년들에게 환경 교육 프로그램을 제공하고, 세계적으로 앞선 환경 보존 연구를 진행하고, 지역사회의 건설적인 동참을 이끌어내고, 생태 관광으로 웰링턴 경제를 지원하는 것이 있다(Daugherty 2013).

질란디아의 울타리 밖에서 할 수 있는 일도 많이 있다. 인핸싱 더 헤일로 Enhancing the Halo라는 조직이 결성되었는데, 이 조직의 목적은 공원 외부의 지역 주민과 주택 소유자와 협력하고 그들을 교육시켜서, 토종 조류를 살펴보고 보호하는 일에 이들의 협조를 얻는 것이다. 이 조직을 만든 가레스 모건은 다음과 같이 말하고 있다. "뒷마당에 안전한 피난처를 제공해서 토종 조류들이 웰링턴에 적절하게 퍼지도록 할 수 있다"(Stewart 2013). 온라인으로 '헤일로 가정'Halo Households으로 등록하면 관련된 안내서와 창문에 부칠 수 있는 그림을 받게 된다. 또한 새들에게 더 친숙하게 마당을 가꾸기 위한 방법과 관련된 조언과 안내를 받을 수 있으며, 새의 가장 큰 포식자인 집 고양이에게 방울을 달거나 집 안에 두거나 바깥에 울타리를 친 공간을 둬서 집 고양이를 통제하고 관리하는 방법도 안내받는다.

떠오르는 블루 도시화 모델

웰링턴에서 도시 자연을 혁신하려는 노력들 중 가장 인상적인 것은 육지에서 진행되고 있는 노력에 부응하기 위해 해양 중심의 자연 감성을 높이려는 새로운 노력을 더 많이 추진하고 있다는 점이다. 그린벨트를 보완하기 위해 현재 블루벨트를 제안하고 있으며, 블루벨트는 항구, 해양 보호 구역, 웰링턴을 둘러싸고 있는 모든 해안선과 해양 서식지로 이루어져 있다.

웰링턴의 해양 생물은 간혹 장관을 이룬다. 범고래가 항구로 들어와서(어떤 때는 가오리를 따라간다) 해안가 가까이에 있으며, 리틀 블루 펭귄 같은 다른 종들도 도시에 둥지를 틀기도 한다. 여기에는 매우 다양한 해양 환경이 있으며, 다른 많은 육지 환경보다 훨씬 더 큰 다양성을 보이고 있다.

타푸테랑가 해양 보호구역이 웰링턴의 남쪽 해안선에 있으며, 이는 웰링턴의 자부심이자 기쁨이다. 이곳은 큰 직사각형 모양으로, 약 4킬로미터에 이르는 해안선이 있고 남극해 쪽으로 2킬로미터 이상 뻗어 있다. 이곳의 관리 주체는 뉴질랜드 자연보호부이며, 해양 보호구역으로 낚시 금지 구역이기도 하다. 세 개의 해류가 모이는 이곳에서 엄청난 생물다양성을 확인할 수 있으며, 약 400종의 해초, 많은 종의 무척추동물이 있으며, 배가 불룩 나온 해마 같은 매혹적인 생물들이 많이 있다. 그러나 보트 타기, 다이빙, 스노클링은 허용되며, 국가에서 운영하는 스노클 코스도 있다.

도심에서 불과 6킬로미터 밖에 떨어져 있지 않은 이 보호구역은 웰링턴 사람들의 주요 생활 편의시설이다. 아일랜드베이 해양 교육센터는 해양 보호 구역에 위치한 훌륭한 해양 교육 시설로, 수족관과 체험용 어항을 갖추고 있다. 이 교육센터의 운영 주체는 웰링턴 해양 보존국이며, 이 조직은 1999년에 시에서 인가 받은 자선단체. 간조 때에 주민들은 근처의 암석 수영장을 돌아다닐 수 있다. 그리고 스노클 코스가 있어서 바다 세계를 경험할 수 있다. 웰링턴에 있는 학교들은 해양 교육센터에서 정기적으로 와서 야외 수업을 한다.

몇 년 전 웰링턴은 세계 최초의 해양 생물다양성탐사 지역이 되었으며, 이는 이곳에 있는 많은 해양 생물을 종합적으로 조사하려는 노력의 일환이었다. 일반적으로 육지에서 이루어지는 생물다양성탐사는 1~2일에 걸쳐 진행되지만 이곳에서의 조사는 30일에 걸쳐 진행되었다. 이는 새롭고도 거대한 도전이었다. 550종 이상의 해양 생물을 확인했으며, 여기에는 남방긴수염고래와 범고래가 포함된다. 싱가포르에서와 같이 몇 가지 새로운 종이 발견되었다. 특히 4종의 새로운 해양 생물이 발견되었는데, 관말미잘, 바다 민달팽이, 이끼벌레, 돌말이 그것이다(Harper, Patterson, and Harper 2009; Royal Forest and Bird Protection Society 2007).

블루 벨트를 만들려면 일정 부분 계획이 필요하다. 그러나 다른 한편으로는 공무원을 포함해서 시민들의 의식과 정신 세계를 바꾸는 일도 필요하다. 이 지역에서 다이버로 활동하고 있는 스티브 저니는 이 변화가 생기게 한 핵심적인 인물이다. 그는 웰링턴 항구 물속으로 거의 매일 들어갔다. 또한 그는 사진 작가이기도 한데 항구에서 살고 있는 해양 생물을 기록한 꽤 괜찮은 책을 출판했다. 책 제목은 <Wellington Down Under(Journee 2014)>이다. 이러한 노력들이 어떤 영향을 미쳤는지를 판단하는 것은 어려운 일이지만 중요할 수는 있다.

다이버이기도 한 웨이드 브라운 시장도 블루 도시화의 핵심 주창자이다. 그녀는 해양 세계가 웰링턴 사람들의 삶에 어떤 역할을 미칠 것인가를 열정적으로 설파하고 있다.

바이오필릭 기능을 갖춘 도시

웰링턴만큼 놀랍고 환상적인 자연 환경을 갖춘 도시는 별로 없다. 웰링턴을 방문한 이들은 아주 가까이에서 자연을 보고 느낄 수 있다. 그리고 여기서 설명한 것처럼 웰링턴은 인간과 자연을 견고하게 연결하기 위한 작업을 많이 하고 있다. 바람으로 유명한 웰링턴은 바람을 최대한 활용하고 있다. 웰링턴은 풍력 터빈에서 매우 많은 양의 에너지를 생산한다. 또한 바람에서 영감을 받은 예술 작품을 공적인 장소에 설치하고 있다(그림 7.4 참고). 일례로 윈드 스컬프처 워크에 가면 필 대드선의 작품인 아쿠아 탕기를 볼 수 있다(박스 7.1 참고).

그림 7.4 웰링턴은 바람으로 유명한데, 이것은 웰링턴이라는 장소에서, 그리고 웰링턴의 환경에 중요한 요소가 된다. 근래 몇 년 동안 바람을 이용하는 많은 예술 프로젝트들이 진행되었다. 아쿠아 탕기라는 이름의 이 바람 조각도 그중 하나인데, 이것을 만든 아티스트는 필 대드선이다(사진 제공: 저자).

> **박스 7.1 웰링턴의 바람 조각**
>
> 아쿠아 탕기는 10개의 스트라이프 페인트가 칠해진 기둥으로 구성되어 있으며, 각 기둥에는 바람 방향에 따라 바뀌고 바람 속도에 따라 축을 따라 도는 원뿔 모양의 기구가 설치되어 있다. 여기에는 발전기로 작동되는 LED 조명이 있어서 바람 속도에 따라 밝아지거나 흐려진다. 각 기둥의 끝에 고깔 모양으로 달려 있는 플루트는 바람이 불 때마다 바람의 신인 아이올리스의 플루트와 고동에서 나오는 것 같은 소리를 내며, 10개 기둥 각각에서 다른 소리가 나온다.
>
> 출처: The Arts Foundation(http://www.thearts.co.nz/news/akau-tangi-wind-sculpture-installed).

웰링턴이 계획한 생물다양성 계획은 바이오필릭 시티의 개념이 어떠해야 하는지를 보여주고, 웰링턴을 바이오필릭 시티 네트워크의 일원이 되도록 했다. 웨이드 브라운 시장과 시청 공무원들이 이 계획을 강력하게 지원하고 있기 때문에 웰링턴은 바이오필릭 시티로 거듭나고 있다. 필자가 2013년에 웨이드 브라운 시장과 대화할 기회가 생겨서 웰링턴이 바이오필릭 시티인지를 물어보았는데 그녀의 대답은 단호하게 '예'였다. "웰링턴은 무조건 바이오필릭 시티입니다! 그래서 제가 여기 살고 있고, 제가 이곳에 머물고 있습니다. 웰링턴은 해안과 연결되어 있고, 돌아다닐 수 있는 숲이 있고, 새들이 있습니다. 카카와 펭귄을 포함해서 이 모든 것을 매일 볼 수 있습니다. '나는 이제 도시를 떠나 100킬로미터 떨어진 자연으로 갈거야'라고 말하지 않아도 됩니다."

웨이드 브라운은 두 손의 손가락들을 깍지 끼고 연결해서 자연과 도시의 통합을 시각적으로 보여주면서 "도시-자연은 이와 같은 것이지요"라고 말했다. 웰링턴 주변에는 온통 자연이 있고, 이것은 되돌릴 수 없는 사실이며, 웰링턴에 살고 있는 사람들은 이것의 가치를 충분히 만끽하고 있다. 웰링턴 전역의 건축물이나 도시 설계를 보면 자연과 동물을 참고한 것을 많이 볼 수 있는데, 여기서 웰링턴 사람들이 자연 세계와 얼마나 깊이 연결되어 있는지를 알 수 있다. 일례로, 양치류 모양의 차량 진입용 말뚝이 도심에 있고, 나무 모양이 새겨진 쓰레기통이 있다. 그리고 새로 지은 시립 중앙 도서관에는 야자수 모양의 기둥들이 있다. 겉으로 보기에 도시에 널리 그리고 깊이 퍼져 있는 자연 감성이 정확히 무엇인지를 설명할 수는 없다. 굳이 설명을 하자면 자연 세계와의 상호 연결을 중심에 둔 마오리 문화의 영향일 수 있다. 확실히 말할 수 있는 것은 웰링턴이라는 도시의 기본적인 생태와 역사 그리고 문화, 강력한 정치적 리더십, 야외에서 활동하는 생활 양식이 창의적으로 합쳐져서 이런 결과가 만들어진 것은 틀림이 없다.

8장

영국 버밍엄

건강, 자연, 도시 경제

오늘날 도시들은 많은 이슈에 직면해 있다. 대표적으로 매우 나쁜 공기 질, 기후 변화에 적응해야 하는 문제, 다이어트와 관련된 다양한 건강 문제, 증가하는 비만, 신체 활동 부족 같은 것들이 있다. 이것들은 복잡하지만 해결해야 할 문제들이다. 한 가지 가능한 해결책으로 통합적이면서 전인적인 모델을 개발하는 것이 있는데, 이 모델에서는 이들 문제를 한꺼번에 묶어서 통합적이면서도 촉매 역할을 하는 해결책을 제공할 수 있을 것이다.

이 프로세스를 시작하기 위한 통찰력을 영국의 대서양 전역에서 찾을 수 있다. 예전에 산업 도시였던 버밍엄이 지금은 건강, 자연, 경제를 확실하게 연결할 전략을 개발하는 정점에 위치해 있다. 버밍엄은 녹색 도시, 지속가능한 도시가 되겠다는 의지를 선포했으며, 이 약속을 굳히기 위한 인상적인 많은 조치들을 진행했다. 가령, 영국을 넘어 전 세계에서 가장 거창한 온실 가스 배출 목표를 세웠다.

바이오필릭 시티를 조성하기 위해 버밍엄이 초기에 들인 노력은 많이 제시되어 있는 여러 가지 다른 녹색 도시 아젠다를 한데 묶는 것이었다. 특별히 건강 관점에서 그렇게 했다. 도시의 기후 변화 및 지속가능성 관련 프로그램을 책임지고 있는 닉 그레이슨은 도시에서 발생하는 여러 가지 위험과 건강 사이에 어떤 관계가 있는지를 밝히려는 야심 찬 노력에 참여했다. 가령, 미래에 기온이 가장 높은 도시와 공기 질이 가장 나쁜 도시를 연결해서 살펴보려고 했다. 영국이 자랑하는 보건 시스템을 개혁하는 일의 책임은 지역 수준으로 내려갔고, 이에 도시에서 추진하는 프로그램과 조치들이 건강에 얼마나 많은 영향을 미치는지를 지방 도시에서도 더 많이 알게 되었다.

바이오필릭과 건강

버밍엄은 건강과 관련된 다양한 이슈와 장기 기후 변화에 적응하는 방법을 생각하면서 혁신적인 방안을 마련했다. 버밍엄은 건강과 자연을 새로 연결하려는 시도를 하고 있으며, 이와 관련해서 공동 투자를 할 수 있는 새로운 방법을 찾고 있다. 또한 도시를 보존하고 자연 환경을 갖춰서 시민 건강을 개선하는 방법들을 찾아서 승인하고 보상할 수 있는 경제적 흐름을 만들어 나가고 있다. 이 새로운 철학을 버밍엄의 '그린 리빙 스페이스 플랜'에서 확인할 수 있다(City of Birmingham, 2013).

그린 리빙 스페이스 플랜은 미래 도시를 녹색화하고 이미 진행 중인 프로그램과 파트너십을 구축하고 확장하기 위한 원칙과 비전을 제시하고 있다. 버밍엄을 완전한 자연 도시로 생각할 수는 없지만 기존 자연은 인상적이다. 숲 캐노피forest canopy는 약 23퍼센트이며(그림 8.1 참고), 약 8,000개의 시민 농원allotment garden(역주: 도시의 교외지 등에서 거주자에게 할당하여 레크리에이션을 겸해서 꽃, 야채, 과수 등의 재배용으로 빌려주는 토지)이 있다. 센터를 방문하면 곳곳에서 꽃과 식물을 볼 수 있다. 시는 여러 해 동안 수 킬로미터에 걸쳐서 꽃과 식물을 볼 수 있는 버밍엄 플로럴 트레일을 조성하였다. 뉴 스트리트 철도역에 있는 특별한 녹색 벽도 버밍엄 플로럴 트레일의 일부이며, 이는 도시 디자인이 자연을 포용하는 방향으로 이동하고 있음을 나타낸다(그림 8.2 참고).

그림 8.1 영국 버밍엄의 나무와 스카이라인. 버밍엄은 영국 최초의 바이오필릭 시티가 되겠다는 선언을 했다(사진 제공: 버밍엄시 의회).

그림 8.2 영국 버밍엄 뉴 스트리트 철도역에 있는 녹색 벽(사진 제공: 저자).

녹색 및 건강 도시로 만들겠다는 이 비전의 핵심 요소는 400킬로미터에 이르는 작은 수로인데 대부분 지상으로 나 있다. 버밍엄에는 큰 강이 없지만 도시의 모든 곳과 연결된 '수체계'blue network가 있다. 도시의 강과 하천은 시민들의 신체 활동과 야외 생활의 중요한 기반이다. 닉 그레이슨이 필자에게 설명하기를, 이 수체계에 접근할 수 있게 하면 도시 전체에 산책로와 오솔길을 그물망처럼 만들 수 있는 기반을 마련할 수 있다고 했다.

도시를 지나는 소규모 하천망에서 가끔 발생하는 홍수는 문제이기 보다는 기회에 더 가깝다. 버밍엄은 이 홍수 문제를 해결할 수 있는 방법도 없고 그렇게 할 수도 없다. 그레이슨은 다음과 같이 권고했다. "완전히 뒤집어서 생각해서 자연이 주는 것 그 자체로 보기 바란다. < 중략 > 당신도 이것이 버밍엄을 최초의 도보 도시로 만들 때 핵심적인 조건이 될 수 있다고 했었다." 미국의 많은 도시와 달리 버밍엄의 하천은 외부로 드러나 있어서 달리 손댈 게 없다. 그레이슨에 따르면 버밍엄의 하천들이 위험하고 안전하지 못한 면은 있다고 한다. 이들 하천은 버밍엄의 큰 자산이다. 그러나 이들 하천을 관리하고 가꿀 필요는 있으며, 그렇게 한다면 하천들은 버밍엄 시민들에게 좋은 영향을 미칠 것이다.

많은 질병의 근본 원인이 만성 스트레스이며, 주변 환경과 자연을 활용하면 사람들은 현재보다 훨씬 더 건강해질 가능성이 높다. 그레이슨은 만성 스트레스가 건강 문제의 원인이라는 사실이 의학적으로 입증되었다는 점을 지적한다. 가령, 만성 스트레스가 암, 우울증, 치매, 심혈관 질환을 유발한다. 시민들이 살고 있는 물리적 환경의 상태가 어떤지에 따라 만성 스트레스가 커질 수도 있고, 반대로 줄어들거나 통제될 수도 있다. 도시에서 자연과 녹지는 스트레스를 줄일 수 있는 핵심 요소다. 버밍엄에는 녹지 자산과 하천 자산이 광범위하게 펼쳐져 있으며, 이들 자산을 활용하면 시민들의 만성 스트레스를 부분적이기는 하지만 확실하게 줄일 수 있다.

버밍엄은 창의적인 계획 수단을 개발하고 있으며, 이는 건강, 자연, 경제를 통합한 프레임워크를 발전시키기 위해서다. 한 가지 중요한 단계로 자연 건강 개선 구역을 지정하는 것이 있다. 이 구역은 건강 관련 조건과 상황이 가장 심각하게 좋지 않은 곳이다. 따라서 이곳에 대한 공공 및 민간 투자가 집중되고 조정될 것이다. 가장 많은 요구가 있다고 판단된 구역에서는 주민들의 건강상 유익을 최대화하기 위해 녹화를 위한 새로운 노력들이 집중될 것인데, 이를 위해 나무 심기, 녹색 지붕과 녹색 벽 만들기, 이동성과 걷기를 향상시키기 위한 개입 등이 이루어질 것이다. 이곳에 대한 녹화 사업을 집중적으로 진행하고, 걷기와 자전거 타기가 가능하게 만들려는 노력이 진행될 것이다(City of Birmingham, 2013, p. 16).

자연 자본 도시로

버밍엄은 그곳의 환경이 필수적인 자연 자본이며, 여기서 경제와 건강을 확보해야 한다는 가정을 세우고 이를 기초로 적극적으로 움직이고 있다. 그리고 버밍엄을 영국, 아니 더 나아가서 전 세계에서 최초의 자연 자본 도시로 만들겠다는 선언을 했다.

이 계획이 초기 단계지만 버밍엄은 이 자연 자본의 보호 및 활용 방법을 이미 상세하게 세워 두었다. 회색 산업 지역으로 많이 알려져 있기는 하지만 고도로 도시화된 정도를 감안할 때 버밍엄은 꽤 다양한 생물다양성을 갖추고 있다. 이곳에는 자연 보호 구역으로 지정된 서튼공원이 있으며, 그 면적은 3백만 평에 이른다. 버밍엄 서부 네 개 도시가 포함된 연합 도시인 블랙 컨트리에 서식하고 있는 식물군을 새로 조사한 결과 주목할 만한 자연이 있다는 것이 밝혀졌다. 조사를 위해 이 지역을 걸어 다닌 자원 봉사자들은 그 과정 중에 건강과 복지의 중요성을 돌아보게 되었다. 이 작업은 도시들을 하나의 연결된 도시 생태계로 재구성하는 데 지속적으로 도움이 될 것이다. 영국 환경부와 농림축산부가 국가 경쟁력 차원에서 관리하는 자연 개선 구역(처음에는 생태 복구 구역이라고 불렸음)이 12곳이며, 버밍엄도 그중 하나다. 12곳 중 도시로만 구성된 곳은 버밍엄이 유일하다. 결과적으로 3년 동안 총 4천 3백만 파운드의 정부 재원이 투입되었다.

자연과 관련된 경제적 가치를 추정하고 구체화하는 방법은 여전히 해결해야 할 중요한 과제다. 그러나 건강과 자연을 연결하는 것은 가능성이 있다. 그레이슨은 미래에 하천이 주민들의 건강을 증진시킬 것이고, 결국 하천은 도시에 금전적인 유익을 줄 것이라는 비전을 가지고 있다. 즉 시민들이 자연 속을 거닐고 자연에서 더 많은 시간을 보내면서 의료 비용이 줄어들 것이다. 이렇게 되면 도시는 하천과 산책로를 더 잘 관리하고 가꿀 수 있게 된다. 그레이슨은 사람들이 하천 산책로를 따라 걷거나 뛰는 거리가 자동으로 기록되고 이 기록이 그 사람들의 주치의에게 전달되는 날이 올 것으로 본다. 이렇게 되면 도시의 자연이 사람들의 건강에 얼마나 많은 유익을 줄 수 있는지 확인할 수 있을 것이다.

다른 잠재적인 새로운 수입원이 있다. 이들 하천을 따라 생기는 홍수 문제 중 많은 부분이 쓰러진 나무가 강을 막고 숲 관리가 지연되어서 일어났다는 것이 밝혀졌다. 나무 중 일부를 베어서 반출하면 홍수 비용을 줄일 수 있다. 그리고 벌목을 계속해서 일부 나무를 바이오매스 에너지원으로 사용할 수 있으며, 수입을 늘릴 수 있고, 도시의 탄소 발자국을 낮추는 데 도움이 될 수 있다. 결과적으로 이는 녹색 일자리와 고용으로 이어질 것이다.

그레이슨이 지적한 것처럼 이와 같은 건강-자연-경제 통합형 아젠다는 개별 영역에 이미 존재하는 기금과 프로그램을 연결하고 활용한다. 이것은 도시에 있는 하천과 나무 같은 주요 자산에 대한 공동 투자 모델로, 여러 가지 지속적인 이익을 유발한다.

또한 버밍엄은 미래의 개발 프로젝트를 검토하고 평가하기 위한 새로운 자연 자본 지표를 생각하고 있다. 여기서는 잠재적인 이익의 범위와 흐름을 넓히고, 이익이나 손실과 관련된 관계자 범위를 확대하는 것도 포함되며, 특히 프로젝트가 훨씬 더 긴 시간 동안 평가될 때도 고려한다(그레이슨은 50년을 생각하고 있음). 그레이슨은 자연 자본 프레임에 근거해서 새로운 이해 관계자들이 미래 개발을 위해 공동 투자하는 비전을 구상하고 있다. "30년이나 40년이 지나고 그 사이에 제안된 프로젝트가 제대로 진행되면 상수도 사업소는 이익을 낼 것이다. 왜냐하면 그 시점에 수요가 충족될 것이고, 물 공급이 넘치지는 않을 것이기 때문이다."

영국 최초의 바이오필릭 시티

많은 면에서 버밍엄은 이미 자연 도시의 특징을 많이 갖추고 있다. 유럽에서 가장 큰 도시 공원들 중 하나인 서튼공원이 있다(박스 8.1 참고). 서튼공원은 고대와 현대를 아우르는 공원으로, 누구에게나 감동을 주는 아름다움과 휴식과 야생이 어우러진 곳이다(그림 8.3 참고). 서튼공원은 버밍엄의 자연 자본의 중요한 부분으로 많은 사람들에게 사랑받고 있는 곳이다.

> ### 박스 8.1 서튼공원: 도시에서의 야생성
>
> 버밍엄시 웹 사이트는 서튼공원을 '도시 환경 내에서 야생성을 전달하는' 장소로 묘사한다. 서튼공원의 규모와 자연적 수준은 야생성을 확실하게 전달한다. 이와 동시에 수천 년에 걸친 인간 주거지의 변화를 나타낸다. 공원은 초기에 왕족을 위한 숲이었고 향후에는 사슴 공원이 되었다. 초기에는 일반 대중들이 접근할 수 없는 자연 장소였지만 1528년에 헨리 8세가 이곳을 서튼 콜드필드 마을로 변경하였다(현재는 버밍엄 시내에 위치함). 이곳에는 오랜 고대 역사가 있으며 선사시대 유물인 번트 마운드가 있으며 로마 시대의 주요 도로가 공원 내부를 지나간다.
>
> 이곳은 국립 자연보호 구역이며 과학적으로 중요한 특별 부지이며 스톤헨지 지역처럼 고대 기념비 지역으로 지정되어 있다. 약 3백만 평 규모로 유럽에서 가장 큰 도시 공원이다. 버밍엄시 중심부로부터 단지 9.6킬로미터 떨어져 있으며 도시 내 거주자들이 많이 살고 있는 지역과 가깝다. 고대 오크 삼림지, 황야 지대, 습지, 연못이 혼재되어 놀랄 만한 전경을 간직하고 있으며, 외딴 곳에서의 사색과 활동적인 레크리에이션을 즐길 수 있다.
>
> 다음 페이지에서 계속

황야 지대는 상당히 인상적인데 영국 중부 지방의 공원 모습이 어떠했는지를 볼 수 있다. 이곳은 오랜 기간 소와 양을 기르기 위한 장소였다. 최근에는 엑스무어 지방의 순한 성격의 희귀한 조랑말이 외부 지역의 나무 및 식물과 함께 이 지역으로 들어왔다.

서튼공원에는 다양한 야생 동물이 많이 살고 있다. 여우, 고슴도치, 도마뱀, 12가지 종류의 잠자리, 다양한 종의 새(딱새, 휘파람새, 딱다구리)가 있으며 공원은 이들을 위한 중요한 서식지가 되었다. 공원의 늪지 지역에는 여러 종의 난초가 자라고 있다. 1950년 이래로 공원을 적극적으로 관리하는 프랜즈 오브 서튼 파크 어소시에이션의 상징인 부전나비과의 푸른부전나비를 포함한 29가지 종의 나비가 서식하고 있다.

이 공원은 몇 가지 상을 받았으며, 많은 사람들이 방문하였다. 매년 2백만 명 이상의 방문객이 다녀간다. 공원에서는 강아지 산책, 걷기, 낚시, 조정 등 다양한 활동들이 이루어진다. 공원은 도시의 모습과 소리로부터 벗어나게 해주고, 여러 좁은 길과 보행로가 있으며, 어떤 방향에서 걷든지 보기에 흥미로운 모습을 간직하고 있다. 길을 잃을 것에 대한 두려움은 있지만 시간 가는 줄 모를 정도로 흥미롭다.   - 티모시 비틀리

그림 8.3 영국 버밍엄 서튼공원의 하늘과 고대 오크 나무는 시각적으로 대비를 이룬다. 서튼공원의 크기는 3백만 평에 이르며, 유럽에서 규모가 가장 큰 도시 공원으로, 희귀한 엑스무어 포니 무리를 포함해서 다양한 동식물이 서식하고 있다(사진 제공: 저자).

2014년 봄에 버밍엄은 영국 최초의 바이오필릭 시티가 되기 위한 중요한 조치들을 취했다. 버밍엄 의회는 공식 결의안을 채택했고, 바이오필릭 도시화를 명확하게 이루겠다는 녹색 비전을 확장 및 확대한다는 뜻을 선언했다. 그리고 버밍엄에서 개최된 국가 회의인 ICF 연례 회의에서 이러한 목표를 발표했다. 버밍엄이 한층 더 높은 수준의 바이오필릭 시티가 되기 위해 어떤 방법들이 사용될 것인지는 앞으로 두고 봐야 명확하게 알 수 있을 것이다. 그러나 자연 도시주의 아이디어를 창의적으로 통합하고 병합하는 방법으로 진행될 것이고, 건강과 공평에 중점을 둘 것이다.

그리고 이것은 강력한 협업 및 파트너십 정신을 통해서 의심할 여지없이 지속될 것이다. 막강한 대학들이 있다는 것은 앞으로 나아가는 데 있어서 중요한 요소가 될 것이다. 버밍엄대학교는 이 지역의 중요한 자산으로, 세계적 수준의 산림 생태학(예: 롭 매켄지의 연구와 새로 설립된 산림 연구 센터) 및 도시 생태학(예: 제임스 헤일즈와 그의 동료들이 박쥐와 빛에 대해 진행한 연구; University of Birmingham, 2015) 연구에 참여하고 있다. 산림 생태학과 도시 생태학은 버밍엄에만 국한되지 않은 중요한 연구 및 학문 영역이다. 그리고 버밍엄의 미래의 도시 정책 및 계획을 이끌고 영감을 줄 수 있으며, 버밍엄이라는 지역에서 활용될 수 있는 영역이기도 하다. 버밍엄시립대학교에는 또 다른 강점이 있는데, 학생들이 조경 건축에서부터 영화에 이르기까지 여러 분야에 대한 공부를 하고 있다(최근에 영화를 전공하는 학생들이 바이오필릭 시티, 버밍엄에 관련된 다큐멘터리 영화를 제작했다).

버밍엄은 자연 자본을 보존하고 성장시키는 것의 중요성을 인식한 도시의 선도 사례 및 떠오르는 사례로 되어 있으며, 여기에는 자연 자본만이 아니라 자연 자본으로 인해 파생되는 많은 생태계 서비스와 가치도 포함되고, 가까이에서 매일 같이 자연을 접할 때 얻게 되는 감정 및 건강 상의 가치도 포함된다. 닉 그레이슨이 버밍엄 관련 프레젠테이션에서 선언했듯이 버밍엄은 '자연 도시', '바이오필릭 시티'이다.

9장

오리건주 포틀랜드
강 도시에 만들어진 녹색 거리

줄리아 트리만

오리건주 포틀랜드는 미국 태평양 북서부의 윌래밋강과 컬럼비아강이 만나는 지점에 있다. 포틀랜드 주변은 아름다운 자연 풍광이 풍부한 것으로 유명한데, 컬럼비아 협곡, 마운트 후드, 오리컨 코스트 등이 있다. 또한 포틀랜드시 경계 내부에는 엄청나게 많은 자연이 있으며, 이 자연을 전담해서 관리하는 인력과 조직도 많이 있다. 미국의 여느 도시들과 같이 포틀랜드에도 포장도로, 건물, 기타 하드스케이프 형태의 불투수성 표면이 상당히 많이 있다. 역사적으로 포틀랜드는 초목과 야생 생물이 서식할 만한 곳을 찾기 위한 노력을 많이 기울여 왔으며, 인구가 밀집한 지역을 포함해서 도시 전역에서 바이오필릭 도시화를 다양한 규모로 발전시키고 있다.

녹색 거리

지리 조건과 기후 조건으로 인해 포틀랜드의 지붕, 거리, 사람들은 오랜 세월 동안 옅은 안개 및 잦은 폭우와 함께해야 했다. 이와 같이 항상 습한 기후 조건으로 인해 포틀랜드는 나무가 무성하고, 녹색이 가득한 아름다운 도시가 되었다. 물론 이와 동시에 빗물을 관리해야 하는 과제도 안고 있다. 포틀랜드시 환경국과 다른 부서들은 이 과제를 해결하기 위해 미래 지향적이고 모범적인 '그린 스트리츠 이니셔티브'를 수립했다. 1990년대에 주 정부는 지역의 하천과 강으로 흘러 들어가는 오염 물질과 섞여서 도로 위를 흘러가는 빗물을 더 잘 관리하라는 권고를 내렸으며, 이에 포틀랜드는 빗물 관리 계획을 수립했다. 이 계획의 주된 골자는 도시 전역에서 빗물을 모으고 빗물을 흘러가게 하는 방법을 바꾸는 것이었다. 2000년대 초반에 환경국 내에 '지속가능 우수 관리 프로그램'을 만들었으며, 여기에는 여러 가지 계획이 있었는데 도시 전역에 일련의 '녹색 도로'를 만드는 것이 있었다(녹색 도로 프로그램에 관해 더 자세히 알고 싶으면 박스 9.1 참고).

박스 9.1 녹색 도로

전 세계적으로 우수 관리는 도시 계획에 있어 중요한 과제이다. 우수 관리를 위한 여러 가지 지속가능한 전략이 있지만 그중에서도 녹색 도로 조성은 가장 경쟁력 있는 방식 중 하나이다. 오리건주의 포틀랜드시에는 미국 전역에서 가장 성공한 녹색 도로 프로그램이 있다. 녹색 도로는 우수 관리를 보조할 뿐만 아니라 도시에 자연을 가져오는 역할을 한다.

포틀랜드시에 따르면 녹색 도로는 '식재가 있는 시설을 통해 강우 유출량을 관리하는 길'이라고 정의된다(City of Portland, n.d). 녹색 도로 계획은 수질 향상 및 지역의 식물을 포함한 도시 환경을 아름답게 만드는 등의 긍정적인 효과를 지역사회에 제공한다.

매년 약 0.9미터의 강우량과 약 33백만 평에 이르는 지붕 및 보도의 불투수성 표면은 왜 포틀랜드가 우수 관리에 우선순위를 두어야 했는지를 보여준다. 기존의 도심 내 인프라 시스템은 하수관이 넘치고, 물이 범람하고, 수질이 오염되어 수질 오염 방지법에 의거한 소송으로 이어졌다.

소송의 결과로 여러 조치를 취하게 되었는데, 포틀랜드는 1억 5천만 달러를 투자하여 배수 연결망을 확장하거나 우수 시설의 흡수와 여과를 위한 방안을 고안하였다. 문제에 대한 고민의 결과로, 포틀랜드는 2007년에 전통적인 파이프 시스템과 함께 녹색 인프라 접근법을 도입했다. 단순한 거리 조경에서부터 녹색 도로 그리고 더 나아가서는 저수지와 공원을 조성하는 전략을 활용했다.

다음 페이지에서 계속

> 포틀랜드의 녹색 도로 계획은 네 가지 서로 다른 전략을 포함한다. 첫 번째로 기존의 식재가 있는 조경을 조정하여 우수 시설을 설치하고 식재를 추가하여 물을 흡수하고 여과하게 만든다. 두 번째로 식재를 통해 거리의 주차를 막도록 커브 형태의 확장 시설물을 만든다. 이는 보행자의 동선을 짧게 하고 물이 침투할 수 있는 표면을 증가시킨다. 세 번째로 표면에 식재 조성이 어려울 때는 거리 화분을 또 다른 녹색 길 전략으로 활용한다. 식재가 있는 콘크리트 박스를 기존 주차 공간에 놓아 보도와 도로의 주차장을 분리시킨다. 마지막으로 도시 내에 사용되지 않는 공간을 찾아서 공원과 같은 환경으로 변화시키는 포틀랜드 녹색 도로 전략이 있다.
>
> 디자인은 포틀랜드시 공무원이 우수 관리에 대한 목표를 이루기 위해 사용한 유일한 전략이 아니었다. 포틀랜드시는 분수계 관리 계획, 우수 관리 매뉴얼, 녹색 도로 정책, 친환경 옥상 정책, 녹색 도로 목록 등 여러 정책적 수단을 활용하여 녹색 도로를 조성하기 위한 노력을 기울였다.
>
> 더불어 여러 환경적, 사회적 효과와 함께 포틀랜드의 녹색 도로 실험은 포틀랜드시가 배관 교체로 투입해야 할 재정 6천만 달러를 절약할 수 있게 하였다. 녹색 도로는 오리건주의 포틀랜드와 전 세계 여러 커뮤니티에 상호 긍정적인 효과를 가져왔다.   - 칼라 존스

녹색 도로에는 조경이 들어간 돌출 보도(그림 9.1 참고), 생태 습지, 긴 화분, 투수성 포장도로, 가로수 등이 있으며, 이 모든 것은 빗물을 모아서 간직하며, 약간의 녹지와 야생 생물 서식지를 제공한다. 이것들은 물을 간직하고 녹색 환경을 조성하는 것 이외에 사람들이 물과 상호 작용하고 물을 즐길 수 있는 수단도 제공한다. 녹색 도로에 조성되어 있는 이들 시설에서 들려오는

소리와 도로가에 불쑥 튀어나와 있는 꽤 울창한 초목의 모습에서 사람들은 자연을 즐길 수 있다. 도로 옆에 있는 이러한 초목 공간은 보행자와 자동차 사이의 완충 역할을 한다. 그리고 도시를 가로질러 차로 달리고, 자전거를 타고, 뛰는 사람들은 시각뿐만 아니라 여러 가지 감각에서 즐거운 자극을 받는다.

그림 9.1 오리건주 포틀랜드에는 1,400개 이상의 녹색 도로가 있으며, 이는 그중 하나다. 도로와 인도 사이에 있는 이런 작은 공간은 빗물을 모으는 역할을 한다. 또한 걸을 수 있을 정도로 작은 도시에서 자연의 중요성을 알 수 있는 척도가 되기도 한다.

강의 바이오필리아

　포틀랜드시 도심을 통과해 흐르면서 도심의 중심부를 연결하는 윌래밋강은 시가 만들어진 이래로 그곳에 살고 있는 사람들의 삶에서 중요한 부분을 차지해 왔지만 도시에서, 그리고 강에서 이루어지는 시민들의 활동이 강을 흐르는 물의 질과 상태에 항상 긍정적으로 작용하지는 않았다. 1990년대 초반, 그린 스트리츠 이니셔티브가 시작된 것과 비슷한 시기에 시는 '강 르네상스' 비전과 전략을 개발하였으며, 그 이후로 강에 미치는 시민들의 영향과 강을 돌보려는 의지가 극적으로 변화했다. 초기에 이루어진 노력들의 일환으로, 포틀랜드시는 윌래밋강 아틀라스를 만들어서 기존 토지와 물 사용 관련 내용을 문서화해서 널리 알리기 시작했으며, 이의 주된 목적은 '어류, 야생 생물, 사람의 이익을 위해 윌래밋강을 건강한 상태로 복원하기'라는 시의 정책을 지원하기 위해서였다(City of Portland, Oregon, 2001). 몇 년의 시간이 지나면서 이를 위한 작업들이 지속되었고, 이 작업들의 주된 목적은 강에 나쁜 영향을 주는 것을 개선하고, 도시를 따라 흐르는 물과 사람을 다시 연결하는 것이었다. 이 노력들의 많은 부분은 도시에 기존에 있는 불투수성 공간을 녹색 인프라 프로젝트(예: 녹색 도로)로 전환하려는 포틀랜드의 약속 때문에 진행되었다. 포틀랜드시의 '윌래밋 유역 환경 프로그램' 담당자인 매트 버린에 따르면, 녹색 인프라 전략은 처음에 매우 작은 규모의 파일럿 프로젝트들로 시작되었으며, 시간을 두고 이 프로젝트들을 모니터링하고 평가했다고 한다. 이후 포틀랜드시는 '마운트 테이버에서 강까지' 프로그램을 진행했는데, 이 프로그램은 그전에 진행되던 작은 규모의 녹색 인프라 노력을 포함해서 도시의 빗물 관리 인프라를 업데이트하고 재건하려는 더 큰 미션도 모두 염두에 두었다. 이는 도시의 동쪽인 브루클린 크릭 바신에서 시작되었고, 동쪽으로는 마운트 테이버까지, 서쪽으로는 윌래밋 강둑까지 뻗어 나갔다. '마운트 테이버에서 강까지' 프로그램의 주된 목적은 빗물 하수관을 수리하고 교체하는 것인데, 대상 시설은 600개에 이른다. 또 다른 목적은 해당 지역에 새로운 가로수 수천 그루를 심는 것이다. 이러한 인프라 개선 이외에, 토종 야생 생물 서식지를 늘리고, 유역을 좋은 상태로 유지하는 것이 얼마나 중요한지를 포틀랜드 시민에게 알리고, 윌래밋강과 시민 및 주변에 살고 있는 사람들을 연결하는 것도 이 프로그램의 주된 목적이다.

비영리 단체인 휴먼 액세스 프로젝트는 2011년부터 연례 행사로 빅 플로트를 진행하고 있으며, 포틀랜드 시민들은 이 행사를 통해 강과 연결되고 있다. 매년 7월이 되면 포틀랜드 사람들은 자동차 튜브나 다른 구명 장비들에 몸을 싣고 윌래밋강을 떠다닌다(그림 9.2 참고). 빅 플로트에서 추구하는 핵심 컨셉 중 하나는 '재미'이지만, 이 행사의 의도는 윌래밋강의 물과 사람들이 더 긴밀하게 접촉하도록 해서 강 보존의 중요성과 바이오필릭 가치를 알리고, 도시 중심부를 흐르는 강에서의 레크리에이션 기회를 지속적으로 개발하는 것이다(TheBigFloat.com).

그림 9.2 포틀랜드의 빅 플로트는 대규모로 진행되는 수상 파티이며, 이곳에 오면 물에서 움직이는 다양한 운송 수단을 만날 수 있다(사진 제공: 매트 버린).

행사를 기획한 이들은 행사 초대장에서 빅 플로트를 여는 이유를 '우리의 강을 안아주는 것'이라고 표현하고 있으며, 포틀랜드 시민들은 실제로 그렇게 하고 있다! 이 행사는 매년 진행되고 있는데, 참여하는 사람들이 점점 더 많아지고 있다. 2014년에는 1,500명 이상의 사람들이 강을 떠다녔고, 2016년에는 2,500명이 넘을 것으로 예상되었다. 행사에 참가한 사람들은 강의 서쪽에 모여서, '요트 선수들의 퍼레이드' 방식으로 입수 지점으로 행진한다. 그런 다음에 하류로 유영하고, 도착한 후 성공적인 유영과 강의 수질과 접근성을 계속 개선해 나갈 것을 축하하는 강변 파티를 한다. 이러한 행사는 도시 내에 있는 '푸른' 자연과 연결하고 개선하기 위해 일반 시민들이 어떤 노력을 기울이고 있는지를 잘 보여주는 사례이다. 그리고 이런 행사를 통해 세대 구분 없이 모든 연령대의 사람들이 물과 함께 한 추억을 가질 수 있고, 예전에 미처 알지 못했던 도시 자연 자원에 대한 호기심과 자연을 돌보고자 하는 생각을 고취시킨다.

물에 들어가서 물과 친해지는 기회로 빅 플로트만 있지는 않다. 컬럼비아강에서 진행되는 컬럼비아 슬라우 레가타라는 행사도 매년 열리고 있다. 이외에 컬럼비아 슬라우 레가타 위원회에서 진행하는 다른 패들링 행사도 있다. 컬럼비아 슬라우 유역 위원회에서는 슬라우 스쿨도 운영하고 있는데, 유치원생부터 대학생에 이르기까지 교실과 물에서 교육 프로그램을 진행한다. 3~5세 아이들과 부모가 함께 참여하는 테드폴 테일즈 프로그램도 운영하고 있다. 이러한 프로그램들을 통해서 포틀랜드의 어린 시민들이 자신들의 뒷마당에 있는 물 자연을 어릴 때부터 접해서 그 관계를 지속적으로 개발할 수 있도록 하고 있다.

포틀랜드 공원들

포틀랜드 공원들에는 인상적인 역사가 있으며, 이 역사는 도시가 만들어진 1850년대 중반으로 거슬러 올라간다. 20세기로 들어설 때 공원위원회는 조경 회사인 옴스테드 브라더스에 한 가지 연구를 의뢰했다. 이 연구에서 여러 가지를 권고했는데, 그중 하나는 윌래밋 강둑을 따라 워터프론트 플라자들을 만드는 것이었다. 1900년대 초반부터 중반까지 포틀랜드 시장들은 강둑을 따라 홍수를 방지하는 벽을 만들었고, 1940년대에는 서쪽 강둑을 따라 하버드 라이브 고속도로를 건설했다. 톰 맥콜 주지사는 1968년에 윌래밋강의 서쪽 둑을 따라 워터프론트 파크를 조성하기 위한 연구를 시작했다. 이는 옴스테드 브라더스의 원래 권고안을 실현하기 위한 것이었다(City of Portland, Oregon, Parks and Recreation 2016a). 맥콜 주지사의 노력으로 인해 포틀랜드시는 하버드라이브 고속도로를 철거하고 강을 따라 톰 맥콜 워터프론트 파크라고 하는 시민들을 위한 새로운 공간을 만들었다. 이는 이 당시에 다른 많은 도시들이 워터프론트와 도심을 분리하는 고속도로를 건설하던 것과는 반대되는 기조였다. 지금에 와서 이 공원은 포틀랜드 시민들을 강으로 다시 연결하고, 강둑을 따라 약 4만 3천 평의 공공 장소를 만들어서 성공 스토리로 인정받고 있다. 이 공원에는 많은 수변 시설과 벚꽃 광장이 있다. 그리고 여름철 소풍 오는 사람들과 콘서트에 오는 사람들이 많이 찾는 대형 잔디밭도 있다. 최근 몇 년 동안 윌래밋강의 동쪽 강둑에 더 쉽게 접근할 수 있게 되었는데, 이스트뱅크 에스플러네이드 덕분이다. 에스플러네이드는 수상 산책로인데, 물결의 움직임에 따라 부드럽게 출렁이는 이곳을 걷다 보면 물과 함께, 그리고 물을 따라 걷는 느낌을 받는다. 에스플러네이드는 호손 브리지에서 남쪽의 스틸 브리지까지 이어져 있으며, 스틸 브리지 아래로 가면 톰 맥콜 워터프론트 파크로 갈 수 있다. 에스플러네이드는 강을 따라 걷거나 조깅하는 환상적인 방법이기도 하고, 물고기와 야생 생물의 서식지를 개선하는 시범 프로젝트이기도 하다(City of Portland, Oregon, Parks and Recreation 2016b). 운이 좋은 사람은 비버, 왜가리, 연어 같은 야생 생물을 만날 수 있는데, 시간, 일자, 계절에 따라 달라진다.

포틀랜드는 미국에서 1인당 공원 비율이 가장 높은 도시들 중 하나로, 1천 7백만 평이 넘는 공원을 보유하고 있다. 포틀랜드는 미국 도시들 중에서 공원 제공 및 공원에 대한 접근성 면에서 높은 순위에 들어 있으며, 포틀랜드에 있는 공원들은 작은 것에서부터 아주 큰 것에 이르기까지 규모가 다양하며, 디자인 측면에서도 혁신적이라는 평가를 받고 있다. 이에 시민들과 방문자들로부터 사랑을 받고 있다. 포틀랜드에서 가장 최신 공원으로 태너 스프링스 파크가 있는데, 펄 디스트릭트의 북쪽 끝에 약 1,200평의 습지로 구성되어 있다(그림 9.3 참고). 이 지역에는 한때 태너 크릭강이 흘렀는데 지금은 지중 관로로 바뀌었으며, 그 이름을 따서 공원 이름이 정해졌다. 대부분이 공장인 지역을 새로운 다목적 지역으로 전환하기 위한 계획을 수립하는 과정 중에 몇 개의 공원 및 공공 공간이 만들어졌으며, 그중 하나가 태너 스프링스 파크이다. 이곳을 설계한 회사는 아틀리에 드라이세이틀이며, 설계 작업에는 300명 이상의 지역 주민이 참여했다. 규모가 크지 않은 태너 스프링스 파크 주변에는 10층 미만의 건물이 있으며, 이곳에 사는 사람들은 도시가 처음 개발되기 오래 전에 대지에서 느꼈던 느낌을 불러일으키는 공원의 식물과 물과 공감하면서 잠시나마 휴식을 취할 수 있다.

그림 9.3 포틀랜드의 펄 디스트릭트에 있는 태너 스프링스 파크는 작지만 많은 사람들이 찾는 공원이다(사진 제공: 람볼 스튜디오 드라이세이틀).

서쪽으로 조금 더 간 곳에 포틀랜드 포레스트 파크가 있으며, 이곳은 도시 경계 안에 있는 삼림 공원으로는 미국에서 가장 크다. 2012년 5월 이 공원에서는 사상 최초의 생물다양성탐사가 진행되었다. 이 탐사에 참가한 팀들은 24시간 동안 도롱뇽, 절지 동물, 올빼미 등 거의 250종에 달하는 생물을 발견했다 ("Oregon Field Guide: Forest Park BioBlitz" 2012). 포틀랜드시 경계 안에 있는 포레스트 파크는 61만 평이 넘는 면적에 보호 삼림과 휴양지가 조성되어 있다. 이곳은 포틀랜드시에서 가장 많은 사랑을 받는 자연이 주는 보석들 중 하나이며, 시민들과 방문자들은 자연과 함께할 기회를 많이 가진다. 가령, 생물다양성탐사에 참여할 수 있고, 48킬로미터에 이르는 와일드우드 트레일을 따라 하이킹이나 자전거 타기를 즐길 수 있으며, 더 단순하게는 자연이 주는 소리와 멋진 전망을 만끽할 수도 있다. 태너 스프링스 파크나 근처에 있는 다른 공원들과 달리 포레스트 파크는 포틀랜드를 대표하는 공원으로, 이곳에서 야생 자연을 만날 수 있고 삼림이 우거진 곳에서 평화와 고독을 즐길 수 있다. 직접 운전을 해서 포레스트 파크에 올 수도 있지만 시에서 운영하는 버스를 탈 수도 있다. 모험을 원한다면 구불구불한 산악 도로를 따라 하이킹을 해서 공원에 올 수도 있다. 혼자서 공원을 탐방할 수도 있지만 다른 방법으로 공원을 탐방할 수 있는 다양한 이벤트가 1년 내내 열리고 있다. 그중 하나로 '올 트레일즈 챌린지'가 있는데, 참가자들이 하나의 팀을 만들거나 자체 팀을 만든 후 6개월 안에 포레스트 파크를 종주하는 것이다. 다른 이벤트로, 년중 다양한 테마로 진행되는 디스커버리 하이킹이 있고, 포레스트 파크 보호를 위한 기금 모금 행사로 매년 8월에 열리는 포레스트 파크 마라톤이 있다(Forest Park Conservancy 2016). 또한 포레스트 파크는 아이폰 앱인 'Forest Park PDX for iPhone'을 운영하고 있는데, 이 앱에 들어가면 자세한 탐방 지도와 산책로 지도를 얻을 수 있고, 공원의 역사와 생태 관련 정보도 볼 수 있다. 포틀랜드 시민들이 이곳에서만 야생 생물을 보고 감상할 수 있는 것은 아니다. 도시에 살고 있는 새들을 곳곳에서 발견할 수 있는데, 채프먼초등학교에서 복스 칼새들이 빠르게 움직이는 장관을 볼 수 있다(박스 9.2; 그림 9.4 참고).

박스 9.2 복스 칼새

매년 9월, 포틀랜드 사람들은 포틀랜드 북서쪽에 위치한 채프먼초등학교에서 환상적인 경험인 칼새 군무를 즐기기 위해 모인다. 가을 철새인 복스 칼새는 저녁이 되면 휴식을 위해 학교의 굴뚝으로 몰려든다. 텍사스주 오스틴의 콩그레스 애비뉴 다리 아래에서 솟아오르는 멕시코 자유꼬리박쥐 떼가 보여주는 장관과 비슷하게 칼새들은 남쪽으로 이동하기 위한 준비를 하면서 이른 저녁이면 수백 마리씩 떼를 지어 굴뚝으로 날아간다.

ASOPAudubon Society of Portland는 1980년대부터 채프먼초등학교로 되돌아오는 이 박쥐를 추적해 왔다. 채프먼초등학교는 칼새의 휴식처들 중 가장 큰 곳들 중 하나다(Audubon Society of Portland 2015). 어떤 날 저녁에는 2,000명 이상의 사람들이 잔디밭과 인근 공원에 모여서 칼새들이 굴뚝으로 들어가는 것을 보고 듣는다. 거대한 새 무리가 빠른 속도로 한꺼번에 쏟아져 들어갈 때 사람들은 '와~'하는 탄성을 지른다. 간혹 포틀랜드 오듀본 협회에서 온 연구원들이 복스 칼새에 관련된 질문에 답하거나 흥미로운 정보를 제공한다. 새들의 경이로움을 보고 기뻐하기 위해 이렇게 많은 사람들이 모인다는 것은 포틀랜드 사람들이 이 도시 야생 생물을 특별히 주의 깊게 살핀다는 것을 의미하며, 그들의 이런 반응이 포틀랜드에서 특별한 일은 아니다.   - 줄리아 트리만

그림 9.4 복스 칼새가 오리건주 포틀랜드의 채프먼초등학교에서 환상적인 비행을 하고 있다(사진 제공: 매트 버린).

인터와인 얼라이언스

포틀랜드에는 인상 깊은 공원과 자연 구역이 많이 있으며, 포틀랜드 사람들은 이들 장소에 큰 자부심을 가지고 있을 뿐만 아니라 도시나 지역 수준에서 자연이 얼마나 중요한지를 알리기 위한 조직적인 노력을 많이 기울이고 있다. 대표적인 사례 중 하나로 인터와인 얼라이언스가 있다. 이는 2011년에 설립된 지역 비영리 조직으로, 민간 기업, 공공 기관, 비영리 단체들의 연합체이다. 설립 목적은 포틀랜드 전역에 있는 자연과 자연 구역을 더 잘 보존하기 위해 기금을 모으고 투자를 유치하는 것이다. 또한 주민들이 야외와 자연에 더 많이 참여할 수 있는 방안을 찾는 것도 설립 목적 중 하나다(theintertwine.org/

about). 인터와인 얼라이언스의 회원들은 최근에 협업을 통해 두 가지 중요한 보고서를 만들었다. 하나는 '지역 보호 전략'이고 다른 하나는 '생물다양성 가이드'이다. 이 보고서의 주요 내용은 지역의 토착 식물과 야생 생물에 대한 일반 대중의 이해와 진가를 높이고, 미래의 보존 노력을 추진하자는 것이다.

인터와인 얼라이언스는 2년에 걸쳐 '지역 보호 전략'을 개발했다. 누구나 무료로 사용할 수 있는 이 문서를 저자들은 '사용자 가이드'로 소개하고 있다. 이 문서에서는 그레이터 포틀랜드 지역의 자연과 자연계가 직면하고 있는 많은 문제들을 소개하고 있으며, 포틀랜드 지역과 인근에 있는 자연과 지역민들을 연결하고 지역민들이 자연을 돌보는 방법을 찾도록 영감을 불러일으킬 만한 새롭고도 혁신적인 방안을 찾기 위해 어떻게 해야 하는지도 고민하고 있다. '지역 보호 전략'은 포틀랜드 지역에 오래된 전통적인 보존 계획을 기반으로 하지만 예전 계획 및 포틀랜드와 비교되는 다른 지역의 계획과는 구별되는 특징이 있다. 이 보존 전략에서는 각 지형 유형, 즉 자연 영역, 업무용 토지, 개발 영역에 따라 그에 맞는 자연 보존 방안을 세운다. 생태학적 가치가 가장 높은 토지에 우선순위를 두는 보존 매핑 방법에 따라 보존 권고안이 제시된다. 다양한 범위, 즉 작은 지역, 좀 큰 지역, 여러 지역을 합친 더 넓은 지역을 범위로 해서 권고안을 마련한다.

초기에 28개의 비영리 단체로 결성되었던 인터와인 얼라이언스는 이제 100개가 넘는 조직과 제휴를 맺고 활발한 활동을 벌이면서 주변에 상당한 파급력을 보이고 있다. 인터와인 얼라이언스는 '집합적 임팩트'collective impact 접근법을 이용하고 있다. 즉 여러 조직이 가지고 있는 공통 기반을 찾고 '능동 이동'active transportation, 보존, 평등, 건강, 자연 같은 투자 이니셔티브를 찾는다.

인터와인 얼라이언스는 장소이자 조직으로 추구하는 바를 옹호하는 방법을 취하고 있으며, 그 일환으로 구성원들은 자연의 이익을 증진시키고 지역에 있는 자연과 사람을 연결할 수 있는 이벤트와 기회를 활발하게 공유하고 있다.

네이처 인 네이버후즈

지역 차원에서도 인상적인 노력이 이루어지고 있다. 포틀랜드의 지역 정부인 메트로는 '네이처 인 네이버후즈'라고 하는 보조금 프로그램을 후원하고 있는데, 지역사회의 자연을 개선하려는 개인, 단체, 비영리 조직, 정부 기관에게 년 단위로 보조금을 교부한다(Metro 2016). 보조금은 세 부문으로 나뉘는데, 복원, 보존 교육, 자금 부문이 있다. 보조금 수령 단체 중에 지역사회의 여러 단체가 연합해서 신청한 곳이 있는데, 이 연합은 그레셤시 경계 바로 밖에 있는 빈 공터를 '나다카 네이처 파크'로 만들었다. 지역사회의 협업 매핑 프로젝트인 오크퀘스트도 보조금을 받아서 포틀랜드 지역에 있는 오리건 화이트 오크 생태계 보존을 문서화해서 알리는 일을 했다. 캐틀린 가벨 스쿨에서 진행하는 복원 프로젝트인 '원 노스 커뮤니티 코트야드'도 보조금을 받아서 자연 지역을 일반인이 쉽게 이용할 수 있게 만드는 일을 했다.

메트로는 보조금 지원 대상을 선정할 때 자연이 없는 곳에 자연을 조성하는 것에 우선권을 부여하고 있으며, 어느 한 단체나 특정 성격의 단체에 지원금이 집중되지 않도록 다양한 성격의 여러 지역 단체에 지원금을 주고 있다. 지원금은 년 단위로 제공되며, 초기 자금은 2006 자연 지역 기금에 의해 조성되었다. 지원금 규모는 25,000달러에서 100만 달러까지 다양하며, 2014년에는 4백 5십만 달러가 교부되었는데 규모가 늘어난 이유는 2013년의 유권자 지원 자연 지역 추가 부담금 덕분이었다. 이때 보존 교육 지원금도 조성되었다(Metro 2014). 지역 단체에 보조금을 지원하면 해당 지역이 바로 개선되는 효과가 있을 뿐만 아니라 협력하는 조력자들과 조직들을 프로젝트에 맞는 적합한 방법으로 이끌게 되어, 도시와 지역에서 인간과 자연을 연결시키는 일을 향상시키는 소규모 연합체가 구성된다.

결론

포틀랜드라는 도시에는 놀라운 자연미가 있고 생태적 복잡성도 있다. 또한 주변에 있는 자연을 보호하고, 향상시키고, 즐기는 방법을 찾기 위해 많은 시민들과 단체들이 노력하고 있다. 시민들과 지역사회 지도자들은 포틀랜드와 주변 지역이 가지고 있는 고유한 조건을 활용하는 방법을 찾아냈다. 즉 습한 기후와 도시를 관통해서 흐르는 강을 적절하게 활용했다. 또한 다른 곳과 달리 도시 전역에 다양한 유형의 자연이 있는 특징을 최대한 살려서 지역에 살고 있는 사람들과 방문객들을 자연으로 이끌어냈다. 마운트 테이버에서부터 포레스트 파크의 구불구불한 산책로와 도시의 녹색 거리를 따라 나 있는 식물들에 이르기까지 다양한 모양의 자연이 도시 곳곳에 펼쳐져 있다는 점을 최대한 활용했다. 포틀랜드는 사람들에게 '기묘한 채로 유지하고' 싶은 곳으로 인식되고 있다. 그리고 빅 플로트 같은 이벤트에 의해 포틀랜드가 가지고 있는 명성과 정신이 유지되고 있으며, 이를 통해 도시의 중심부에 있는 '강이라는 자연'에 주목할 수 있도록 유도한다.

포틀랜드의 바이오필릭 노력을 모방하려는 다른 도시들도 그 도시가 가지고 있는 독특한 기후 조건, 도시의 '고유한 성격'과 도시에 살고 있는 사람들, 지역의 생태학적인 역사를 활용할 수 있다(예: 태너 스프링스 파크). 포틀랜드에서는 이 모든 것이 함께 어우러지고 여러 규모의 다양한 노력이 있었고, 그 결과 다른 도시와 차별화된 도시가 되었다. 이를 바탕으로 바이오필릭 도시화의 기반이 견고하게 형성되었고, 계속 발전하고 있다. 윌래밋강과 컬럼비아강에 흐르는 물에서부터 포레스트 파크의 무성한 나무와 풀들, 그리고 도시 전역에 펼쳐져 있는 수백 개의 녹색 도로들에 이르기까지 포틀랜드는 풍부한 자연 역사를 계속해서 만들어 나가고 있으며, 미래의 도시 개발, 자연이 풍부한 도시, 그 안에 사는 사람들 사이에서 균형적인 발전이 이루어지려면 어떻게 해야 하는지, 최적의 방법을 계속 모색하고 있다.

10장

캘리포니아 샌프란시스코
·
베이의 바이오필릭 시티

지속가능한 도시와 관련해서 샌프란시스코는 기본 표준으로 인식되고 있다. 샌프란시스코의 폐기물 재활용률은 경이적인 수준(현재 매립 전환율이 80퍼센트를 상회)이며, 폐기물 제로를 이루겠다는 야심찬 목표를 세워두고 있다. 샌프란시스코는 오래전부터 태양열 에너지와 재생 에너지를 지원해 왔으며, 공식적으로 사전 예방 정책을 채택하고 있다. 예로, 공원이나 자연 지역의 초목 관리를 위해 살충제와 제초제를 사용하지 않는 것을 들 수 있다. 또한 샌프란시스코는 여러 해 전부터 바이오필릭 시티 프로젝트의 회원 도시로 참여하고 있다.

샌프란시스코에는 풍부한 자연이 있으며, 이 자연을 관리하고, 보호하고, 복원하기 위한 많은 조치들을 밟아 나가고 있다. 샌프란시스코는 혁신적인 마이크로파크micro-park(파크렛parklet)부터 임시 사용 계약까지 여러 가지 면에서 도시 생태와 도시 자연을 혁신하고 있다. 또한 여러 가지 중요한 형식의 바이오필릭 설계와 계획이 진행되도록 하기 위해 개발 규정을 변경하는 것도 추진하고 있다(예: 보도 정원 설치, 상업용 도시 농업 허용). 최근에, 샌프란시스코는 조류 안전이 적용된 건물과 관련된 혁신적인 표준을 마련했으며, 여러 가지 방법으로 나비나 다른 종들을 위한 공간을 마련하기 위한 조치들을 취하고 있다.

공원과 자연으로 가득찬 도시

샌프란시스코의 공원 시스템은 높은 평가를 받고 있다. 특히 주목할 만한 것으로 골든 게이트 파크, 프레시디오, 마운트 수트로가 있다. 공유지를 위한 신탁 기금은 도시 공원 보고서를 매년 발행하고 있으며, 여기서 다른 많은 도시와 비교해서 샌프란시스코에 후한 점수를 주고 있다. 2014년 보고서에서 걸어서 공원에 갈 수 있는 거리(800미터)에 살고 있는 인구 비율 면에서 샌프란시스코는 미국 내 50개 대도시 중 1위를 차지했다. 이 보고서에 따르면 샌프란시스코 인구의 98.2퍼센트가 걸어서 공원에 갈 수 있는 것으로 산정했다 (Trust for Public Land 2014, 12).

그러나 나무 캐노피가 차지하고 있는 비율이나 소규모 녹지 공간 같은 다른 부문에서는 샌프란시스코가 그다지 좋은 평가를 받고 있지 못하다. 샌프란시스코는 대규모로 개발된 도시로, 새로운 공원이나 녹색 구역을 큰 규모로 새로 만들 기회가 많지 않으며, 나무와 초목을 새로 심기에 공간상 제약이 많다.

샌프란시스코의 바이오필릭 혁신에서 중요한 부분은 매우 작은 공원과 녹지 공간을 독창적이고 새로운 방법으로 만든다는 것이다. 새로운 보도 정원을 설치하기도 하고, 아무나 앉아서 쉴 수 있는 작은 공간을 만들기도 하고, 한두 대의 차를 주차할 수 있는 주차 공간에 소공원이나 모임 장소를 만들기도 했다(그림 10.1 참고).

도시를 조밀하게 성장시키고 발전시키면서, 지속가능한 도시화에서 요구하는 조건에 맞는 질적인 모든 것을 갖추면서, 동시에 자연과 생물다양성을 육성하고, 보호하고, 복원하는 것이 가능한가? 샌프란시스코는 인구 밀도가 높은 곳에 자연을 만드는 것이 가능하다는 사실을 보여준다. 또한 그렇게 하는 데 필요한 독창적인 아이디어도 제공한다.

그림 10.1 샌프란시스코는 다른 도시에 비해 계획적으로 만들어진 도시지만 작은 공간에 공원을 조성하고 자연을 끌어들이는 방법을 계속해서 찾고 있다. 샌프란시스코는 녹색 도시를 만들기 위한 혁신적인 노력을 많이 기울이고 있다. 그 일환으로 파크렛과 거리 공원을 조성하고 있으며, 지역 주민들이 나서서 보도에 조경을 설치할 수 있도록 지원하고 있다. 이 사진은 샌프란시스코에 처음 만들어진 주거용 파크렛으로, 이를 디자인한 제인 마틴이 함께하고 있다(사진 제공: 저자).

도시에서 먹거리 키우기

샌프란시스코는 먹거리를 재배하는 도시로서, 길고 자랑스러운 역사를 가지고 있다. 가령, 2차세계대전 중에는 시청 앞에 '승리 정원'을 만들어서 먹거리를 재배했고, 최근에는 정원을 가꾸고 식량을 생산하는 새롭고도 독창적인 장소를 찾고 있다. 그리고 샌프란시스코는 도시의 여러 곳에서 먹거리를 상업적으로 키우고 판매하는 것을 합법적으로 허용하는 개혁적인 법안을 제정하는 데 있어서도 앞서 있다.

1989년에 헤이즈 밸리 팜을 임시로 운영하는 혁신적인 시도가 이루어진 바 있다. 캘리포니아 베이 지역에 살면서 근본적으로 감수해야 하는 위험들 중 하나는 지진이다. 이 지역에는 지진이 많이 있었고, 작은 지진들이 꽤 자주 일어난다. 때때로 큰 지진이 일어날 때면 이곳 지역사회와 지정학적인 위치를 다시 생각하는 특별한 기회를 갖는다. 1989년에 일어난 로마 프리에타 지진이 그랬다. 이 지진 이후 헤이즈 밸리의 중앙 부분에 있던 센트럴 프리웨이의 진출입 램프가 무너졌으며, 이는 기회로 작용했다. 주민들의 지원에 힘입어 이 땅(2,700평 규모)을 지역 주민들에게 도움이 되는 '무언가'로 전환하기로 했다. 결과적으로 이 땅은 캘리포니아 교통부에서 시로 이전되었고, 사적인 개발도 가능한 것으로 되었다. 그러나 임시 사용 계약에 따라 도시 농장을 운영할 수 있게 되었고, 이에 헤이즈 밸리 팜이 만들어졌다. 3년 동안의 운영 기간 동안 광범위한 자원 봉사자들이 참여했고, 임시 사용 계약이 끝난 후 부지는 민간 개발 업체에게 이전되었다. 그러나 헤이즈 밸리 팜의 존재는 도시 전체에 바이오필릭 이니셔티브를 지속적으로 높이는 계기가 되었다.

필자는 헤이즈 밸리 팜에 여러 번 방문했었다. 이곳은 단기간에 샌프란시스코의 도시 농업 커뮤니티 중심지가 되었다. 이곳에서 워크숍들이 열렸고, 커뮤니티를 위한 종자 은행이 만들어졌다. 이곳은 정원을 가꾸는 일에 열정적인 사람들과 퍼머컬처(영속농업)을 신봉하는 사람들이 만나서 정보를 교류하는 곳이었다. 농장이 문을 닫을 때 농장에 있던 많은 식물과 과일 나무는 다른 곳으로 옮겨졌다.

농장 사용이 종료되었을 때 일정 부분 아쉬움이 있었지만 이 농장을 통해 도시 전역에서 다른 많은 프로젝트들이 진행되는 계기가 되었고, 도시 농업에 대한 새로운 시각을 일깨워주는 데 일정한 역할을 했다. 또한 도시에 있는 누군가의 땅에서 재배된 먹거리를 판매하고 식품을 가공하는 것을 합법화하기 위해 샌프란시스코의 '조닝 코드zoning code'(역주: 각 블록마다 땅이 사용되는 목적을 명시해 놓은 것)를 수정하는 데 일조하기도 했다.

헤이즈 밸리 팜으로 인해 촉발된 프로젝트들이 시작되었고 지금은 지역의 양봉 단체인 비-코즈에 의해 운영되고 있다. 그리고 양봉 농장에서는 2년짜리 '양봉 견습 프로그램'을 운영하고 있으며, 이 프로그램의 설계 목적은 "새로운 양봉 전문가를 훈련시키는 것이며, 여기서 훈련된 양봉 전문가는 샌프란시스코의 양봉장에서 비-코즈가 관리하는 꿀벌들을 관리하는 자원 봉사자로 활동한다"(San Francisco Permaculture Guild n.d.).

헤이즈 밸리 팜의 영향을 받아 나온 또 다른 프로젝트로 그로브 스트리트에 조성된 '플리즈 터치 가든'이 있다(그림 10.2 참고). 이곳은 '라이트하우스 포 더 블라인드 앤 비저빌러티 임페어드'와 '아츠 인터섹션'의 협업으로 만들어졌으며, '불리한 조건에도 불구하고 흉물스럽게 방치된 공공 장소를 지역사회의 모든 사람이 접근할 수 있는 다목적 녹지 공간으로 만든' 사례로 회자되고 있다(http://pleasetouchgarden.org/story.html 참고). 이것은 또 다른 임시 사용 사례로, 예술과 도시 농업을 결합했다. 이곳은 무엇보다도 새로운 도시 농업 아이디어와 기술을 시연하는 장소가 될 것으로 예상된다. 가령, 해비타일을 예로 들 수 있다. 해비타일은 이 지역의 디자이너인 오로라 마하신이 만든 것으로 쌓아서 세울 수 있는 일종의 수직 벽인데, 재료는 재활용품과 스티로폼이다.

그림 10.2 샌프란시스코의 그로브 스트리트에 있는 플리즈 터치 가든(사진 제공: 저자).

해안 도시의 나무와 산책로

샌프란시스코는 나무와 숲이 울창한 도시가 아니며, 나무 캐노피 범위는 비교적 낮아서 12~13퍼센트 정도밖에 되지 않는다. 그러나 역사적으로, 지리적으로 샌프란시스코는 주로 해안 모래 언덕으로 이루어져 있으며, 많은 숲이 조성된 적이 없었으며, 기껏 있는 나무(대개 유카리나무)들도 토종이 아니다. 다시 말해서 더 많은 나무를 심어야 할 목표가 있으며, 이와 관련해서 여러 조직과 기관이 중요한 역할을 해왔다.

맨 먼저 비영리 조직인 FUF Friends of the Urban Forest가 있다. 이 조직은 1년에 약 1,200그루의 나무를 심으며, 자원 봉사자가 주축이 되어 왕성하게 나무를 심을뿐만 아니라 샌프란시스코라는 도시에 있는 나무들을 대변한다. FUF는 이외에도 여러 가지 일들을 많이 하며, 이 도시에서 수많은 나무 관련 프로그램을 운용하고 있다. 청소년을 위한 혁신적인 프로그램도 운영하고 있으며, 나무 탄소 계산기 오픈 소스인 Tree Map도 만들었다.

  시에서는 거리에 있는 나무의 관리 주체를 주택 소유자로 전환하려고 시도하였고, 나무의 유지보수와 관리가 최근 몇 년 사이에 뜨거운 주제가 되었다. 그리고 나무의 유지보수 및 관리와 관련된 시의 기금이 계속 줄고 있다. 필자가 보기에 샌프란시스코에서는 나무와 관련된 갈등이 꽤 오랫동안 지속될 것이다. 그럼에도 불구하고 FUF 같은 조직은 계속해서 좋은 일을 할 것이고, 도시에 나무를 심고 키우는 작업을 최소한으로 계속 진행할 것이다.

  그러나 나무를 둘러싸고 벌어지고 있는 논쟁이 바뀔 수 있다. 2014년에 시의 도시계획과와 FUF는 공동으로 '어반 포레스트 플랜'을 준비했다. 이 작업의 1단계는 거리에 있는 나무에 초점을 맞추었다.

  샌프란시스코에는 또 다른 차원의 자연 스토리가 있는데, 지역마다 산책로를 만들기 위해 많은 공을 들인 것이다. 1980년대 후반으로 거슬러 올라가면 샌프란시스코 베이 트레일이 있다. 이것은 샌프란시스코 베이를 빙 둘러서 이어진 805킬로미터 길이의 산책로를 만드는 프로젝트였다. 샌프란시스코 베이의 해안선을 따라 시각적으로 독특한 경험을 할 수 있으며, 130개 이상의 공원과도 연결되어 있다. 이미 547킬로미터는 완성되었고, 다 만들어지면 47곳의 타운과 9곳의 카운티를 지나갈 것이다. 이렇게 많은 길이의 산책로가 이미 만들어졌다는 점에서 이 프로젝트는 놀라운 성공을 거두었으며, 이를 통해 깊은 감명을 주는 바이오필릭 비전을 바라볼 수 있게 되었다.

도시를 통과하는 베이 트레일의 한 부분에 블루 그린웨이라는 곳이 있다. 이곳은 동부 해안가를 따라 21킬로미터의 회랑으로 되어 있다. 산책로를 회랑으로 만든 이유는 산책로를 오염으로부터 보호하고 이 구역에 건설 중인 워터프론트를 더 좋게 보이게 하기 위해서였다.

샌프란시스코의 야생 자연

샌프란시스코에는 엄청나게 많은 양의 자연이 있는데 아마 대부분의 사람들이 생각하는 것 이상으로 방대한 자연이 있다. 대형 포유 동물(예: 코요테, 회색 여우), 다양한 식물(예: 프란체스코 만자니타), 눈길을 끄는 새들(예: 애나스 벌새) 등이 있다. 샌프란시스코 지역을 넓게 보면 더 놀라운 자연을 만날 수 있다. 일례로, 건강한 퓨마들이 있으며, 베이 에어리어 퓨마 프로젝트를 통해 퓨마들을 추적하고 이해하려는 노력이 진행되고 있으며, 퓨마들에 관한 교육도 병행하고 있다(13장 박스 13.1에 이 프로젝트를 만든 자라 맥도날드의 글이 있다). 샌프란시스코의 수생 및 해양 환경에서 해양 생물을 만날 가능성이 있다. 가령, 유명세를 타고 있는 Pier 39의 바다사자를 만날 수 있다. 집이나 사무실에서 https://www.pier39.com/the-sea-lion-story/sea-lion-webcam/에 접속하면 이곳의 바다사자를 볼 수 있다. 해안에서 멀지 않은 곳에는 15,000마리의 회색고래가 이동하는 경로가 있으며, 이들 고래가 가끔 샌프란시스코로 오기도 한다(회색고래는 포유동물 중 가장 긴 거리인 16,000킬로미터를 이동한다). 비영리 조직인 '네이처 인 더 시티'는 샌프란시스코의 자연을 보여주는 지도를 만들었다.

인구가 많은 도시 환경에 있는 야생 자연을 보호하고 복원하려는 노력들이 많이 진행되고 있으며, 좋은 예들도 일부 알려지고 있다. 샌프란시스코에서는 지역 단체들이 상향식으로 의견을 개진하고 시에서 만든 프로그램과 정책을 만들어서 하향식으로 제시하는 방식으로 새로운 도시 생태계를 개척하고 있다. 그 이면에는 도시를 자연이 있는 공간으로 이해하고 도시에 살고 있는 사람들이 자연을 지키고 키우는 주체가 되어야 한다는 생각이 깔려 있다. 이렇게 함으로써 도시의 인도, 뒤뜰, 틈새 공간, 남는 공간에 자연의 야생이 되돌아오고 있으며, 사람들이 이를 눈으로 보게 되었다.

샌프란시스코는 시의 일부 면적을 자연보호 구역으로 지정했으며, 이는 도시에 있는 공원 면적의 거의 3분의 1에 이른다(약 135만 평). 이 자연보호 구역의 관리 주체는 시의 여가공원부이며, 프레시디오 트러스트 같은 다른 지역 단체의 자원 봉사자들도 많은 도움을 주고 있다. 이들 구역에 대한 복원은 1995년에 처음 채택된 '중요한 자연 자원 구역 관리 계획'에 따라 이루어졌다.

도시 기본 계획의 '공유 공간 요건'에서는 자연보호 구역 지정 기준을 정의하고 있다. '중요한 자연 자원 구역'을 다음과 같이 정의하고 있다. (1) 샌프란시스코의 원래 경관을 갖추고 있고 사람의 손길이 별로 닿지 않은 곳으로, 다양하고 중요한 토착 식물과 야생 생물의 서식에 도움을 주고 있거나 희귀한 지질을 형성하고 있거나 강기슭 지역이 포함되어 있어야 한다, (2) 희귀하거나 생존에 위협을 받거나 멸종 위기에 처한 종이 서식하고 있거나, 이들 종의 서식을 배후 지원할 가능성이 있어야 한다, (3) 다른 자연 자원 보호 구역에 인접한 곳이어야 한다(San Francisco Recreation and Parks Department 2016). 이들 자연보호 구역 각각에 대한 관리 계획이 마련되어야 하고, 이 계획에는 복원 및 생태 관리 방안이 단계별로 마련되어야 한다.

샌프란시스코의 야생 구역에 대한 흥미로운 사례를 마운트 수트로에서 확인할 수 있다(그림 10.3 참고). 이곳은 샌프란시스코에서 가장 높은 곳이기도 하고(274.32미터), 가장 큰 땅을 차지하고 있기도 하다. 19세기에 이 땅을 소유했던 아돌프 수트로의 이름을 따서 지어진 이곳 옆에는 캘리포니아-샌프란시스코대학교 메디컬 센터가 있다. 다른 곳과 다른 독특한 기후로 인해(예: 여름철 안개) 고유한 생태계가 형성되었다.

그림 10.3 마운트 수트로에 올라가면 도시의 환상적인 경치를 즐길 수 있다(사진 제공: 저자).

캘리포니아-샌프란시스코대학교의 후원으로 서식지 복원 및 산책로 조성을 돕는 자원 봉사 단체인 수트로 스튜어즈가 2006년에 결성되었다. 수트로 스튜어즈는 샌프란시스코에서 가장 크고 가장 활발한 자원 봉사 단체들 중 하나가 되었다. 토종 식물들과 나무들을 꽤 많이 복원했으며, 희귀종을 전문적으로 키우는 양육실을 운영하고 있다.

이곳에 서식하고 있는 토종이 아닌 나무들(블루검 유칼립투스, 몬테레이 파인, 몬테레이 측백나무)을 관리하는 방법을 둘러싸고 이슈가 있다. 주변의 다른 지역에 살고 있는 일부 시민들은 이들 나무를 사랑하고 좋아했기 때문에 논쟁이 되었다. 샌프란시스코는 약 18,000그루에 이르는 이들 나무 중 일부를 토종 나무와 식물로 교체하기로 결정했다(Harless 2013).

나비를 위한 공간 만들기

바이오필릭 계획을 혁신적으로 수행함에 있어 샌프란시스코의 핵심 고민들 중 하나는 이미 많이 만들어지고 개발된 환경에 더 많은 자연을 넣기 위한 창의적인 방법을 찾는 것이다. 이를 추진하기 위해 수많은 흥미로운 새로운 메커니즘이 적용되었으며, 소위 파크렛이나 인도 정원 같은 시설물을 설치할 수 있도록 규정을 개정하기도 했다(이에 대해서는 뒤에서 더 자세히 설명한다).

'스트리트 파크'라는 혁신적인 프로그램을 만들었다. 이 프로그램에서는 시의 공공사업부가 소유한 수백 개의 작은 땅을 지역 주민들에게 제공하고, 주민들이 공원이나 자치 공간으로 꾸며서 사용할 수 있게 했다. 이를 사용하려는 단체는 땅을 인수하기 위한 신청서를 내야 하고, 그 땅으로 무엇을 할 것인지, 무엇을 심을 것인지, 어떤 용도로 사용할 것인지에 대한 계획서를 준비해야 한다. 땅을 사용하기 위해 신청서를 낸 지역사회의 단체들이 만든 설계안은 매우 상세했고 그 설계에는 눈에 띄는 정교함이 있었다. 비영리 조직인 샌프란시스코 파크 얼라이언스는 이 프로그램에 참여하려는 단체들이 하려는 일을 조직화하고 훈련시키는 프로그램을 운영하고 있다. 현재 120곳의 땅이 스트리트 파크로 지정되어 있다.

스트리트 파크 프로그램에 참여하고 있는 단체로 '네이처 인 더 시티'가 있다. 샌프란시스코에서 '세계 환경의 날'이 개최되기 직전인 2005년에 설립되었다. 이 단체를 만든 피터 브라스토는 샌프란시스코에서 생물다양성 조정관으로 활동하고 있다. 필자는 그가 속한 단체에서 복원 작업을 하고 있는 거리 공원 현장에서 그를 만났다. 그곳은 크기가 작은 경사진 땅으로, 그곳에 살고 있는 사람들도 제대로 보지 못하고 그냥 지나칠 수 있는 곳이었다. 그러나 몇 개월 동안의 작업이 진행되면서 자연 그대로의 초록 녹지로 바뀌었다. '네이처 인 더 시티'는 7곳의 땅을 받았는데 용도는 기존에 받았던 더 큰 공원들과 함께 나비들을 위한 서식지 통로를 만드는 것이었다. 멸종 위기에 처한 해안 녹색부전나비를 위한 서식지를 만드는 것이 주된 목표다(박스 10.1 참고). 주민들이 집 주변 뜰이나 자투리 공간에 꽃꿀이나 코스트 버크위드와 디어위드 같은 식물을 심도록 하는 것이 장기적인 목표이다.

박스 10.1 샌프란시스코의 타이거 온 마켓 계획

샌프란시스코시는 지역 내 멸종 위기에 처한 루비부전나비를 위한 서식지를 조성하기 위한 노력을 하였고, 더불어 다른 종들에 대한 부양책도 함께 진행하였다. 샌프란시스코는 도심 내 주요 상업 및 보행 통로에 위치한 마켓 스트리트에 서식하는 웨스턴타이거제비꼬리나비(호랑나비과의 일종)에 대한 연구와 인식을 높이기 위해 노력하였다. 예술가이자 나비류 연구가인 앰버 하셀브링과 리암 오브라이언은 나비들을 연구하기 위해 현장을 답사하였고 눈에 띄게 탄력적인 도심 내 객체 수를 관찰하였다. 나비들은 그들 본연의 서식지를 비슷하게 본뜬 것과 같은 유러피언 런던 플레인 나무의 캐노피에서 주로 서식하고 있었으며 이는 강 줄기 형태와 매우 흡사한 모습이었다.

하셀블링과 오브라이언은 나에게 '우연의 집합'을 설명해 주었다. 오브라이언은 "마켓 스트리트를 활용하는 것은 마치 그랜드캐니언을 가로지르는 콜로라도강을 활용하는 것과 같다"라고 말했다. 이러한 인식은 둘 사이에 있어서 거리가 새롭게 조성될 때 중요한 서식지가 나무에 의해 제공된다는 것을 반드시 고려해야 한다는 논쟁을 가져왔다. (한 가지 방안은 많은 나무를 제거하는 것이었는데 지금은 지지를 받기 어려운 의견이다.)

오브라이언은 다음과 같이 말하였다. "우리는 인구 밀도가 높은 도심 내의 많은 사람들을 자연 안의 순간으로 불러들일 수 있는 기회를 갖게 되었다. 이는 매우 흥분되는 일이다."

하셀블링과 오브라이언은 타이거 온 마켓 프로젝트를 통해 거리 재정비 사업이 나비들을 위한 서식지를 어떻게 제공하고 더욱 향상시킬 수 있는지를 파악했다. 나비 키오스크를 설치하는 것에서부터 꽃과 같이 새로운 꿀을 제공하는 원천과 함께 제비꼬리나비를 위한 습지를 만드는 것에 이르기까지 다양한 아이디어가 나왔다.   - 팀 비틀리

브라스토가 필자에게 밝힌 '네이처 인 더 시티'의 사명은 '도시와 반도의 북쪽 끝에 남아 있는 야생 서식지와 자연이 있는 모든 땅을 보존하고 제대로 복원하고, 도시에 살고 있는 사람과 자연을 연결하고, 사람들이 주변과 도시 곳곳에 있는 토종 식물과 동물을 알게 하는 것'이다. 자연과 접촉하는 것이 어렵고 우선순위가 떨어지는 고도로 도시화된 곳에서는 위와 같은 사명이 어려운 일이지만 꼭 해야 하는 필수적인 일이기도 하다. 우리 주변에 있는 익숙한 자연과 일상적으로 연결하는 일은 필수적이다. 브라스토는 다음과 같이 말하고 있다. "우리는 우리 문화를 자연 환경과 더 잘 맞도록 변화시키려는 노력을 기울이고 있으며, 샌프란시스코에서 이러한 노력을 기울이는 일은 브라질, 보르네오, 브룬디 및 다른 모든 곳에서 그렇게 하는 것만큼이나 중요하다."

나비 서식지 통로의 동쪽에는 흥미로운 개념이 적용된 곳이 있다. '네이처 인 더 시티'에서 트윈픽스 생태구역공원이라고 부르는 이곳은 공원과 녹지가 결합되어 있다. 샌프란시스코에서 이러한 유형의 시도는 최초로 이루어지는 것인데, 샌프란시스코의 구릉 중심에 있는 가장 큰 몇 개의 공원들을 함께 묶는 것이다. 대상지로는 마운트 수트로, 트윈픽스, 글렌 캐니언 공원, 라구나 혼다 병원/공원이 해당된다. 이렇게 연결된 곳에서는 토지 관리 조정 작업이 이루어질 것이고, 최대 수혜자는 나비와 사람이 될 것이다. 또한 나비 서식지가 왜 필요한지에 대한 의식을 고취시키는 일도 진행될 것이다. 이 대담한 비전 속에는 산책로를 모두 연결하는 것도 들어가 있다. 즉, 북쪽에 있는 크리시 필드(습지와 초원으로 조성된 옛 공군 비행장)부터 시작해서 도심 중앙부(생태구역공원)를 통과해서 베이의 캔들스틱 포인트에서 끝나는 산책로가 만들어질 것이다.

네이처 인 더 시티는 여러가지 방법으로 나비를 위한 일을 진행하고 있다. 특히 타이거 온 마켓 이니셔티브를 통해서 웨스턴타이거제비꼬리나비의 서식지인 마켓 스트리트(샌프란시스코의 중심 상업 대로)를 파악하고 지원하려는 노력을 기울이고 있다(박스 10.1 참고). 네이처 인 더 시티는 다른 중요한 일도 하고 있다. 샌프란시스코의 자연 유산 지도를 출간했는데 현재 2판이 나왔으며, 수천 부를 주민들에게 배포했다. 필자가 생각하기에 모든 도시에 이런 지도가 있어야 한다. 브라스토는 이 지도를 중요한 도구로 보고 있다. "이 도시에는 이와 같이 훌륭한 장소들이 있으며, 이 지도를 보면 그곳에 어떻게 갈 수 있는지를 알 수 있다." 또한 네이처 인 더 시티는 토종 나비 가이드를 제작하고, 도시에서 자연을 즐길 수 있는 하이킹 모임을 만들었다(작년에 약 12개의 도심 트래킹을 개발했고 많은 사람들이 참여했다).

라 플라야 파크

거리 공원 프로그램에서 필자가 제일 좋아하는 것은 각 거리 공원이 한 곳 혹은 여러 곳의 지역사회 간사들, 즉 그 지역에 살고 있는 자원 봉사자들에게 지속적인 관리를 반드시 맡겨야 한다는 필수 항목이다. 지역사회 간사들은 최소 4년 동안 그 땅을 관리하는 데 동의해야 한다. 물론 그 일이 쉽지는 않지만 이것이 핵심이다. 간사들의 사회 경력은 매우 다양하다. 브라스토에 따르면 가장 열정적인 간사들 중 한 명이 은퇴한 소방수라고 했으며, 그 사람은 나비 서식지 통로에 심기 위해 자신의 집에 토종 식물들을 번식시키고 있다고 했다.

샌프란시스코에서 또 다른 흥미로운 예로 선셋 지구의 '라 플라야 파크'가 있다. 라 플라야 파크는 아주 작거나 이상한 모양의 공간에서 실제로 무엇이 가능한지를 보여주는 인상적인 사례이다. 이곳은 길이 167미터에 너비 5미터밖에 되지 않는 가늘고 좁은 곳이다(그림 10.4 참고). 이 자그마한 공간을 꾸미기 위한 소액 자금은 '커뮤니티 챌린지 그랜트' 프로그램을 통해 제공되었으며, 주관은 시장실이었다. 어찌 되었든 이것은 저비용 프로젝트이다. 이 정원이 만들어지기까지 자원 봉사자들의 노력과 독창적인 생각이 들어갔으며, 이곳은 이제 주민들로부터 사랑을 받는 장소, 즉 진주 같은 곳이 되었다.

이곳은 원래 중앙분리대로 아주 좁은 곳이었는데, 직선 모양의 오아시스 및 공원으로 완전히 바뀌었고, 일부에는 토종 식물 보호 구역이 만들어졌고, 일부에는 지역사회 모임 공간이 만들어졌고, 또 다른 곳에는 보치볼 경기장이 세워졌다. 이렇게 여러 용도가 합쳐지게 된 것은 이 부지를 사용하려는 단체가 두 곳이 되면서 그렇게 되었다. 이 공원 간사이자 만든 사람들 중 한 사람인 브리아나 셰이퍼는 그녀 및 그녀와 함께한 주변에 살고 있는 자원 봉사자들이 그곳을 바꾸기 위해 열정을 다해 무슨 일을 했는지 나에게 보여주었다. 그들은 블랙베리, 딸기, 블루베리, 아티초크 같은 다양한 식용 식물이 자라는 생태 수로와 투과성 조경을 시범 설치하기 위해 환경 단체인 서프라이더재단에 가입하기도 했다.

이곳에는 캘리포니아 토종 식물들이 있으며, 이들 식물은 가뭄에 강하고 꽃가루를 전달하는 중요한 역할을 한다. 이곳에는 놀라울 정도로 넓은 모임 공간이 있는데, 판석이 깔려 있고 가장자리에는 돌로 된 벽이 둘러쳐져 있다. 그리고 화분으로 사용되는 나무로 된 오래된 원통 위로 독특한 반달 모양의 테이블이 있다. 이 공원에는 많은 재활용 재료들이 사용되고 있다. 공공사업부가 화강암 연석을 제공했고 석공인 자원 봉사자가 그것을 가지고 벤치를 만들었다. 이 공원을 담당하는 간사는 5명이며, 각자 공원의 특정 부분을 담당하고 있으며, 이들 외에 많은 자원 봉사자들이 이 공원을 위하여 시간과 에너지를 쏟고 있다.

그림 10.4 라 플라야 파크는 시의 스트리트 파크 프로그램에 따라 중앙분리대를 소규모 근린 공원 및 녹지로 바꾼 예이다(사진 제공: 저자).

작은 자투리 공간들을 자연이 있는 공원으로 바꿈으로 인해 장기적으로 얼마나 많은 영향이 누적되어 나타날지 예측하기는 어렵다. 이들 공원이 도시의 생태와 수자원에 중요한 영향을 미칠 것인가? 확실한 것은 시간이 지난 후 연구되어야 알겠지만 초기인 지금 보더라도 그 영향이 작지 않은 것으로 파악된다. 나비 서식지 통로 같은 곳에서 토종 식물과 자연 서식지가 번성하고 있다(사실 작년에 녹색머리줄나비가 처음으로 관찰되었다). 트윈피크 생태구역을 조성하기 위해 과감한 제안이 이루어졌던 것처럼 스트리트 파크는 인구 밀도가 높은 도시의 중심부에 자연을 복원하는 원대한 비전의 기반이 된다. 사회적 이익을 과대평가하거나 과소평가해서는 안 된다. 작은 땅들은 지역사회 주민들이 참여하고 자원 봉사할 수 있는 촉매제이자 물리적으로 무언가를 할 수 있는 거점으로 활용된다. 이를 통해 주민들이 모여서 의견을 나누고 상상력을 동원해서 지역사회에 의미 있는 긍정적인 변화를 도모할 수 있는 기회가 생긴다.

새로운 종류의 도시 공원

샌프란시스코는 지역 주민과 지역사회 단체들이 책임지고 진행하는 것을 강화했으며, 그 과정 중에 하드스케이프와 포장도로에 작은 공원과 자연 공간을 만드는 새롭고 독창적인 방법을 구상하게 되었다. 미션 디스트릭트에는 또 다른 인상적인 스토리가 있는데, 지나치게 크고 넓은 보도를 개조해서 정원으로 재구성한 내용도 있다. 건축가인 제인 마틴은 비영리 조직인 Plant*SF를 만들고 리더가 되었다. 그녀는 최초의 보도 정원을 설계하고 만들었다(인근 주민들의 도움이 있었고, 이와 관련된 이야기는 Beatley 2011에 자세히 나와 있다). 시로부터 공식 허가를 받는 데 돈과 시간이 들어갔지만 마틴의 주장 덕분에 시에서는 이 프로젝트에만 적용되는 특별 허가 규정을 만들었다. 마틴의 예상에 따르면 2006년 이후 시에서는 약 2,000건의 보도 경관 요청서를 승인했다. 이렇게 해서 보도 정원 만들기 운동이 시작되었고, 미션 디스트릭트의 여러 거리에 가면 이와 관련된 증거를 많이 볼 수 있다. 마틴이나 시나 지역 주민들이 대규모로 참여하지는 않았지만 프로젝트는 매끄럽게 진행되었고, 이로 인해 사람들은 자동차와 빌딩 사이에서 녹지와 자연을 경험하는 작지만 중요한 순간을 경험하게 되었다.

샌프란시스코에서는 파크렛이라고 하는 아주 작은 도시 공원을 만들었으며, 이로 인해 샌프란시스코는 세계적인 관심과 칭찬을 받게 되었다. 파크렛의 기본 아이디어는 도로에 있는 2~3개의 주차장 공간을 소규모의 공공 공원으로 만드는 것이었다. 전 세계의 여러 도시에서 이 아이디어를 적용하고 있다.

2010년에 첫 번째 파크렛이 만들어질 당시 단 하루 동안만 주차장을 공원으로 만드는 날로 정했었지만 파크렛 운동에 의해 기간과 장소가 확대되었다. 이제는 임시가 아니라 26곳에 온전한 영구 파크렛이 도시 곳곳에 만들어졌고, 42곳이 조성 중에 있다. 미션 디스트릭트의 발렌시아 스트리트를 따라 가다 보면 눈에 띄는 몇 개의 파크렛을 볼 수 있다. 일례로 한 레스토랑/카페 외부에 두 개의 파크렛이 있고 그 사이에 자전거 주차장이 있는 경우도 있다.

이 거리에는 제인 마틴이 설계한 주거 단지와 연계된 최초의 파크렛이 있다. 이 파크렛이 들어서면서 주변에 새로운 공공 장소가 생기고 녹지 요소가 새로 추가되었다. 마틴은 한 쌍의 재배 상자를 설계했으며, 높이를 높게 해서 의도적으로 자동차 높이와 비슷하게 만들었다. 여기에 심겨진 식물은 사람들의 시선을 끌기에 충분했으며, 특히 식물이 자라면서 타고 올라가는 철사로 된 공룡은 많은 관심을 끌었다. 사람들은 이것에 '트릭스'Trixi라는 애칭을 붙여주었다.

그레이트 스트리트 프로젝트는 파크렛의 효과를 평가하기 위한 연구를 최소한 한번 진행했지만 파크렛이 장기적으로 어떤 영향을 미치는지를 보여주는 연구는 아직 없었다. 그레이트 스트리트 프로젝트는 세 곳의 파크렛에서 관찰 데이터를 수집했는데, 파크렛이 만들어지기 전과 만들어진 후 보행자 통행량이 어떻게 변화했는지를 비교했다. 연구 결과, 세 곳 중 한 곳에서 보행자 통행량이 늘어났고, 고정적인 활동에 참여하는 사람 수는 세 곳 모두에서 대체로 증가한 것으로 나타났다. 연구 말미에 다음과 같은 결론을 내렸다. "이 연구에서 확인된 파크렛의 가장 확실한 이점은 누구나 앉아서 쉬면서 도시를 즐길 수 있는 새로운 공공 장소가 만들어진다는 것이다. < 중략 > 활동 증가가 이 지역에 대한 사람들의 인식에 미치는 영향은 해당 지역의 여러 조건에 따라 달랐다. 매장의 경우 어떤 업종이냐에 따라 느끼는 게 달랐지만 주변 매장에 부정적인 영향을 미치지 않는 것으로 확인되었다"(San Francisco Great Streets Project 2011, 1).

파크렛의 장기적인 영향력을 판단하기에는 너무 이르지만 지금까지 나온 결과를 보면 고무적이다. 도시에서 작은 공간을 확보하고 이곳에 앉아서 모임을 가질 수 있는 새로운 기회를 제공할 수 있고, 샌프란시스코라는 도시 전역의 여러 거리에 이런 공간을 만들 수 있다면 큰 영향력을 미칠 수 있을 것이다.

새에게 친숙한 도시를 만들기 위한 노력

샌프란시스코는 '퍼시픽 플라이웨이'Pacific Flyway(역주: 아메리카 대륙 철새 이동 경로 중 북-남 경로로 알래스카에서 파타고니아까지를 이름) 오른쪽에 위치해 있으며, 약 250종의 새들이 이동 중에 이 도시를 지나가거나 도시 가까이에 머무른다. 2011년에 샌프란시스코는 '조류 안전 건물 표준'을 채택했다. 이 표준은 두 가지 범주의 위험에 역점을 두고 있다. 하나는 위치 관련 위험이고, 다른 하나는 건물 기능 관련 위험이다. 시에서 정한 표준에 따라 새로 지어지는 건물이나 '도시 조류 둥지에서 91미터 미만으로 확실하게 새의 비행 경로 안에 위치한' 주요 시설의 경우 새 친화적인 특별한 조치가 필수적으로 요구된다(2,448평 이상의 녹색 공간이나 물). 보다 구체적으로 소위 건물의 조류 충돌 구역에 대한 조치도 요구되는데, 지면에서 18미터까지가 조류 충돌 구역에 해당한다. 18미터는 조류 충돌 사고가 일어나는 구역으로 입증된 바 있다. 건물 전면 창은 조류 안전 조치가 취해진 유리로 시공되어야 하고(처리되지 않은 유리창을 10퍼센트 이상 두어서는 안 된다), 조명은 최소한으로 하거나 차폐되어야 하며, 외양상 견고하게 만들어지지 않은 수평 풍력 터빈과 수직 축 터빈은 피해야 한다. '조류 안전 창문 공사 방법'은 표준에 더 자세히 명시되어 있다. 표준에는 '프릿'frit 처리, 그물 모양 무늬, 영구 스텐실, 불투명 유리, 외부 스크린, 창문 외부에 격자 구조물, 새가 볼 수 있는 UV 패턴 등을 조류 안전 조치로 제시하고 있다(City and County of San Francisco, Planning Department 2011, 32).

이외에 기능 관련 위험을 규정한 표준도 있는데, 여기에는 단독으로 서 있는 투명 유리 벽, 고가 통로, 지붕 온실, 발코니(깨어지지 않는 유리 부분이 7.26평 이상) 관련 내용이 있다(City and County of San Francisco Planning Department 2011, 30). 표준에는 건물 전체에 대한 처리 방법도 명시되어 있다. 가령, 두 건물 사이를 잇는 고가 통로에는 프릿 처리된 유리를 설치해야 하는데 이와 관련된 처리 방법이 규정되어 있다. 이 표준에는 주거 구역에 있는 역사적인 자산과 건물에 대한 특별한 예외 조항도 포함되어 있다.

표준에서 도시의 다른 목표, 즉 재생 에너지 활성화 같은 목표와 조류 안전을 조화시키려는 노력을 보이고 있다는 것이 흥미롭다. 샌프란시스코는 최근 몇 년 동안 소형 마이크로 풍력 터빈 설치를 권장하고 있으며, 이 시설이 새들에게는 간혹 치명적일 수 있다. 결과적으로 표준에서는 풍력 터빈을 설치할 때 '견고한 외관을 갖추어야 한다'는 규정을 두고 있으며, 이렇게 되면 이 시설이 새에게 더 잘 보인다.

이 표준에는 필수 조치 요구사항 이외에 권고안 및 조류 안정 관리안이 들어 있다. 여기에는 다양한 제안 및 추가 제안 조치 사항이 들어 있는데, 외부 녹지와 초목의 위치 관련 사항이 있고, 부동산을 보유하고 있는 사람들에 대한 교육 관련 사항도 있다. 이 표준에는 조류 안전 건물 점검표가 자세히 명시되어 있으며, 건물주들의 체크리스트 적용을 권장하고 있다.

샌프란시스코는 '조류를 위한 소등'을 2008년부터 운영하고 있으며, 이는 샌프란시스코시, 골든게이트 오듀본 협회, 퍼시픽 가스 전기가 공동으로 진행하고 있다. 새들이 중점적으로 이동하는 기간 중에 소등 캠페인 참여가 권고되고 있으며, 이 내용은 조류 안전 표준에 명시되어 있다. 물론 여러 형태로 이루어지는 충돌 감시 노력에 참여하는 것이 필수가 아닌 것처럼 이 역시 필수는 아니고 권고 사항이다.

2014년에 샌프란시스코는 개인에게 '조류 친화 모니터 인증'을 주고 건물에 '조류 친화 인증서'를 부여하는 식으로 새로운 조류 보호 권장 프로그램을 개발했다. 전자의 경우 개인이 주간 감시 활동에 참여하면 되고, 후자의 경우 도시의 지정된 녹색 구역 안에 있는 건물에 부여되는데 2011 표준에 부합하는 건물에는 인증서가 자동으로 부여된다.

결론

샌프란시스코는 환경 지속가능성에 있어서 세계적인 선두 주자였으며 녹색 도시 및 지속가능성 도시로서 충분한 자격을 갖출만한 명성을 쌓아왔다. 이외에 샌프란시스코는 바이오필릭 시티로서의 요건도 충분히 갖추고 있다. 즉 도시에 자연을 도입하는 새롭고도 독창적인 접근법을 많이 개척했으며, 그 예로 파크렛, 보도 정원, 도시 농업 등이 있다. 샌프란시스코에서 만든 이런 것들을 전 세계 및 미국의 여러 도시에서 수용하고 모방했다. 특히 시 당국은 새로운 도시 녹화 작업들 중 일부를 쉽게 추진할 수 있도록 하고, 임시로 진행되거나 실험적으로 진행되는 도시 녹화 프로젝트를 위한 장소를 마련할 수 있도록 새로운 허가(예: 보도 조경 허가) 체계를 적극적으로 만들었다. 게다가 샌프란시스코의 많은 시민들이 수트로 스튜어즈나 '프렌즈 오브 더 어반 포레스트' 같은 단체에 회원으로 가입해서 서식지를 복원하거나 자연을 즐기는 일에 적극적으로 참여하고 있다.

샌프란시스코는 높은 재활용 비율과 쓰레기 제로 도시를 만들겠다는 비전에서부터 재생 에너지로의 전환에 이르기까지 지속가능성 관련 목표를 수립 및 달성하고 있으며, 미국 내에서 계속해서 선도적인 위치에 있는 도시다. 샌프란시스코는 2016년에 신규 건물에 태양 전지판을 설치해야 하는 조례를 채택했다(Sabatini 2016). 시에서 진행하고 있는 이런 굵직굵직한 정책들은 자연에 도움이 될 것이다. 시의 온실 가스 배출량을 최대한으로 낮추는 일은 전 세계의 바이오필릭 시티에서 이루어지고 있는 노력에 동참하기 위한 것이다. 또 다른 예로, 샌프란시스코에서는 벌써부터 플라스틱 쇼핑 백을 금지하고 있으며, 이는 해양 생물에 미치는 나쁜 영향을 고려한 조치이다.

샌프란시스코에 새로 들어선 '트랜스베이 트랜짓 센터'는 바이오필릭 목표와 지속가능성 목표를 합쳐 놓은 또 다른 예에 해당된다. 현재 건설 중인 이 시설은 11개의 다른 유형의 대중교통 수단(예: 고속 통근 철도, 암트랙, 뮤니패스, 버스) 사이의 연결 및 교차 지점이 될 것이며, 수많은 녹색 및 지속가능성 특징이 적용될 것이다. 가장 인상적인 것으로 옥상에는 공원과 자연이 자리잡을 것이다. 옥상 공원의 크기는 6,600평이고 길이는 426미터이며, 진입 입구는 10곳이다. 이곳에서는 시민들을 위한 이벤트가 열릴 것이며, 조용한 녹지대로서의 역할도 하게 될 것이다(TransbayTransit Center n.d.). 트랜스베이 트랜짓 센터는 있을 것 같지 않은 곳에 녹지와 자연 공간을 새로 마련하려는 샌프란시스코시 당국의 노력을 보여주는 곳이다.

샌프란시스코와 관련해서 논의할 것이 많이 남아 있지만 지면 관계상 모두 담지는 못한다. 요약해서 몇 가지 설명하자면, 샌프란시스코 유니파이드 스쿨 디스트릭트는 학교 정원과 야외 학습을 통합하는 작업을 인상적으로 수행했다. 이 작업은 미국 최초로 '과학 및 지속가능성 서비스'를 제공하는 비영리 단체인 코어 포 에듀케이션 아웃사이더(https://www.educationoutside.org)가 함께했다. 샌프란시스코시의 대표 박물관과 시민 단체들 중 일부에서 바이오필릭 작업을 진행하고 있다(예: 바이오필릭이 최대한 적용된 건물로 캘리포니아 과학 아카데미가 있고, Pier 15의 익스플로러리엄이 있다). 해안 도시의 자연미를 시각적으로 누릴 수 있도록 몇 가지 노력을 기울였으며, 일례로 경전철 차량의 창문이 있다(박스 10.2 참고).

> ### 박스 10.2 바이오필릭 모빌리티
>
> 지역의 교통 컨설턴트인 조 코트는 도시의 수려한 자연 풍경을 활용하기 위한 몇 가지 결정을 나에게 이야기해 주었다.
>
> 샌프란시스코의 경전철인 '뮤니'Muni를 설계할 때 '특히 베이 수변 지역 근처의 엠베카데로를 지나는 N과 T 라인을 따르는 노선'에서 탑승객의 외부 전망을 고려하였다. 뮤니는 연방교통국에서 정한 바이 아메리카 규정의 예외 대상이 되어 이탈리아 제조업체인 안셀도 브레다의 경전철 차량을 구입하였는데 이는 일반적인 규격보다 창문의 크기가 커서 경전철 내 탑승객이 베이 지역 및 샌프란시스코의 전경을 최대한 볼 수 있었다. 엠베카데로 지역의 토지 이용 계획이 새롭게 개정되어 일부 고가도로에서부터, 베이 지역까지 개방되어 있는 지역을 포함하는 여러 갈래의 대로에 이르기까지 새롭게 디자인되었고, 해당 지역은 주로 베이프론트 공영 주차장으로 바뀌었다. 이를 통해 뮤니 경전철 탑승객은 베이 지역의 훌륭한 전망을 볼 수 있게 되었다.
>
> 출처: 교통 컨설턴트 조 코트와의 대화, 2014   - 티모시 비틀리

샌프란시스코는 완벽한 스토리와는 거리가 멀다. 필자가 생각하기에 샌프란시스코는 매우 큰 해양 환경을 갖추고 있지만 그 모든 것을 품고 있지 않다는 점이 중요하다. 그러나 샌프란시스코가 바이오필릭 시티라는 증거는 매년 늘어나고 있으며, 그 지역과 지구 환경에 대해 취하는 각종 조치들은 훌륭하면서도 시사하는 바가 크다.

11장

노르웨이 오슬로
·
피오르드와 숲의 도시

오슬로의 거의 모든 물리적 장소에는 보호된 자연, 나무 캐노피, 공원, 산책로, 자전거 도로가 조성되어 있어서, 오슬로 시민들은 집을 나서기만 하면 자연을 접할 수 있다.

오슬로의 면적은 454제곱킬로미터이고 인구는 약 57만 명(대도시권까지 합하면 120만 명)이다. 최근 몇 년 동안 오슬로의 계획 슬로건은 '청색과 녹색과 그 사이의 도시'이며, 이는 이 도시의 물리적인 기본 맥락을 잘 보여준다. 오슬로 피오르드에 위치한 오슬로시의 북쪽과 동쪽에는 큰 숲들이 이어져 있다.

마르카marka라고 불리는 숲들에는 사회적 중요성과 고유한 가치가 있으며, 여기에는 신화와 신성함이 일정 부분 녹아 들어 있다. 오슬로 인근 숲의 규모와 범위는 매우 크다. 도시 경계 3분의 2가 보호 삼림 안에 있다(그림 11.1 참고). 마르카 라인이 정해져 있어서 이를 넘어서는 도시 개발 확장이 금지되어 있다. 토지를 거래하거나 교환하려는 노력이 있기도 했지만 마르카 라인은 법적, 정치적으로 거의 움직이지 않았다. 이들 숲은 오슬로 주민들의 탁월한 자원이자 편의시설이며, 여러 면에서 오슬로에서 사는 사람들의 삶의 질과 조화에 큰 영향을 미친다.

오슬로 시민들은 숲이 얼마나 중요한지, 도시에 바이오필릭 요소가 어떤 좋은 영향을 주는지를 항상 체험하기 때문에 굳이 설명하지 않아도 될 정도다. 자연이 바로 옆에 있어서 창문으로 볼 수 있지는 않지만 적극적으로 방문하고 즐길 수 있는 곳에 있다. 마르카에는 특별한 문화적 사회적 중요성이 있으며, 오슬로 시민들이 자주 방문하는 곳이기도 하다. 한 통계에 따르면 시민 중 81퍼센트가 그 전해 1년 동안 도시 근처 숲을 방문했다고 한다.

그림 11.1 오슬로시의 3분의 2는 보호 삼림 안에 있다. 이들 숲은 오슬로의 역사와 문화 측면에서 중요한 곳으로, 많은 사람들이 찾는 곳이기도 하다(사진 제공: 저자).

큰 숲들은 도시 안에 있는 작은 녹지와 연결되어 있으므로 오슬로 시민들은 자연과 매우 가까이 있는 셈이다. 시민 94퍼센트 이상이 녹지 300미터 안에 살고 있으며, 1인당 녹지와 공원 양도 매우 높아서 14평에 이른다. 오슬로에는 풍부한 자연이 있으며, 대부분의 주민들은 공원이나 녹지에서 그다지 멀지 않은 곳에 살고 있다.

오슬로 시민들은 자연에 쉽고 빠르게 접근할 수 있다. 이는 대중교통, 특히 환상적인 지하철에 투자가 많이 되어 있기 때문이다. 많은 역 주변의 개발 밀도가 낮아서 나중에 대중교통 중심지 주변에 많은 인구를 수용하기에 적합하다(2030년이 되면 20만 명이 증가할 것으로 예상된다).

필자가 어느 날 오슬로에 방문했을 때 도시 중심부에서 변두리 숲까지 지하철로 여행했다. 15분 밖에 가지 않았는데 필자는 거대한 숲 보호구역 경계선까지 갈 수 있었다. 승스완 지하철역은 승스완 호수에서 불과 몇 미터 밖에 떨어져 있지 않았으며, 주변 산책로에는 많은 사람들이 걷거나 강가에서 피크닉을 즐기고 있었다. 이와 같이 자연이 있는 곳으로 가려는 시민들은 지하철 역과 전차 정류장을 이용해서 쉽게 접근할 수 있다.

그리고 이러한 이동의 편이성은 피오르드의 작은 섬들에도 적용된다. 버스나 지하철 요금 수준의 정기 여객선을 이용할 수 있다. 필자는 초여름, 도심에서 멀리 떨어지지 않은 섬들 주변에 있는 아름다운 자연을 보기 위해 여행 온 어린 학생들로 가득 찬 여객선들을 보았다. 오슬로(노르웨이 전역)에 있는 학교들은 학생들을 야외로 데리고 나와서 이러한 자연을 우선적으로 직접 경험할 수 있게 해 주는 것에 대해 자부심을 느낀다고 한다.

오슬로에는 차도 많고 교통량도 많다. 이에 오슬로에서는 차량을 통제하기 위한 시도를 많이 시행했고 주목할 만한 성과도 냈다. 오슬로는 도심을 지나가는 자동차에 요금을 부과하는 도심 진입 통행료 부과 제도를 도입한 최초의 도시들 중 하나에 속한다. 이 부과 제도로 생긴 수익의 상당 부분을 대중교통을 지원하는 데 사용한다.

컴팩트한 녹색 도시

컴팩트한 도시를 만들기 위해 오슬로가 오래전부터 기울인 노력은 인상적이다. 오슬로는 걷기 좋고 지속가능한 도시 환경을 만들기 위해, 그리고 도시의 많은 부분을 숲과 가까이 두기 위한 노력을 기울여왔다. 오슬로는 고밀도화를 이루려는 노력을 해왔고 그 노력은 성공적이었다. 수립된 정책에 따라 2000~2009년 사이에만 오슬로의 고밀도화는 약 11퍼센트 증가했으며, 이는 짧은 기간에 비하면 상당히 높은 증가율이다.

  도시를 작게 만들면 도시 성장에 필요한 토지가 많이 필요하지 않고 도시 경계에 있는 대단위 숲을 여러 가지 방법으로 보존할 수 있다. 오슬로 도시를 구성하는 토지의 3분의 2, 약 9천만 평이 숲이나 호수로 되어 있고, 따라서 오슬로시가 상당한 양의 자연을 직접 소유 및 관리하고 있다. 도시화된 구역 내부에도 약 20퍼센트가 녹지 및 대중에게 개방된 토지이기 때문에 도시 북쪽과 동쪽에 있는 대단위 숲과 도시는 아주 분명한 대조를 보이고 있다. 그리고 도시 숲 너머에는 더 넓은 자연이 있다.

  오슬로의 넓은 숲에서는 다양하고 풍부한 레크리에이션을 즐길 수 있다. 약 70곳의 입욕 호수가 있고, 낚시에 최적화된 약 100곳의 강과 호수가 있으며, 460킬로미터에 달하는 크로스컨트리 스키 코스가 있다. 이것이 가능했던 이유는 관련 계획을 수립할 때 이에 걸 맞는 원칙을 두었고, 도시가 기본적으로 대규모 숲들로 둘러싸여 있었기 때문이다. 그리고 숲의 경계선을 확정하는 것은 중요하다. 이는 경계선(도시와 숲의 경계선)을 넘은 구역은 보호되고 개발되어서는 안된다는 것을 나타낸다. 오슬로가 현재 수립한 '뮤니시플 마스터 플랜'에는 도시의 소형화를 강화하는 동시에 도시의 숲과 녹지를 강력하게 보호하는 내용이 들어있다. "숲과 빌딩 구역 사이의 경계선은 유지될 것이며, 피오르드, 녹지, 강, 하천도 보호될 것이다"(Oslo City Council, 2008, p. 48).

아케르셀바강의 교훈: 녹색을 향한 염원

오슬로는 인상적인 녹색 계획인 '그린 스트럭처 플랜'을 마련했다. 이 계획에서는 기존의 빼어난 녹지를 신중하고도 체계적으로 계속해서 유지하고, 도시 자연을 복원하고 더 잘 성장시키기 위한 미래 비전을 제시하고 있다. 이 계획에서는 이들 목표를 달성하기 위한 일련의 전략을 제시하고 있다. 앞에서 언급한 것처럼 첫 번째 전략은 '이어져 있는 공공 녹지망'을 개발하고, 시민들이 걷거나 자전거를 타고 공원끼리 이어져 있는 또 다른 녹지로 돌아다니게 만드는 것이다(Oslo Kommune, 2007). 녹지 계획에서는 한 종류의 공원이 아니라 세 가지 규모(대중소)의 공원을 도시의 여러 곳에 두어서 쉽게 접근할 수 있게 하는 것이 중요하며, 각 규모의 공원은 다른 종류의 경험과 기능을 제공할 수 있어야 한다고 주장했다. 결과는 대체로 괜찮았으며, 규모와 형태가 다른 세 종류의 공원에 확실하게 접근할 수 있는 방법도 강구되었다. 공원에 대한 접근 부족을 완화하기 위해 69개의 공원을 새로 만드는 계획이 제시되었다.

이 계획에는 도시를 지나 피오르드로 가는 8개의 주요 강을 원래대로 복원하는 안이 들어갔다. 오슬로의 그린 스트럭처 플랜에는 복개된 하천을 원래대로 되돌리고 자연 상태로 복원하는 내용이 있다. 이 계획은 대담한 비전이며, 이 비전에 따라 도시는 크게 진보했다. 도시의 중심을 따라 흐르는 아케르셀바강(Akerselva; 노르웨이어로 elva는 강을 의미한다)은 중세 시대에 핵심 수원지였으며, 그 이후에는 도시의 산업이 번성한 곳이기도 했다. 오늘날 아케르셀바강은 거의 완전하게 복구된 강의 전형이 되었으며, 이곳에 가면 주택가 옆으로 나 있는 자전거 도로, 산책로, 폭포, 강기슭을 볼 수 있다(그림 11.2 참고). 강이 어떤 때는 조용하고 고요하게 흐르지만 많은 곳에서는 빠르고 힘차게 흐른다. 그리고 여기 저기에서 예기치 않은 환상적인 폭포를 만날 수도 있다.

그림 11.2 노르웨이 오슬로의 아케르셀바강이 복구되었다. 오슬로라는 바이오필릭 시티에서 강은 흔히 볼 수 있는 자연으로, 시가 수립한 녹색 계획에서는 강을 복원하고, 복개천을 원래의 자연 상태로 되돌리고, 도시의 많은 숲을 피오르드로 연결하는 내용이 들어갔다. 예전에는 수력 산업이 발전했던 이곳이 지금은 환상적인 물의 경치를 보고, 강을 따라 산책로와 각종 공간을 즐길 수 있는 곳이 되었다(사진 제공: 저자).

강을 따라 나 있는 산책로와 통로가 한쪽에만 있지 않고 강 양쪽으로 있는 곳이 많이 있으며, 어떤 곳의 강 폭은 꽤 넓고, 가운데에 작은 섬이 있는 곳도 있다. 통로는 흙 길이 아닌 우아하게 다듬어진 돌로 되어 있다. 이곳에는 길을 따라 나 있는 인도교가 많이 있으며, 이 인도교를 통해서 다른 쪽에서 강을 건너면서 강을 만나는 경험을 할 수 있다. 도로의 수많은 지점에서 강이 교차하며, 가는 길이 끊기지 않게 하기 위한 보행자를 위한 지하도들이 있다. 강을 따라 개발도 많이 되어 있고 주택도 많이 들어서 있다. 그리고 큰 아파트 단지도 있는데, 이곳에 사는 사람들이 강에 바로 접근할 수 있게 되어 있다. 이러한 이유로 인해 오슬로의 이 녹색 요소가 제대로 돌아가고 있다. 오슬로의 자연은 멀리 떨어져 있지 않고 많은 시민들이 바로 접근할 수 있는 곳에 있다. 이에 많은 사람들이 걷고 뛰고 자전거를 타면서, 심지어 밤에도 안전하게 자연을 경험할 수 있다. 강을 따라 새로운 문화 편의시설로, 클럽, 극장, 아티스트의 스튜디오들이 들어서 있다. 이런 시설들이 들어서면서 인기와 매력이 더 높아지고 있으며, 걸어서 방문하는 사람들이 더 많아지고 있다.

공원과 열린 공간을 강 회랑으로 꾸미는 독창적인 방법에서 또 다른 설계를 배울 수 있는데, 햇볕이 좋은 일요일이면 이렇게 만들어진 강 회랑이 피크닉을 온 사람들로 가득찬다. 어떤 이들은 강아지를 데리고 산책을 하고 어떤 이들은 플라이 낚시를 즐긴다. 앉아서 강을 보거나 책을 읽을 수 있는 벤치와 자그마한 공간이 많이 있다. 몇 미터 떨어진 곳에서 강의 소리를 들을 수 있으며, 폭포 가까이에 가면 귀청이 터질 것 같은 소리를 들을 수도 있다. 강 아래로 나 있는 경사면을 따라 잔디로 덮힌 곳이 많이 있으며, 6월 어느 날 필자가 방문했을 때 그곳에는 노란색과 녹색의 화려한 꽃 장식이 펼쳐져 있었다. 정해진 경계를 따라 깔끔하게 잘라내는 관리 규정이 있어서 그런지, 이곳에 있는 종들이 잘 관리되고 있었으며 꽃밭의 아름다운 꽃들이 잘 자라고 있다는 느낌을 주기에 충분했다. 무슨 활동인지는 모르겠지만 여러 사람들이 모여서 집으로 가져갈 꽃다발을 모으거나 꽃을 가져오는 무리들을 여러 번 만났다. 최근에 오슬로에서는 알나강을 복원하기 위한 노력에 착수했으며, 다른 강들의 여러 곳을 이미 복원했다.

사람들을 이끄는 도시 산책로

오슬로의 자연을 이야기할 때 또 다른 중요한 특징으로 도시 전체에 망처럼 얽혀 있는 산책로를 빼놓을 수 없다. 오슬로 시민들은 이 산책로 망을 통해서 아케르셀바강과 다른 많은 녹지로 갈 수 있다. 오슬로는 시민들이 연결될 수 있는 수단을 매우 높은 수준으로 제공하고, 자동차 없이도 돌아다닐 수 있는 환경을 갖추고 있다. 산책로 시스템은 매우 인상적이다. 산책로는 계획되어 있는 곳까지 포함해서 약 365킬로미터에 이르는데, 1인당 기준으로 보면 전 세계에서 가장 긴 도시 산책로를 갖춘 도시에 속할 것이다(그림 11.3). 자연 속에 있는 산책로들에도 고속도로처럼 표지판이 잘 되어 있다. 글자와 숫자 조합(예: A2로 가세요)으로 되어 있어서 이를 보고 도시의 여러 자연 지역으로 편리하게 갈 수 있다. 예쁜 산책로 지도도 있어서 이를 보고 도시의 여러 구역으로 이동할 수 있다.

그림 11.3 오슬로에는 전 세계 도시 중에서 가장 방대한 산책로 망이 갖춰져 있다. 시민들은 이 산책로 망을 활용해서 걷거나 자전거를 타고 도시를 돌아다니거나 주변의 풍성한 많은 자연을 경험할 수 있다(사진 제공: 저자).

가장 환상적인 산책로 구간은 A12와 연결된 A4 구간이었다. 필자는 동쪽에서 접근했는데 정말 놀랐다. 하우스비스코겐 남쪽에서 라듐 병원으로 이어지는 이 구간은 매라달스벡켄강을 따라간다. 이 강을 따라 나 있는 깍아지른 듯한 야생의 자연을 보고 있으면 즐거운 놀라움에 빠져든다. 지나가다가 발걸음을 멈추고 빠르게 흐르는 물 소리를 듣게 되는 곳이다. 계속 이어지는 등산객들과 산악 자전거를 즐기는 사람들도 만날 수 있다. 북쪽에 산업화가 진행된 바이오필릭 시티의 경우 시민들을 자동차에서 내리게 해서 걷거나 자전거를 타게 하는 일은 주요 도전 과제이며, 이곳 오슬로는 다른 도시들보다는 상황이 더 좋다. 사람들이 자동차에 의존하면 자연 세계와 멀어지고 다른 사람과도 멀어지는 것이 일반적이다. 오슬로에도 자동차가 많이 있지만 자동차에 의존하는 영향을 낮추고 걷는 도시에 적합한 조건을 갖추기 위해 많은 단계를 밟았으며, 결과로 나온 수치는 괜찮았다. 통계에 따르면 오슬로 어린이들 중 85퍼센트가 통학 수단으로 도보, 자전거, 대중교통을 이용하는 것으로 나타났다. 미국의 전형적인 도시들에 비해 어린이들이 학교를 오갈 때 자동차를 사용하는 비율이 매우 낮다. 어린 시절의 이 경험에 따라 오슬로 어린이들은 일생 동안 걷기와 자전거 타기에 더 익숙할 것이며, 바이오필릭 시티가 어떤 조건을 갖춰야 하는지를 느끼게 된다.

워터프론트 및 바다로의 연결 강화

오슬로의 워터프론트를 성장시키기 위해 오슬로가 가지고 있는 고유하고 특별한 물 환경을 어떻게 이용할 수 있는지와 관련해서 새로운 생각이 나오고 있다는 점이 인상적이다. 오슬로라는 도시를 설계하고 계획을 수립하는 이들은 오슬로를 '피오르드 도시'라고 말하고 있으며, 오슬로의 특별한 수생 환경을 훼손하지 않고 수생 환경과 건물을 어떻게 연결할 것인지를 고민하고 있다. 워터프론트의 미래에 대한 원칙과 비전을 제시한 '피오르드 도시 플랜'이 마련되었으며, 여기에는 다소 흥미로운 개념이 적용되어 있다.

오슬로에서 수립한 최근의 기획 및 개발안에서는 물과의 연결을 강화하는 것에 주안점을 두고 있다. 오슬로는 워터프론트를 변형하고 주요 도로를 터널로 만들고 피오르드와 새로 연결하는 프로젝트를 장기 과제로 시작했다. 피오르드 도시 플랜에 이 비전이 들어가 있으며, 구체적으로 새로운 피오르드 도시 공원, 수변 구역의 새로운 활성화(예: 보트 타고 수영할 수 있는 공간 만들기), 항구 전체를 잇는 산책로, 물과의 시각적 연결을 확보하기 위한 신규 건물의 층고 제한 등이 들어 있다. 이 계획들 중 상당 수는 이미 진행되고 있다. 시각적으로 흥미롭게 설계된 수직 건물들(이곳에서는 이런 건물을 '바코드 빌딩'barcode building이라고 한다)과 해안가의 멋진 전망이 바로 인접해 있다.

  새로 진행되는 워터프론트 개발은 '항구 산보'와 연결될 것이다. 또한 도시를 걷는 이들은 도시의 양 끝에 있는 여러 곳의 자연 산책로로 갈 수 있다. 일부 워터프론트를 변형하는 작업이 수 년 동안 진행되어 왔으며, 얼마 전까지만 해도 오슬로 시청과 시청 앞의 바다 사이에 여러 개의 차도가 있었다. 지금은 대형 광장이 도시의 중앙부인 센트룸을 피오르드와 연결하고, 시민들과 방문자들을 광장 앞에 펼쳐져 있는 환상적인 물의 세계로 연결한다.

  오슬로 오페라 하우스의 최신의 뛰어난 디자인에서 가능성을 확인할 수 있다. 디자인 공모전에서 건축 회사인 스노헤타의 디자인이 선정되었으며, 디자인의 핵심 요소는 항구 및 내부 피오르드와의 연결을 향상시키는 것이다. 이 건물의 지붕은 화강암으로 되어 있으며 4,900평에 이르는 경사면 지붕이 피오르드 물과 이어져 있으며, 이는 크고 독특한 도시 광장 역할을 하고, 방문자들은 주변의 수중 세계를 실제로 접하고 만질 수 있다.

  도시 가까이에 더 큰 해양 영역이 있다. 오슬로 피오르드에는 약 40개의 섬이 있으며, 대부분의 섬에 일반인이 갈 수 있다. 오슬로는 근해와 해안선에 일반인들이 쉽게 접근할 수 있도록 하고 있다. 전 세계 많은 나라에서는 해안 주변에 대한 민영화 및 출입 금지를 매우 높은 수준으로 허용하고 있지만 오슬로는 그렇게 하고 있지 않다. 피오르드의 작은 섬들에도 쉽게 갈 수 있다. 여기에는 버스나 지하철 요금 수준의 정기 여객선 서비스가 기여하고 있다. 오슬로는 워터프론트 개발에 있어서 상당한 성공을 거두었고 국제적인 명성도 얻었다. 아케르 브리게 지구에는 사무실, 상점, 비교적 조밀한 주택이 혼재되어 있으며, 아담하면서 걷기 좋은 디자인을 갖추고 있다. 이곳에 사는 사람들은 물과 가까이 있을 수 있으며, 방문객들도 많이 찾고 있다. 1980년대 후반과 1990년대 초반에 만들어진 이 복합단지는 도시주의자들로부터 높이 평가되고 있다. 아케르 브리게는 시민들이 야외에서 편안하게 걸을 수 있도록 환경을 조성했으며, 이외에 다른 바이오필릭 특징을 많이 갖추고 있었다. 이곳에서 볼 수 있는 많은 대중 예술 작품은 바이오필릭 모양과 형태를 반영한다(예: 유명한 조개 껍데기 조각).

오슬로가 해양 도시인 것만은 분명하다. 단지 유람선과 항구와 다른 배들이 있어서 그런 것은 아니다. 오슬로에는 바다의 삶과 신화의 이미지가 도시 전반에 스며들어 있어서 흥미롭게 와 닿는다. 필자는 어느 날 한 거리에서 입구에 해마가 표지처럼 수직으로 고정되어 있는 건물에 도착했는데, 이곳은 1941년에 유명 건축가인 안드레아스 비에르케와 게오르그 엘리아센이 디자인한 건물인 라두스가텐 25였다. 가장 환상적인 장식품은 세로로 서 있는 아름다운 물고기 조각이었다. 오슬로를 걷다 보면 이런 특별한 광경을 자주 보게 된다. 오래된 건물이나 새로 지은 건물에서 인어, 물고기, 물이 있는 광경을 자주 보게 된다. 비에르케와 엘리아센이 지은 건물에 있는 물고기는 사람들에게 기쁨을 주었다. 이런 결과물이 정부의 정책에 의해 나온 것 같지는 않다. 오슬로에 있는 다양한 모양과 이미지와 자연적인 형태는 이미 녹색 도시의 반열에 올라가 있는 오슬로에서의 바이오필릭 경험을 향상시킨다. 오슬로의 새로운 녹색 계획은 도시와 지역의 녹색 인프라를 한층 더 강화하며, 도시를 지나가는 8개 주요 강에 대한 녹색 인프라 강화가 특히 더 많이 이루어지고 있다. 앞에서 언급한 것처럼 오슬로의 녹색 계획에서는 모든 강을 완전히 겉으로 드러내서 녹색 특징과 생태학적 특징을 복원하려는 대담한 목표를 두고 있다. 이들 강은 마르카, 즉 북쪽과 동쪽에 있는 숲들과 피오르드 물 사이의 역사적 생태학적 연결을 복원한다. 또한 도시에 있는 작은 녹지 공간과 공원들을 망처럼 연결한다.

오슬로에서의 차원이 다른 바이오필릭 생활

오슬로 옆에는 큰 숲이 있으며, 오슬로시는 책임성 및 지속가능성을 염두에 두고 그 숲을 관리하기 위한 조치들을 취하고 있다. 오슬로시는 이 숲을 ISO 14,001에 따라 관리하고 있으며, 어느 정도의 지속가능한 수확을 허용하면서 생태학적 기능을 보호하기 위해 특별히 '리빙 포레스트' 관리 표준 및 인증 표준을 적용하고 있다. 노르웨이 리빙 포레스트 관리 인증 시스템에서는 일련의 표준을 정하고 있다. 강기슭 서식지에 완충 지대를 확보하기 위해 일정한 수의 나무를 벌목하지 않고 남겨두어야 한다는 조항이 있다. 그리고 죽은 나무를 훼손해서 지형을 손상시키는 일도 제한하고 있다. 이런 일련의 조건들을 보면 오슬로라는 도시가 장기적으로 추구하는 관리 가치를 확인할 수 있다.

바이오필리아는 우리 생활 환경에서 느끼는 소리, 냄새, 맛, 신체 감각 등 여러 감각과 관련이 있다. 우리는 흔히 시각에만 집중하고, 우리가 있는 장소와 우리 주변에 있는 환경과 우리를 연결하는 데 있어서 시각 이외의 다른 감각이 얼마나 중요한 역할을 하는지 잊어버린다. 그리고 우리 주변에 널려 있는 자연에 들어 있는 감각과 경험을 전달하는 데 있어 이들 감각이 얼마나 큰 역할을 하는지도 잊고 산다. 우리가 어떤 장소에서 경치를 보고 있을 때 피부에 스치는 미풍, 소리, 냄새, 우리가 먹는 음식의 맛, 이 모든 것이 우리의 감각으로 입력되어서 그 장소에 대한 우리의 경험을 결정한다.

오슬로는 여러 가지 방법으로 소리에 집중하고 있는데, 소음을 제거하려는 노력을 하고 있다. '오슬로 소음 액션 플랜'은 소음 제거를 위해 도시 일부에서 14곳의 정숙 구역을 지정했으며, 이 정숙 구역의 소음 수준을 50데시벨 미만으로 정했다. "정숙 구역에서 레크리에이션, 야외 활동, 문화 활동을 할 수 있으며, 너무 높은 소음을 만들어서는 안된다"(Oslo City, n.d., p.38). 이들 정숙 구역의 약 절반이 도시의 강을 따라 지정되어 있다. 도시 인구의 꽤 많은 인구, 약 4분의 1이 높은 소음(주간 기준으로 55데시벨 이상)으로 고통받고 있으며, 주로 도로와 자동차에서 나는 소음 때문이다. 시에서 운전을 권장하지 않고 자동차 소음을 줄이는 여러 단계(예: 도로 노면을 정숙하게 설계, 겨울철에 쇠못이 박혀 있는 스터드 타이어 사용 금지)를 더 많이 추진할수록 시민들이 지금까지 듣기 어려웠던 바이오필릭 소리를 주변에서 듣게 될 가능성이 더 높아질 것이다.

오슬로에서 진행되고 있는 조치들은 좋아 보인다(유럽연합 지침에 일부 부합). 그러나 자연과 인간이 만들어내는 긍정적인 음악적 파노라마를 더 잘 이해하고 즐기기 위해서 더 많은 조치가 쉼 없이 취해져야 한다. 단순히 부정적이거나 유해한 것을 피하는 것에 머무르지 않고 도시와 해당 지역에서 만들어지는 감각적인 소리를 적극적으로 다시 불러일으켜야 한다. 그렇게 하면 마음 깊숙이 들어 있던 추억과 기억이 일깨워질 것이며, 그 소리들을 듣는 사람들도 큰 즐거움을 경험할 것이다.

정숙 구역이 공원일 수 있다. 그렇지만 도시의 다른 장소로 정숙 구역이 확대될 수 있으며, 자동차 소음을 줄임으로써 시민들은 바이오필릭 소리와 건강에 도움이 되는 소리를 더 많이 들을 수 있다. 게다가 오슬로에는 자연의 소리를 확실하게 들을 수 있는 곳이 많이 있다. 가령, 아케르셀바강을 따라 가다 보면 폭포 소리와 빠르게 흘러가는 물소리를 들을 수 있다. 도시를 지나 피오르드로 흘러가는 8개의 강을 완전히 복원하면 지금까지 느껴보지 못한 새로운 음악적 파노라마를 즐길 수 있을 것이다.

바이오필릭 오슬로가 지향하는 미래의 방향

오슬로는 전체적으로 이미 매우 높은 수준의 바이오필릭 시티이며, 이는 의심할 여지가 없는 사실이다. 숲을 보호하고 야생 자연, 특히 숲과 해안선과 물을 아주 가까이에 두고 접근할 수 있게 한 것에 대해 강한 자부심을 가지기에 부족함이 없다. 오슬로시는 이와 관련된 모토로 '푸른색과 녹색, 그리고 그 사이의 도시'를 내세우고 있으며, 이를 제대로 실현하고 있다. 그리고 미래에 이룰 매우 야심한 목표도 몇 가지 설정했는데, 눈에 띌 만한 내용으로 도시를 지나가는 7개의 강이 지상으로(이 글을 쓸 당시 7개 강이 지하의 배수관을 통해 흐르고 있다) 흐르게 복원하는 계획이 있었다. 이것은 상상에서나 일어날 수 있는 대담한 계획이지만 실현된다면 많은 변화를 몰고 올 것이다. 또한 그곳에 살고 있는 사람들의 삶의 질을 향상시키기 위한 다른 어떤 전략보다 더 많은 잠재성을 지니고 있으며, 바이오필릭 시민을 한층 더 성장시키고 키우는 데 도움이 될 것이다. 또한 다른 도시들의 모범 사례가 될 것이다.

녹색 도시인 오슬로에 바이오필릭 요소를 더하고 바이오필릭 특성을 더 강화할 수 있는 방법들이 여전히 많이 있다. 도시에서 아주 오래 되었으면서 인구 밀도가 가장 높은 곳에서 자연적 특성을 향상시키고 복원하는 것이 숙제로 남게 될 것이다. 이를 성공시키려면 일반적으로 사용되고 있지 않은 독창적인 바이오필릭 디자인 기법과 아이디어가 많이 요구된다(예: 수직 정원과 녹색 벽). 번화한 도심에서 추진할 수 있는 것들이 많이 있는데, 도시 나무, 옥상 정원, 조류 친화적인 건물은 일부에 불과하다. 도시화된 곳에 풍요로운 도시라는 이미지까지 부여하고, 식량 생산까지 할 수 있게 만드는 것이 그 다음으로 도전해야 할 일이다. 또한 공공 장소에 과실수를 심고, 발코니 정원을 장려하고, 도시의 자투리 공간을 지역사회에서 가꾸는 정원으로 개조하는 일도 추진할 수 있을 것이다.

최근 몇 달 동안 오슬로는 전 세계 환경 뉴스에 등장했는데, 도시 전역에 꿀벌을 위한 '꽃가루 이동 고속도로'를 만들었기 때문이다. 기본 아이디어는 24미터마다 꿀벌을 위한 '급식소'를 두는 것인데, 이를 위해 꿀벌과 꽃가루를 나르는 다른 매개체가 쉴 수 있는 초목을 심었다. 이 프로젝트를 주도한 곳은 비영리 조직인 '뷰비'ByBi=bee town였다(Hickman 2015). 급식소 위치와 새로운 식목이 필요한 곳을 알고 싶으면 http://www.pollinatorpassasjen.no/intro 을 방문한다. 이곳에 온라인 지도가 있다.

오슬로에는 다른 도시들이 배울 수 있는 것이 많이 있다. 가장 중요하게 배울 수 있는 교훈은 지속가능한 도시 형태의 기본 요소(편리한 대중교통; 대중교통 주변의 인구 밀도 증가)에 관련된 작업을 진행해야 하고(이 작업은 사실 필수적이다), 그와 동시에 도시의 다양한 자연 인프라와 야생 세계를 복원하고 성장시키기 위한 투자가 진행되어야 한다는 것이다. 오슬로라는 도시에는 야생성이 접목되었으며, 이는 오슬로라는 도시에 사는 사람들의 삶의 질을 크게 향상시켰다.

12장

스페인 비토리아
·
압축 도시의 자연

칼라 존스

자연 도시

2012 유럽 녹색 수도인 스페인의 비토리아는 아름답고 자연이 풍부한 도시다. 비토리아는 스페인 북부 바스크주의 주도이며, 도시의 기원은 1181년까지 거슬러 올라간다. 비토리아는 24만명 정도의 인구와 280제곱킬로미터의 면적에, 꽤 압축된 도시로 동심형으로 개발되었다. 1인당 약 8평으로 주민 당 가장 넓은 녹지 공간을 자랑하는 도시들 중 한 곳이기도 하다(2012-Vitoria, Gasteiz 2012). 이러한 압축성과 지역의 지리적 특징으로 인해 시민들은 도시 식수원인 시골 지역이나 산악 지방과 연결되어 있다는 느낌을 받고 있다.

바이오필릭 성공

비토리아는 1980년대에 인구가 급격히 증가하면서 도시가 불규칙하게 발전하기 시작했고 빗물 관리 문제에 직면하면서 바이오필릭 시티로의 변모를 꾀하기 시작했다. 이와 관련된 노력의 시작은 호세 엔젤 쿠에르다 시장이 CEACenter for Environmental Studies를 만들어서 해당 지역에서 발생한 환경 이슈에 대한 연구와 교육을 진행하면서부터였다.

1980년대 이후 비토리아에서는 많은 발전이 이루어졌다. 넓은 공원들이 만들어졌고 도시 외부 및 내부에 그린벨트가 지정되었다. 이렇게 해서 시민들은 자연과 일상적으로 연결되었다. 시민들을 자연과 연결하는 일이 어렵지는 않았다. 왜냐하면 대다수의 비토리아 시민들은 걷기를 좋아하기 때문이다. 비토리아의 생물다양성 지수는 주변 지역에서 가장 높은 수준이므로 도시의 귀중한 자원과 편의시설을 보호하는 일은 중요하다. 사실 스페인에서 멸종 위기에 처한 척추 동물 종 중 3분의 1이 비토리아 주변 지역에서 발견되고 있다(Orive and Dios Lema 2012).

바이오필릭 도전 과제

비토리아가 성공한 이유 중 상당 부분은 도시의 고유한 지리적 환경과 문제를 해결하기 위한 노력 덕분이다. 넓은 그린벨트 시스템을 포함해서 많은 이니셔티브들은 넘쳐나는 빗물을 해결하고 정화하기 위한 전략으로서 시작되었다. 비토리아의 많은 하천들이 하수 시스템에 의해 오염되었었다. 1990년대에 비토리아의 주요 강 중 하나인 자도라강River Zadorra이 수로와 연결되고, 이로 인해 빗물 문제가 심화되었다. 이후 자도라강이 복원되었고 지금은 유럽생태네트워크 2000에서 지역 사회의 중요성을 보여주기 되어 있다. 비토리아는 지난 몇 년 동안 많은 개발 압력에 직면했었다. 그러나 시민들과 자연 세계가 강하게 연계되어 있음으로 인해 도시의 자연이 이 정도로 많이 유지될 수 있었다. 이와 같은 열렬한 시민 운동은 비토리아가 내세울 수 있는 고유한 특징이며, 이를 기반으로 도시 자연이 보존 및 향상되고 있다(Orive and Dios Lema 2012).

도시의 녹색 인프라

도시의 녹색 인프라는 비토리아가 우선적으로 추진하는 것이다. 여러 가지 목표를 염두에 두고 있는데, 공기 질 개선, 열섬 영향 감소, 대기 오염 개선, 생물다양성 증가, 농업 증진, 시민들의 육체 및 정신 건강 개선 등이 있다. 비토리아의 녹색 인프라 계획의 목표는 도시의 투과성을 최대한 확보하는 것이다. 도시 주변에는 많은 그린벨트가 있는데, 내부 그린벨트, 도시근교 그린벨트, 농업벨트, 업랜드 링이 있다(Orive and Dios Lema 2012). 계획상으로는 생태 통로 역할을 하는 방사형 축으로 모든 그린벨트를 연결하는 것이다(그림 12.1 참고).

그림 12.1 스페인 바스크주의 주도인 비토리아 가스테리스에서 새로운 녹색 개념을 적용했으며, 그에 따라 도시를 원으로 두르는 녹색 링을 만들었다. 이 개념에 따라 도시 내부에 녹색 링을 개발했고, 도시의 중심부에 자연을 끌어들였다(사진 제공: 비토리아 가스테리스).

그린벨트

비토리아의 그린벨트 시스템은 인상적이며 국제적으로도 주목을 받고 있다. 2000년에 유엔은 세계 100대 프로젝트 중 하나로 비토리아의 그린벨트 프로젝트를 선정했다. 그렇게 될 수밖에 없었던 것은 그 프로젝트로 인해 시민들이 생물다양성을 알게 되었기 때문이다. 도시에 그린벨트를 만드는 일이 새로운 개념은 아니다. 이 아이디어는 에버니저 하워드가 1800년대 후반에 처음 제안했지만 그 이후로 도시에서 그린벨트를 사용하는 방법은 많이 바뀌었다. 비토리아는 35킬로미터에 달하는 인상적인 그린벨트 망을 갖추고 있으며, 계획대로 진행된다면 3천만 평에 달할 것이다. 비토리아시는 도시의 주변부를 복원하고 그곳을 공공화하고 지역사회에서 활용할 수 있도록 했다.

외부 그린벨트

1990년대에 도시 주변 지역은 파괴되고 버려진 상태였으며, 이에 도시 외부에 그린벨트를 조성하려는 노력이 시작되었다(Orive and Dios Lema 2012). 자연 구역을 원래의 생태 가치를 가지도록 복원하고, 매립지 같이 열악한 구역도 다시 돌아보고자 했다. 이렇게 열악한 구역을 집중해서 개선하고 저평가된 생태 지역의 질을 높이기 위해 도시는 어떻게 해야 하는가? 비토리아시는 '외부 그린벨트'라고 알려진 대규모 프로젝트를 통해 도시의 모든 주변 지역을 연결하기로 결정했다.

외부 그린벨트는 2003년에 승인되었으며, 5개의 대규모 교외 공원(살부루아, 자발가나, 아르멘티아, 올라리주, 리우자도라)으로 구성되며, 도심 주변에는 레크리에이션 구역도 만들기로 했다.

2012년에 '루츠 오브 투모로우' 프로젝트를 시작했으며, 이 프로젝트에서는 3년 동안 25만 그루의 나무와 관목을 심기로 했다. 2014년 말경 129,133그루의 나무와 관목을 심었다. 이 프로젝트가 가능했던 주된 동력은 13개 회사가 협약을 맺었기 때문이다. 현재 이 프로젝트는 '그린벨트 프로텍터' 프로그램의 일환으로 계속 진행 중에 있다. 비토리아는 이 프로젝트로 두바이 인터내셔널 어워드 생활 환경 개선 베스트 프렉티스 부문에서 수상을 했다(Luis Lobo, e-mail, December 15, 2014).

종합적인 과정을 통해서 현재 약 20만 평의 외부 그린벨트가 조성되었다(Luis Lobo, e-mail, December 15, 2014). 다시 조성해야 할 외부 그린벨트가 일부 남아 있지만 외부 그린 벨트는 도시의 놀라운 자원으로, 생물다양성을 증가시켰고, 빗물 관리를 개선시켰고, 환경 교육 촉진에 도움을 주었고, 도시의 미래 성장을 억제했다(박스 12.1 참고)

> **박스 12.1 살부루아 습지**
>
> 외부 그린벨트에서 가장 성공적인 스토리들 중 하나가 살부루아 습지를 복원한 것이다. 이 습지는 광대한 그린벨트와 공원 시스템의 일부이며, 생물다양성, 특히 조류에게 중요한 장소이다. 한때 농사를 짓던 이 구역은 도시를 홍수에서 보호하기 위해 자도라강을 우회시키는 과정에서 1998년 자연 상태로 복원되었다. 이로 인해 몇 가지 이점이 생겼는데, 대표적으로 지역에서 멸종 위기에 내몰렸던 종과 야생 동물이 다시 돌아왔다. 이 놀라운 자연은 도심에서 자전거로 불과 15분 거리에 있다. – 칼라 존스

내부 그린벨트

외부 그린벨트 시스템이 크게 성공하자 자비에르 모라토 시장은 그린벨트를 도시 내부로 확대하는 플랫폼을 운영했다(박스 12.2 참고). 도심에 그린 그리드를 개발해서 내부 그린벨트를 만들 계획이다(Luis Lobo, e-mail, December 15, 2014).

박스 12.2 그린벨트 내부 설계 국제 워크샵

2012년 여름, 시에서는 그린벨트 내부의 네 개의 통로에 대한 브레인스토밍을 하고 창조적인 아이디어를 고안하기 위해 전 세계의 학생들을 초대하였다. 학생들은 현재 통로의 개선점을 관찰하고 도시 내의 녹지를 증가시키기 위한 측면에서 여러 디자인을 진행하였다. 버지니아대학교에서 온 홀리 핸드릭이 속한 팀은 동쪽 통로 설계에 집중하였는데 그가 말하기를 "동쪽의 축은 지역의 수문학에 기회를 제공하는데, 남쪽의 산에 위치한 우수 시스템에서 물이 흘러나와 도시를 관통하는 수로로 이어지며 북쪽 지역에 위치한 자도라강까지 이어진다. 이러한 지형 조건으로 인해 이 고리의 축은 공공 장소의 일부로서, 생태 수로와 저수지 같은 우수 관리 인프라를 통합하기 위한 최적의 여건이 되었다. 농업적 관점에서의 디자인도 제안되었는데 도심 내 정원 내부와 도시 외곽 지역의 농업을 연결하였다. 동쪽 축은 도시 가장자리와 함께 이중 통로로 간주되는데 제안된 고리, 평행의 보행 동선, 과거의 철도 노선에 따라 있는 자전거 통로, 차분하게 축을 따르는 구불구불한 여정에 따라 도시 가장자리에 닿을 수 있게 하였다." 최종 선정된 제안에는 높은 지대에 위치한 공원과 전망대가 포함되었는데, 이는 거주자에게 도시와 연결되어 있다는 느낌을 갖게 한다.   - 칼라 존스 내부 그린벨트는 시범 단계이며, 핵심 도로들 중 하나인 가스테이스 애비뉴에서 첫 번째 프로젝트가 진행되고 있다. 이 거리는 눈에 잘 띄고 통행량이 매우 많은 구역으로, 대형 문화 센터들이 많이 있다. 여기서 진행되는 시범 프로젝트에서는 자동차 공간을 줄이고 자연에 더 많은 공간을 주어서 생물다양성을 개선하고 빗물 관리를 지원할 것이다. 이 프로젝트의 다음 단계는 또 다른 주요 거리를 리모델링하는 것이며, 현재 설계 초안을 만드는 중이다.

공원 시스템

비토리아 시민들은 도시 전역에 있는 공원과 녹지로 된 산책로에서 걷는 것을 즐긴다. 도시 전체 여행의 50퍼센트가 도보로 진행된다. 비토리아는 모든 시민이 주거 공간에서 300미터 거리에 하나의 공원을 가지고 도시 거리에 13만 그루의 나무를 심기 위해 부단한 노력을 기울여왔다. 모든 공원은 도시 산책로와 연결되어 있다. 이렇게 모두 연결되어 있기 때문에 걷기와 자전거 타기가 활성화되어 있으며, 시민들은 주변에 있는 자연을 쉽게 경험할 수 있다.

비토리아시의 도시 구역 33퍼센트가 시나 국가가 운영하는 공원이다. 현재 도시 전역에는 3개의 공공 커뮤니티 마켓 정원이 분산 운영되고 있다. 이들 공공 커뮤니티 마켓 정원은 각기 다른 것에 초점을 맞추고 있으며, 특정 그룹과 노인들이 그곳을 이용할 수 있도록 하고 있다. 도시 북쪽에 있는 정원을 '우라테 마켓 가든'이라 한다. 도시 남쪽에 있는 정원은 가장 오래된 곳으로, '올라리주 마켓 가든'으로 불린다. 가장 최근에 개발된 것은 도시 서쪽의 자발가나에 자리잡고 있다.

시민과 자연을 연결하기

비토리아 시민들이 자부심을 갖는 원천은 CEA이다. 호세 엔젤 쿠에르다 시장이 1980년대에 CEA를 만들었다. CEA의 목표는 지역의 환경 이슈를 시민들에게 교육하고 관련 연구를 수행하는 것이다. 이는 그린벨트 구현 프로젝트의 일환으로 시작되었으며, 경제개발부에서 부분적으로 관여했다. 고용이 불안정하거나 고용이 되지 않은 사람들이 많이 있었기 때문에 경제개발부는 CEA라는 자치 단체를 만들기 위해 시장의 지원과 승인을 받았다. CEA는 시의 산하 조직이기는 하지만 독립적으로 운영된다. CEA가 가진 독립성으로 인해 환경을 옹호하고 보호하는 기관이 될 수 있었으며, 이에 CEA는 유리한 위치에서 일을 할 수 있었다. CEA가 전시회를 주관하였고(2013년에 9회 주관, 12,500명 이상 참석), 주요 행사를 진행하였으며(예: 생물학적 농업 무역 박람회와 세계 조류의 날), 교육 컨퍼런스와 워크숍을 치루었다(주제는 양봉부터 시작해서 자연 사진까지 다양했다). CEA의 이러한 활동으로 인해 시는 기본적인 수준의 '생태 문해력'ecoliteracy을 갖춘 도시가 되었다. 이외에, 비토리아시에서는 모든 연령대를 염두에 두고 행사를 진행한다.

시민들이 여러 가지 방법으로 자연과 교류할 수 있도록 하는 프로젝트들이 다양하게 있다. 올라리주 보태니컬 가든은 최근에 완공되었으며, 유럽의 여러 숲을 대표한다. 이곳은 처음에 노인을 위한 정원으로 만들어졌었다. 할당된 땅을 자유롭게 사용할 수 있지만 사용 전에 소정의 교육을 받아야 한다. 정원은 대중에게 개방되어 있으며, 주된 관리를 노인들이 맡아서 하고 있다. 관리를 맡은 사람이 땅에 무엇을 심을지를 결정한다. 그리고 장애가 있는 사람들도 참여할 수 있도록 하고 있다.

또한 올라리주 보태니컬 가든에는 종자 은행이 있으며, 2010년 이후 19종의 멸종 위기종을 보존해 오고 있다. 이는 이 지방에서 멸종할 위기에 직면한 식물군의 45퍼센트에 해당하는 수치다. 2011년에는 28년 동안 없어진 것으로 보고된 긴잎갈퀴 개체군을 다시 찾고 복원하는 데 조력했다. 또한 '오픈레드백' 프로젝트에 참여해서 식물 유전자 자원의 데이터 포털을 만드는 일에 일조하고 있다.

이것은 큰 영향을 미칠 수 있는 대형 프로젝트이다. 이 프로젝트는 매우 인터랙티브하며 놀라울 정도의 성공을 거두었다. 관심 있는 사람들이 자기 주변에 있는 풍성한 자연을 파악하는 데 도움을 주는 교육 자료가 많이 있다. 또한 이들 자료를 온라인에서 사용할 수 있다. 이 프로젝트는 바스크 정부로부터 투자를 받았다.

2000년에 설립되어서 약 40개의 그룹으로 구성된 환경 부문 협의회는 강력한 시민 네트워크로 성장했다. 비토리아에는 '시민 과학 참여 프로그램'에서 활동하는 시민 과학자가 많이 있다. 지금까지 네 개의 시민 보호 프로젝트가 시작되었으며, 그린벨트/생물다양성 추진단 및 환경 공공 장소 관리부와의 협력으로 진행되었다. 약 50명의 주민들이 이들 프로젝트에 참여했으며, 대상 프로젝트로는 도시 조류 보호 프로젝트, 잠자리 보호 프로젝트, 그린벨트 난초 보호 프로젝트, 비토리아시 난초 보호 프로젝트가 있다. 참가자들 중 85퍼센트 이상은 프로그램에 정기적으로 참석하고 있다. 이들 프로젝트에서 가장 주안점을 두고 있는 것은 미래에 이루어질 노력과 비교할 기본 데이터를 모으는 것이다. 가령, 그린벨트 난초 보호 프로젝트는 43종의 난초를 파악했는데, 36개의 종과 아종, 7개의 잡종을 확인했다. 이는 비토리아에 있는 난초 종의 69퍼센트가 그린벨트 안에 있다는 사실을 보여준다(Luis Lobo, e-mail, December 15, 2014).

생물다양성 보존을 위한 지역 전략

비토리아시는 생물다양성을 높이기 위해 긴급한 조치들이 필요하다는 점에 공감하고 있다. 이에 맞는 행동을 취하기 위해 시는 액션 플랜 오브 아젠다 21 2010~2014에 생물다양성을 포함시켰다. 이 계획은 생물다양성 보존을 넘어서는 목표를 제시하고 있으며, 주요 내용은 다음과 같다. "10년 안에 생물다양성이 상실되는 것을 막고 서식지와 종의 상태를 보존해야 하고, 사회 전반에서 이것의 가치와 기능 인식을 증진시켜야 한다"(Luis Lobo, e-mail, December 15, 2014).

전략 문서에서는 대상 장소를 몇 곳 지정하고, 각 장소에서 취약한 생물다양성 부분을 분석하고, 취약한 부분을 보완하고 목적을 달성할 수 있는 조치들을 제안하고 있다. 또한 전략 문서에서는 문서에서 제시한 전략을 수행했을 때 지역 생태계에 미치는 영향을 평가하는 방법도 제시하고 있다. 이 전략은 2015년 2월 13일에 승인되었다.

유럽에서 멸종 위기에 처한 족제비과인 유럽 밍크(학명: Mustela lutreola)를 보호하기 위한 특별한 노력이 있었다. 루트롤라 라이프 프로젝트는 유럽 밍크가 멸종되는 것을 막기 위해 시작되었다. 이를 위해 가장 큰 포식자인 아메리카 밍크(학명: Neovision vison)를 완전히 없애고, 사육된 유럽밍크를 풀어서 개체 수를 증가시켰다. 또한 이 프로젝트에는 유럽 밍크가 직면한 위험을 대중에게 알리기 위한 교육도 포함되어 있는데, 이를 위해 대중 홍보 및 인식 개선 이벤트를 진행했다.

결론

비토리아는 한 도시가 자연을 위한 계획을 어떻게 세우고 시민과 도시 자연 사이의 연결을 어떻게 발전시키는지를 보여주는 뛰어난 사례이다. 시의 8퍼센트에 이르는 땅이 생태학적 가치에 맞게 보호되고 있으며, 시민들이 시의 생태적 자원을 적극적으로 지지하고 있기 때문에 비토리아는 전 세계의 압축 도시들에게 많은 교훈을 주는 것이 당연해 보인다. 일관된 계획과 추후에 이어지는 사정과 평가는 인간과 도시 자연 사이의 관계를 견고하게 강화하는 데 중요한 요인으로 작용했다. 시민들이 좋아하는 문화를 이용하고 특정 장소를 기념하는 프로그램을 만드는 전략은 비토리아가 바이오필릭 시티로 성공하는 데 큰 영향을 미쳤다.

3부
전 세계의 혁신적인 사례와 프로젝트

3부에서는 짧은 사례 연구들을 제시한다. 이들 사례 연구는 미국과 세계 전역에서 이루어진 혁신적인 바이오필릭 프로젝트와 계획 수립 노력을 간략하게 설명한다. 이들 사례는 바이오필릭 프로젝트 전반을 종합적으로 보여주기 보다는 정보를 주고 영감을 주기 위한 의도로 선별되었으며, 주목할 만한 노력만 집중적으로 요약되어 있다. 프로젝트들 선정할 때 지리적 다양성을 고려했고, 바이오필릭 설계와 계획 원칙이 도시에 어떻게 응용될 수 있는지를 다양하게 보여줄 수 있는지를 고려했다.

지면 관계상 3부에서 미처 다루지 못했지만 현재 진행 중이거나 완료된 독창적이고 혁신적인 프로젝트들이 매우 많이 있다. 또한 우리가 미처 알지 못하는 프로젝트와 이니셔티브도 분명히 많이 있을 것이다. 그런 것이 있다면 독자 여러분들이 도와 주기 바란다. 이 책의 다음 개정판이 나올 때 싣도록 하겠다. 또한 바이오필릭 시티 네트워크 웹 사이트에 올려서 모두 알 수 있도록 하겠다.

I

바이오필릭 계획과 법규

캐나다 온타리오주 토론토: 녹색 지붕 조례

녹색 지붕 강제 규정

칼라 존스

토론토는 녹색 지붕 정책을 이끄는 도시들 중 하나이다. 2009년에 토론토는 세계 최초로 녹색 지붕 조례를 제정한 도시가 되었다. COTA_{City of Toronto Act}는 녹색 지붕 건설을 요구하고 통제하는 조례를 통과시킬 권한을 시의회에 부여했다.

이 조례의 적용 대상은 새로 진행되는 상업 개발, 기관 개발, 주거 개발이었다. 6층 이상의 다세대 주택, 학교, 비영리 주택, 상업용 및 산업용 건물의 지붕에는 50퍼센트 이상의 녹지가 있어야 한다. 토론토시의 환경 계획 담당관인 샤이나 스토트에 따르면 기존 건물 소유주처럼 조례의 강제 적용을 받지 않는 이들에게는 에코 루프 인센티브 프로그램을 통해 재정 인센티브를 준다고 한다. 이러한 인센티브 프로그램에 따라 토론토시는 시에서 세운 기후 변화 액션 플랜의 목표를 충족시켜 나가고 있다.

토론토의 녹색 지붕 전략은 다음 네 개의 주요 요소로 이루어져 있다.

- 도시 건물에 녹색 지붕 설치
- 녹색 지붕 건축을 장려하기 위해 인센티브 프로그램 시범 운영
- 녹색 지붕을 권장하기 위해 개발 승인 프로세스 활용
- 홍보 및 교육

환경 측면에서 녹색 지붕에는 많은 이점이 있다. 빗물을 흡수하고, 에너지 효율성을 높이고, 공기를 정화하고, 도시 미관을 좋게 한다. 녹색 지붕의 여러

특징 중 가장 흥미로운 점은 잠재적으로 생물다양성을 높일 수 있다는 것이다. 토론토시의 녹색 지붕 조례에서 추구하는 목표들 중 하나는 도시에 있는 자연 서식지들 사이의 연결을 좋게 만드는 것이다.

스토트는 토론토의 녹색 지붕 조례가 지금까지 성공할 수 있었던 이유를 조례 표준이 매우 확실하고 모든 이들의 요구를 충족시킬 수 있도록 설계되었기 때문이라고 믿고 있다. 이런 조례의 제정에 관심이 있는 다른 도시들에 대한 조언을 요청했을 때 그녀는 실제 비용과 이익을 명확히 세울 수 있는 확실한 연구부터 시작할 것을 권고했다. 정책에 예외가 필요한 부분이 어디인지를 이해하기 위해 그녀의 조언은 중요하다. 또한 그녀는 자발적인 방법으로 시작되게 만들라고 권고한다. 마지막으로, 일반 시민을 교육할 자원을 충분히 확보해야 한다는 점도 권고하고 있다.

캐나다 브리티시컬럼비아주 밴쿠버: 그리니스트 시티 액션 플랜
'세계 최고의 녹색 도시'가 되기 위한 여정

팀 비틀리

밴쿠버는 녹색 인증과 진보적인 계획으로 유명한 도시로, 산과 물로 된 수려한 자연 경관 속에서 압축적이고 수직적으로 성장하려는 노력을 기울였다. 밴쿠버가 기울이는 노력들 중 가장 최근에 선언한 것은 2020년까지 '세계 최고의 녹색 도시'가 되는 것이다. 이는 그레고어 로버트슨 시장이 시작한 것으로 비전의 구체적인 실행은 그리니스트 시티 액션 플랜을 통해 진행되고 있다. 이 액션 플랜에서는 원대한 대상을 정하고, 기준선을 세우고, 기후 변화,

물, 수송, 식량 등 10개 영역에 대한 구체적인 행동 계획을 수립했다.

액션 목표 6은 '자연 접근성'이며, 세부 목표는 다음과 같다. (1) 2020년까지 밴쿠버의 모든 시민의 주거지 5분 거리에 공원, 산책로, 기타 녹지를 조성한다, (2) 2020년까지 15만 그루의 나무를 새로 심는다(City of Vancouver, 2010).

이 비전을 뒷받침하기 위해 2012년 4월에 그리니스트 시티 펀드가 만들어졌으며, 이 펀드의 기금은 밴쿠버시와 밴쿠버 재단에서 제공되었다. 4년 계획으로 진행된 펀딩 중 첫 해에 약 50만 달러가 배정되었다. 약 150개의 프로젝트를 지원했으며, 그중 상당수는 청소년을 위한 오리엔테이션이었다. 이외에 많은 펀딩이 지역에서 진행되는 다양한 녹화 프로젝트의 지원에 사용되었다(City of Vancouver, 2012).

또한 밴쿠버는 코요테와 공존하기 위한 노력을 기울이고 있으며, 이 프로젝트에는 SPESStanley Park Ecology Society가 주도적으로 참여하고 있다. 이와 관련해서 코요테와 공존하기 위해 주민들이 어떻게 해야 하는지를 교육하고 조언을 하고 있다(예: 애완동물을 안전하게 지키기 위해 코요테에게 신고식 치르기). 효과적인 공존을 위한 주요 방법 중 하나는 코요테가 인간을 계속 두려워하도록 환경을 조성하는 것이다. 한 가지 방법은 소음을 내는 것이다. 구체적으로 소다캔 안에 동전을 넣은 '코요테 쉐이커' 제작 방법을 설명한 지침서를 인터넷에 올려놓았다(Stanley Park Ecology Society n.d.[a]). 이외에도 공존을 위한 여러 가지 프로그램이 있다. 학생들에게 코요테 관련 내용을 교육하는 프로그램(이를 위해 코요테와의 공존과 관련된 교사 자료가 준비되어 있음)이 있고, 코요테가 목격된 곳을 표시한 지도를 만드는 프로그램도 있다(Stanley Park Ecology Society n.d.[b] 참고).

생분해가 되는 카드를 조지아 해협에 떨어뜨린다. 기름 유출이 얼마나 빨리 퍼지는지를 시민들에게 알리기 위한 행사다(사진 제공: 조지아 해협 연맹).

시민들 주변에 있는 자연과 시민들을 연결하고 인식을 높이기 위해 인상적인 활동을 하는 NGO들이 여럿 있다. 밴쿠버는 항구 도시로 조지아 해협에 위치하고 있으며, 조지아 해협은 태평양과 연결되어 있는 세일리시해에 속해 있다. 밴쿠버와 주변에는 경이로운 해양 생물이 많이 있으며, 대표적으로 범고래가 있다. 밴쿠버에 본부를 두고 있는 조지아 해협 연맹은 다양한 해양 보호 및 교육 계획을 진행하고 있는 NGO(범고래를 심볼로 사용하고 있음)이다. 이 NGO에서 진행하고 있는 '워터프론트 계획'에서는 도시의 워터프론트 설계와 관련된 새로운 아이디어를 구상하고 있으며, 깨끗한 선착장을 유지하기 위한 프로그램을 운영하고 있으며, 매년 진행하는 행사인 '물가의 날'에서는 가까운 해양 자연으로 시민들을 초청하는 일도 추진하고 있다. 가장 창의적인 계획들 중 하나로 해류 카드를 바다에 던지고 시민들이 카드를 찾고 카드가 발견된 곳을 온라인으로 등록하는 것이 있다(위 사진 참고). 이 행사의 목적은 두 가지이다. 하나는 기름 유출이 조지아 해협을 얼마나 빨리 오염시킬 수 있는지를 알게 하는 것이고, 다른 하나는 환경 위협에 대한 시민들의 의식을 고취시키는 것이다.

II

시민 과학 및 지역사회 참여

뉴욕주 뉴욕시: 도시 공원에서의 캠핑

도시 하늘 아래에서의 야영

브리아나 버그스트롬

  우뚝 솟은 초고층 빌딩과 북적거리는 거리의 생활로 가득 찬 뉴욕시가 야생 생물을 관찰하고, 야간 하이킹을 즐기고, 별빛을 바라보며 잠을 자기에 가장 이상적인 환경을 갖춘 곳은 아니다. 그러나 미국에서 인구 밀도가 가장 높은 도시인 뉴욕시에는 3천 5백만 평이 넘는 공원이 있다. 여기에는 51개의 자연 보호구역, 965킬로미터에 이르는 해안선, 5개 자치구 모두를 잇는 방대한 하이킹 트레일 망이 포함된다. 사실, 가장 놀라운 것은 도시를 벗어나지 않고도 1박 캠핑, 더 적절하게 표현하면 도시 캠핑이 가능하다는 것이다.

  뉴욕시 공원 관리소의 도시 공원 순찰대는 지난 30여년 동안 도시 캠핑을 할 수 있는 기회를 제공해 왔으며 수천 명의 뉴욕 시민이 대자연을 체험할 수 있도록 도와주었다(Urban Park Rangers n.d.). 도시 공원 순찰대는 환경 교육부터 야외 레크리에이션과 야생 동물 관리 및 보존에 이르기까지 다양한 활동을 하고 있다. 그리고 모든 연령대의 뉴욕 시민들이 도시의 풍부한 생태계와 자연 속 오락 시설을 1년 내내 충분히 이용하는 데 필요한 제반 활동을 도맡아 하고 있다.

  뉴욕시 공원 관리소의 여러 정기 프로그램들 중 하나인 도시 공원 순찰대의 주말 모험 프로그램은 주말에 진행되는 야외 레크리에이션 활동을 통해서 뉴욕 시민들이 도시의 뒷마당에 있는 신비로운 자연을 접할 수 있게 한다. 거의 매주 진행되는 이 프로그램에 참여하면 하이킹, 카누 타기, 낚시, 자전거 타기, 양궁, 야생 동물 관찰, 생존 게임, 자연 예술 및 사진, 천문학, 자연 보호 및 복원을 체험하거나 경험할 수 있다.

가장 인기 있는 주말 모험 활동으로 가족 캠핑 여행이 있다. 이 프로그램은 매년 늦봄에 시작해서 여름까지 진행된다. 참가자는 추첨을 통해 가족 단위로 선발되며, 프로그램에 참여하는 가족들 중 많은 가족이 이 프로그램을 통해 캠핑을 처음 경험하는 것으로 알려져 있으며, 5개 자치구 전역에 있는 도시 공원에서 텐트를 치고 자연 세계를 경험한다. 프로그램 참가비는 무료이며, 심지어 캠핑을 위한 용품도 제공된다. 1박 캠핑에 참가하는 비용과 여행 필수품 구입비에 큰 부담을 느끼던 많은 가족들이 무료로 제공되는 이러한 특전 때문에 이 프로그램에 신청하고 있다.

도시 공원 순찰대 직원이 안내하는 이 여행에는 공통적으로 야외에서 요리해 먹는 식사, 야간 하이킹, 야생 동물 관찰, 캠프파이어 옆에서 마시멜로 구워먹기가 포함된다. 가족들은 자연 환경에서 휴식을 취하고 그들이 살고 있는 다양한 생태계를 배울 기회를 갖는다. 아이들은 텐트 치는 방법을 배우고, 어른들은 나무 사이로 불어오는 바람과 편안한 매미 소리에 빠져든다. 도시 공원 순찰대는 뉴욕에 살고 있는 가족들을 도시 캠핑으로 초대함으로써 뉴욕 시민들과 그들 주변에 있는 자연 세계와의 관계를 촉진시키고, 시간이 지나면서 자연 환경도 더 잘 관리되기를 원한다. 이 프로그램에 참가한 사람들은 야외에서의 레크리에이션과 환경 교육을 처음으로 경험할 것이고, 더 중요한 점은 그것이 어디에 있든 집에서 멀지 않은 자연으로 떠날 수 있다는 사실을 알게 된다.

인도 방갈로르: 어반 홀쭉이로리스 프로젝트
인도 정원 도시에서 홀쭉이로리스를 구하기 위한 작업

티모시 비틀리

인도의 방갈로르는 역사적으로 인도의 '정원 도시'로 알려져 있으며, 이곳에는 나무들과 과수원들이 있는 녹색 오아시스가 있고, 두 개의 유명한 식물원이 있다. 방갈로르는 최근 수십 년 동안 빠르게 성장해서, 현재 인구가 1천만 명에 이르며, 그 와중에 많은 녹지가 사라지고 있다. 그럼에도 불구하고 도시에 야생 동물이 필요하다는 것을 사람들에게 인식시키기 위한 새로운 노력들을 진행하고 있다. 근래 진행된 프로젝트로 '어반 홀쭉이로리스' 프로젝트가 있다. 홀쭉이로리스는 스리랑카와 인도 남부에 사는 몸집이 작으면서 큰 눈을 가진 토종 영장류다. 홀쭉이로리스는 야행성 동물로 나무 꼭대기에서 살며, 이어져 있는 나무들을 타고 이동한다. 불법 밀렵, 애완동물 밀거래 등 여러 위협에 직면해 있으며, 수가 줄어드는 가장 큰 원인은 서식지가 없어지기 때문이다. 지난 수십 년 동안 방갈로르에서 수천 그루의 나무가 사라졌으며, 주된 원인은 도로 건설 때문이었다. 또한 도시 외곽에는 광대한 과수원이 있어서 주요 야생 동물들의 통로 역할을 했었는데, 많은 과수원이 없어졌다(Soumya 2015).

어반 홀쭉이로리스 프로젝트를 이끄는 사람은 인도 야생 생물 협회(www.urbanslenderlorisproject.org)의 생물학자인 카베리 카 굽타이다. 지금까지 약 150명의 시민 자원 봉사자들이 이 프로젝트에 참여해서 야간 도보 조사를 시행했다. 프로젝트 초기 단계에는 홀쭉이로리스 개체 수 관련 데이터베이스를 개발하는 데 힘을 기울였다.

III

바이오필릭 건축과 설계

A. 새를 고려한 도시 설계

일리노이주 시카고: 아쿠아 타워

시카고 고층 건물을 타고 올라 온 수직 파도

티모시 비틀리

밀레니엄 파크 북쪽에 자리한 82층의 인상적인 아쿠아 타워는 시카고의 스카이라인을 빛낸다. 잔느 강과 스튜디오 강이 설계한 이 건물은 다양한 용도로 사용되고 있다. 호텔, 콘도미니엄이 있으며, 임대 아파트도 있다. 이 건물에는 녹색 기능이 많이 들어 있다. 3층에는 대형 연단이 공원처럼 꾸며져 있고, 여기저기에 대나무가 사용되었고, 최저 수위 배관 장치들도 설치되어 있다.

가장 두드러진 특징은 물결 모양으로 된 건물 외형이다. 높낮이가 있는 잔잔한 물결로 자주 묘사되는 이 건물의 외양은 매우 인상적이며 우리의 눈을 즐겁게 만든다.

바이오필릭 외양을 갖춘 이 건물은 시각적으로 보기에 매우 인상적이다. 그린소스의 수잔 스티븐스는 다음과 같이 말했다. "각 층에 물결 모양의 곡선으로 되어 있는 콘크리트 데크는 발코니를 각기 다른 모양으로 확장하며 폭은 60~366센티미터이다"(Stephens n.d.). 각기 다른 모양의 발코니는 수직면을 따라 생긴 잔잔한 물결처럼 보이며, 밑에서 푸른 하늘을 배경으로 올려다 보면 매우 경이롭게 보인다. LA타임즈의 건축 비평가인 크리스토퍼 호손은 이 건물을 다음과 같이 묘사하고 있다. "아쿠아 타워 1층에 서서 위로 올려다 보면 매우 극적인 효과를 경험할 수 있다. 그 각도에서 건물을 보면 바다의 일렁

이는 물결을 보는 것처럼 느껴진다"(Hawthorne 2010).

이 건물의 가장 인상적인 특징들 중 하나는 조류를 중요하게 여긴다는 점이다. 즉, 조류에게 치명적인 충돌을 최소화할 수 있게 설계했다(한 연구에 따르면 미국에서 1년에 1억 마리 가까운 새가 건물과 충돌한다고 한다). 건물에 사용된 대부분의 유리에는 프릿 처리(점 새김)가 되어 있으며, 물결 모양으로 된 발코니가 있어서 새들이 건물의 가장자리를 더 잘 볼 수 있다. 이러한 특징으로 인해 '윤리적으로 동물을 대하는 사람들'PETA로부터 프로기상을 수상했다. 이 상을 수여하면서 PETA 회장인 잉그리드 뉴커크가 보낸 서신에서 인간이 아닌 다른 생물을 고려하는 디자인이 왜 중요한지를 다음과 같이 밝히고 있다. "미국 건축가인 루이스 설리반은 '형식이 기능을 따른다'라는 말을 남겼지만, 아쿠아 타워에서는 '형식이 동정심을 따른다'가 적용된다"(Magellan Development Group 2010).

잔느 강은 자연을 중요하게 생각했고, 그 와중에 이 건물에 대한 영감을 얻고 설계에 대한 동기를 부여받았다. 그녀는 버드노트와의 최근 인터뷰에서 건물이 조류에 미치는 영향을 줄이는 것이 왜 중요한지를 이야기했다. "저는 건축가로써 새들을 가장 많이 죽이는 사람들 중 한 사람이 되고 싶지 않았습니다." 조류 친화적인 이 건물을 2009년에 완공한 이후 잔느 강은 새에 더 많이 집중하게 되었다. "새에 대한 나의 사랑은 그 이후 커졌습니다"(BirdNote 2013).

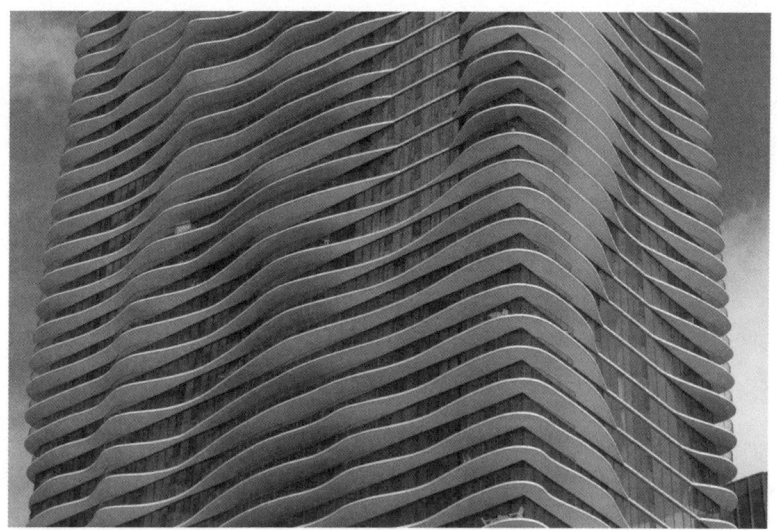

시카고의 아쿠아 타워를 설계할 때 독특한 바이오필릭 특징이 적용되었으며, 조류 친화적인 건물로도 알려져 있다(사진 제공: 저자).

B. 바이오필릭 공장과 비즈니스 파크

인도 님라나: 히어로 모토코프의 정원 공장과 글로벌 부품 센터
채소와 오토바이가 만들어지는 공장

줄리아 트리만

국제적으로 유명한 건축 회사인 윌리엄 맥도너+파트너스는 히어로 모토코프와 협력해서 인도 라자스탄주에 있는 님라나에 오토바이 생산 시설 및 부품 센터를 만들었으며, 미래 지향적이고 친환경적인 요소를 가미하였다. 이

오토바이 생산 공장은 뉴델리에서 남서쪽으로 100킬로미터 떨어져 있다. 이 공장은 이 회사의 네 번째 공장이지만 '정원' 개념이 적용된 것으로는 첫 번째 공장이다. 건축가들이 이 공장을 묘사할 때 '건강과 생산성의 정원'이라는 표현을 사용한다. 왜냐하면 공장 건물들에는 지속가능성을 고려한 특징들이 적용되어 있기 때문이다. 즉, 건물들에 태양 전지판, 빗물 수거 시스템, 에너지 효율적인 설계가 적용되어 있다. 또한 건물 설계 및 운용에 있어서 식물을 다양한 방식으로 활용하고 있다(Hero MotoCorp n.d.).

이 공장에는 옥상 정원과 실내 수직 정원이 있다. 그리고 외부에는 가뭄에 강한 토종 식물을 넓은 지역에 심어서 주변 경관을 보기 좋게 만들었다. 가뭄에 강한 식물을 심은 이유는 근처에서 식물에 줄 수 있는 물이 많지 않기 때문이었다. 또한 건물을 설계한 설계자들과 경영자들은 공장에서 일하는 사람들의 건강과 컨디션 회복을 중요시했다. 이를 위해 건물 설계 전반에 자연 채광을 고려했으며, 이를 통해 실내와 실외를 연결시켰다. 그리고 공장이라고 하면 어둡고 창문이 없고, 담배 연기와 소음이 가득하다는 기존 이미지를 불식시키려는 노력을 기울였다. 그리고 건물에 온실을 만들었으며, 온실에서 키운 것을 공장 카페에서 사용한다. 이 회사의 홍보 비디오에서는 이 프로젝트를 '한 땅에서 오토바이와 채소가 같이 자라고 있다'라고 묘사하고 있다. 그리고 온실에서 생산된 것을 지역사회에 공급할 수도 있을 것이다(Hero MotoCorp Garden Factory n.d.).

정원 공장의 목표와 설계 의도는 칭찬 받을 만하다(한 기자는 이 공장을 산업 현장의 혁신이라고 기사를 내면서 '유익하고 건강하고 심지어 삶에 활력을 주는' 곳으로 표현했다). 그러나 이 프로젝트가 성공할 것인지, 그리고 다른 산업 발달의 모델이 될 것인지, 또한 이 공간에서 매일 같이 일하는 공장 노동자들이 가장 선호하는 바이오필릭 특징이 무엇인지는 시간이 지나면 알 수 있을 것이다(Bahl 2014).

네덜란드 암스테르담: Park 20|20

독특한 비즈니스 파크

티모시 비틀리

네덜란드 암스테르담 외곽에 독특한 비즈니스 파크가 개발되고 있다. Park 20|20이라고 불리는 이 건물은 C2C 원칙에 따라 설계되고 구성되었다. C2C는 미국인 건축가인 빌 맥도너와 독일인 화학자인 마이클 브라운가르트가 주장한 강력한 설계 패러다임으로써 같은 제목으로 출간된 그들의 책에 잘 설명되어 있다.

이 공원의 지속가능성 담당자인 오웬 자카리아세와 함께 공원을 둘러보았다. 단계적으로 진행되는 공원 건축은 2018년에 완공될 것으로 예상되며, 공원의 전제 면적은 약 5만 5천 평에 이른다.

C2C 설계 철학에서 상상하는 세계에서 사물은 생물학적 영양소 혹은 기술적 영양소로부터 만들어진다. 생물학적 영양소는 생분해되어서 땅과 토양으로 되돌아갈 수 있는 것이고, 기술적 영양소는 복원되어서 끝없이 재사용될 수 있는 것이다. 이 프로젝트는 건물에 사용된 재료를 선택하는 것에서부터 복원을 고려한 부지 조경에 이르기까지, 그리고 공원의 여러 인프라 시스템, 에너지, 물을 생태학적으로 통합하는 것에 이르기까지 모든 면에서 C2C 설계

원칙을 반영하고 있다. 필요한 에너지의 상당 부분이 현장에서 생산되고 있으며, 인스피라타이후이스 같은 초기 건물에서도 태양광 발전을 건물에 통합하는 것이 주요한 설계 요소였다.

　이 공원에는 모든 잡배수를 정화하고 재사용하는 시스템이 있다. 많은 건물에는 식물 옥상이 있으며, 옥상에 온실을 만들어서 식량을 재배할 계획도 있다. 이곳에는 이미 여러 개의 온실이 있으며, 한 온실에서는 이미 식량이 재배되고 있고, 여기서 재배된 것은 공원의 첫 번째 레스토랑에서 사용되고 있다. 자카리아세에 따르면 새로운 건물들이 들어서면 현재 지상에 있는 온실들이 옥상으로 올라갈 것이라고 한다. C2C 접근 방식을 교육하고 상품과 기술을 보여주는 용도로 만들어진 파빌리온들이 있다. 모든 건축물에는 C2C 인증을 받은 자재를 사용하도록 권장한다. 가령, 인스피라타이후이스 외부에는 독성 화학 물질이 아닌 천연 식초로 마감된 천연 자재인 아코야 목재를 사용했다.

　Park 20|20의 작업 환경은 또 다른 혁신으로 다가오고 있다. 건물들은 노동자들이 전용으로 계속 사용하는 사무실보다는 소규모의 임시 회의 및 작업 공간이 강조되도록 설계되었다. 자카리아세는 이것을 네덜란드어로 Het Nieuw Werken이라고 표현했으며, 해석하면 '새로운 작업 방식'이라는 뜻이다. 이렇게 하면 공간을 더 효율적으로 사용할 수 있다. 즉, 필요한 공간이 적어지고, 비용도 더 적게 든다. 또한 건물들(모두 맥도너+파트너스가 설계함)도 나중에 재사용하거나 필요할 경우 재조립할 수 있도록 설계되었다.

　이것은 네덜란드뿐만 아니라 전 세계적으로도 C2C 설계가 하나의 구역 규모로 적용된 최초의 사례일 것이다. 이것은 설계와 계획이 같이 들어간 전체

적인 모델이다. 나중에 생각이 나서 자연을 넣은 것이 아니라 처음부터 핵심적인 설계 요소로 들어갔다. 자연을 통합하는 것은 Park 20|20의 핵심 목표이며, 프로젝트가 완성되면 자연의 생물다양성이 향상 및 복원될 것이고, 주변의 풍부한 자연 속에서 노동자와 거주자들이 더 긍정적으로 연결되는 환경이 조성될 것이다.

  조류, 나비, 벌을 포함해서 이 지역에 서식하고 있는 많은 종의 서식지를 강화하려는 계획들이 마련되어 있다. 또한 공원의 메인 수로에 자연산 민물 담치를 키우고 나무에 박쥐 집을 설치할 계획도 있다. 여기에는 소프트스케이프 산책로가 있으며, 이 산책로에는 나무와 앉을 수 있는 벤치가 있다. 조경 계획에는 여러 곳에 식재조림 구역을 만들고 조경 품질도 확보하는 것으로 되어 있다. (공원을 걷다 보면 우연히 발견되는 작은 자연 공간에 놀랄 것이다.) 폭스 베이케이션즈 건물 앞쪽에 목초지가 있으며, 필자가 방문했을 때 만개했었다(따로 심은 것 같지는 않았는데 목초지가 형성되어 있었다). 이 공원 설계에서 물은 주요한 특징이다. 폭포수와 중앙 연못은 공원에서 물을 모으고 여과하고 재순환하는 역할을 한다. 공원의 공공 장소에 있는 벽돌 계단과 산책로에는 작은 수로들이 있으며, 특정 시간이 되면 이들 수로에 물이 흐른다. Park 20|20에 도입된 자연 요소들은 지속가능성에 관련된 포괄적인 비전 중 일부를 보여주고 있다. 그리고 이 공원에는 차별화된 여러 가지 많은 특징들이 있다.

  주요 목표는 실내에 있든 실외에 있든 자연을 모두 잘 경험할 수 있게 만드는 것이다. 자카리아세에 따르면 공원에 있는 모든 건물을 설계할 때 내부는 밖으로 내고 외부는 안으로 들이는 것을 목표로 했다고 한다. 이의 좋은 예로 인스피라타이후이스를 들 수 있다. 여기에는 커다란 녹색 벽이 있으며, 이 벽은 건물 내부의 상당 부분을 지나 확장되어 있으면서 건물의 외벽으로도 확장되어 있다. 이것을 본 사람들은 흥분할 수밖에 없다. 건물 내부에 세워져 있는 벽, 커다란 창문, 풍부한 자연 채광, 모두 사람들에게 큰 호평을 받고 있다(모든 건물을 설계할 때 아트리움을 두도록 했다).

이러한 녹색 설계 요소와 자연과의 연결을 부가적인 것으로 봐서는 안되며, 작업 환경을 개선하는 데 있어서 필수적인 것으로 이해해야 한다. 이 공원에 입주하는 기업들의 생산성은 더 높아지고 이윤도 더 좋아질 것이다. 이와 관련해서 자카리아세는 다음과 같이 말하고 있다. "작업 환경의 품질이 작업 자체의 품질에 직접적인 영향을 준다." 노동의 패러다임이 바뀌고 있다는 점에서 작업 공간의 품질은 강조되어야 하고, 여기서 주요 핵심은 '자연'이다. 작업 공간을 공유하면 공간 크기를 줄일 수 있고 결국 비용을 줄일 수 있다. 공원 측은 이렇게 줄인 비용을 녹색 시설과 자연 복원에 투자할 수 있다.

자카리아세는 다음과 같이 말하고 있다. "우리는 인간을 중심에 둔 설계에 최대한 주의를 기울여서 공간 품질을 향상시켰으며, 이를 통해 근로자들의 생산성을 향상시키는 것을 목표로 했다." 기업들의 지출 비용 중 급여가 큰 부분을 차지한다. 따라서 근로자들이 더 즐겁게 일할 수 있고, 더 많은 영감을 이끌어낼 수 있고, 근로자와 자연이 연결된 업무 환경을 만들면 근로자들이 더 많은 일을 할 수 있다. 따라서 사람에게 더 많이 투자하는 것이 기업에게도 이익이다.

우리는 개발을 하면서 생물다양성과 자연을 꽤 자주 훼손하기 때문에 윤리적으로 볼 때 이를 복원해야 할 의무가 있다. 그러나 생물다양성과 자연을 복

원하는 일이 경제적으로 도움이 되기도 한다. 우리가 추구하고자 하는 친환경적인 설계와 계획을 일부 기업이 실현시켜서 우리가 바라는 변화를 더 효과적으로 이끌기도 한다. C2C 관점을 가지고 움직이는 기업들은 '변화의 엔진'이 될 수 있으며, Park 20|20이 그 사례라는 증거가 많이 있다.

C. 녹색 지붕과 녹색 벽

일리노이주 시카고: 녹색 지붕들
시카고 도시 곳곳이 녹색, 녹색, 녹색

칼라 존스

일리노이주 시카고의 전임 시장인 리차드 M. 데일리는 시카고에 단순히 나무를 심는 것으로 녹색 유산을 만들기 시작했다. 그의 시장 재임 기간 중에 60만 그루 이상의 나무를 심었다(Kamin 2011). 그에게는 시카고를 미국 최고의 녹색 도시로 만들겠다는 목표가 있었으며, 그 포부를 이루는 프로그램을 적극적으로 추진했다. 시카고에서 단순히 나무 심기만 이루어진 것은 아니고 그 이상의 일이 일어났다. 시카고에서 기울인 가장 성공적인 노력들 중 하나는 도시 전역에서 녹색 지붕을 만들도록 장려한 것이었다.

시카고에는 미국의 다른 어떤 도시보다 더 많은 녹색 지붕이 있다(Chicago Green Roofs 2016). 도시에는 다양한 높이에 총 350개 이상의 녹색 지붕이 있으며, 면적은 14만 평에 달한다(Chicago Green Roofs 2016). 시카고에서 녹색 지붕이 많이 늘어나고 있는 이유는 도시에서 제공하는 녹색 지붕 인센티브 프로그램 때문이다. 이와 관련된 프로그램으로 '녹색 지붕 개선 기금'과 '녹색 지붕 그랜트 프로그램'이 있다. 녹색 지붕 개선 기금은 센트럴 루프 조세 담보 금융 구역에 있는 기존 건물에 녹색 지붕을 설치할 경우 설치 비용의 50퍼센트를 보조금으로 지원한다(Seggelke 2008). 이 프로그램에서 지원하는 보조금의 최대 금액은 프로젝트 당 10만 달러이다(Seggelke 2008). 녹색 지붕 그랜트 프로그램은 소규모 상업용 및 주거용 프로젝트에 5,000달러의 보조금을 지원한다. 소규모로 진행된 이 인센티브 프로그램 덕분에 도시의 녹색 지붕이 크게 증가했다.

멕시코 멕시코시티: 아조테아 베르데

병원과 학교의 녹색 지붕

줄리아 트리만

멕시코 밸리의 중심부에 있는 멕시코의 수도인 멕시코시티는 라틴 아메리카에서 가장 큰 도시로 2천만 명이 거주하고 있다. 멕시코시티는 폭력 범죄와 사회 경제적 차별 및 혼란으로 악명이 높지만 지난 수십 년 동안 녹색 도시 및 더 살기 좋은 도시로 만들기 위한 노력을 다양한 방식으로 진행했으며, 그 결과 큰 진보를 이루었다. 전임 시장인 마르셀로 에브라르드는 플란 베르데, 즉 녹색 계획을 채택해서 도시의 모든 부문에서 탄소 배출량을 줄이고자 했다(Villagran 2012). 녹색 지붕 설치 시 세제 혜택, 나쁜 공기 질 개선 및 도시 경관미 향상을 위한 녹색 벽 설치 등 여러 가지 계획을 실행시켜서 멕시코시티의 자연과 녹지를 크게 늘렸다.

2007년에 플란 베르데 채택과 함께 시작된 멕시코시티의 목표는 매년 9천 평의 녹색 지붕을 설치하는 것이었다. 2010년에 시작된 아조테아 베르데, 즉 녹색 지붕 프로그램의 주된 목적은 녹지를 늘리고 멕시코시티의 일반적인 평 지붕의 햇빛을 흡수하는 것이었다. 이 프로그램의 주된 대상은 병원과 학교였지만 상업용 및 주거용 부동산에서의 녹색 지붕 채택도 장려했다. 멕시코시티 지붕 면적의 최소 3분의 1을 녹지로 만들기 위해 주거용 건물에 부과하는 재산세 중 최대 10퍼센트를 할인하는 것을 골자로 하는 정부 차원의 세금 혜택 계획이 나왔다(Agencia de Gestion 2014). 멕시코시티의 녹색 지붕 목표는 야심차다. 도시 곳곳의 지붕에는 이미 건물마다 수백 평에 식물들이 자라고 있으며, 구 시청, 벨리사리오 도밍게스 병원, 펠리페 카릴로 푸에르토초등학교에만 이미 15,000평의 녹지가 형성되어 있다. 한 가지 독특한 사례로 멕시코시티의 코카콜라 회사 옥상을 들 수 있다. 이곳 옥상에 있던 헬리콥터 착륙장을 소규모 녹색 지붕 공간으로 조성한 것이다. 이 지역의 설계 회사인 로이킨트 건축사무소와 AGENT는 헬리콥터 착륙장이 있던 곳 아래에 새로운 업무 공간을 만들었다. 이곳에 나무로 만든 곡선 모양의 산책로와 멋진 도시 조망을 갖춘 녹색 지붕을 만들었다.

웨스턴오스트레일리아주 프리맨틀과 퍼스: 그린스킨즈
녹색 벽 시범 설치 및 효과 연구

자나 소더런드

    2011년에 웨스턴오스트레일리아주의 주도인 퍼스에서 한 건축업자가 한 블록의 주택을 개발하려고 할 때 지방 의회는 녹색 벽을 만들어야 한다는 조건을 내걸었다. 지방 의회는 녹색 벽을 유익하고 매력적인 시설로 보았으며, 새로운 주택 단지가 들어섬으로 인해 조망권을 침해 받는 기존 주택에 살고 있는 사람들에게 최소한의 보상이 된다고 생각했다. 건축업자는 지방 의회의 이 조건을 법정으로 가져가서 승소했으며, 결국 녹색 벽을 만들지 않았다. 건축업자가 내세운 방어 논리는 퍼스라는 지역에서 그 정도 규모의 녹색 벽을 만드는 것이 기후 조건과 맞지 않고 우선순위 상으로도 맞지 않다는 것이었다. 이 사건으로 인해 프리맨틀 교외와 퍼스의 기후 조건에 맞는 녹색 벽 식물과 시스템을 시험해야 할 필요성이 대두되었으며, 앞서 나온 판례는 여러 사람들에게 도움이 되었다. 전 세계적으로 녹색 벽 성공 사례는 많이 있다. 그러나 무덥고 긴 여름에 높은 증발률과 소금기 있는 해풍으로 가득 찬 프리맨틀과 비슷한 기후 조건에서 녹색 벽을 성공한 사례는 거의 없다. 프리맨틀시와 커틴대학교 지속가능성 정책단은 프리맨틀에서 녹색 벽을 시험하기 위한 파트너십을 체결했다. 다른 곳에서 세 달 동안 성장시킨 후 2013년 4월 초, 두 개의 시험용 녹색 벽이 프리맨틀에 설치되었다. 각 녹색 벽을 두 곳의 다른 곳에 설치했고 녹색 벽 시스템도 각기 다른 것을 적용했다. 사회적으로, 기후적으로 만만치 않은 장소가 의도적으로 선정되었다. A 장소는 사람 왕래가 별로 없는 쇼핑몰의 북쪽 벽으로, 여름철에 포장 도로와 주변 벽으로부터 높은 수준의 복사열을 받는 햇볕이 잘 드는 곳이다. B 장소는 서쪽을 바라보는 가로 경관 벽으로, 늦은 오후 서쪽으로 지는 태양과 강한 해풍에 많이 노출되는 곳이다.

시험용 벽에는 덥고 건조한 조건에서의 적응을 위해 선택된 현지 식물 종과 외래 종을 섞어서 심었다. 두 곳 모두에는 관개를 위해 모니터링 급수 시스템이 설치되었다.

웨스턴오스트레일리아 프리맨틀에서 진행된 그린스킨즈 계획의 시험용 녹색 벽들 중 하나(사진 제공: 자나 소더런드).

온도 및 습도 센서가 설치되었으며, 1년 동안의 시험 기간 동안 데이터를 지속적으로 받고 있다. 이들 센서는 벽 뒤 식물 캐노피에서 15센티미터 떨어진 곳에 있다. 또한 센서들이 벽 뒤 빈 공간과 목재 패널 뒤에 설치되어 있어서 식물들이 측정되는 매개변수에 어떤 차이가 있는지를 확인할 수 있다. A 장소에 있는 수량계로 물의 유입 및 유출을 측정해서 증발 속도를 파악할 수 있다. 식물 생육 속도는 정기적으로 눈으로 판별해서 어떤 종이 잘 자라는지를 확인한다. 또한 열 영상으로 얻은 데이터를 보고 어떤 식물 종이 더 많은 냉방 능력을 제공하는지를 시각적으로 확인할 수 있다.

녹색 벽에 대한 사회적 반응을 평가하는 것은 이 시험에서 중요한 요소로써, 벽이 설치되기 전과 설치 된 후의 보행자 수와 행동 매핑을 파악한다. 이 조사는 1년 동안의 시험 운영 중에 여러 기간 동안 반복 진행되었다. 두 사이트에서 인터셉트 서베이도 진행되었다. 현장에 있는 안내문에는 프로젝트 관련 정보가 적혀 있으며, QR 코드 링크도 있어서 웹 사이트에 방문하고 온라인 설문조사에도 참여할 수 있게 했다.

녹색 벽에 대한 반응은 매우 긍정적이었다. 지역 신문, 라디오 인터뷰, 블로그, 웹 사이트에서 관련 내용이 계속 나가면서 4월 첫 금요일 아침에 조사가 시작되자 마자 거의 50명이 참여했다. 의외로 많은 숫자였다.

온라인 설문조사 응답자 주가 꾸준히 증가했으며, 다소 흥미로운 결과가 나왔다. 녹색 벽과 관련해서 든 생각을 한 단어로 적으라는 요청에, '훌륭한', '긍정적인', '숨막히는', '영감을 주는', '살아 있는', '아름다운' 같은 단어들이 나왔다.

일반적으로 자연에 대한 사람들의 반응을 측정하는 질문들에서 '아름다움'에 대해 강하게 공감하는 것으로 나타났다. 84퍼센트로 가장 공감하는 응답은 '나는 자연의 아름다움을 즐긴다'였다. 그 다음으로 79퍼센트를 보인 응답은 '자연과 함께하고 있으면 스트레스가 많이 줄어든다'였다. '행복해지려면 자연 속에서 시간을 보내야 한다'라는 응답이 55퍼센트로 그 다음을 이었다.

녹색 벽의 기능적 특징에 대한 사람들의 인식에는 미적인 것에 대한 공감도 반영된다. 이를 반영하듯이, '녹색 벽은 도시를 더 매력적이면서도 살기 좋게 만드는 데 도움을 줄 수 있다'라는 문장에 86퍼센트의 사람들이 찬성했다. 추가로, '녹색 벽은 거리와 빌딩에서 반사되는 열을 줄이는 데 도움을 줄 수 있다'에 62퍼센트가 동의했고, '녹색 벽이 자연 보호에 도움이 된다'에는 57퍼센트가 공감을 표했다. '프리맨틀시가 더 많은 녹색 벽을 만들기 위한 예산을 마련해야 한다'는 항목에는 95퍼센트가 찬성했다.

녹색 벽은 포근한 가을에 설치되었으며, 5주 후에 교체된 한 종을 제외하고 모든 식물이 잘 자랐다. 겨울 폭풍 속에서도 살아 남았고, 현재 뜨거운 여름 조건에서도 잘 견디고 있다. 녹색 벽에 대해 많은 관심과 공감이 있었으며, 기물 파손 사례는 없었다. 일부 종은 여름철 뜨거운 햇볕과 건기와 높은 증발을 견디지 못했고, 이들 종은 다른 종으로 교체되었다. 그 외 다른 종들은 잘 자라고 있으며, 이들 종은 프리맨틀시의 미래의 녹색 벽에서 자라기에 적합한 종들로 선정될 것이다.

추가 정보 및 설문조사 내용을 확인하고 싶으면 http://sustainability.curtin.edu.au/projects/을 방문하기 바란다.

호주 시드니: 원 센트럴 파크
세계에서 가장 높은 녹색 벽

힐러리 디타 비어드

도시, 자연, 예술이 만나는 곳에 새로운 주거형 프로젝트인 원 센트럴 파크가 있으며, 이 프로젝트는 건축가인 아틀리에 장 노벨과 프랑스 식물학자인 패트릭 블랑이 공동으로 추진한 것이다. 호주 시드니에 있는 원 센트럴 파크에는 전 세계에서 가장 높은 수직 정원이 있으며, 높이는 무려 150미터에 이른다. 이곳에는 21개의 판으로 된 정원이 있으며, 370종이나 되는 호주 토종 꽃과 식물들이 계절마다 바뀌며 자란다. 5,000그루의 관목과 11,000개의 다년생 식물이 두 개의 고층 주거용 타워 전면의 상당 부분을 덮고 있다(Arch Daily, 2015). 이 프로젝트는 시드니 서쪽 교외에 있는 약 2,000평에 이르는 무성하고 넓은 공원에서 진행되었다(Mordas-Schenkein 2014).

블랑은 원 센트럴 파크를 다음과 같이 묘사하고 있다. "마치 누군가가 블루마운틴 산맥에서 거대한 조각을 잘라서 도시 중간에 가져다 둔 것처럼 자연적인 절벽 같다"(Vertical Garden Patrick Blanc n.d.). 공원과 건물이 어우러진 이 '도시 마을'에는 '주거용 타워, 소매점, 예술가와 건축가들을 위한 공동 작업 공간'이 있다. 또한 이 공원에서는 음악 및 예술 축제도 열린다.

연구를 진행하고 적당한 식물을 선택하는 과정은 고된 작업이었지만 블랑은 기후 및 계절에 가장 적합한 지역 토착종들을 골랐다. 강한 바람, 강렬한 열, 건조, 습도, 일정하지 않은 태양 노출에 잘 견디는 토착 종들에 대한 내성 테스트가 진행되었다. 연구를 진행하면서 실험실 스트레스 테스트뿐만 아니라 자연 서식지에서 여러 식물의 생육을 관찰하기 위해 주변 지역을 여러 번 다녀와야 했다. 블랑은 설계를 진행할 때 다양한 기능적 요소들을 세심하게 고려했다. 그는 생물다양성을 도입함으로써 유지보수 비용 및 에너지 비용을 절감했다. 즉 높은 수준의 생물다양성을 확보하면 영양분 및 물 소비를 줄일 수 있으며, 병충해를 막을 수도 있다. 또한 농약이나 화학 약품을 사용하지 않아도 된다.

블랑은 수직 정원을 만들기 위해 재활용 의류로 만든 생육배지 펠트 천으로 식물을 심을 건물 전면을 덮었다. 이것은 생분해되지 않으며 교체할 필요가 없다. 그리고 수직 정원을 1년에 세 번만 유지 보수하면 된다. 또한 생물다양성으로 인해 여러 식물들로 이루어진 태피스트리tapestry가 만들어져서 아름답고 역동적인 시각적 질감을 준다.

녹색 벽은 에너지 효율을 높인다. 즉, 건물의 자연적인 단열재 역할을 할뿐만 아니라 오염 물질을 식물에게 유용한 비료로 바꾸는 공기 여과 시스템 기능도 수행한다. 그리고 녹색 벽은 일자리를 만든다. 그리고 지역 토종 식물이 이용되므로 경제적으로, 교육적으로 도움이 된다. 또한 서식지에서 자연적으로 자라는 식물과 도시 거주자를 연결하는 역할도 한다.

이 프로젝트는 여러 가지 목적으로 진행되었다. 미학적 측면, 연구적 측면, 사회적 측면, 환경적 측면이 모두 고려되었다. 원 센트럴 파크를 설계하고 건축하는 과정에서 도시 경관 건축 협업 분야에서 귀중한 지식을 얻고 연구를 진행할 수 있었다. 또한 원 센트럴 파크가 만들어짐으로써 시민들은 도시 환경에서 예전에 경험할 수 없었던 자연 생활을 즐길 수 있게 되었다. 도시에 녹색 벽을 만들고 대규모의 생활 구조를 통합하는 일은 쉬운 일이 아니다. 그러나 도시 건축의 미래를 이야기할 때 많은 이들이 고려하는 것이기도 하다.

D. 녹색 테라스와 타워 - 수직 자연

베트남 호치민: 스태킹 그린 하우스
화분으로 만들어진 바이오필릭 하우스
칼라 존스

베트남 호치민에 거리를 따라 나 있는 거의 모든 창문과 발코니에는 창문 화분이 있다. 창문 화분에 들어 있는 자연은 아름다운 녹색 거리를 만들며, 건축가인 보 트롱 니야, 다이수케 사누키, 션리 니시자와에게 영감을 주었다. 화분에 대한 이들의 관심이 주택 설계에 어떻게 반영되었을까? 바로, '스태킹 그린 하우스'Stacking Green House 컨셉이 만들어졌다.

폭 4미터, 깊이 20미터인 '튜브형 땅'에 3층 집이 딱 맞았다(Architectural Review 2011). 화분들은 단순히 영감 이상의 역할을 한다. 각 층은 콘크리트 화분들로 만들어지며, 여러 종류의 식물에 맞게 화분들의 높이를 다양하게 했다. 빗물 집수 시스템에 연결된 간단한 관개 시스템으로 식물에 물을 공급했다. 파사드는 집에 살고 있는 사람들을 보호하고 에너지 소비를 줄일 수 있게 만들었다. 디자인은 전통, 환경 인식, 자연 세계와의 연결을 강조했다.

베트남 호치민시에 있는 '스태킹 그린 하우스'의 설계자는 보 트롱 니야이다(사진 제공: 보 트롱 니야 아키텍처).

멕시코 멕시코시티: 수직 공원
도시의 공기 질을 개선하기 위한 수직 정원

줄리아 트리만

1980년대 이후 멕시코시티는 매우 좋지 않은 도시 공기 질 문제를 해결하기 위해 일련의 정책 변화를 시도했다. 여기에는 도시 운송 방법을 대폭 수정하는 것도 포함되었다. 가령, 자동차 사용을 줄이고, 간선급행버스나 자전거 같은 대체 교통 수단을 향상시키는 것을 들 수 있다(Cave 2012). 공기 오염을 개선하기 위해 정부, 개인, 기관이 참여할 수 있는 또 다른 중요한 전략으로 '수직 정원'을 설치하는 안이 대두되었다. 수직 정원은 기능적인 목적으로 사용되지만 예술 작품으로도 활용되었다. 수직 정원은 멕시코시티에 대한 이미지와 분위기를 새롭게 할 수 있는 실질적인 방법이었다. 또한 공기 질과 환경 조건을 개선하기 위해 멕시코시티가 도시 차원에서 기울이는 노력을 보여주는 상징이기도 했다. 모든 프로젝트가 성공하지는 않았다. 그러나 건강하지 않은 식물도 있었지만 대체로 건강한 식물들은 시민들과 방문자들에게 멕시코시티가 건강해지고 있다는 강력한 메시지를 전달할 수 있었다. 2012년에 비영리조직인 VERDMX는 도시 전역에 녹색 벽들을 설치했으며, 그중 하나는 통행량이 많은 차풀테펙 애비뉴의 고속도로에 만들어졌으며, 사람들의 눈길을 많이 끌었다(Inhabitat n.d.). 임시 시설에 있는 식물들은 오래 가지 못했다. 물론 멕시코시티가 많은 노력을 기울였지만 공기 질은 여전히 매우 안 좋았으며, 도시의 환경을 개선하기 위해 개인 및 정책 수준의 변화가 필요하다는 사실을 확인할 수 있었다.

뉴욕시 SOHO: 300 라파예트 스트리트
녹색 테라스, 전망과 피난처
티모시 비틀리

    7층, 25,000평 규모의 사무실 및 소매 상가용인 이 건물은 뉴욕시 SOHO 인근에 가스 충전소였던 부지에 들어설 계획이었다. 이 프로젝트를 맡은 건축 회사는 쿡폭스 아키텍츠로써, 이곳은 바이오필릭 설계를 이끌어가는 곳이다.

이 건물의 설계 중심에는 바이오필리아가 있다. 이 건물의 가장 특이한 점은 다양한 초목이 있는 발코니로, 총 3,479평의 면적에 식물이 심겨져 있다. 그 결과 '초목이 무성한 발코니'가 만들어졌다(Curbed 2013). 이 프로젝트에 참여한 브랜든 스펙케터가 필자에게 말한 것처럼 이들 발코니를 더 정확하게 묘사하는 말은 '집과 깊게 합쳐진 테라스'이다. 이 말이 적합한 이유는 이 발코니가 단순히 작은 선형 공간이 아니라 집을 둘러싼 테라스로써 이곳에 앉고, 산책하고, 다양한 식물을 심을 수 있을 정도로 내부 바닥 면적을 늘렸기 때문이다(Brandon Specketer interview, June 5, 2015). 프로젝트 자료와 설명서에 조망-은신 이론을 바이오필릭 설계 원칙에 적용한 레퍼런스가 있으며, 이 설계 원칙을 이 프로젝트의 부지와 건물 구성 및 테라스 디자인에 적용하였다.

300 라파예트 스트리트 프로젝트에서는 초목이 무성한 테라스를 만들었다. 여기에는 헨리 허드슨이 1609년에 도착했을 때 맨해튼 섬에서 자라고 있던 토종 식물을 활용했다(사진 제공: 쿡폭스 아키텍츠).

III. 바이오필릭 건축과 설계

건축가들은 야생동물보존협회에서 활동하는 생태학자이자 1609년에 맨해튼 섬의 생태계가 어떠했는지를 이해하기 위한 창의적인 노력에 있어서 획기적이었다는 평가를 받은 책인 <Mannahatta>의 저자인 에릭 샌더슨의 연구에서 영감을 받았다. 이 테라스에서 자연을 조성하는 것이 가능한지를 이해하는 데 있어서 명확한 목표가 있었다. 즉, 헨리 허드슨이 도착했던 1609년 당시 이곳에 있었던 고유 식생을 양에서나 종에서나 복제하거나 대체하려면 어떻게 해야 하는지 그 방법을 상상하는 것이었다. 이를 위해 최소한 테라스와 지붕은 원래 있었던 것과 동일한 식생 구역으로 설계했다. 건축가들은 이것을 녹지율GAR: Green Area Ratio이라고 부르며, 이는 기존의 용적률floor area ratio과 비슷한 것이다. 이 건물은 뉴욕에서 GAR 1(건물을 지을 때 이 부지에 원래 있었던 자연을 보상하는 것)을 달성한 첫 번째 사례들 중 하나가 되었다. 에릭 샌더슨의 도움으로 테라스에 심을 야생 식물 목록이 만들어졌다. 테라스에는 이 지역에서 자생하고 있는 키가 큰 풀과 덤불 종들이 주로 심길 것이다. 건물 내부에서 바라보는 전망도 외부에서 보이는 전망만큼이나 중요하다. 건물에 투명 창을 둠으로써 건물 안에서 일하는 사람들은 작업 공간에서 자연이 가득 찬 테라스를 바라보며 즐거움을 느낄 수 있게 했다. 또한 이 건물에는 천장부터 바닥까지 유리로 시공함으로써 풍부한 채광이 들어오도록 했다.

뉴욕시 브롱크스: 비아 베르데
인구 밀도가 높은 도심에 자연 만들기

티모시 비틀리

도시 밀도를 확보하면서 자연에 대한 접근성도 갖추는 것이 가능한가? 뉴욕시의 사우스 브롱크스에서 이룬 획기적인 새로운 개발 방법이 그 길을 보여주고 있다.

가히 멀지 않은 시점에 사업 포기 및 투자 회수가 폭넓게 이루어진 결과, 브롱크스는 문자 그대로 '불에 타고' 있었다. 1970년대와 1980년대에 브롱크스에서 높은 압류율과 세금 체납으로 인해 시 당국이 많은 토지를 소유하게 되었다. 그 이후로 많은 변화가 있었으며, 브롱크스는 빈곤 퇴치와 적정 가격을 갖추면서도 녹색과 지속가능성을 접목시키는 아이디어를 테스트하는 곳이 되었다.

비아 베르데, 즉 녹색 길은 매우 독창적이면서도 적정 가격을 확보한 주택 공급 프로젝트로 사람들에게 영감을 주는 예이다. 이 프로젝트는 핍스 하우스와 조나단 로즈 컴퍼니가 공동으로 개발해서 시에서 후원한 디자인 공모전에서 수상한 디자인을 적용해서 약 5년 전에 시작되었다.

비아 베르데의 주요 특징은 이곳이 저렴한 주택 단지 프로젝트 같지 않다는 점이다. 이 주택에는 시멘트 보드, 금속, 목재 래미네이트로 된 조립식 패널을 포함해서 다양한 재료가 사용되었다. 그리고 시각적으로도 흥미로운 외관을 갖추고 있다. 또한 큰 창문과 독특한 스타일의 차양은 중저소득층이 사는 집의 일반적인 외관에서는 볼 수 없는 것이었다.

뉴욕 브롱크스의 가성비 높은 주택 단지 개발 프로젝트인 비아 베르데는 도시 밀도와 자연을 함께 확보하는 것이 어떻게 가능한지를 보여준다(사진 제공: 저자).

북쪽에서 남쪽으로 나 있는 비교적 폭이 좁은 지역에 위치한 이 건물의 디자인은 매우 창의적이다. 전체 유닛은 222개로, 남쪽에 있는 3층 타운하우스부터 올라가기 시작해서 북쪽에 있는 20층 주거용 타워에서 끝나는 구조로 되어 있으며, 이 구조에서는 햇빛을 최대한으로 받을 수 있다.

비아 베르데에는 총 400여 명이 거주할 수 있으며, 이들은 특별한 녹색 생활 환경을 맞이할 것이다. 이 프로젝트에서 가장 눈여겨볼 만한 것은 여러 층으로 된 녹색 옥상이다. 입주자들은 잔디가 심겨져 있는 1층 뜰을 지나 위로 올라갈 수 있다. 3층에 가면 상록수로 조성된 숲을 만날 수 있고, 4층에 가면 왜성 사과 나무와 배 나무 과수원이 있다. 그리고 5층에는 상자형 텃밭이 넓게 펼쳐져 있고 이곳에는 채소들이 자라고 있다. 5층 위에 있는 층들에도 넓은 녹색 지붕이 있으며, 여기에는 기존에 많이 사용되고 있는 세덤이 심겨져 있다. 결과적으로, 주민들을 위한 옥상 공간이 인상적으로 연결되어 있으며, 주민들은 이곳에 머무르면서 정원을 가꾸고 산책을 하면서 흥미로운 시간을 보낸다.

사람들이 공통적으로 묻는 질문이 하나 있다. "나무를 심고 텃밭을 만들고 정원을 조성할 경우 구조적인 하중이 문제가 되지 않는가?"이다. 이 질문에 대한 답은 놀랍게도 '전혀 문제가 되지 않는다'이다. 이를 위해 건물의 블록과 판재 구조를 약간 바꾸기만 하면 되었다. 즉, 추가 하중을 견디기 위해서 10인치 판재를 12인치 판재로 바꾸었다. 자주 묻는 질문이 또 있다. "건물에 녹색 요소를 두면 지역사회 구축에 도움이 되는가?" 이에 대한 대답은 '그렇다'이다. 사람들은 기대를 하고 있으며, 지붕 공간을 이웃의 삶에 어떻게 반영할 것인지와 관련해서 몇 가지 계획도 이미 세워져 있다. 가령, 건물에 사용할 크리스마스 트리로 상록수들 중 하나를 자르고 새로운 나무를 심는 이벤트를 진행할 계획이 세워져 있다.

사람들을 정원사와 과수 재배자로 만드는 일은 앞으로 해결해야 할 도전 과제일 것이다. 이에, 비아 베르데는 비영리 단체인 GrowNYC의 도움을 받아서 처음 2년 동안 정원을 돌보고 나무를 심는 작업을 할 것이다. 목표는 2년 안에 주민들이 정원과 과일 나무를 사랑으로 돌보게 만드는 것이며, 이를 위하여 주민들이 참여하는 원예 워크숍을 열 것이다.

조나단 로즈 컴퍼니의 대표인 조나단 로즈에게 있어 비아 베르데는 도시에서 어떻게 설계하고 작업해야 하는지와 관련해서 새로운 방법을 보여준다. 특히, 도시에서 인구 밀도와 자연을 통합하는 것의 중요성 측면에서 더욱 그렇다. 도시에 살고 있는 사람들은 자연을 필요로 한다. 로즈의 말을 들어보자. "내 생각에 사람들은 본질적으로 친환경을 갈구하기 때문에 그들에게는 자연이 필요하다. 그런 측면에서 보면 도시에 살고 있는 사람들은 친환경에 목말라 있다."

그런데 자연은 충분한가? 로즈는 옥상(정원, 과일 나무, 세덤)은 일종의 '만들어진' 자연이라는 것을 인정한다. 로즈는 다음과 같이 주장하고 있다. "건물 자체가 도시 속 자연의 해결책은 아니다. 도시 속 자연은 자연이어야 한다." 그는 건물과 도시에 포함되어 있는 대규모 녹색 시스템을 지적하고 있으며, 사우스 브롱크스 같은 강을 복원하고 정화하기 위한 노력도 마찬가지로 중요하다는 점을 제시하고 있다. 뉴욕은 이와 같은 대규모 녹화 전략을 많이 진행해 오고 있으며, 그 일환으로써 도시에 새로운 워터프론트 공원들을 만들고, 수백만 그루의 나무를 새로 심는 작업을 진행하고 있다.

또한 비아 베르데에는 주민들의 건강을 증진시키기 위한 기능도 많이 있다. 건물 폭을 좁게 만들면 신선한 공기와 교차 통풍이 가능하며, 천장용 선풍기를 달면 여름에 에어컨이 필요하지 않다. 엘리베이터보다 계단의 사용을 권장하기 위해 일부러 외부에 두는 것으로 설계했으며, 페인트 색도 밝게 칠했다. 그리고 사람들에게 엘리베이터보다는 계단을 많이 이용하라는 의미에서 다음의 문구가 들어간 현수막을 로비에 걸어 두었다. "계단을 이용하십시오. 전기가 아니라 칼로리를 태우세요." 건물 주변에는 상점들과 쇼핑 가게들이 있으며, 지역 주민들을 대상으로 하는 약국과 의료 시설도 있다.

이 프로젝트는 처음부터 시 당국과 파트너 관계를 맺고 시작되었으며, 시의 담당 부서에서 조언하고 이끌었다(중요한 교훈이다). 로즈에 따르면 "시의 여러 부서에서 협업을 통해 우리를 매우 많이 도와주었다"고 한다. 특별한 승인과 면제가 요구될 때 시 당국과의 협업은 유용했다. 가령, 이 프로젝트에서 주차 공간을 확보하지 못했지만 시장의 특별 승인으로 진행할 수 있었다(대중교통이 잘 되어 있는 곳이라면 굳이 주차 공간을 확보하지 않아도 되지 않을까라는 생각을 한다).

지속가능성을 담보할 수 있는 다른 특징도 있다. 건물 남쪽의 많은 부분이 태양광 패널로 덮여 있어서 공용 조명에 필요한 전력을 충분히 생산한다. 안뜰과 지붕에서 떨어지는 빗물을 모으는 큰 물통이 있으며, 이렇게 모인 빗물은 정원과 나무에 물을 주는 데 사용된다. 아파트에는 저유량 물 탱크, 에너지 스타 기기, 대나무 조리대가 있다.

비아 베르데가 건강 및 여러 가지 면에서 유익하지만 이것이 입증되기까지는 몇 년이 걸릴 수 있다. 삶과 생활 양식의 건강성 측면에서 비아 베르데에 살고 있는 사람들과 이곳에 살고 있지 않은 사람들을 비교하는 연구 프로젝트가 진행 중에 있다. 비아 베르데에 살고 싶어하는 사람들이 이 프로젝트에 대해 매력을 느끼고 있다면 이 프로젝트는 이미 크게 성공한 셈이다.

이 프로젝트 초기에 서로 이어져 있는 녹색 지붕과 정원을 아름답게 렌더링한 그래픽이 있었는데 조나단 로즈는 실제로 찍은 지붕 사진이 그 렌더링 그래픽보다 더 좋다는 말을 즐겨 한다! 필자가 이곳에 실제로 방문한 후에 로즈의 말이 맞다는 생각이 들었다.

이탈리아 밀라노: 보스코 베르티칼레

수직 숲

티모시 비틀리

밀라노 중심부에서 진행된 이 주거 프로젝트는 수직 녹화에 대해 인상 깊은 의미를 새롭게 부여하는 계기가 되었다. 발코니에 식물을 심을 수 있는 곳이 만들어져 있으며, 이곳에 나무를 심었다. 이렇게 나무를 심음으로써 19층과 27층짜리인 두 주거형 타워가 확장되는 효과를 보았다. 이곳에는 약 800그루의 나무가 심겨져 있고, 어떤 나무의 높이는 9미터에 이르며, 이외에 수천 개의 식물과 관목이 자라고 있다. 사람들은 이곳을 '수직 숲'이라 부르고 있으며, 이탈리아 건축가인 스테파노 보에리의 아이디어로 만들어졌다. 이 프로젝트는 2014년에 완료되었으며, 주거용 공간은 약 12,000평에 이른다. 이 프로젝트는 2014 인터내셔널 하이라이즈 어워드를 수상했다.

이 프로젝트에서 가장 인상적인 것은 이곳에 심을 나무를 선택하기 위해 진행했던 연구와 시험이었다. 연구와 시험 결과, 층에 따라 그리고 건물의 면에 따라 심을 종을 구분해서 정했다. 과일 나무는 남쪽 면에 심었고, 북쪽 면에는 낙엽수를 심어서 겨울에 햇빛을 최대한 많이 받을 수 있게 했다. 어떤 나무를 심을지에 대한 결정은 층별로 이루어졌으며, 이때 특정 위치와 세부적인 기후 조건까지 고려되었다. 나무에 물을 주기 위해 '점적관개'drip irrigation 시스템을 구축했다. 나무 종류와 나무가 자리 잡기 위해 설계된 구조물에 대한 테스트는 플로리다에 있는 '풍동'wind tunnel에서 진행되었다. 나무의 관리 책임은 한 회사에서 맡기로 되어 있고, 이에 소요되는 비용은 주거지 소유자가 부담한다.

나무를 심는 계획을 세울 때 생물다양성 향상이 많이 강조되었다. 최종적으로 약 94종의 나무를 심기로 결정되었으며, 이 계획이 진행되면 1,600종의 새와 나비가 살 수 있는 서식지가 마련될 것으로 예상되었다(Woodman 2015). 건축가인 스테파노 보에리의 말을 들어보자. "이 프로젝트는 도시 속에 고밀도 자연을 수직으로 구축한 모델이며, 이는 도시 영역을 확장하지 않고도 도시의 생물다양성과 환경을 재생할 수 있다는 것을 보여준다"(Boeri 2015).

E. 치유 공간/건강과 자연

매사추세츠주 보스턴: 스팔딩 재활병원
항구 뷰를 치료에 활용
티모시 비틀리

찰스톤 해군 공창의 버려져 있던 부지에 132개 병상의 스팔딩 재활병원이 새로 문을 열었으며, 이곳에는 수많은 혁신적인 특징이 접목되었다. 설계 주관사는 퍼킨스 앤 윌이며, 가장 중요한 특징은 약 8만 평에 이르는 병원 전체가 항구를 정면으로 바라본다는 점이다. 이를 위해 창문을 많이 만들었는데 창문이 병실보다 낮게 되어 있어서 휠체어에 앉아 있는 환자들도 항구 전망을 즐길 수 있다. 병실에서 바라보는 뷰는 숨이 막힐 지경으로, 이 같은 방식을 활용해서 '물'을 치료 과정의 주요 보조 수단으로 활용하고 있다!

건물 1층의 4분의 3은 커뮤니티 용도로 정해져 있다. 건물을 설계할 때 해수면 상승 및 홍수에 최소한으로 노출되도록 했다. 주요 냉난방 설비를 지붕에 배치했고, 건물 구조를 추가로 높였다. 건물 주변에는 가로 91센티미터 폭의 둔덕을 만들었다. 전기에 문제가 생겼을 때 사람이 창문을 열 수 있도록 했으며, 폭풍이 발생해도 건물 구조가 견디도록 설계했다(주변에 있는 사람들이 이곳을 피난처로 사용할 수 있도록 했다)(Guenther and Vittori 2013). 또한 이곳에는 여러 수준의 '치료를 위한 테라스'가 만들어져 있으며, 폭우가 올 경우 빗물을 머금을 수 있도록 녹색 지붕을 만들었다(Perkins and Will 2013).

이 건물은 도시의 항구 둘레길인 하버워크에 위치하고 있어서 물에 물리적으로 접근할 수 있다. 즉 물과 관련된 다양한 치료 요법을 진행할 수 있다. 가령, 적응형 스포츠 프로그램으로 윈드서핑과 카약을 할 수 있다(Spaulding Rehabilitation Hospital 2013). 항구 둘레길을 따라 물리 치료 장비들도 갖추어져 있다.

캐나다 온타리오주 미시소거: 크레딧 밸리 병원의 카를로 피다니 필 지역 암센터

병원 속 숲

티모시 비틀리

바이오필릭 디자인이 필요한 공간이 몇 있지만 가장 필요한 곳은 환자와 그 가족들이 병마와 싸우는 병원이나 요양 공간이다. 온타리오주 크레딧 밸리 병원의 카를로 피다니 필 지역 암센터에 적용된 설계는 내부 공간 설계가 어떻게 차이를 만들어낼 수 있는지를 보여주는 독창적이고도 희망적인 사례에 해당한다. 이곳을 설계한 건축가인 타이 패로우는 약 9천 평에 이르는 이곳을 다른 곳에서 볼 수 없는 공간으로 만들기로 했다. 즉, 자연 요소를 건물 내부로 들여와서 환자들이 받고 있는 치료에 대한 확신감을 환자들에게 주고자 했다. 패로우는 건물을 어떻게 설계할 것인지를 암 환자들과 이야기했고, 환자들은 희망이 내포된 어떤 것, 즉 '살아 있는 어떤 것'을 원한다는 사실을 알게 되었다(Farrow 2007/2008). 그래서 암센터의 메인 아트리움에 그들이 요청한 것을 반영하려고 했고 그래서 그곳을 숲 같은 느낌이 나도록 설계했다. 이곳에는 위로 뻗어 있는 네 개의 대형 '나무' 기둥이 있으며, 이 기둥은 래미네이트가 입혀진 전나무로 만들어졌다. 메인 줄기에서 작은 가지들이 나 있다. 시각적인 외양은 환상적이며, 커다란 그늘 나무들 한 가운데에 들어 있는 느낌이 많이 난다.

크레딧 밸리 병원의 아트리움 로비는 그늘 나무처럼 설계되었다(사진 제공: 타이 패로우 건축 사무소).

패로우는 다음과 같이 말했다. "강력한 아치 모양의 나무가 하늘로 솟구쳐 있으며, 북적거리는 병원 한가운데에서 사람이 생각하는 대성당 느낌을 내려고 했다. 환자, 직원, 보호자들이 이 보호 구역에 모여서 소식을 나누고 내면에 쌓여 있는 감정을 쏟아낼 것이다"(Farrow 2007/2008, 55-6).

이곳에는 다른 바이오필릭 특징들도 있다. 메인 아트리움 외에 이보다 규모가 작은 천장으로 난 채광창이 있어서, 햇빛을 건물 내부 공간으로 빨아들인다. 건물 곳곳에 강한 햇빛을 비추는 것이 이 채광창의 핵심 기능이다. 또한 야외에는 정원도 마련되어 있다.

나무로 만들어진 이 거대한 시설물들의 설계는 복잡하고 혁신적이었다. 처음에 만들어질 때 외부에 금속판을 사용하지 않아도 되도록 내부 지지대를 설계했으며, 일반적으로 사용되는 화학 약품을 기반으로 한 화재 진압 체계를 대신할 수 있는 특수한 분무 시스템을 개발했다. 이 건물의 독창적인 설계는 대중화된 철골 건축 방법에 비해서 비용을 절감할 뿐만 아니라 쉼터 같은 생활 환경을 만들었다.

워싱턴 D.C. 조지타운대학교: 힐리 패밀리 학생 센터
바이오필릭 학생 센터, 포토맥강과 연결
티모시 비틀리

워싱턴 DC의 조지타운대학교 캠퍼스에는 1,237평 규모의 힐리 패밀리 센터가 있으며, 이곳의 설계자는 ikon.5였다. 2014년 가을에 정식으로 문을 연 이곳은 캠퍼스에서 공부 및 모임을 하기에 적합한 장소로 인기를 얻고 있다.

이 건물에는 바이오필릭 요소가 많이 적용되어 있다. 이 건물에서 눈에 가장 많이 띄는 것은 내부의 녹색 벽이다. 녹색 벽은 이 건물에서 가장 큰 공간을 차지하고 있으며, 건물을 아름답게 돋보이게 하면서도 자연스럽게 만들고 있다. 녹색 벽의 면적도 넓어서 바닥부터 천장까지, 더 나아가서 꼭대기에 있는 커다란 채광창까지 모두 녹색 벽이 닿아 있다. 또한 이 건물에는 큰 벽난로가 있으며, 자연 채광도 많이 들어온다. 특히 이 건물에는 바이오필릭 재료, 나무, 돌이 최대한 많이 사용되었다.

이 건물 곳곳에는 큰 창문들이 있다. 그리고 건물 자체가 주변의 외부 세계와 탁월하게 연결되어 있다. 인공 조명은 최소한으로 사용하였으며, 외부 테라스에는 화덕과 이동식 의자와 테이블이 구비되어 있다. 이 건물은 정남향이라서 포토맥 강을 눈으로 직접 볼 수 있다. 외부 테라스에서 강으로 이어지는 전망은 광활하며 탁 트여 있다. 그리고 중간에 도로가 있고 접근하는 경로에 다른 개발 요인들이 있기는 하지만 강과 아주 가까이 있다는 느낌을 준다.

조지타운대학교의 힐리 패밀리 학생 센터에는 7개의 내부 녹색 벽을 포함해서 녹색 요소들이 많이 있다 (사진 제공: 저자).

구조가 개방형으로 되어 있고 창문과 자연 채광이 풍부하기 때문에 한쪽 끝에서 다른 쪽 끝까지 모두 다 볼 수 있다. 심지어 벽난로도 다른 쪽과 시각적으로 연결되도록 설계되었다. 이곳에는 다양한 종류의 학습 공간이 있으며, 회의실, 댄스 스튜디오, 음악 연습 공간도 있다. 또한 지역 음식의 구매와 공급에 힘쓰고 있는 기업인 보나페티가 운영하는 식당도 들어와 있다.

최근에 이곳을 방문했을 때 회의 공간에는 소파와 의자가 완벽하게 잘 갖추어져 있었다. 학생들은 남쪽으로 난 커다란 창을 바라보고 자연스럽게 앉아 있었고, 녹색 벽 주변에 그리고 녹색 벽을 따라 앉아 있었다. 그리고 날씨가 좋은 날이면 학생들은 바깥에 앉아서 가까이 흐르고 있는 포토맥강과 주변에 있는 나무들을 바라볼 수 있다.

F. 다감각의 바이오필릭 디자인

펜실베이니아주 피츠버그: 핍스 식물원 & 식물원 정원
건물 내부에 자연 소리 들려주기
티모시 비틀리

피츠버그에 있는 핍스 식물원 & 식물원 정원은 1893년에 설립되었다. 이곳은 이 지역에서 중요한 기관으로서, 최근 몇 년 동안 지속가능성과 녹색 빌딩을 이끄는 주요 리더로 활동해 왔다. 최근에 지어진 몇 개 건물들이 녹색 건물이 되었으며, 여기에는 새로운 웰컴 센터와 녹색 카페도 포함된다. 가장 눈여겨볼 만한 곳으로 CSL Center for Sustainable Landscapes을 들 수 있으며, 수많은 바이오필릭 설계 요소들이 적용되었다. LEED Leadership in Energy and Environmental Design에서 가장 높은 레벨인 플래티넘 인증을 받았으며, 리빙 빌딩 챌린지 표준도 충족해서 제로 에너지와 제로 워터를 구현했다. 경관도 SITES Sustainable Sites Initiative에 맞는 인증을 획득했으며, 이 건물에는 넓은 녹색 지붕도 만들어져 있다. CSL에 따라 물과 하수를 통합해서 처리한다. 즉 하수 처리를 위한 습지 조성, 레인 가든을 포함해서 폭우 대비 기능, 수중 물 저장 설비, 투수성 포장이 적용되었다. CSL에서는 거의 모든 생태학적 아이디어나 기술들이 사용되고 있는 것 같다.

또한 이곳은 WELL 인증 빌딩(플래티넘)으로써 이 건물이 사람의 건강과 웰빙을 우선시한다는 것을 나타낸다(Phipps Conservancy n.d.). 또한 지속가능한 현장 교실 모델인 SEED Sustainable Education Every Day 교실(미래의 교실)도 있다. 이것은 에코크래프트 홈즈가 지은 모듈식 구조로, '학생의 건강과 잠재력을 극대화하기 위해 미래의 교실을 어떻게 만들 수 있는지를 모델링'할지를 파악하기 위해 만들어졌다(Phipps Conservatory n.d.).

최근에는 음향 아티스트인 애비 아레스티가 시설에 자연음을 통합하는 작업을 했다. 아레스티는 피츠버그 전역에서 소리를 녹음했고, 이것을 식물원으로 가져왔으며, CSL의 메인 아트리움에 있는 12개의 스피커를 통해 소리가 나오게 했다. 소리는 1년 내내 계절에 따라 바뀌어 나오며, 변화하는 날씨(예: 강수량, 바람)에 따라서도 그에 맞는 소리가 나오며, 이 모든 것이 컴퓨터 프로그램에 의해 처리된다. 이 사운드 콜라주는 교육을 목적으로 사용되지만 조용한 실내 공간에서 중요한 바이오필릭 요소로서의 기능도 수행한다. 이곳에는 밖에서 들리는 소리를 차단하기 위해 3중 패널 창문이 설치되어 있어서 자연의 소리를 들을 수 없는데, 이를 보완하기 위해 시설 관리 책임자인 리차드 플라센티니가 이와 같은 사운드 콜라주를 설치했다(Karlovitis 2014).

피츠버그에 있는 핍스 식물원의 CSL은 리빙 빌딩으로 인증받았다(사진 제공: 저자).

음향 시설은 식물원의 상설 전시인 BETA Biophilia Enhanced Through Art 프로젝트의 일부가 되었다. BETA는 바이오필릭 작품을 시설 곳곳에 상설로 전시하는 프로젝트이며, 나무 테이블에서부터 유리를 불어서 만든 도마뱀, 꽃피는 나무 수채화 등 많은 것이 이 프로젝트의 결과물이다. 또한 금속 조각품과 만질 수 있는 화석 복제품도 있다. 그리고 파올로 솔레리의 '풍경'windbell들도 있어서 풍경 소리를 들을 수도 있다.

IV

자연을 도시로 다시 불러들이고 복원하기

A. 강 되살리기

캘리포니아주 LA: 로스엔젤레스강 활성화

콘크리트 배수로에서 '녹색 리본'으로

브리아나 버그스트롬

지난 몇 세기 동안 전 세계 각지의 도시를 흐르는 강들은 산업화, 오염, 방치로 인해 상태가 나빠졌었다. 그러나 도시들의 노력으로 인해 이들 강이 다시 살아나고 있다. 로스앤젤레스강은 도시의 생활 편의시설로써 활력을 되찾고 새로워진 사례이다. 다수의 공공 프로젝트와 민간 프로젝트가 성공을 거둠에 따라 많은 로스엔젤레스 사람들은 도시가 로스앤젤레스강을 다시 품고, 강의 생태계를 복원할 수 있기를 희망하고 있다. 그렇게 해서 로스앤젤레스강이 가치 있는 자연 자산이자 소중한 공공 장소가 되기를 바라고 있다.

도시 개발 과정 중에 로스앤젤레스강과 강의 범람원은 고도로 도시화되었다. 즉 한때 구불구불한 모양으로 건강한 상태의 로스앤젤레스강은 지금처럼 공학적으로 홍수를 통제하는 강으로 바뀌었다. 1938년의 대홍수 이후 육군 공병대는 강의 3분의 2를 거대한 콘크리트 수로로 만들었다. 강의 모양을 겨우 유지하고 있는 현재의 로스앤젤레스강은 LA 시내에 내린 빗물을 태평양으로 아주 빠르게 보낼 수 있도록 설계되었으며, 이 계획은 매우 성공적이었다. 그러나 강을 수로로 만들고, 범람원을 불투수성 표면으로 덮어버리고, 강기슭의 생물 서식지를 개발함으로써 강이 줄 수 있는 생태계 서비스, 귀중한 물, 레크리에이션 기회가 사라져 버렸다. 슬프게도 시간이 지나면서 로스앤젤레스강은 도시의 거대한 회색 인프라의 일부에 불과한 곳이 되었다.

다행히 로스앤젤레스의 밀물과 썰물이 바뀌었다. 30곳이 넘는 연방, 주정부, 지방 정부 기관 및 수많은 민간 부문과 비영리 단체들이 한때 심하게 저평가되어 있던 수로의 운명을 바꾸기 위해 노력하고 있다. 이들 기관과 단체들이 힘을 합쳐 기울이는 노력이 로스앤젤레스강 활성화 마스터 플랜에 담겨 있으며, 여기에는 서식지를 복원하기 위한 계획, 레크리에이션 및 여러 용도의 공간을 개방형으로 개선하기 위한 계획, 강변 상업 지역을 활성화하기 위한 계획, 주변 지역을 경제적으로 발전시키기 위한 계획이 들어 있다. 이 계획의 이면에는 공공 공간을 '녹색 리본'으로 만들려는 의도가 들어 있다. 즉 공공 공간에 자전거 도로, 음식점, 모임 공간을 만들어서 주민과 관광객들이 오도록 하고, 시민들이 자부심을 가질 수 있을 정도의 공간을 만들려고 한다.

육군 공병대는 한 가지 특별한 프로젝트를 계획했으며, 프로젝트명은 '얼터네이티브 20'이었다. 이 프로젝트의 목적은 강의 9.7킬로미터를 복원하는 것이었다. 즉, 콘크리트를 습지와 식물이 살 수 있는 곳으로 바꾸는 것이었다. 이렇게 만들어진 새로운 녹색 대지는 시에서 확보한 빈 부지에 조성될 공원과 연결될 것이다. 이러한 노력은 82킬로미터에 이르는 강을 따라 나 있는 공공장소에서 이루어질 것이며, 이를 통해 녹지를 계속 넓혀 나갈 것이다. 물이 깨끗해지면 카약을 탈 수 있는 개선된 레크리에이션 공간이 생길 것이고, 서식지도 더 좋아져서 수백 종의 생물들이 강으로 되돌아올 것이다. 보행자와 자전거를 위한 라 크레츠 크로싱이라는 이름의 새로운 다리가 만들어져서, 앳워터 빌리지 인근에 있는 기존의 강 산책로에서 서쪽의 그리피스 공원에 있는 하이킹 및 승마 산책로로 더 쉽게 갈 수 있을 것이다. 이렇게 되면 도시의 기존 녹색 인프라와 강이 보다 더 확실하게 연결될 것이다.

강에 새로운 생명을 불어넣는 일이 성공하면 로스엔젤레스 전역에서 진행되고 있는 여러 프로젝트와 함께 시너지 효과를 낼 것이다. 가령 로스엔젤레스는 사용되지 않는 부지와 별로 사용되고 있지 않은 거리 공간을 공원과 녹색 길로 만드는 일에 집중하고 있다. 이렇게 만들어진 공원과 녹색 길은 침투성 도로, 가뭄 방지 수목 심기, 레인 가든, 생태 수로로 활용되어서 빗물 관리에 도움을 줄 것이다. 이러한 노력이 진행되면 강으로 유입되는 물이 정화되는 데 도움이 될뿐만 아니라 바다로 흘러가는 물의 속도가 줄어들고 도시 전역에 필요한 녹지 공간이 많이 확보된다.

이들 프로젝트가 향후 몇 년 동안 구체적으로 진행되면 로스엔젤레스강은 서서히 녹색 지형으로 바뀔 것이며, 샌프란시스코 밸리에서 태평양으로 나 있는 이곳은 커다란 공개된 공공 공간이 되어서 지역사회들을 연결하고 이곳의 자연 서식지가 복원될 것이다. 또한 도시에서 공원을 즐길 수 없는 시민들에게 풍부한 공원을 제공할 것이다. 강이 생명력을 되찾는 계획이 제대로 된다면 도시의 환경이 전반적으로 개선될 가능성이 있으며, 여가를 즐길 수 있는 개방된 공간도 늘어난다. 또한 우수를 더 효율적으로 관리할 수 있으며, 사람들의 건강도 개선되고, 경제 발전도 촉진되며, 삶의 질도 향상될 것이다. 로스엔젤레스강이 구불구불했던 원래의 영광을 되찾을 수는 없을 것이다. 그러나 로스엔젤레스 시민들의 노력이 더해진다면 로스엔젤레스강은 새로운 시작을 맞이할 수 있으며 로스엔젤레스의 위대한 녹색 공간이 될 기회도 가질 것이다.

버지니아주 리치몬드: 제임스강 리버프론트 플랜
도시를 가로질러 흐르는 거친 강

티모시 비틀리

인구 밀도가 높은 도시 중심부 가까이에 야생 자연을 많이 둔 걸로, 버지니아주 리치몬드만한 도시는 거의 없다. 특히 눈여겨볼 만한 것으로 도시를 가로질러 흐르는 제임스강이 있다. 리치몬드는 역사적으로 제임스강과 밀접하게 연관되어 있다. 미국 동부 피드먼트 고원과 해안 평야의 경계선에 있는 리치몬드의 초기 산업과 경제적, 정치적 생활은 제임스강과 연결되어 있다. 최근 몇 년 동안 리치몬드와 시민들은 강에 대한 인식을 새롭게 하고 있다. 즉 도시에서의 삶의 경험에서 제임스강이 중심에 있을 정도로 중요하다는 사실을 인식했으며, 강과의 연결을 더 원활하게 하기 위한 새로운 전략과 프로젝트를 적극적으로 계획하고 있다. 2009년에 만들어진 계획에서는 제임스강을 리치몬드의 "거대하고 습지가 있는 센트럴파크"로 만들기로 했다(City of Richmond 2009). 2012년에 야심 찬 리버프론트 계획이 채택되었으며, 제임스강을 '일반인이 접근할 수 있고 미래 세대를 위해 보호해야 하는 자원'으로 선언했다(City of Richmond 2012, 6). 하그리브스 어소시에이츠가 이끄는 팀이 준비한 계획에는 다양한 프로젝트와 개선책이 들어 있었으며, 주된 방향은 제임스강에 더 쉽게 접근할 수 있게 하고 도시의 삶의 중심에 제임스강을 두는 것이었다.

리치몬드에는 원래 개발되지 않은 야생 녹지가 많이 있었으며, 도시의 리버프론트 공원을 방문한 사람들은 넓은 자연에 한번 놀라고 그런 자연이 도심 가까이 있다는 사실에 한번 더 놀란다. 최근에 필자는 도시 계획을 전공하는 학생들을 데리고 제임스강을 견학한 적이 있었다. 견학 중에 재미있는 농담이 있었다. "도심에서 돌을 던지면 닿을 곳에 흰머리 독수리 둥지, 5등급이나 되는 급류, 커다란 블루 왜가리가 있는 주도가 어디에 있겠어요?" 이에 대해 제임스강 공원 책임자인 버렐은 "알래스카주 주도인 주노 정도면 비교가 될 거에요!"라고 말했다. 그날 우리는 '알래스카주 남동부에 있는 주노'에 관해 이야기를 많이 나누었다. 리치몬드의 야생 자연은 매우 놀라울 정도로 넓으며, 리치몬드시를 제임스 강변에 앉히는 역할을 한다.

제임스강의 야생은 인간이 만든 것과 자연스럽게 잘 섞여 있다. 강의 공원 시스템에 있는 보석들 중 하나로 벨 섬이 있다. 66,000평 규모의 섬으로, 제임스강의 경로를 둘로 나눈다. 벨 섬의 주된 방문 목적은 자연 경험이지만 인간과 산업의 긴 역사에서 이 섬에는 과거의 흔적이 고스란히 남아 있다. 남북전쟁 당시 사용되던 감옥, 금속 세공실과 채석장, 도시 가로등에 전기를 공급하던 수력 발전 시설이 있었다. 이들 시설 중 상당수가 아직 존재하며, 오래된 사다리를 오르고 콘크리트 길을 따라 걷고 싶어 하는 이들이 자주 들르는 곳이 되었다.

벨 섬에 가려면 보행자 전용 다리를 건너야 하며, 이 다리는 강을 가로질러 나 있는 리 브리지의 아래쪽에 있다. 보행자 전용 다리는 파도 모양으로 되어 있고 움직이기도 한다. 그리고 다리를 건너다보면 특별한 전망으로 강을 볼 수 있다. 섬을 한바퀴 돌아서 산책로가 있으며, 물에 다가갈 수 있는 곳도 매우 많이 있다. 섬의 북쪽에는 많은 바위와 물 웅덩이가 있어서, 날씨가 좋은 날이면 바위에서 피크닉을 즐기는 가족과 연인들을, 그리고 바위 사이에서 달리고 뛰어오르는 아이들과 강아지들을 볼 수 있다. 암석이 있는 곳의 가장자리로 가면 리치몬드 시내의 뛰어난 전경을 볼 수 있다.

파이프라인 트레일은 리치몬드 제임스강을 따라 조성된 환상적인 산책로다(사진 제공: 저자).

    강을 따라 나 있는 여러 가지 고유한 특징들 중 가장 독특하면서 강 가까이 접근할 수 있는 특별한 방법 중 하나로 파이프라인 워크가 있다. 문자 그대로 이 다리는 파이프라인, 즉 도시 하수관 위에 있는 산책로이며, 강 수십 센티미터 바깥으로 나 있다. 이곳을 걷다 보면 난간이 어디 있는지 찾게 되며, 그렇게 가다 보면 어느덧 난간이 끝나는 지점에 도착한다(난간이 시작되는 지점에 '물이 파이프 위로 넘칠 때 걸어가지 마시오'라는 경고문이 있는데 난간 끝에 도착하고 나서 그 문구가 왜 거기 있었는지 완전하게 이해했다). 이곳에는 청어가 말 그대로 넘쳐나며 청어를 낚아채기 위해 왜가리들이 좋은 목에 자리

잡고 있다. 그리고 약 40개의 파란색 왜가리 둥지가 몰려 있다. 또한 주변에서는 물수리들이 날아다니며, 빠른 물살의 강물이 강바닥을 내려치면서 큰소리를 울리며 끊임없이 흐르고 있다.

리치몬드는 제임스강과 시민들을 다시 연결하기 위해 주목할 만한 조치들을 많이 취했으며, 리버프론트 플랜에 더 많은 방안들이 담겨 있다. 보행자 및 자전거 도로(연결 고리에서 중간에 빠져 있던 곳 완성), 가로 경관 연결부, 강 양쪽 편에 강변 테라스, 보행자 횡단 장치인 브라운즈 아일랜드 댐 워크 등을 새로 조성할 계획이다. 이 모든 것들이 새로 만들어지면 도시와 제임스 강을 물리적으로, 정서적으로 연결하는 것이 더 강해질 것이며, 이 바이오필릭 시티의 삶의 질이 크게 향상될 것이다.

대한민국 서울: 청계천 복원 프로젝트
도시 중심부의 고가도로 철거 후 강 되살리기

칼라 존스

대한민국 서울에서 진행된 청계천 복원 프로젝트는 산업화 시대에 도시화가 진행되는 가운데 오염된 땅을 복원했을 때 환경적, 사회적, 경제적으로 어떤 이익이 생기는지를 확실하게 보여주는 예로 잘 알려져 있다. 청계천은 고가도로 아래에 묻혀 있었다. 1990년대에 고가도로에 안전성 문제가 확실하게 있다는 것이 밝혀졌다. 그리고 고가도로 구간을 포함해서 도로 전체를 다시 건설하는 데 들어가는 비용은 약 930억 원으로 추산되었다(Jane n.d.). 고가도로를 철거하고 다시 건설하는 계획은 2001년에 수립되었다. 2002년 시장

선거의 정치적 논쟁으로 인해 고가도로를 다시 건설하는 것에서 청계천을 복원하는 쪽으로 대화의 흐름이 바뀌었다. 고려해야 할 많은 관심사가 있었지만 정부는 궁극적으로 공공이 소유한 토지에만 집중하기로 결정했다.

청계천은 서울 도심 중심부를 따라 흐르며, 한때 고가도로 부지였다(사진 제공: http://flickr.com/photos/w00kie/138793454/).

이해 당사자들의 관심도 많았지만 역사적, 환경적, 사회적으로 하천 복원에 대한 필요성도 많이 대두되었다. 이 부지에서 고가도로가 맡았던 역할을 알리고, 빗물을 처리하고, 시민들에게 여가 공간을 줄 수 있는 방향으로 복원이 진행되었다. 복원에 소요된 총 비용은 서울시 전체 예산의 1퍼센트에 불과했으며, 이는 시가 감당하기에 적절했다. 공원을 선형식으로 만들면서 더 많은 자연을 확보하도록 설계되었다. 하천 복원의 중요성을 매일 6만 명 이상의 방문객에게 알리는 박물관도 있다.

청계천은 도시 열섬 효과를 줄이고, 공기 질을 개선하고, 홍수 통제 기능도 수행하고 있다. 또한 이 복원 프로젝트를 통해 자연이 없던 5.8킬로미터에 이르는 길은 많은 사람과 자연을 연결하는 길로 탈바꿈되었다.

미주리주 세인트루이스: 그레이트 리버 그린웨이 디스트릭트의 리버 링
주 경계선을 가로질러 사람과 자연 연결하기
아만다 벡

그레이트 리버 그린웨이 디스트릭트의 목표는 1년 내내 사람과 자연을 연결시키는 것이며, 그 이면에는 아름다운 4계절을 기리는 것도 포함된다. '깨끗한 물, 안전한 공원, 지역사회 산책로 발의'에 관한 법률 개정안 C가 승인되고 2000년 11월에 세인트루이스시, 세인트루이스 카운티, 세인트 찰스 카운티에서 정부 조직에 관한 주민 투표가 진행되었다(Sable-Smith 2013). 그레이트 리버 그린웨이는 자연이 주민들의 일상을 향상시키고 사람들을 서로 연결하는 일에 있어서 핵심적인 역할을 맡는다. 그리고 그레이트 리버 그린웨이 디스트릭트는 2003년에 대담한 비전을 가지고 리버 링 네트워크를 시작한다. 이 계획은 483킬로미터에 이르는 산책로, 45개의 그린웨이로 세인트루이스시, 세인트루이스 카운티, 세인트 찰스 카운트를 연결하는 것이었다. 시민 중심의 리버 링 지역 계획의 지지로 리버 링은 점차 확장되었으며, 향후 미주리주와 일리노이주의 여러 그린웨이까지 연결될 것이다.

시민들은 포레스트 공원에 머물면서 피크닉 섬을 탐방할 수 있으며, 워싱턴 대학교 캠퍼스를 따라 센테니얼 트레일을 지나 역사적인 델마 루프 디스트릭트로 갈 수 있다. 또한 18킬로미터 길이의 노스 리버프론트 트레일을 걸을 수 있는데, 이 트레일은 미시시피 강을 따라 나 있으며, 역사적인 명소이자 루트 66을 대표하는 곳 중 일부인 올드 체인즈 오브 록 브리지에서 끝난다(United States National Park Service n.d.).

스페인 자라고사: 루이스 부누엘 워터파크
홍수 조절 기능까지 갖춘 새로운 유형의 공원
힐러리 디타 비어드

2008년 자라고사 엑스포 일환으로써 알데이 호버 아키텍처는 에브로강 곡류의 자라고사에 루이스 부누엘 워터파크를 설계했다. 도시와 에브로강을 통합하기 위해 공원에는 홍수 대비 습지를 만들었고 물을 기반으로 한 생태계도 조성했으며, 이를 통해 시민들이 이곳에 접근할 수 있게 했다. 수력학을 이용하는 폐쇄 시스템으로 강물을 취수해서 정화된 물을 공중 목욕탕에 공급하고, 사용된 물을 유기적으로 여과하여 강으로 되돌려 보낸다.

이 공원은 매력적인 관광 장소일뿐만 아니라 생태계에 중요한 역할을 하고 있다(Alday, Jover, and Dalnoky 2008). 관리가 용이하며, 40,000그루의 관목과 25,000그루의 나무가 자립적으로 생태계를 유지한다. 공원은 본래 농지였던 곳에 조성되었으며, 농부와 정원사들이 여러 해에 걸쳐 만들어 놓은 기존 트랙을 활용했으며, 이를 통해 '미지형'microtopography을 대폭 조정하는 일을 최소화했다.

이 워터파크에는 에브로강, 도시, 공공 장소가 교차되어 있다. 설계의 주요 컨셉은 홍수를 포함해서 강의 자연적인 라이프사이클을 공간과 통합 및 호환시키는 것이었다. 즉, 도시와 강이 공존하고, 자연과 사람이 공존하는 공간을 만드는 것이었다. 이곳에는 3개의 해변이 있고, 원형 극장과 전시 공간 등 다수의 공공 건물이 있다.

준공된 공원은 지금까지 매우 좋은 반응을 얻고 있다. 도시와 자연을, 사람과 강을 다시 연결하는 이 프로젝트는 도시 설계의 패러다임을 바꾸었으며, 지역 주민들에게 큰 인기가 있다. 이곳은 도시에서 두 번째로 인기 있는 공간으로, 도시 외곽에 있음에도 불구하고 방문객들이 많이 찾아온다.

습지와 다양한 식생층이 성장하고 성숙하면서 생성된 이 지역 특유의 기후 조건으로 인해 생물다양성이 매우 풍성해졌다. 특히 다양한 철새들이 찾아왔다. 공원에 위치한 한 섬에 희귀종이 서식하는 것으로 파악되어서 보호구역으로 지정되기도 했다. 이곳은 생물다양성과 토종 새 및 철새들을 존중하고 이해하는 데 한몫하고 있으며, 공원 방문자들은 교육 기회도 얻고 있다 (Alday, Jover, and Dalnoky 2008).

알데이 호버 소속 건축가인 이나키 알데이는 인터뷰에서 '강에게 되돌려주다'를 여러 번 언급했다. 프로젝트의 핵심은 토양과 식물을 비롯해 사람과 생태계 사이에서 '공간을 협상하는 것'이다(Inaki Alday, D. Beard와의 인터뷰 중, 2015년 1월 7일). 이 프로젝트는 도시와 자연을 통합하는 공간을 설계하면서 양측을 똑같이 존중하는 새로운 전형을 제시하고, 인간 중심적 사고에서 생명 중심적 사고로 넘어가고자 한다.

스페인 자라고사에 있는 루이스 부누엘 워터파크의 두 이미지. 위의 사진은 공원에 물이 없을 때이고, 아래 사진은 공원에 물이 많을 때다(사진 제공: 알데이 호버 아키텍처).

B. 나무와 도시 숲

영국 런던: RE:LEAF 프로그램
나무와 숲이 없는 곳에 나무 심기와 숲 만들기
머라이어 글리슨

RE:LEAF 프로그램은 2025년까지 런던의 숲 캐노피를 5퍼센트 늘려 런던 시민 한 명당 나무 한 그루가 되게 만드는 것을 목표로 두고 있다. RE:LEAF는 런던에서의 나무 심기와 숲 관리를 강조하고, 지역사회와 민간 단체들이 숲 관리에 참여하도록 권장하고, 런던 숲의 경제적 가치와 기후 변화 적응 혜택들을 알리고, 숲에 대한 투자를 확보하고자 한다. 이런 목표를 달성하기 위해 런던 숲 캐노피를 늘리고, 가로수에 대한 시민 의식을 향상시키고, 런던 주민들이 숲에 대해 관심을 갖도록 돕고 있다. 프로젝트는 런던 시 당국과 여러 단체들이 파트너십을 맺어서 진행되고 있으며, 참여 단체로는 산림위원회, 그라운드워크 런던, 트리즈 포 시티즈, 우드랜드 트러스트, 나무 협의회 외에 여러 유력 단체들이 있다.

RE:LEAF는 시민들이 쉽게 참여할 수 있게 했다. 이 프로젝트의 웹 사이트인 GLAGreater London Authority에 가면 가로수 프로젝트 보조금 정보를 얻을 수 있다. 개인이 봉사나 기부에 참여할 수 있는 방법을 제시하고 개인 주택의 마당과 정원에 나무를 심는 다양한 방법을 제공한다(Greater London Authority [more trees], n.d., 9).

RE:LEAF는 많은 목표를 달성했다. 런던 4곳의 자치구에 16,300그루가 넘는 나무를 심었고, 새로운 과수원과 삼림 지대를 조성했으며, 런던에서 1주일 동안 나무와 삼림을 축하하는 런던 나무 주간을 만들었으며, 자치구 및 지하철 노선 근처에 있는 나무들을 소개하는 앱인 Tree-Routes를 개발했다.

호주 멜버른: 도시 숲 전략

'도시에 나무' 전략에서 '숲에 도시' 전략으로 변경

티모시 비틀리

호주 빅토리아주의 주도인 멜버른은 높은 생활 수준과 문화로 인정받는 도시이다. 다른 호주 도시들보다 앞서서 환경과 기후 변화 문제들을 다루고 있으며, 지난 수년 간 도시의 숲과 자연을 확장하기 위한 여러 가지 계획을 세우고 있다. 멜버른은 자연과 하나가 되고자 하는 분명한 바이오필릭 비전을 가지고 있다. 도시에 숲이 있기보다 숲속에 있는 도시가 되려는 포부를 밝혔다(Lynch 2015). 이의 주된 계기는 긴 가뭄과 폭염으로 인해 사망자가 폭증한 사건들이었다(2009년에 자연 재해로 374명 사망). 한때 숲 관리를 등한시해서 나무들이 죽어간 적이 있었다. 이에 대처하지 않을 경우 추후 15~20년 동안 멜버른의 숲이 40퍼센트 줄어들 것이라는 조사 결과가 나왔다. 도시는 이를 막기 위해 도시의 캐노피 범위를 현재의 20퍼센트에서 40퍼센트까지 올리고자 했다. 이의 주된 목표는 도시 열을 장기적으로 줄이는 것이며, 캐노피 범위를 2배로 늘리면 평균 온도가 섭씨 4도 낮아질 것으로 기대했다. '도시 숲' 전략에서 3,000그루의 나무를 도시에 새로 심는 등 세부 방안을 세웠다. 포장

된 길을 공원으로 바꾸고, 레인 가든과 투수성 포장 도로를 설치하고 있다 (예: 콜린스가에 투수성 청석 포장재 사용). 인도뿐만 아니라 도로에도 나무를 심어서 나무 심기 효과를 극대화하고자 한다. 강우를 회수해 물 부족 문제를 해결하고자 하며, 이를 통해 조경 관리에 필요한 물 중 4분의 1을 확보할 것으로 기대하고 있다. 더 나아가 도시에 녹색 지붕을 더 많이 만들도록 장려하고, 이를 위한 기술 매뉴얼을 만들었다.

숲 설계 전략을 개발하고 실행하기 위해 창의적인 방법들을 고안했으며, 시민 참여와 지역 봉사 활동을 권장했다. 멜버른은 예술가, 미술 경연 대회, 다수의 공개 워크숍과 온라인 포럼을 창의적으로 활용했다. 도시 숲 비주얼이라는 통합 지도를 만들어서 인터넷으로 볼 수 있게 했으며, 이 지도에는 도시에 있는 77,000그루의 나무 정보가 수록되어 있다. 각 나무에는 고유 번호와 이메일 주소가 붙어 있다. 가장 마음에 드는 나무에게 이메일을 보낼 수 있는 기발한 아이디어로 일반 대중을 참여시켰고, 이 창의적인 시도는 성공을 거두었다. 수천 통의 이메일이 나무들에게 전달됐고, 연애 편지가 많은 부분을 차지했다. 멜버른의 '도시 생태/도시 숲' 팀을 이끌고 있는 팀장인 이본 린치는 밀워키에 있는 350년 된 떡갈나무가 멜버른에 있는 떡갈나무에게 이메일을 보낸 사연을 이야기해주었다. 그에 따르면 "사람들이 나무와 소통하는 것을 매우 신기해한다"고 한다.

또한 멜버른은 도시 생태 전략을 마련하고 있으며 이 전략에 따라 대중 참여를 높이기 위한 창의적인 방법을 많이 진행하고 있다. 일례로, 도시 전역에서 생물다양성탐사를 진행하고 있으며, 토론 자료도 준비하고 있다.

C. 그린웨이, 그린벨트, 도시 산책로

알래스카주 앵커리지: 도시 산책로 망

하이킹, 스키, 개 썰매를 즐기는 사람들을 위한 산책로

줄리아 트리만

알래스카주의 주도인 앵커리지는 세계에서 가장 아름답고 험한 자연 풍경이 있는 곳으로 알려져 있다. 알래스카주와 앵커리지 주변의 인상 깊은 자연을 보완하기 위해 도시 설계자들과 공원 및 산책로 옹호론자들은 도시 속에 매우 인상 깊은 산책로 체계를 구축하고 있으며, 이를 통해 도시 주민들과 방문객들이 자연을 가까이에서 접할 수 있게 만들고 있다. 앵커리지에는 210킬로미터의 포장 산책로와 260킬로미터의 비포장 산책로가 있으며, 알래스카 디스패치 뉴스의 기사는 이 산책로를 다음과 같이 표현하고 있다. "북미의 산책로 시스템 중에서 가장 다양한 사용자들이 즐기고 있는 산책로가 앵커리지에 있다. 사람들은 이곳에서 걷거나 뛰며, 자전거, 롤러블레이드, 개썰매, 스노우보드를 즐긴다. 또한 반려견과 산책하거나 조류를 관찰하거나 말을 타기도 한다"(Goertzen 2015). 다양한 것을 즐기는 사용자들이 일년 내내 기후 조건에 맞춰서 앵커리지를 찾는다. 앵커리지의 여름은 온화하고 늘 청명하다. 또한 겨울에는 눈이 많이 오고 해가 뜨지 않는 기간도 꽤 된다. 이러한 앵커리지의 계절과 기후에 맞는 다양한 사용자들이 일년내내 계속 오고 있다.

앵커리지의 첫 번째 설계 책임자인 빅 피셔에 따르면 1950년대에 앵커리지

의 지도자들이 애초부터 산책로를 위한 별도의 공간을 마련했기 때문에 산책로 시스템이 성공할 수 있었다고 한다. 그 당시에 앵커리지는 인구도 적고 개발된 상태가 아니었지만 주민들은 주변 자연과 깊은 연대감을 갖고 있었다. 피셔에 따르면 "자연이 바로 코 앞에 있기 때문에 주민들은 자연의 가치와 산맥과 갯벌의 아름다움을 소중하게 여겼다"라고 한다(Wohlforth 2015). 이런 깊은 연대감과 주민 참여 덕분에 산책로 구축은 애초부터 도시 기획에 포함되었다. 덕분에 앵커리지가 '산책로 도시'라는 명성을 얻게 되었다.

앵커리지의 산책로 중 많이 알려진 토니 놀스 해안 산책로는 도시 서쪽 변두리를 돌아가며, 북쪽으로는 공연 예술 컨벤션 센터와 테드 스티븐스 국제공항(공항에서 소형의 복엽기를 포함해서 많은 항공기를 구경할 수 있다)을 지나고, 남쪽으로는 킨케이드파크의 큰 산책로 시스템과 연결되어 있다. 길을 따라가다 보면 아름다운 수역 경치, 안개 덮인 도시, 극심한 밀물과 썰물로 만들어진 갯벌을 볼 수 있다. 그리고 간혹 이 지역에 살고 있는 큰 사슴인 무스 무리 같은 야생 동물을 만나기도 한다.

더 인상적인 것은 산책로가 도시 동편에 있는 2,000제곱킬로미터의 면적을 자랑하는 추가치 주립공원Chugach State Park과 연결되어 있다는 점이다. 산책로 입구들 중 다수가 도시 거리에서 공원으로 직접 들어갈 수 있는 통로가 되기 때문에 시민들은 도심지를 벗어나 야생 지역으로 바로 들어갈 수 있다.

앵커리지의 산책로 네트워크와 자연 풍경이 매우 풍부하지만 설계자들은 산책로를 계속 개선하고 있다. 주된 이유는 주민들이 산책로를 일년 내내 사용할 수 있는 것에 많은 관심을 보이고 있기 때문이다. 북극 자전거 클럽, '주기악 개 썰매 모는 사람 협회' 등 여러 다양한 지역 단체들의 협의로 앵커리지 산책로 계획이 만들어지고 있으며, 앵커리지 공원 재단은 앵커리지 산책로 이니셔티브를 추진하고 있다. 앵커리지 공원 재단의 이사인 베스 노르드룬드는 산책로를 통해 주민들을 주변 편의시설들로 더 잘 연결하고, 산책로 시스템에 대한 주민들의 자부심을 키우고 싶다는 입장을 표명했다(Anchorage Park Foundation n.d.).

중국 청두: 청두의 생태계 벨트와 정원 도시 비전
도시 중앙부를 감싸는 습지와 물 체계

티모시 비틀리

중국 남서쪽에 위치한 청두는 쓰촨성의 성도이다. 이곳은 자이언트 판다의 고향으로 잘 알려져 있으며 세계의 판다 수도라는 별명도 있다. 판다곰 연구 및 번식 센터가 있으며, 판다 보호구역 숲에는 마지막 남은 야생 자이언트 판다들이 살고 있다. 도시 곳곳에서 자이언트 판다 상징물과 그림들을 볼 수 있고, 판다와 사람들이 밀접하게 연결되어 있으며, 주민들이 판다를 매우 자랑스럽게 여긴다는 것을 알 수 있다.

1500만 명이 살고 있는 청두는 물과 오랜 관계를 맺고 있으며 2000년이 넘은 획기적인 관개 시설로 유명하다. 이곳은 역사적으로 정원 도시를 꿈꿔 왔고, 이에 따라 자연과 농지를 보호하는 도시 설계에 집중했다. 도시는 청두 평원에 위치하며, 동쪽으로 룽취안 산맥과 서쪽으로 룽먼 산맥으로 둘러싸여 있다. 산맥 사이에는 5개의 쐐기형 녹지가 있다(청두의 생태계 네트워크를 한마디로 '2개의 산맥, 5개의 쐐기형 녹지, 1개의 녹색링 생태계 벨트'로 표현한다). 청두는 중국 도시들 중 특이하게 생태학적 경관 계획, 지역 전체의 성장 비전, 지방과 도시의 통합을 강조하고 있다. 향후, 지역 시스템으로 도시들을 개발하고, 소규모 위성 도시들에서의 인구 증가를 도모하고, 이들 도시를 녹지와 대중교통으로 연결한다는 계획을 세웠다.

도시 생태계 프로젝트 중에 가장 인상 깊고 도시 계획에 핵심이 되는 것은 내부 원형 고속도로(양쪽으로 약 500미터 길이)를 따라 도시 중심을 둘러싸고 있는 생태계 벨트이다. 생태계 벨트는 도시를 둘러싸고 호수와 갯벌이 연결된 네트워크를 형성하며, 안쪽으로 연결되어 '7개의 쐐기형 블록'을 형성한다(Chengdu Planning and Management Bureau 2003). 이 벨트는 여러 가지 역할을 하고 있다. 홍수를 제어하고 도시 열섬을 완화한다. 그리고 휴식, 여가, 문화와 역사를 즐길 수 있는 공간으로 사용되고, 대피소 역할도 하고 있다. 청두는 지난 몇 년 동안 엄청난 지진으로 손해를 많이 보았기 때문에 이런 대피 장소를 마련하는 것이 중요했다(2008년 지진 규모는 7.9로, 87,000명의 사망자가 발생했다).

생태계 벨트는 주민들에게 쾌적한 휴식 공간을 제공하고 있고, 향후 도시의 원형 중앙 공원으로 개발될 것이다. 청두에는 주로 30~35층짜리 고층 건물들이 들어서고 있고, 공원으로 만들 부지는 부족한 실정이다. 이런 상황에서 생태계 벨트는 도시 곳곳을 연결하고, 많은 시민들이 자연과 물을 가까이 할 수 있는 수단이 될 것이다. 또한 청두는 인도와 자전거 도로망을 건설할 계획이며, 그 길이는 800킬로미터에 달한다. 일부 노선은 이미 완공됐으며 시민들이 도시에서 주변 시골 지역으로 이동하는 통로 역할을 하고 있다.

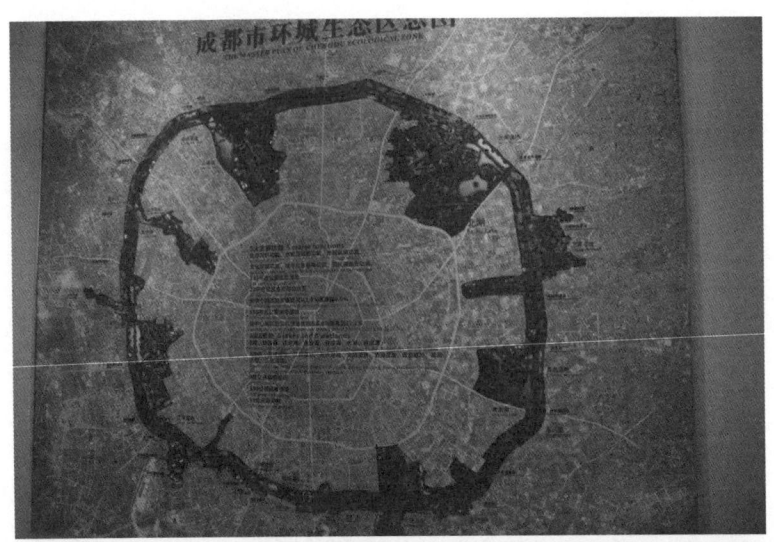

중국 청두를 중심으로 한 생태계 벨트 사진. 위 사진은 청두 기획국에서 준비한 생태계 벨트 지도이며, 아래 사진은 청두 스카이라인 사진이다(사진 제공: 저자).

브라질 리우데자네이루: 트릴하 트랜스카리오카

사람과 공원을 잇는 산책로

티모시 비틀리

　리우데자네이루는 극적인 경치와 화려한 풍경으로 유명하다. 예를 들어, 이 곳에는 티주카 국립공원과 같은 광대한 숲속 공원이 있다. 현재, 리우는 야심 찬 도시 산책로 프로젝트를 계획하고 있다. 이 계획에서는 티주카를 다른 공원 및 지역과 연결하여 600만 명이 살고 있는 리우의 이미지를 새롭게 하는 것이다. 트릴하 트랜스카리오카는 도시를 가로지르는 산책로 망이며, 주민들이 해변에서 산꼭대기까지 산책할 수 있는 통로 역할을 하며, 티주카 국립공원을 비롯해서 주요 공원들과 생태계를 연결한다. 이 산책로는 서쪽에서 동쪽으로 가로지르며, 폰타 도 피카오에서 시작해서 우르카에서 끝난다. 필자는 최근에 약 20년 전 이 산책로를 처음으로 생각해 낸 페드로 메네즈와 이야기를 나누었다. 그의 비전은 매우 대담했다. 산책로의 최종 길이는 250킬로미터가 될 것이며, 현재 120킬로미터 가량 완성되어서 일반 대중에게 공개되었다.

　"큰부리새의 이동 통로 확보가 관건이다. 산책로를 통해 리우 시민들이 자연과 더 가까워지기 원한다. 여가 시간에 자연을 즐기고 자연의 역할을 더 소중하게 생각했으면 좋겠다"라고 메네즈가 말했다. 산책로 운영에 약 2,000명의 자원 봉사자들이 도움을 주고 있다. 메네즈는 최근 자원 봉사자 훈련 프로그램에 250명 정도 등록할 것으로 예상했는데 1,000명 이상이 참석해서 "열정이 대단하다"는 말도 했다. 리우 시민들은 이 도시 산책로를 매우 자랑스럽게 여기며, 시간이 지날수록 리우 도시 체험에 있어 매우 큰 장점이 될 것이다.

D. 녹색 골목, 생태 골목길

텍사스주 오스틴: 녹색 골목 프로그램
집 뒤 골목 공간에 자연 만들기

칼라 존스

　도시 골목을 녹색화하는 것은 전 세계 도시에서 유행이 되었다. 기존 골목을 우수 관리 수단이나 새로운 공공 자연 구역으로 활용하는 등 골목과 같이 예기치 않은 장소에서 자연을 위한 특별한 기회가 만들어지고 있다. 오스틴 지역사회 설계 & 개발 센터의 공동 창립자인 바바라 브라운 윌슨과 인터뷰했으며, 그와의 인터뷰에서 텍사스대학교-오스틴캠퍼스, 오스틴시, 여러 지역 단체들이 지난 10년 동안 협업을 통해 방치된 골목 공간을 살아 있는 녹색 공간으로 만든 이야기를 전해 들었다.
　오스틴 골목들에는 개선해야 할 문제가 많았으며, 이를 개선하기 위한 노력이 여러 해에 걸쳐 지속적으로 진행되었다. 먼저, 골목이 꾸준히 사용되고 있지 않아서 치안 문제와 강우가 넘쳐흐르는 문제가 있었다. 또한 오스틴시의 외곽에 난개발이 심했으며, 적절한 주택과 토지가 부족한 문제도 안고 있었다. 파트너십에 참여한 단체들은 도시 외곽 지역 난개발, 방치된 골목, 부동산 문제를 해결하기 위해 골목 플랫 이니셔티브 계획을 수립했다. 많은 지역사회 회의, 스튜디오 수업, 10곳이 넘는 오스틴시 관련 부서들과의 협의를 통해 지속가능하고 경제적으로도 적절한 주택 공급 프로토타입을 설계하고 만들어서 수립된 컨셉을 시험하고 추진했다.

골목 환경에 대한 문제가 주택 공급에 머무르지 않고 그 이상으로 넘어가면서 골목길에 대한 대중의 관심이 크게 확대되었다. 골목길 플랫 이니셔티브는 이런 경계 공간들을 사람과 자연에 유익한 지역 사회 환경으로 전환할 수 있게 했다. 텍사스대학교-오스틴캠퍼스의 공익 디자인 프로그램을 수강하는 학생들은 골목을 야생 동물 보행로, 공공 예술 전시장, 식량 생산 허브, 빗물 정원 공간으로 활용할 수 있는지를 연구했다. 윌슨은 학생들이 오스틴시 담당 부서들의 제약을 받지 않고 골목을 재창조할 수 있게 했다. 이것이 진행되는 전체 과정 중에 주민들이 참여했다. 오스틴시는 녹색 골목 시범 프로젝트가 다음에 제시된 여러 면에서 유익하다는 입장을 냈다.

- 시민들의 골목길 활용도를 높였다.
- 공공이 이용하는 골목길이 지속적으로 사용되게 했다.
- 지속가능성과 '이메진 오스틴'Imagine Austin 목표를 보여주는 모범 프로젝트를 구현했다.
- 골목에 맞는 아파트식 주거지와 인필infill 유닛을 만들어서 저렴한 주택을 선택할 수 있는 기회가 높아졌다.
- 젠트리피케이션 문제를 해결할 수 있었다.
- 골목 활성화로 공공 치안이 개선되었다.
- 골목에 대한 시민들의 관심과 자세가 좋아졌다.

텍사스 오스틴시 녹색 골목 이니셔티브에서 제공한 사진(사진 제공: 바바라 브라운 윌슨).

골목 플랫 이니셔티브와 녹색 골목 시범 프로젝트는 대학과 도시 간의 협력이 프로젝트를 강화할 수 있다는 것을 보여준다. 윌슨은 이런 협력을 통해 자원과 기금을 지속적으로 확보할 수 있으며, 공공 기관과 시민 단체의 다양한 시각을 반영할 수 있다는 믿음을 가지고 있다. 또한 이런 협력 체제가 구축되면 자원을 안전하게 공급할 수 있는 체제를 구축할 수 있다. 즉, 도시, 학교, 지역 단체가 자체적으로 자원을 확보할 수 없을 때 협력 체제 속에서 필요한 자원을 지속적으로 확보해서 프로젝트를 계속 진행할 수 있다. 대학이 참여하면 프로젝트 성공에 중요한 연구 성과를 지원받을 수 있다. 즉, 지역사회에서의 자금 확보 및 지원 확보를 이끌어낼 근거를 대학 연구소에서 받을 수 있다.

바바라 브라운 윌슨의 말을 들어보자. "연합을 구성하는 일은 매우 중요하다. 이런 연합이 없었다면 프로젝트가 제대로 실현되지 못했다. 녹색 골목 시범 프로젝트의 경우 다양한 이해관계로 인해 성공적으로 진행되었다. '참여자 행위 연구'는 좁은 이해관계를 내려 놓고 집단의 폭 넓은 비전을 성취하는 쪽으로 연합이 이루어지게 했다."

연합의 성과가 골목 녹색화에서 끝나지 않았다. 텍사스주 오스틴에서 예기치 않게 자연을 접할 수 있는 공간이 어디 있냐는 질문에 윌슨은 주차장을 언급했다. 즉 주차장을 야생 동물 보행로로 만들겠다고 했다. 건축대학의 다닐 브리스코 및 딘 프리츠 스타이너, 레이비 버드 존슨 야생화 센터의 마크 시몬스, 대학 시설 관계자, 시의회 의원들은 텍사스대학교와 도시 주변에 얼마나 많은 공용 주차장을 야생 보행로로 만들 수 있을지를 조사했다. 이와 관련해서 윌슨의 말을 들어보자. "주차장 양쪽에 야생 동물 서식지가 있으면 어떤 영향이 있을까? 대기질과 생물다양성이 어떻게 개선될 수 있을까? 자연과 함께 하고 싶은 사람들의 깊은 욕구에 어떤 유익이 있을까? 도시에는 여러 가지 공간들이 있는데 충분히 활용되고 있지 않다. 이들 공간이 그냥 지나치거나 그곳에 '고정되어 있다'라고 생각한다. 도시에 있는 모든 공간을 자연적인 것으로 만들어서 사람과 사람이 아니면서 도시에 살고 있는 생명체에게 유익한 공간으로 다시 조성할 수 있다. 도시의 모든 장소를 아름답고 혁신적인 곳으로 만들 수 있다."

캐나다 퀘벡주 몬트리올: 녹색 골목
캐나다 문화 수도에 숨겨져 있는 녹색 오아이스

티모시 비틀리

몬트리올의 골목들은 아름답게 녹지화되어 있으며, 시 당국은 골목길을 예쁘게 가꾸는 동네 프로젝트를 다양한 방식으로 지원한다.

몬트리올 시의회의 일원이며 공원과 녹지 구축에 경험이 많은 호세 듀플레시스는 세인트 어베인과 세인트루이스 광장로에 있는 녹색 골목들을 스케치해서 필자에게 주었다. 이 골목들은 숨겨진 보석과 같으며, 들어가는 곳과 나가는 곳을 찾기가 쉽지 않다.

현재 도시 곳곳에 이런 녹색 골목이 100개 이상이나 된다(지도도 있다). 이 골목의 역사는 과거에 집으로 석탄을 배달하기 위해 골목길이 사용되던 때로 거슬러 올라간다. 녹색 골목으로 공식 인정받으려면 시의 지정 절차를 밟아야 하며, 일정 비율의 거주자 동의가 있어야 한다. 공식 인정받은 골목에는 '루엘 베르테'Ruelle Verte 표지판이 골목 입구에 설치된다. 시에서는 녹색 프로젝트와 지속가능성을 중점적으로 진행하는 동네 협의회인 에코-디스트릭트라는 네트워크를 통해 골목 녹지화 및 나무 심기 자금을 지원한다.

퀘벡주 몬트리올은 주택 사이 골목 공간들을 정원과 녹색 구역으로 전환하는 작업을 오래전부터 해 오고 있다. 이곳은 그렇게 진행된 녹색 골목들 중 한 곳이다(사진 제공: 저자).

이들 녹색 공간은 대개 그렇듯이 일직선 형태이며 나무들이 줄지어 서 있다. 공공 장소이지만 막다른 길이라서 주변에 살고 있는 주민이 아니면 자주 방문하기 힘들다. 녹색 골목과 출입구가 직접 닿아 있는 주택이나 아파트의 경우 이런 녹색 골목은 특히 가치가 있다. 일반 가정의 마당에 채소밭이나 다른 정원 공간이 있을 경우 녹색 골목의 자연과 더불어 풍성한 녹지가 만들어진다.

골목을 녹색으로 만드는 단계와 조치는 다양하지만 벽면에 튀어나온 화단을 설치하려면 창의적인 노력이 요구된다. 화단은 석재와 벽돌 등 다양한 재료들로 만들어지며, 여기에 나무를 심으면 벽이 녹색으로 되어서 부드러운 느낌을 받게 된다. 일부 화단은 플라스틱으로 되어 있고, 또 어떤 곳은 나무나 돌로 되어 있다. 어떤 경우에는 관목과 작은 나무들이 있고, 어떤 곳에는 꽃과 채소가 심겨져 있다.

이곳에는 정원과 유기 폐기물을 담는 퇴비통, 빗물통, 의자들도 설치되어 있다. 또한 독립형 화분들도 있고, 많은 식물들이 벽과 울타리의 측면을 타고 올라가고 있다.

최근에 다른 도시들도 골목 녹색화 프로젝트를 적극적으로 추진하고 있으며, 아주 짧은 기간 동안 가시적인 성과를 내고 있다. 시카고도 매우 성공적인 녹색 골목 프로그램을 시행해 왔으며 녹색 골목 핸드북을 작성해 주택을 보유한 시민들과 일반 기업체들에게 정보를 공유하고 있다. 샌프란시스코에서는 '살아있는 골목'이라는 개념이 주목받고 있다. 헤이즈 밸리 인근의 린든 골목은 골목길을 녹색으로 만들어서 보행자가 걷게 하면 어떤 가치와 유익함이 생기는지를 보여준다. 샌프란시스코는 구역을 설계할 때 이 개념을 도입할 계획이다. '살아있는 골목'을 많이 만들어서 서로 연결하겠다는 개념은 '마켓 앤 옥타비아 에어리어 계획'의 핵심이다.

E. 녹색 인프라와 도시 생태 전략

아르헨티나 부에노스아이레스: 코스타네라 노르테

생태학적으로 풍부한 도시

아만다 벡

　부에노스아이레스는 생태학적으로 풍부한 도시로, '거대하고 다양한' 아르헨티나에 있다. 그리고 거대한 팜파 충적 평원의 비옥한 농지와 방목 지대가 주변을 둘러싸고 있다. 부에노스아이레스(이 지역 출신을 '포르테냐'라고도 함) 시민은 2백만 명이 넘고, 대도시 지역까지 넓히면 인구는 1천 2백만 명이다. 부에노스아이레스는 소득 격차와 불안정한 과거로 인해 어려움을 겪고 있지만 건강한 녹색 도시가 될 수 있다는 비전을 시민들에게 심어주고 있다. 모리시오 맥리 시장은 2014년에 '부에노스아이레스 녹색 계획'을 발표하면서 20년 안에 도시를 친환경적이고 더 시원하고 기후 변화에 적응된 도시로 변화시킬 것을 약속했다. 이니셔티브에는 지속가능한 교통망 확보, 청정 에너지 촉진, 온실가스 배출 저감화 계획이 들어 있었다. 그 일환으로 일반 도로와 고속도로에 가로수를 심고, 녹색 옥상을 만들어서 도시 자연을 향상시켰다.

　부에노스아이레스는 아주 예전부터 광장, 공원, 워터프론트 등 주민들을 위한 공공 장소를 많이 만들었다. 프랑스계 아르헨티나 조경 건축가인 카를로스 테이는 1891년 '공원과 수로' 프로젝트의 감독관이 되어 아름다운 나무들이 늘어 선 대로와 공원을 만들었다. 테이의 가장 큰 사업 중 하나는 팔레르모 공원을 4제곱킬로미터로 확장한 것이고, 다른 하나는 아르헨티나 토종 식물과 외래 식물들이 있는 카를로스 테이 식물원을 만든 것이다(Biografia Julio Carlos Thays n.d.). 센테나리오 공원, 콜론 공원, 5월 광장 등은 지금도 많은 사람들이 방문하는 곳이며, 역사적으로 주변 팜파 지역의 풍성한 자연과 연관이 있다. 한 세기가 넘게 매년 개최되는 농축 전시회인 '라루랄'La Rural에서 시민들은 도시를 벗어나 풍성한 목가적 지역을 방문할 기회를 갖는다. 방문객들은 가축을 구경할 수 있고, 농부들을 만나고, 도시의 일상생활에서 벗어날 수 있다.

부에노스아이레스 같은 큰 도시의 경우 이런 공원과 식물원은 시민들이 자연을 만날 수 있는 중요한 곳이며, 이런 장소들이 있으면 환경에 대한 시민들의 인식이 높아진다. 아르헨티나 자연과학 박물관의 식물원에는 팜파 식물 전용 구역이 있고, 방문객들에게 지역 생태계의 생물다양성이 얼마나 중요한지 알리는 역할을 한다(Faggi 2012). 역사적으로 공공 장소와 녹색 공간을 통해 환경을 보호하려는 관습이 있었기 때문에 시민들은 자연과 함께할 때 어떤 유익함이 있는지를 잘 이해할 수 있었다. 그리고 다행스럽게도 포르테냐 사람들은 기존 장소를 자연 세계와 연결하는 것을 소중하게 생각하고 있을뿐만 아니라 도시에서 더 많은 자연을 보고 싶어한다.

바쁘고 복잡한 도시 생활 가운데, 자연과 야생을 접할 수 있는 장소가 가까이 있는 것이 중요하다. 그런 점에서 부에노스아이레스의 코스타네라 노르테와 코스타네라 수르 생태 보호 구역은 매우 중요한 바이오필릭 시설들이다. 부에노스아이레스대학교 뒤에 있는 코스타네라 노르테는 리우데라플라타 강둑을 따라 나 있다. 대학교 남쪽편에 있는 코스타네라 노르테에는 아주 훌류한 스포츠 공원이 있어서, 시민들이 스케이트, 롱보드, 자전거, 클라이밍 등을 즐길 수 있다(Los Deportes 2013). 부에노스아이레스 시민들이 더위를 피할 수 있도록 시에서 마련한 장소는 코스타네라 수르이다. 이곳은 1918년에 도시 강변 리조트로 처음 만들어졌었다(Municipalidad de la Ciudad de Buenos Aires, n.d.).

1970년대에 시 당국은 리우데라플라타에서 땅을 개간하려고 했지만 이 프로젝트는 1980년대에 중단되었고 자연 그대로 남게 되었다. 프로젝트가 중단된 후 라스 가비오타스와 로스 파토스가 포함된 다양한 생태계로 개발되었으며, 많은 동식물의 서식지가 되었다. 환경 보호 단체들은 1986년에 이곳을 생태계 보호구역으로 지정하도록 시 당국을 설득했다. 도시 외곽을 따라 지정된 각 보호 구역에 도시 야생성이 확보되었으며, 시민들이 도심을 벗어나 뉴트리아 수달과 미국 황새를 볼 수 있고, 키큰 잔디에서 두꺼비 거북이를 볼 수 있게 되었다. 시민들은 이곳에서 자연과 생태계가 회복되어서 생물다양성이 되살아나고 야생 생물이 되돌아오는 것을 목격할 수 있었다.

일리노이주 시카고: 시카고 와일더니스
지역 자연을 복구하기 위한 연합 조직

칼라 존스

전국에 잘 알려진 '시카고 와일더니스'는 일리노이주, 위스콘신주, 인디애나주, 미시간주 시민들로 구성된 300여 단체들이 만든 네트워크이다. 시카고 와일더니스에서 활동하는 구성원에는 정부 기관(로컬, 주립, 연방), 대형 환경

보호 단체, 문화 및 교육 기관, 자원 봉사 단체, 지방 자치 단체, 기업, 종교 단체가 있다. 이들 기관 및 단체들은 '인간이 의존하고 있는 자연을 보호하고 복구하기 위한 보존 활동을 지역별로 협력해서 행동한다'는 방향성을 가지고 있다(Chicago Wilderness n.d.).

시카고 와일더니스의 주요 사업을 자연 복원, 기후 조치, 아이들 참여시키기, 인프라 녹화 계획들로 요약할 수 있다. 자연을 복원함에 있어 주민들을 복원 및 관리에 참여시켜서 자연 생태계를 건강한 상태로 개선하고자 한다. 시카고 와일더니스의 회원들은 기후 조치에 대해 다른 접근법을 채택하고 있다. 즉 생물다양성 보호 이슈를 중점적으로 다룬다. 리차드 루브가 제안한 자연 결핍 장애 이론을 근거로 시카고 와일더니스는 자연과의 연결에 대해 어린이들의 인식을 높이려는 시도를 하고 있다. 마지막으로, 경제적으로 유익하고 건강에 기여하는 녹색 인프라를 만드는 일을 권장하고 있다.

이들 회원은 첨단 기술을 활용하고, 자연을 보호하기 위해 협력하고, 사람과 자연을 돌보고, 지역의 모든 주민들을 유익하게 하기 위해 지역 규모에 맞게 활동하고 있다(Chicago Wilderness n.d.). 시카고 와일더니스는 전국적으로 주목받고 있으며 내셔널 플래닝 어워드 등 많은 상을 받았다(Chicago Wilderness n.d.).

텍사스주 휴스턴: 휴스턴 와일더니스
바이유에서 걸프까지 도시의 야생성

줄리아 트리만

휴스턴은 텍사스주에서 인구 밀도가 가장 높은 도시로써 도시 계획 분야에서 많이 알려져 있다. 휴스턴은 용도 지역이 정해져 있지 않은 도시로 도시 외곽 난개발이 성행하는 도시로도 유명하다. 이곳은 지리적, 생물학적으로 다양성이 풍부한 텍사스 남동부에 있으며, 대초원, 늪, 만, 강 어귀 및 독특한 자연 지형을 갖추고 있다. 그리고 인구 성장, 도시 개발, 토지 활용 패턴에 있어 자연을 항상 우선하지 않는 것으로도 알려져 있다.

시카고 와일더니스와 마찬가지로 휴스턴 와일더니스도 정부, 교육, 환경 보호 단체, 기업, 개인으로 구성된 연합체이며, 이들은 휴스턴 전체 지역의 생태적인 다양성에 대한 인식을 높이는 것에 큰 관심을 보이고 있다(Houston Wilderness 2007). 시카고 와일더니스에서 발행한 문서를 토대로 <Houston Atlas of Biodiversity>가 2007년에 출간되었다. 이 책에는 휴스턴 지역의 자연사가 상세히 기록되어 있고, 휴스턴 24개 카운티 지역의 10개 생태 지역의 지도와 상세 설명이 수록되어 있으며, 빅 띠킷, 트리니티 보텀랜드, 바이유 와일더니스도 소개되어 있다. 이 책에서 다루는 생태 지역은 해안가에서 끝나지 않고, 멕시코만의 해양 생태계, 볼리바르 플랫의 조류 관찰, 심해에서 발견되는 수백 종의 어류, 플라워 가든 해양 보호 구역의 산호초도 포함된다.

영국 런던: 녹색 그리드
행동 지향의 녹색 인프라 계획

머라이어 글리슨

런던의 인구는 817만명을 넘어, 유럽 도시들 중 인구가 가장 많다. 2025년에 런던 인구는 850만 명으로 증가할 것으로 추정된다. 인구가 증가함에 따라 그에 맞게 녹지 공간을 지속적으로 개선하고 확대하기 위해 런던 시장인 보리스 존슨이 이끄는 GLAGreater London Authority는 녹지 관련 프로그램과 이니셔티브를 제시했다. 런던의 녹지 공간을 연결해서 하나의 통합망을 구축하기 위한 정책 프레임워크이자 전략인 ALGGAll London Green Grid가 만들어졌다. 기본적으로 ALGG는 행동 중심의 녹색 인프라 계획으로 시행된다.

ALGG는 도시를 11개의 녹색 그리드 구역으로 나누고, 각 구역을 담당할 '구역 그룹'을 정한다. 이들 그룹은 협업 파트너십을 맺어서, 서로 맞닿은 경계 영역에서의 연계성도 도모한다. 각 구역 그룹은 해당 구역에서 녹색 인프라 사업으로 진행할 만한 프로젝트와 사업 기회를 파악한 후 보고서로 작성하며, 이를 위해 '구역 프레임워크' 문서를 작성한다. 각 구역 그룹은 각 프로젝트가 ALGG의 목표에 부합하는지를 검증하며, 이를 통해 다기능적인 녹색 인프라 프로젝트가 실현되도록 한다. 실현하려는 목표로는 열린 공간을 늘리고, 경관을 개선하고, 대기질과 소음 문제를 개선하는 등 여러 가지가 있지만 목표에 제한이 있지는 않다. 구역 그룹은 이들 목표 외에 구역마다 고유하게 진행할 수 있는 사업을 확대해서 모색할 수 있으며, 이는 적극 권장되고 있다. 예를 들어, 자전거 도로와 인도를 연결하고, 벽돌 담을 제거하여 담으로 막혀 있던 자연을 터고, 고속도로 표지판들을 개선하여 사람들이 공원이나 축제장으로 더 쉽게 접근할 수 있도록 하는 것 등을 구역에 맞게 진행할 수 있다.

ALGG는 주로 빅 그린 펀드에서 자금을 조달한다. 2014년 7월 당시 시장이 주도한 모금 캠페인에서 6개의 주요 녹지 프로젝트에 대해 약 340만 달러의 기금이 모였다. 프로젝트 선정 기준은 해당 프로젝트를 통한 녹색 인프라 투자에서 사회적, 경제적, 환경적 이득이 전반적으로 얼마나 수반되는지였다(Greater London Authority [Big Green Fund], n.d.). 또한 빅 그린 펀드는 '미니 공원' 프로그램과 '가로수' 프로그램 등 다른 녹지 조성 프로그램들도 지원한다.

애리조나주 피닉스와 스코츠데일: 맥도웰 소노란 보호 구역
사막의 바이오필리아
티모시 비틀리

피닉스 대도시 지역은 도심 외곽 난개발로 유명하며, 지속불가능한 도시 성장과 개발을 상징하는 도시이기도 하다(<Bird of Fire>라는 책의 소재가 되기도 했다). 그러나 피닉스를 처음 방문한 사람들은 넓고 화려한 사막 배경에 감탄하게 되는데, 사막 보존 노력 측면에서 보면 피닉스는 꽤나 인상적인 모범 사례일 수 있다.

피닉스가 도시 건설 초기에 지금 피닉스의 상징인 된 사막 공원들을 만들려고 노력한 것에 감탄하지 않을 수 없다. 그 핵심으로 사우스 마운틴이 있으며, 현재 이곳의 면적은 2천만 평에 이른다. 매년 약 3백만 명의 방문객들이 이 공원을 찾는다. 매달 4번째 일요일은 '사일런트 선데이'Silent Sunday로 지정되어 있으며 공원에서의 차량 운행이 금지되며, 자전거를 즐기는 사람들과 등산객들만 허용된다. 피닉스에는 5천만 평에 달하는 산지 공원과 사막 보호 구역이 있고, 약 322킬로미터의 산책로가 있다. 이 모든 것이 피닉스 시민들에게 엄청난 자산이다.

사우스 마운틴이 보존된 것은 20세기 초반 도시를 이끈 지도자들의 놀라운 예지력 덕분이다. 쿨리지 대통령이 산지 대부분을 시에 17,000달러에 팔려고 했다. 도심에서 11킬로미터 떨어진 이곳이 시에 팔리면 중요한 자연 구역이 개발되고 결국 모두 없어질 것이라는 인식이 퍼지면서 팔지 않기로 했다. 현재 사우스 마운틴은 피닉스의 공원 체계의 핵심으로 자리잡고 있으며, 피닉스는 현재에 안주하지 않고, 새로운 사막 파크랜드를 계속해서 만들고 있다.

근처 도시 스코츠데일에서도 놀라운 사막 보존 이야기가 있으며, 거대한 사막 보호 구역이 도시의 동쪽 외곽에 조성되어 있다. 이곳을 보존하기 위한 노력은 1990년대 초반부터 시작되었으며, 이를 위해 비영리 단체인 맥도웰 소노란 토지 신탁이 만들어졌다(이 단체는 나중에 맥도웰 소노란 보호 협회가 되었다). 시의 임명직 위원회인 맥도웰 소노란 보호 위원회가 1993년에 구성되었으며, 주된 역할은 토지 취득 및 다른 보존 문제와 관련된 사안을 시의회에 자문하는 것이다.

이런 기관들을 통해 고유한 보존 및 관리 방식을 발견하고 있으며, 특히 맥도웰 소노란 보호 협회 같이 시민이 중심이 되어 활동하는 강력한 비영리 기관을 만드는 것이 중요하다. 이 단체는 사막 보호를 옹호하는 단체로 시작했으며 지금은 자원 봉사자를 중심으로 활동하는 민간 단체가 되었으며, 사막 보존 관련 교육을 진행하고, 사막을 개선 및 관리하고, 사막을 감시하는 데 있어 핵심 조직으로 발전하고 있다.

보호 구역 내 토지 양이 상당히 많으며, 최근에도 토지가 추가되어 보호 구역이 늘어나고 있다. 현재 보호 구역의 규모는 1,214제곱킬로미터가 넘으며, 미국 도시들 중에서 도시 내 보호 구역 단일 규모로는 가장 크다. 이곳은 광대한 자연 구역으로, 동식물이 많으며, 성장하는 도심에 아주 가까이 붙어 있다. 피닉스의 보호 부서 책임자는 "이곳은 공원이 아니라 보호 구역이다"라고 말한다.

이 보호 구역은 스코츠데일의 약 3분의 1을 차지할 정도로 넓어서 이곳을 유지하고 관리하는 일이 도전 과제로 남아 있다. 보호 협회는 책임감 강한 500명의 자원 봉사자들을 관리인으로 훈련시켜서 이곳 보호 구역의 관리를 지원하고 있다. 자원 봉사자들은 각자 역할을 맡아서 활동하고 있는데, 일부는 산책로 입구에서 등산객을 맞이하고 인도하는 역할을 하고, 또 다른 일부는 자연 안내, 산책로 개발 및 유지보수, 산책로 순찰을 담당하고 있다. 또 어떤 자원 봉사자들은 보호에 중점을 둔 시민 과학 활동에 참여하고 있다. 자원 봉사자들은 또 다른 중요한 일도 맡고 있다. 가령, 7월 4일, 독립 기념일 불꽃놀이로 인해 보호 구역에 화재가 일어나지 않도록 감시하는 역할도 맡고 있다. 시민 과학자들은 맥도웰 소노란 현장팀의 지원을 받아 전문 과학자들과 함께 동식물상에 대한 자료를 수집하고 있다. 때로는 새로운 지질학적 발견이 이루어질 때도 있다. 최근에 석회석 노출부가 보호 구역에서 새로 발견되었고, 이런 석회암 노출부가 피닉스 외 다른 지역에서는 발견되지 않았다.

이 보호 구역에는 97킬로미터에 이르는 산책로가 있으며, 모든 산책로를 일반인들이 즐길 수 있다. 보호 구역의 연간 총 방문객 24만 명 중 약 10만 명은 게이트웨이라는 산책로 입구로 온다.

보호 협회는 보호 구역에서 매년 무료 안내 투어를 진행하며, 크리스마스 즈음에 '미스톨우 앤 홀리' 하이킹 같은 휴가 맞춤형 테마 투어도 기획해서 진행한다. 금요일 오후 가족 행사 등과 같이 사막에 대한 교육도 다양하게 진행한다. 그리고 주변에 있는 학교의 학생들이 방문해서 식물과 동물들의 이름을 맞춰보고 선인장 열매를 먹어 보는 행사도 이루어진다.

보호 협회의 주요 활동에서 다른 도시들이 중요한 영감을 받을 수 있다. 사막 보호 및 관리의 모든 과정에 시민들이 참여한다는 것이 인상적이다. 실제로, 비영리 토지 신탁이 설립된 데에는 시민들의 적극적인 활동과 추진력이 있었다. 스코츠데일의 시민들은 이 프로젝트를 지원하기 위한 세금을 내는 일에 기꺼이 동참하고 있다. 1995년, 사막을 확보하기 위해 세금을 0.2퍼센트 올리자는 투표가 가결되었고, 2004년에도 0.15퍼센트의 판매세 인상안이 통과되었다. 애리조나주 정부의 '그로우잉 스마터' 프로그램에서 나오는 기금도 있지만, 도시는 보호 구역 취득을 위해 수백만 달러를 투자하였으며, 이렇게 만들어진 보호 구역은 미래의 도시와 지역 주민들에게 대단한 유산이 될 것이다.

스코츠데일의 자연 보호 관련 시민 역량과 이를 관리하는 보호 협회의 역량은 상당하다. 보호 협회의 마이크 놀란에 따르면, 보호 협회 자원 봉사자들은 매년 약 4만 시간을 무료로 기부하며, 이는 풀타임 직원 20명에 해당되는 시간이라고 한다. 자원 봉사자들은 예산이 한정된 시청 공무원들에게 큰 도움이 되고 있으며, 공원 관리에 인력을 줄일 수밖에 없는 다른 도시에 비해 효율적인 공원 관리 모델이라는 평가를 받는다. 스코츠데일의 시민 자원 봉사자들은 주변 자연 환경에 대해 강한 애착을 보이고 있으며, 자원 봉사자들의 적극적인 참여는 그들의 신체적, 정신적 건강에 유익할 것이다. 또한 이들의 헌신으로 인해 토지 가치가 올라가고 계속해서 자연 보호 구역으로 남을 것이다.

애리조나주 스코츠데일에 위치한 맥도웰 소노란 보호 구역의 방문자 센터. 이 센터는 아름다울뿐만 아니라 바이오필릭 요소가 많이 가미되어 있다(사진 제공: 저자).

보호 구역 봉사에 자원하는 사람들의 연령대는 12세부터 89세까지 매우 다양하다. 나이 많은 분들이 많이 참여하는 이유는 이 지역에 은퇴자 수가 많아서일 것이다. 보호 협회 이사인 마이크 놀란은 보호 구역 봉사가 봉사자들에게 여러므로 유익하다고 말한다. 특히 나이가 많은 주민들에게 필요한 신체 활동이 이루어지고, 사람을 만나서 대화할 수 있는 기회도 생긴다고 한다. 놀란은 인터뷰에서 다음과 같이 말했다. "자원 봉사자들은 정말 대단한 사람들이다. 이들은 똑똑하고, 열정적이고, 헌신적이며, 간혹 놀라운 배경을 가지고 있다. 이렇게 대단한 사람들이 보호 협회를 위해 봉사하고 있는 것이다."

모든 연령대의 사람들이 보호 구역을 매개로 해서 도시 주변의 자연에 깊이 관여할 수 있다. 90대이자 보호 단체 창립 멤버인 제인 라우는 매사에 사막을 보존하고 유지하는 일에 헌신하고, 사막의 아름다움을 사람들에게 알리기 위해 끊임없이 노력하고 있다. 그녀는 매우 적극적이고 열정적이며, 보호 구역 활동에 참여하면서 건강을 되찾았다고 한다. 그녀의 골밀도가 높아졌으며, 고등학교 시절 체중으로 돌아갔다고 자랑했다.

도시 자연 보호에 대해 다른 중요한 방향성이 있다. 새로운 보호 구역을 확보하면 사막 보호 블록과 주변의 다른 보호 블록을 오랫동안 연결할 수 있다. 즉 동으로는 토론토 국유림과 연결할 수 있고, 뒤로는 베르데강과 연결할 수 있다. 피닉스를 중심으로 한 대도시 권역은 극심한 열섬 효과에 직면해 있지만 맥도웰 보호 구역에는 바람과 미기후micro-climate가 있어서 더위를 막는 역할을 한다. 이는 이 지역의 기후 피난처로서의 중요한 생태학적 기능이다.

F. 혁신적인 공원과 자연 구역

영국 런던: 소공원 프로그램
소공원, 자연과의 접촉점 늘리기
머라이어 글리슨

런던의 소공원 프로그램은 2009년에 시작되었고, 소공원들을 개발해서 공공 장소를 개선했다. 이 프로그램이 추구하는 목표는 다음과 같다.

- 사람들이 야외 공간을 더 많이 활용하게 한다.
- 런던의 삶의 질을 개선하고, 여가를 제공하고, 공공 생활을 개선한다.
- 자원 봉사 및 대중 참여를 지원하고, 시민들이 직장을 옮길 수 있도록 기술을 가르친다.
- 지역 자부심, 결단력, 기업가 정신을 높여서 지속가능한 성장 및 일자리 창출을 돕는다.
- 공공 기관과 지역 단체 간 협업을 권장하여 런던의 공공 장소를 더 좋게 만들기 위해 열심히 노력한다.
- 런던의 특화된 디자인 및 딜리버리 기술을 십분 활용한다.

이 프로그램은 보리스 존슨 시장의 정치 경력과 밀접한 관련이 있다. 그의 첫 임기인 2008~2012년에 존슨은 85만 파운드를 들여서 런던의 17개 자치구에 27개의 소공원을 조성했다. 두 번째 임기인 2012~2016년에는 프로그램을 확장하여, 2015년까지 100개의 소공원을 만들겠다는 약속을 했으며, 실제로 100개의 소공원을 만들었다. 2차 임기에서 변화라면 시민들과 협력했다는 점이다. 협력적인 파트너십, 지역사회 활성화, 교육 및 멘토링 기회 제공 등을 통해 프로젝트를 성공리에 마쳤고, 그 결과 2016년에 이르러 100개 이상의 소공원을 조성할 수 있었다.

지방 당국을 포함해서 여러 기관과 단체들이 소공원 프로젝트 공모에 참여했다. GLA에서 혁신성, 구역 특성 적합 정도, 지역 활성화 기여도, 투자 및 경제 성장 촉진 정도, 단기 및 중기 산출물 작성, 정치 및 사회적으로 지역민들의 호응 정도 등 여러 측면에서 평가하여 결정한다. GLA는 교통 기금과 재생 및 환경 프로그램을 통해서 이 프로그램에 65만 파운드를 투입했지만 프로젝트는 외부 자금 조달원을 통해 100퍼센트의 매칭 자금을 조달해야 한다. 프로젝트의 순조로운 진행을 위해 GLA는 외부에서 자금을 모을 기회들을 즉시 알리고, 프로젝트에 필요한 자금이 모이도록 했다.

지역 자치 단체들은 새로 만들어진 소공원의 관리 주체이다. 그러나 공원을 디자인하고 운영하는 일에 지역사회 주민들을 참여시킴으로써 지역사회 내부에서 자부심과 응집력을 형성할 수 있고 시민들이 공원에 계속 관심을 가지고 공원을 돌볼 수 있었다. 2014년 7월 현재, 100개의 소공원 입찰이 완료되었고, 자금도 확보되었다.

독일 베를린: 수겔란드 자연 공원
예전의 철로가 야생 자연 공간으로 변모

줄리아 트리만

　많은 유럽 도시들처럼 베를린에도 2차 대전 후에 공터들이 많이 생겼다. 대부분의 경우, 도시 공간으로 활용되고 있지 않은 곳에는 초목이 자랐다. 수십 년 후 연구자들은 이 새로운 도시 환경을 조사하기 시작했다. 베를린의 넓은 초목 지역을 대상으로 한 허버트 수콥의 생태학적 조사는 그런 초기 연구들 중 하나였으며, 추후 도시 생태학 분야로 성장하였다. 예전에는 사람이 사용했던 공간이었지만 그 공간을 이제 자연이 차지한 예로 쇠네베르거 수겔란드 철로 주변을 들 수 있다. 1952년부터 기차는 운행되지 않았으며, 그 사이에 이곳에는 다양한 식물들이 풍성하게 자랐다(Kowarik and Langer 2005).

　1980년대 초반에는 공간을 새로운 기차역으로 다시 활용하고자 했지만 지역 주민들과 지도자들이 반대했다. 쇠네베르거는 도시의 다른 지역들보다 생물다양성이 높았고 서식하는 종도 다양했다. 이에 시민들은 민간 단체를 만들어 부지를 정리하려는 계획에 반대하고 이 부지를 공원 및 도시 자연 보호 구역으로 활용하자는 주장을 했다. 결국 수겔란드는 2000년에 자연 공원으로 문을 열었다. 하지만 이곳의 특징인 초목 벌판과 야생 동물 서식지는 인간의 완전한 활동을 방해하는 요인이 되기도 한다. 방문객이 공원 여러 곳을 갈 수 있지만 좀 험한 곳에 가려면 철로 된 길로 가야 하며, 이 길은 지상에서 약 51센티미터 높이에 있으며, 기존 철로를 따라 나 있다. 길을 따라 나 있는 표지판에는 보호 구역의 여러 특징을 설명하는 글이 있으며, 방문자들이 해당 구역을 탐방하는 동안 길을 잃지 않게 하는 역할을 한다.

수겔란드는 자연 보호 구역의 역할을 하지만 몇 가지 기반 시설이 아직 남아 있다. 가령, 오래된 철로 회전대, 급수탑, 다수의 건물들이 있다. 이것들이 지금은 개조되어 예술가들과 금속 세공인들이 사용하고 있다. 이 공원에서는 극한의 야생 자연과 인간의 산업 활동이 조화롭게 공존하고 있으며, 상호 보완되는 다양한 유형들을 고유한 방식으로 경험할 수 있다.

베를린 전역에서 자원을 보호하고 경험하기 위한 시민들의 노력이 수겔란드 자연 공원에만 국한되지는 않고 다양하게 이루어지고 있다. 북쪽으로 도심과 가까이 있는 파크 암 글라이스드라이에크는 예전에 철도 연결 지점이었지만 지금은 루더럴 식생 식물들이 자라고 있으며, 장미꽃 향기 정원과 어린이를 위한 자연 탐방 구역이 조성되어 있다. 베를린은 도시의 남과 북을 이어서 도시 녹지 공간을 만들려는 노력을 기울였으며, 그 산물이 수겔란드와 글라이스드라이에크이다. 이곳은 템펠호프 공항에 인접해 있으며, 넓은 공간에 시민들이 모여서 다양한 활동을 하고 있다. 정원 가꾸기, 공예품 만들기, 자연 체험 활동을 포함해서 다른 많은 프로젝트들을 실험적으로 시도하고 있다(Tempelhof n.d.). 베를린은 공원과 자연 보호에 관련된 오랜 역사가 있으며, 급변하고 성장하는 인구를 수용할 수 있는 공간을 확보하고 보존하려는 노력을 계속 기울이고 있다.

뉴욕주 뉴욕시 브루클린: 고와너스 운하 Sponge Park™
공장 지대 해안가의 물을 정화하고 오염을 제거하는 공원

브리아나 버그스트롬

뉴욕주 브루클린에 있는 고와너스 운하가 과거에는 오염되지 않은 조석 하구였지만 오랜 기간 동안 이곳의 환경은 방치되었고 함부로 사용되었다. 초기 명칭은 고와너스 샛강이었고 비옥한 해안은 북미 원주민 부족들의 낚시 및 사냥터였다. 17세기에 네덜란드 사람들이 정착하면서 뉴욕 항구로 연결된 강가에 제분소들이 빼곡히 들어서기 시작했다. 19세기에 이르러 산업혁명의 여파가 브루클린에 밀려들면서 고와너스는 급격히 경제 중심지로 바뀌었고 사우스 브루클린에는 새로운 기업들이 들어섰다. 브루클린은 산업 성장을 도모하기 위해 강을 깊게 준설하고 넓혀서 1869년에 지금의 고와너스 운하를 만들었다.

새로운 교통 수단이 된 운하의 해안가를 따라 산업화와 도시화가 빠르게 진행되었다. 환경에 대한 책임감을 거의 고려하지 않고 운하 주변에는 가스 제조 공장, 화학 공장, 조선소들이 들어섰으며, 운하로 산업 폐기물들이 배출되는 일이 발생했다. 석탄 타르와 중금속 등의 독소들이 별다른 규제없이 수십 년 동안 배출되어 한때 건강했던 생태계는 빠른 속도로 파괴됐다. 산업 시설에서 배출되는 폐기물에 더하여, 여러 해 동안 도시 통합 하수도에서 나온 지표수 및 하수 유출로 인해 운하는 오염됐다. 폭우가 내릴 때면 하수구에서 나오는 오물이 운하로 배출되기도 했다.

시간이 흐르면서 이 지역의 산업 활동이 점차 줄어들었지만, 고농도의 비소, 납, 휘발성 유기화합물로 뒤범벅된 고와너스 운하는 미국에서 가장 오염된 수로 중 하나가 되었다. 산소 농도는 불과 1.5ppm밖에 되지 않아서 운하에 살고 있는 해양 생물의 생존이 위협받고 있었다(Gowanus Canal History n.d.). 2010년에 높은 오염 수치가 보고되면서 환경보호국은 2.9킬로미터에 이르는 운하를 '슈퍼펀드 국가 우선 목록'에 등록했다. 수질 오염이 가장 심각한 문제로 대두되었지만 운하에 있는 공공 워터프론트로의 제한적 접근이나 훼손된 인프라 시설도 문제가 되었다.

이런 여러 가지 이유로 인해 심각하게 오염된 수로를 청소하고 예전에 수려했던 경관을 복원해서 사람들이 즐겨 찾는 공공 장소로 바꾸기 위한 계획을 수립하는 일이 필요했다. Sponge Park™라는 이름의 새로운 프로젝트는 운하의 해안선을 개선해서 매력적인 경관으로 전환한다는 계획을 목표로 세웠으며, 건축 및 조경 전문 회사인 디랜드스튜디오의 여러 분야 전문가로 구성된 팀이 맡았다.

습지 여과 장치, 빗물 저장소, 정화 습지대로 구성된 수질 관리 시스템을 활용하여 수질 오염 문제를 더욱 악화시킬 수 있는 지표수를 분리, 여과, 정화하기로 했다(Gowanus Canal Sponge Park, n.d.). 이 시스템에는 독소를 여과할 수 있는 식물과 토양이 포함되어 있기 때문에 시간이 지나면서 수로가 점점 더 건강하게 회복될 것이다. 이와 같이 새로운 산책로와 일련의 워터프론트 여가 공간이 확보되면 시민들은 워터프론트를 다시 얻고 야생 동물은 원래의 서식지로 돌아올 것이고, 지역사회는 여가 및 교육 기회도 얻을 수 있다(dlandstudio, n.d.).

이런 열린 공간 시스템을 만드는 데에 1억 달러 이상의 비용이 필요하고, 자금은 시, 주, 연방 보조금으로 충당될 것이다. 이 프로젝트를 지지하는 사람들은 운하의 파괴된 환경이 회복되고 지역사회에 건전한 자연 편의시설이 만들어질 것으로 기대하고 있다. 고와너스 운하가 회복되려면 오랜 시간이 걸릴 것이며, 원래 상태대로 복원되는 일은 불가능할 것이다. 그러나 Spong Park™ 프로젝트가 제대로 진행되면 지금까지 소홀히 한 도시 공간을 생태적, 문화적 시설로 바꾸어서 지역사회에 되돌려주는 기회가 될 것이다.

중국 텐진: 챠오위안 공원

토양 재생, 빗물 집수 및 처리, 생물다양성을 복원하는 공원

해리엇 제임슨

중국 지역들이 농업에서 산업으로, 더 나아가 탈공업화로 나아가고 있으며, 작은 도시들이 대도시로 커지고 있다. 중국의 이런 변화가 지역 생태계뿐만 아니라 지구 환경에 미치는 영향을 우려해야 할 이유들이 있다. 그러나 중요한 것은 최근에 나온 지속가능한 방법들을 활용하고 중국의 도시 환경에 자연을 다시 끌어들일 수 있는 엄청난 기회가 있다는 것이다. 이것이 제대로 실현되면 도시 관리 및 복원을 염두에 둔 인프라를 확보할 수 있고, 시민들과 관련해서는 그들을 심리적으로 안정시키고 여가도 제공하고 미학적인 유익함도 제공할 수 있다.

중국 텐진에 있는 챠오위안 공원은 이런 희망적인 계획의 대표적인 사례이며, 중국의 도시가 미래에 자연을 어떻게 확보할 수 있을지 그 가능성을 보여

준다. 이 공원은 66,000평 규모로, 북쪽과 서쪽에 고속도로와 고가도로가 있고, 남쪽과 동쪽에 인구 밀집 지역이 있다. 이곳이 원래는 사격장이었는데 시간이 지남에 따라 쓰레기 처리장과 배수 공간이 되어 토지가 심하게 오염되었다.

2003년, 톈진 시민들은 이곳의 환경 개선을 요구했고, 지방 정부는 콩지안 유(조경 디자이너/도시 디자이너, 하버드 및 베이징대학교 교수)가 이끄는 투렌스케이프라는 회사와 함께 개선 전략을 수립했다.

이렇게 만들어진 공원은 실용성과 미학, 2가지 목적을 이뤘다. 첫째로, 염토와 염기성 토양을 복구했고, 생물학적으로 다양한 생태계와 재생 능력이 통합된 자연적인 방법으로 도시 빗물을 처리했다. '적응형 팔레트'Adaptive Palettes라는 참신한 방법으로 다양한 깊이, 습도, pH 수준을 가진 21개의 연못을 만들었다. 현장 지형에 맞게 토착 식물을 선별하였고, 각 연못을 미세 서식지로 만들어서 습지에서 초원에 이르기까지 다양한 서식지가 만들어질 수 있도록 했다.

이와 같이 했을 때 공원의 회복탄력성을 획기적으로 확보할 수 있으며, 이보다 더 놀라운 것은 톈진 시민들이 누릴 수 있는 사회적, 문화적 영향력이다. 공원은 자연에 대한 고마움과 감사함을 불러 일으키고, 시민들은 친밀하면서도 몸으로 느끼는 체험을 통해 생태계의 중요성을 인식한다. 예를 들어, 나무 의자를 토종 풀과 야생 꽃밭 중간에 둠으로써 방문객들이 가까이에서 곤충과 새를 보게 했다. 그리고 서로 연결되어 있는 산책로를 따라 걸으면서 자연스럽게 만들어져 있는 경치를 볼 수 있고, 그 가운데 자연 현상, 패턴, 종을 파악할 수 있다.

중국, 미국, 유럽의 기존 공원이 추구하는 미학은 가지런하게 정리된 잔디 및 관상용 식물을 두는 것이지만 챠오위안 공원의 야생 식물들과 아무렇게나 펼쳐져 있는 아름다움은 그런 전통적인 공원 미학과 많이 달라 보인다. 2010년 <Topos>의 한 기사에 곤지안유는 다음과 같은 글을 썼다. "챠오위안 공원은 중국 시민들에게 새로운 미학을 제시한다. 즉, 환경적 미학을 고수함과 동시에 생태학적 인식을 고취시킨다"(Yu 2010).

챠오위안 공원은 개장 후 2개월 동안 20만 명이 방문하는 성공을 거두었으며, 이곳을 방문한 톈진 시민들은 자연에 대한 생각과 가치에 큰 영향을 받았을 것이다. 톈진뿐만 아니라 다른 나라 사람들에게도 영감을 주었을 것이다. 즉 우리가 디자인하고 만든 장소를 통해서 사람들이 새로운 렌즈로 자신이 살고 있는 도시를 볼 수 있고, 자연에는 자연 자체가 기능적으로 제공하는 중요한 면이 있고 자연이 가진 아름다움도 있다는 것을 알게 될 것이다.

G. 바이오필릭 시티의 물 설계

메릴랜드주 볼티모어: 건강한 항구 이니셔티브
부유식 습지, 굴 정원, 쓰레기 수집용 물레바퀴

티모시 비틀리

볼티모어의 내항은 관광객들에게 인기가 좋아서 수천 명이 물가로 나와 여가 시간을 즐기곤 한다. 이곳에는 국립 수족관, 식당가, 산책로가 있다. 오리올스 야구장인 캠든 야드도 걸어서 몇 분 안에 갈 수 있다. 이와 같이 괜찮아 보이는 성공을 거두고 있음에도 불구하고 내항은 심각한 몇 가지 문제에 직면해 있다. 먼저, 수질 오염 문제가 여전히 해결되지 않고 있고, 해변가에 격벽이 있어서 방문객들이 물을 가까이 하기 어렵다. 이에 물과의 물리적, 정서적 방문 혹은 연계를 꽤하려는 볼티모어 시민이 많지 않다. 이러한 문제점을 염두에 두고 결성된 볼티모어 워터프론트 파트너십이 '건강한 항구 이니셔티브' 창립을 주도했다. 이 프로젝트는 내항에 관심있는 여러 단체와 공공 기관들 간의 파트너십으로 진행되었다. 이들은 2020년까지 낚시와 수영이 가능한 항구를 만들겠다는 야심 찬 목표를 세웠으며, 이를 달성하기 위해 '건강한' 항구 개발 계획을 수립했다.

이미 인상적이고 창의적인 프로젝트들이 진행되었다. 섬 형태로 된 56개의 부유 습지를 만들어 설치했으며, 여기에는 재활용 플라스틱 병이 사용되었다. 이 부유식 습지는 항구의 과잉 양분을 섭취하여 수질을 개선하고 서식지를 제공하려는 목적으로 만들어졌다.

또 다른 이니셔티브로 '그레이트 볼티모어 굴 파트너십'이 있다. 체사피크만 재단과의 협력으로 항구 산책로 주변 10곳에 굴 정원이 조성되었다. 이곳에는 약 15만 개의 어린 굴이 물에 담겨 있다. 기업들과 학교들에게 할당된 사육장이 있으며, 이들이 매달 청소를 맡아서 한다. 굴이 충분히 성장하면 항구의 굴 암초로 옮겨진다. 이 프로그램은 항구가 처한 환경적인 어려움을 사람들에게 알리고 시민들의 관심을 끌어서 환경에 대한 그들의 인식을 높이는 역할을 하고 있다. (굴은 물을 여과하는 과정에서 중요한 역할을 하지만 유럽 사람들이 정착했을 때에 비해 1퍼센트 정도 밖에 남아 있지 않다.)

특이한 이 물레바퀴는 태양열과 수력으로 움직이며, 쓰레기가 볼티모어 항구로 들어가기 전에 걸러낸다 (사진 제공: 볼티모어 건강한 항구 이니셔티브).

또 다른 혁신적인 프로젝트로, 항구 물레바퀴가 있다. 이것은 강물의 흐름과 태양력을 이용하여 쓰레기와 부유물을 걸러낸다. 시는 쓰레기를 소각하는 과정에 전력을 생산하기 위해 쓰레기를 에너지로 전환하는 기술을 가진 지역 업체와 협약을 맺었다.

텍사스주 휴스턴: 버팔로 바이유
물 네트워크를 도시와 연결하기
줄리아 트리만

버팔로 바이유 및 지류들은 휴스턴이 생기기 전부터 중요한 물 네트워크였다. 전 세계 많은 도시들이 강을 따라 건설되었듯이 버팔로 바이유는 휴스턴의 원천이며 이 강의 복잡한 자연과 문화적 역사는 휴스턴의 역사와 깊이 얽혀 있다. 2002년에 만들어진 '버팔로 바이유 앤 비욘드 마스터 플랜'은 휴스턴에 살고 있는 사람들의 각종 활동이 강에 어떤 나쁜 영향을 미치는지를 파악해서 이를 개선하는 것을 목표로 하고 있다. 또한 버팔로 바이유 및 주변 도시 환경에 새로운 활력을 불어넣는 것에 중점을 두고 있다. 이런 작업을 통해 도시 활력의 필수 요소인 자연이 통합된 버팔로 바이유 디스트릭트를 만든다는 계획이다(Buffalo Bayou and Beyond 2002). 이 계획은 여러 규모로 진행된다. 61만 평 규모의 '워터뷰 디스트릭트'는 다목적 구역으로써 시민과 방문자들을 버팔로 바이유강의 물과 연결하는 것을 목표로 하고 있고, 1,300제곱킬로미터에 이르는 버팔로 바이유 생태 지역은 많은 것이 연계되어 있는 전략적 프레임워크로 계획되어 있다.

휴스턴의 버팔로 바이유에는 다른 곳으로 이동하지 않고 상주하는 박쥐 군집 지역이 와프 브리지 아래에 있으며, 태플리 지류에는 습지와 토종 텍사스 목초지가 있다. 그리고 다수의 공원, 조각상들, 도보 및 자전거 도로가 있다. 버팔로 바이유 파트너십은 바이유강을 따라 진행되는 폰툰 보트 투어를 제공하는데, 이중 일부 투어는 와프 브리지 박쥐 군집 지역을 집중해서 보여주며, 어떤 투어에서는 이곳의 자연 및 문화 역사를 자세히 설명한다. 버팔로 바이유 공원은 대대적인 보수 공사를 진행하고 있으며, 이를 통해 자연 지형을 복원하고, 빗물 관리 기능을 개선하고, 물 안과 물 밖에서 더 많은 여가를 즐길 수 있도록 하고 있다.

휴스턴 유권자들은 2012년에 1억 6천 6백만 달러 규모의 공원 설립 기금을 투표로 승인했다. 이는 바이유를 따라 241킬로미터에 이르는 산책로를 조성하기 위해서였으며, 이를 시작으로 바이유 그린웨이 이니셔티브가 추진되었다. 이 이니셔티브의 목적은 시 전역에서 10개의 주요 구역에 인접한 토지를 매입하여 개선하는 것이며, 이를 통해 공원 및 산책로와 사람, 공간, 녹지를 서로 연결하는 시스템을 만들고, 공기 질과 수질을 향상시키고, 홍수를 줄이고, 경제적 발전을 도모하는 것이었다(Bayou Greenways, http://www.bayougreenways.org). 산책로를 하나의 망으로 연결하면 도시 전역에서 여가를 즐길 수 있는 곳이 많이 생기며, 이렇게 되면 휴스턴 시민과 관광객들이 이 지역의 물과 땅에서 자라는 생명들과 더 긴밀하게 접촉할 수 있다.

펜실베니아주 필라델피아: 그린 시티, 클린 워터스 프로그램
도시 포장 면적의 3분의 1을 녹색 인프라로 바꾸기

티모시 비틀리

윌리안 펜은 1683년 필라델피아를 설계하면서 처음에는 '녹색 시골 작은 읍'을 생각했지만 현재 이 도시는 미국에서 가장 큰 공원 시스템을 갖추었다. 그러나 필라델피아를 자연이 풍성한 녹색 도시라고 볼 수는 없다. 도시의 약 44퍼센트에 이르는 지역이 불투수성 포장재로 덮여 있고, 도시 전역에서 나무 캐노피는 16퍼센트에 불과하다. 이는 미국의 다른 도시들과 비교했을 때 상대적으로 낮은 수치다. 그러나 필라델피아는 자연이 부족한 부분을 해결하고, 도시의 지속가능성을 개선하고자 많은 노력을 기울이고 있다. 전 시장인 마이클 A. 너터는 필라델피아의 지속가능성을 이끈 원동력이 되었으며, 2008년 취임사에서 이 도시를 '미국 최고의 녹색 도시'로 만들겠다고 천명했다.

시에서 수립한 목표 중에 가장 야심찬 것 중 하나는 도시의 포장 지면의 3분의 1을 녹색 및 자연 인프라로 전환하겠다는 계획이며, 이는 도시의 빗물 수집 및 관리 시스템의 대규모 개선 사업의 일환으로 잡혀 있다(도시 면적의 60퍼센트가 목표 대상임). 이와 관련된 세부 내용은 필라델피아 수도국이 시행하는 프로젝트의 '그린 시티, 클린 워터스' 조치 계획에 들어 있다(City of Philadelphia 2011). 미국 도시 중에 최초로 도시 수도 공급 시스템을 만들고 (1801년), 1800년대 중반부터 토지를 취득하여 도시의 물 공급을 보장한 도시인 필라델피아는 이제 유역 보존 및 고도로 도시화된 수문학의 본질을 다시 고민하는 데 앞장서는 도시가 되었다. 도시의 3분의 1을 녹색 및 자연 인프라로 만들려면 도시 곳곳을 걷어내고 녹지로 만들어야 한다. 이를 어떻게 할지는 그린 시티, 클린 워터스 계획에 상세히 명시되어 있으며, 학교, 녹지 거리, 골목, 진입로, 주차장 등 다양한 공간이 그 대상으로 잡혀 있다. 필라델피아는 이 프로젝트를 진행하기 위해 향후 25년 동안 20억 달러를 투자할 계획이다.

도시 전역에서 광범위한 식목 활동이 진행되고 있다. 또한 '트리필리'TreePhilly라는 새로운 나무 심기 프로그램이 소개되었고, 특히 녹색 편의시설이 부족한 지역에는 몇 개의 공원이 새로 조성되었다(예: 사우스 필리의 호손 공원과 줄리안 아빌 공원). 필라델피아의 공공사업부는 불침투 지역에서 요금을 더 많이 청구하기 위해 빗물 요금 체계를 손보았으며, 기존 습지를 보호하고 세일러 그로브 같은 새로운 습지를 만들기 위한 몇 가지 조치를 새로 시행하였다.

필라델피아에서 그린 시티, 클린 워터스 프로그램을 진행한 지 5년이 되었으며, 많은 성과가 있었다. 1,200개의 녹색 인프라 프로젝트가 진행되었고, 이것들이 녹색 인프라 프로젝트 지도에 올라가 있다(http://www.phillywatersheds.org/BigGreenMap). 여기에는 빗물 나무 도랑, 화분, 빗물 정원, 다공성 포장 도로가 모두 표시되어 있다. 시에서는 여러 가지 메뉴얼을 발행했으며 2014년에는 <Green Streets Design Manual>이 나왔다(http://www.phillywaterwheds.org/what_were_doing/gsdm). 현재, 200개 이상의 녹지가 완성되었다. 또한 많은 수의 녹색 학교와 녹색 공원이 있으며, 이곳에는 녹색 빗물 프로젝트가 적용되어 있다. 필라델피아는 녹색 인프라 프로젝트를 추진하기 위해 새로운 금융 혜택 상품들을 만들었으며, 대표적으로 SMIPStormwater Management Incentive Program와 GARPGreened Acre Retrofit Program가 있다. 이 두 프로그램은 비주거용 부동산을 개조할 때 보조금을 제공한다.

뉴욕주 뉴욕: 팔레이 공원
도시의 작은 공간에 있는 물이 주는 영향

티모시 비틀리

팔레이 공원(사무엘 팔레이 광장이라고도 함)은 처음으로 만들어진 소공원들 중 하나로써, 사람들로부터 큰 사랑을 받는 곳이다. 맨해튼 중간지대 이스트 53번가에 위치한 이곳은 1967년 5월에 처음 문을 열었다. 예전에 나이트클럽이었던 부지로, 너비 12미터에 길이 30미터로 120평 정도 밖에 되지 않는 꽤 작은 공간이며, 높은 건물들로 둘러싸여 있다. 이곳을 설계한 사람은 조경 건축가인 로버트 L. 시온이며, 도시의 소공원이 주는 이점과 가치를 다시 생각하게 한다. 시온의 부고 기사에서 뉴욕타임즈는 "그가 만든 이 작은 공원은 우리가 맨해튼 중간지대의 딱딱한 지면을 벗어나고, 끊임없이 움직이는 자동차와 사람들에게서도 벗어날 수 있게 해 주었으며, 별 볼 일 없던 공간이 평온을 느낄 수 있는 공간으로 바뀌었다"는 내용으로 그의 업적을 기렸다(Muschamp 2000).

이 작은 공원의 성공 비결은 무엇일까? 이동형 의자, 나무, 화분에 심겨진 꽃, 담쟁이 덩굴로 덮인 벽(시온은 이것을 '수직 잔디'라고 했다), 음식, 도시와 떨어져 있는 느낌 등이 주된 요인일 것이다. 하지만 이 중에서도 물의 중요성을 빼 놓을 수 없다. 테라핀 브라이트 그린의 빌 브라우닝은 팔레이 공원을 핵심적인 바이오필릭 패턴들 중 한 예라고 자주 언급한다. 이 공원의 핵심 장소는 약 6미터 높이의 폭포이다. 이 폭포는 꽤 시끄럽지만 방문객들은 이 소리가 도시 소음을 삼켜버려 나름 쾌적하다는 반응을 보인다.

'공공 장소를 위한 프로젝트'는 이런 이유로 팔레이 공원을 세상에서 가장 쾌적한 공원 중 하나로 선정했다. 이 공원은 거리를 지나가는 사람을 유혹해서 끌어들이는 매력이 있다. '공공 장소를 위한 프로젝트'는 이 공원을 다음과 같이 평하고 있다. "팔레이 공원은 거리와 친밀한 관계가 있다. 낮은 계단과 인도를 덮은 나무들은 마치 지나가는 사람들에게 공원을 둘러보라고 초대하는 것 같다"(Project for Public Spaces n.d.).

H. 야생 생물 통행로와 도시 생물다양성 계획

남아프리카공화국 케이프타운: 도시 생물다양성
자연의 수도
칼라 존스

남아프리카공화국의 입법 수도인 케이프타운은 남서 해안가에 위치해 있으며, 2,500제곱킬로미터 면적에 약 4백만 명이 살고 있다(Cape Town 2012). 2013년에 케이프타운은 국제 녹색 도시 지수 기준으로 아프리카에서 두 번째로 녹지가 잘 된 도시로 선정되었다(Siemens 2011). 국제 녹색 도시 지수는 도시의 환경적 요인들을 조사하는데, 여기에는 에너지 소비 항목도 있다. 케이프타운에는 인당 약 88평의 녹지 공간이 있으며, 주변에 있는 도시의 평균인 약 22평보다 대략 4배 정도 높은 수치이다(Siemens 2011).

케이프타운의 생물다양성은 바이오필릭 특징들 중 가장 인상적으로 나타났다. 이렇게 풍부한 생물다양성이 보존될 수 있었던 이유는 유네스코의 세계 문화 유산으로 8곳이 인정받아 보호받고 있었기 때문이었다(UNESCO 2015). 8곳 중 3곳은 자연 지역으로, 해당 구역의 생물다양성을 확고하게 유지해 왔다. 케이프 플로라 지역은 케이프타운 근처에 위치한 3개의 유네스코 자연 유산들 중 하나로써 풍부한 생물다양성, 특히 식물 쪽 생물다양성이 확보되어 있다. 이곳은 아프리카 대륙의 0.5퍼센트 정도 밖에 되지 않지만 아프리카 대륙의 식물들 중 약 20퍼센트가 이곳에서 자라고 있다(UNESCO 2015). 사실 이 구역의 식물군은 전 세계에서 가장 다양하고 밀집도가 높다(UNESCO 2015).

　이와 같이 풍부한 생물다양성 덕분에 케이프타운에는 전 세계에서 가장 많은 수의 멸종 위기종이 있다(Government of Cape Town, n.d.). 2000년대 초반에 생물다양성 네트워크가 실현 가능한지 여부를 결정하기 위한 계획이 시작되었다. 이 계획은 계속 진행 중에 있지만 생물다양성 네트워크가 만들어지면 미래 개발이 어디서 진행되어야 할지를 알게 될 것이고, 케이프타운의 가장 소중한 자원을 찾아서 보존하는 데 도움이 될 것이다.

캐나다 앨버타주 에드먼턴: 야생 동물 통로
끊어져 있는 야생 동물 서식지 연결

티모시 비틀리

　에드먼턴은 풍부한 야생 생물과 생물다양성을 자랑할만한 도시이다. 그러나 도시가 성장하고 개발되면서 다른 생물들의 서식지가 파괴되었다. 에드먼턴은 서식지와 녹색 구역을 망으로 연결하는 데 앞장서고 있는 도시들 중 독특하며, 에드먼턴에서 공존하는 다른 동물들이 자동차로부터의 위험 없이 이동하고 돌아다닐 수 있다. 에드먼턴은 이 비전을 실현하기 위해 야생 동물 통로를 설계하고 설치해 왔다.

에드먼턴의 야생 동물 통로 프로그램은 2007년에 시작되었으며, 도시를 위한 '패러다임 전환'을 시작하는 데 도움이 되었다. 즉 종전까지는 고립되어 있는 좁은 구역을 보호하는 일에 중점을 두었지만 2007년부터는 생태 네트워크 접근 방식으로 전환했다. 이를 통해 생태적 연결을 염두에 두고 자연 보호 체계를 설계해야 할 필요성을 인정하고, 이를 실제로 반영했다(City of Edmonton 2015, 2). 이러한 생태 네트워크 목표는 현재 도시의 뮤니시플 개발 플랜에 포함되어 진행되고 있다.

2007년 이후 에드먼턴시는 27개의 야생 동물 통로를 설계하고 만들었다. 여기에는 이중으로 된 수생 통로와 포유류 통로가 있으며, 최근에 만들어진 통로 덕분에 중요한 서식지가 복원되기도 했다. 야생 동물 통로가 제 구실을 하고 있으며, 야생 동물이 차량에 치이는 사고가 줄고 있다는 증거가 있다. 2013년에 야생 동물 충돌이 2007년에 비해 51퍼센트 줄었다. 물론 그 사이에 인구도 늘고 개발도 더 많이 되었지만 야생 동물 충돌 사고는 줄었다(City of Edmonton 2015).

캐나다 앨버타주 에드먼턴에서는 야생 동물 통로를 늘리고 있다(사진 제공: 에드먼턴시).

중요한 교훈이 하나 있다. 프로젝트 설계 단계에서 늦기 전까지 기다리기 보다는 야생 동물 통로를 일찍 생각할 필요가 있다는 것이다. 에드먼턴의 야생 동물 통로 공학적 설계 지침은 2010년에 준비되었다. 이 문서를 활용하면 미래에 도시가 개발되고 도로가 포장되는 것을 염두에 두고 야생 동물 통로를 설계할 수 있는 방법을 미리 마련할 수 있다.

미래 계획에는 통로를 모니터링하는 것이 들어가고, 시민 과학을 통해서 시민들을 참여시킬 수 있다. 에드먼턴은 최근에 '브리드'Breathe라고 하는 새로운 계획 이니셔티브를 시작했으며, 지붕에서부터 도로 가장자리에 이르기까지 모든 곳이 서식지가 될 수 있다는 관점에서 도시의 모든 공간을 전체적으로 살펴보고 있다.

케냐 나이로비: 도시 자연 공원 계획

태양의 녹색 도시

티모시 비틀리

　나이로비국립공원은 변화하고 성장하는 도시 옆에 자리 잡고 있는 대단한 야생 동물 보호구역이다. 이곳은 보존과 관련해서 깊이 생각할 수 있는 놀랄 만한 스토리가 있는 곳으로, 도시에 살고 있는 사람들이 커다란 포유동물을 볼 수 있는 곳이다. 또한 이곳을 다른 용도로 사용하려는 다양한 압력 속에서 도시 서식지와 생물다양성을 보호하려면 많은 압박과 난관을 헤치고 나가야 하는데 이와 관련된 경계 섞인 이야기가 있는 곳이기도 하다. 이 공원은 1946년에 영국인이 만든 곳으로 케냐 최초의 야생 동물 보호구역이다. 이곳은 도시에 있는 일반적인 동물원에 비해 큰 공원으로, 약 117제곱킬로미터에 이르며, 북쪽 경계는 도시와 인접해 있다. 이곳에는 아프리카 사바나를 상징하는 대형 포유동물인 얼룩말, 기린, 약 40마리의 사자가 자연 그대로의 삶을 살고 있다. 공원의 북쪽, 동쪽, 서쪽은 울타리로 둘러싸여 있고, 울타리가 없는 남쪽은 이 공원보다 더 넓은 약 2,200제곱킬로미터의 아티-카피티 평원으로 연결되어 있다. 이 평원은 야생 동물의 이동과 계절 이주에 있어 중요한 역할을 하는 곳이다. 남쪽으로 난 사유지에 울타리가 쳐지는 것을 막는 것이 시급한 문제이며, 보호구역으로 아직 지정되지 않은 곳을 보호구역으로 새로 지정하려는 노력이 진행되고 있고, 마사이족의 목초지를 임대해서 개방하고 미개발 상태로 유지하려는 노력도 이루어지고 있다(Garric 2015). 나이로비 그린라인은 케냐 야생 생물 협회와 케냐 제조업체 협회가 공동으로 만든 비영리 단체로써 국립공원과 도시 사이에 명확한 녹지 경계를 만들려는 노력을 기울이고 있다. 특별히 그린라인은 길이 30킬로미터에 폭 50미터의 면적에 토종 나무로 구성된 야생 숲을 조성해서 커지고 있는 도시로부터 나이로비 국립공원을 보호한다는 계획을 구상하고 있다(NairobiGreenline.org).

공원을 보호하기 위해 극복해야 할 일들이 많이 있다. 많은 압력과 공원을 잠식하려는 시도가 있다. 특히 작지만 공원의 일부가 편입되는 남부 우회도로(자동차 전용도로)가 논쟁 중에 있다. 또한 동쪽 케냐 몸바사와 서쪽 우간다를 연결하는 스탠다드 게이지 철로가 새로 건설될 예정인데 이 철도 노선이 공원을 지나가는 것으로 되어 있어서 논란이 되고 있다. 불행하게도 이러한 인프라 건설 프로젝트는 야생 동물 보호에 반하는 것으로 교통비 절감과 경제 발전에 방점이 찍혀 있다. 케냐의 자연보호 할아버지로 불리는 리차드 리키는 최근에 이 철도 프로젝트에 찬성했다. 다만 공원을 지나는 구간의 철도 높이를 약 20미터로 해서 야생 동물이 이동할 수 있게 설계하는 것을 제안했다. 또 그 이면에는 철도 노선을 만들어 조성된 기금 중 일부로 야생동물 신탁기금을 설립하고, 이것이 공원에 이득이 되도록 하겠다는 뜻도 있다(Leakey, Thome 2015 인용; Heyman 2013 참고).

역사적으로 나이로비는 '태양의 녹색 도시'로 알려져 있다. 나이로비의 국립공원은 나이로비에서 가장 인상적인 자연 요소지만 도시에는 다른 공원들과 녹지들도 있다. 가령 도시 중심부에서 아주 가까운(6킬로미터 거리) 곳에 대규모 우림 공원인 '옹 삼림 보호구역'이 있다(http://www.ngongforest.org/). 도시화가 빠르게 진행되어서 도시의 녹지 공간이 소실되었고 키베라 같은 슬럼 지역의 무허가 주택 단지들로 인해 도시가 지나치게 커졌다는 말이 있지만 이

것이 정확한 이야기는 아니다. 그 와중에 이 문제들을 해결하기 위한 노력과 프로그램이 진행되고 있다(예: 과실수를 심는 트리즈 포 시티즈).

미주리주 세인트루이스: 밀크위즈 포 모나크
도시 속 나비
칼라 존스

세인트루이스는 게이트웨이 아치로 유명하다. 그리고 미시시피강에 가까이 있다는 것으로도 널리 알려져 있다. 그러나 최근 들어 멸종 위기에 처한 제왕나비를 위한 서식지를 만드는 것으로도 유명해졌다. 2014년에 도시 조성 250주년을 기념하기 위해 세인트루이스 시장은 시에서 제왕나비를 위해 조성한 50곳의 정원 이외에 200개의 정원에 시민들이 나무를 심도록 했다. 이 프로그램은 성공적으로 진행이 되어서 사업 확장을 위한 보조금을 받기까지 했다. 대표적으로 미국 시장 회의와 '스콧 미라클 그로'로부터 GRO1000 Gardens & Greenspaces 보조금을 받았다(St. Louis-MO Gov, n.d.).

왜 제왕나비인가? 왜 나비 정원인가? 제왕나비 개체 수는 지난 20년 만에 90퍼센트 이상 줄었으며, 세계자연보전기금의 위기종 목록에서 '멸종 위기'로 분류되어 있다. 제왕나비는 나비 중에서 상징성이 가장 높은 종으로, 캐나다, 미국, 멕시코를 왔다갔다하는 유일한 종이다. 제왕나비는 유액을 분비하는 식물에 알을 낳고 그곳에서 애벌레 유충이 자라게 한다. 특히 제왕나비는 매년 미국 중부를 지나 이동하는 동안 세인트루이스에 머무른다.

세인트루이스 시장인 프랜시스 슬레이와 지속가능성 담당관인 캐서린 베르너는 '밀크위즈 포 모나크' 프로그램을 홍보하고 있다(사진 제공: 세인트루이스시).

세인트루이스시의 지속가능성 담당관인 캐서린 베르너는 이 프로그램이 제왕나비에만 도움이 되지 않고 그 이상이라는 것을 알고 있다. 그녀는 다음과 같이 말하고 있다. "정원을 250개 만든다고 해서 제왕나비를 모두 구할 수는 없다. 이 프로그램이 단지 제왕나비만을 위한 것은 아니다. 물론 제왕나비도 중요하다. 그러나 도시를 아름답게 하고 사람들을 자연과 연결시키는 일에 무게 중심을 더 많이 두고 있다."

'밀크위즈 포 모나크' 이니셔티브는 도시의 첫 번째 지속가능성 계획의 일부로 발전하였으며, 사회적, 생태학적, 재정적 접근 방식을 따라 진행된다(City of St. Louis Sustainability Plan n.d.). 이 이니셔티브를 성공적으로 이끌기 위해 강력한 파트너십을 구축하는 것이 중요했다. 베르너의 말을 들어보자. "나는 나비나 토종 식물 전문가가 아니다. 이 이니셔티브를 성공시킬 수 있는 유일한 방법은 전문가와 협력 관계를 맺고 그들에게 의미 있는 역할을 부여하는 것이었다." 베르너는 수십 명의 사람들과 브레인스토밍 세션을 조직했으며, '무엇을 촉진해야 하는가?', '이를 쉽게 하려면 어떻게 해야 하는가?', '어떤 식물을 얼마나 많이 심어야 하는가?'에 대한 답을 얻으려고 했다. 그녀의 설명을 들어보자. "우리는 모든 의견을 정리하고 STL Monarch Mix를 만들었다. 여기에는 9종의 식물이 포함된다. 그리고 가장 효과적인 정원 규모가 최소 0.3평이라는 것을 배웠고, 정원에는 유액을 분비하는 식물과 꿀이 들어 있는 꽃이 있어야 한다는 것도 알게 되었다. 이 모든 과정은 고도의 협업 방식으로 진행되었다."

밀크위즈 포 모나크는 공공-민간 이니셔티브이다. 베르너의 설명을 들어보자. "우리는 시청, 공원, 소방서를 포함해서 도시에 최소 50개의 제왕나비 정원을 조성하기 위해 노력하고 있다. 또한 세인트루이스 시민들이 자신들의 정원에 식물을 심도록 권장하고 있다." 밀크위즈 포 모나크 이니셔티브는 웹 페이지를 통해 나비 정원에 식물을 심고 관리하는 방법을 올렸다. 또한 시민들이 자신의 정원을 등록하면 나비 정원 지도에 그 정원을 표시해 주었다.

이 이니셔티브가 진행되면서 제왕나비의 서식지가 늘었을 뿐만 아니라 세인트루이스 지속가능성 계획 목표와도 부합하고 있다. 더 나아가서 슬레이 시장은 이 이니셔티브를 기점으로 훨씬 더 큰 일을 시작할 수 있다고 보았다. 슬레이 시장은 다음과 같이 말하고 있다. "먼저 제왕나비 개체 수를 늘리는 데 적합한 자연을 더 많이 확보하기 위한 공통의 목적을 이루기 위해 세인트루이스 시민들을 동참시키는 것은 흥미롭고 재미있는 일이라고 생각했다. 도시 자연이 사람들에게 미칠 긍정적인 영향력도 마찬가지로 중요하다고 생각했다. 나는 녹지 공간에 투자하면 스트레스와 불안이 줄어들고, 공기가 깨끗해지고, 빗물을 적절하게 처리할 수 있고, 자연에 대한 교육 및 학습 기회가 생기고, 재산 가치도 높아진다는 것을 보여주는 많은 연구들이 있다는 것도 알고 있다. 따라서 이 일이 얼마나 중요한지는 아무리 강조해도 지나치지 않다."

베르너에 따르면 이 프로그램을 어떻게 하면 따라서 할 수 있는지 배우고 싶다는 이메일과 전화가 다른 도시에서 매우 많이 오는 것이 즐거울 정도로 놀랍다고 한다. 이것은 최근에 <US Mayors> 뉴스레터에서 모범 사례로 소개되었다.

전 세계 각지의 도시들은 이와 유사한 방법으로 도시에 맞는 고유한 프로그램을 시작할 수 있다. 베르너의 말을 들어보자. "제왕나비일 필요는 없다. 나비가 아니어도 상관이 없다. 단순한 무언가를 함으로써 자연과 연결되는 것을 권장하기 시작하면 된다. 우리는 도시 전체를 대상으로 하는 규모가 큰 이니셔티브를 자주 듣고, 여기에는 수백만 달러와 많은 사람이 필요하다. 이와 같이 큰 이니셔티브를 하면 괜찮아 보이고 대규모 프로젝트들을 활발하게 진행할 수 있다. 그러나 이렇게 크지 않아도 된다. 짧은 기간 안에 마무리할 수 있고 쉽게 구현할 수 있는 무언가를 하는 것만으로도 만족스러울 것이다."

I. 먹거리가 자라는 도시

펜실베니아주 필라델피아: POP
과일 나무 재배, 사회적 자본 구축

티모시 비틀리

POP_{Philadelphia Orchard Project}는 필라델피아의 저소득층 주민들이 동네에 과일나무를 심고 가꿀 수 있도록 도와주는 비영리 단체이다. POP 이사인 필 포시스에 따르면 POP가 도시 프로그램이 아니며, 기존에 이웃과 지역사회에 있는 단체를 중심으로 상향식으로 운영되고 있다고 한다. POP가 게릴라 가드닝 방식으로 운영되고 있지는 않으며, POP에 참여하는 단체들은 과일 나무가 자라기에 적합한 곳(물 공급 여부를 확인해야 하고, 토양 오염이 우려되는 경우 토양 검사를 해야 함)에 합법적으로 들어가야 한다. 그리고 참여 단체는 프로젝트를 끌고 갈 수 있는 적절한 역량도 갖추고 있어야 한다(물론 이 역량을 만들어주는 것이 POP가 할 일 중 일부이기는 하다). 과수원을 새로 만들려면 규모에 따라 2,000~5,000달러 정도의 비용이 든다. 장기적으로 과일을 재배하고 그로 인한 영향력까지 감안하면 이 정도는 비교적 적절한 비용 규모라고 볼 수 있다. 덤으로, 참여하는 사람들의 인생과 이웃에도 변화가 생긴다. 수확된 과일은 주변 이웃에게 바로 제공되며, 저소득층 구역이 아닌 곳에 있는 일부 과수원에서 수확된 과일을 어떻게 분배할 것인지 계획을 짜야 하며, 이때 지역사회 식량 안보를 염두에 두어야 한다(대부분은 푸드 뱅크로 갈 것이다).

POP가 주최한 과일 나무 가지치기 워크샵(사진 제공: 저자).

워싱턴주 시애틀: 비콘 푸드 프레스트

먹거리 숲 만들기

티모시 비틀리

시애틀에 새로 생긴 비콘 푸드 프레스트는 미국에서 가장 야심 찬 도시 과수원 프로젝트들 중 하나다. 비콘 힐 인근 지역에 시애틀 공공시설청이 소유한 약 8,600평 토지를 다층 구조의 공공 과수원과 식용 공원으로 개발할 계획이다. 공동 창립자인 글렌 헤를리와 재클린 크레이머는 시애틀시 '마을계'Office of Neighborhoods에서 종잣돈을 받아 지역 운영 위원회를 만들었고 조경사를 고용하여 해당 부지에 대한 마스터 플랜을 수립했다. 지역사회 회의를 주최하여 동네 주민들의 의견을 청취하고, 이를 마스터 플랜에 반영했다. 공원 개발의 첫 단계는 2014년에 완료되었다. 과수원의 규모와 식용 나무 및 관목의 양이 상당했다. 해리슨 디자인의 조경사인 마가렛 해리슨은 이 프로젝트의 마스터 플랜을 필자에게 말했으며, 100여종에 이르는 딸기 나무, 과일 나무, 견과류 나무를 심을 것이라고 했다. 과수원은 유기농 방식으로 운영되며, 영속농업 원칙에 따라 나무와 관목을 심을 것이다. 과수원이 개장하면 과일 따먹는 체험을 무료로 할 수 있다. 이와 같이 도시에 과수원을 공공 자연으로 만드는 것이 이 프로젝트의 중요하면서도 독특한 특징이다.

　마스터 플랜에는 워크숍과 교육을 진행할 수 있는 지붕 덮인 공간, 통로, 피패치 얼랏먼트 정원 또는 커뮤니티 가든이라고 불리는 구역이 있다. 일부 공간은 장애인들이 휠체어로 접근할 수 있도록 디자인되었고, 과일을 따먹을 수 있는 수목원에서 다양한 과일 나무, 견과류 나무, 관목을 볼 수 있고 교육도 진행할 수 있다. 수목원에 심을 다양한 나무와 관목 목록도 세계 곳곳에서 시애틀로 와서 정착한 주민들이 심고 싶은 나무, 먹고 싶은 과일을 추천해 정해진 것이다. 해리슨은 한 주민 회의에 중국인 주민들이 통역사의 도움으로 시애틀 기후에 적합한 중국 베리류를 설명하고 추천한 사례를 알려줬다. 해리슨은 여러 문화권에서 온 사람들이 프로젝트에 참여해서 각자 고향에서 키우던 것을 시애틀에서도 키울 수 있을지 연구하고 실제로 실행한 것이 가장 인상적이었다고 밝혔다.

해리슨은 이 과수원이 지역에서 정원을 가꿀 수 있는 중요한 공간이 될 것으로 기대하고 있다. 운영 위원회는 이곳에서 할 많은 행사와 활동을 계획하고 있다. 인근에 3개의 학교가 있고, 근처에 있는 재향군인병원은 원예 치료에 사용하기 위해 2개의 피패치 정원을 예약하고 싶다는 의견을 피력한 바 있다.

프로젝트를 진행하며 몇 가지 장애물이 있어서 이를 극복해야 했다. 가장 심각했던 것은 토지 소유자인 시애틀 공공시설청이 처음에 반대한 것이었다. 공공시설청은 과수원이 지저분해지고 폐쇄된 저수지가 결국에는 훼손될 것이라는 의견을 냈다. 해리슨은 이것이 '중요한 문제'였지만 과수원 운영을 시의 피패치 커뮤니티 가든 프로그램에 따라 진행해서 이 문제를 해결할 수 있었다고 했다. 먹거리 숲이 성공하려면 지역사회에서 매우 많은 노력을 기울여야 한다. 그리고 나무를 심고, 물 주고, 가지를 치고, 물을 주는 자원 봉사자들의 역할이 절대적이다. 2014년만 해도 약 2,000명의 봉사자들이 이 프로젝트에 참여했다. 기금도 여러 곳에서 모였으며, 기부금도 있었고 보조금도 있었다. 초기에는 시애틀시에서 보조금을 받았고, 최근에는 '마을부'Department of Neighborhoods를 통해 모임 공간을 조성할 기금을 받았다. 이곳의 디자인과 건축은 워싱턴대학교 건축대학과의 협업으로 진행되었다. 먹거리 숲의 미래는 밝아 보인다. 이 프로젝트에 대한 관심이 많아지고 있으며, 시애틀시 곳곳에서 비슷한 과수원 프로젝트들이 이어질 것으로 예상된다. 한편 비콘 푸드 포레스트는 언론에서 주목을 받고 있으며, 노르웨이 같이 멀리 떨어진 곳에서 방문할 정도로 국제적으로도 관심을 끌고 있다. 세계에서 가장 큰 도시 과수원으로 알려진 이곳은 주차장과 전신주만 가득채워서 도시를 성장시키보다 이외에 다른 것으로도 도시를 성장시킬 수 있다는 인식을 갖게 하고 있다.

V

바이오필릭 시티 전략들

A. 자연과 빈민, 재해 복구

브라질 리우데자네이루: 시티 생태 공원

세계 최대 도시 숲, 빈민가에 자연 만들기

티모시 비틀리

리우데자네이루라고 하면 웅장한 자연미를 떠올린다. 700미터가 넘는 코르코바도산이 하늘로 높게 솟아있는 환상적인 산맥과 바다와 해변이 함께 어우러져 있다. 산, 바다, 울창한 대서양림의 조합은 바이오필릭 시티가 되기 위한 조건을 갖추고 있다. 그러나 이 스토리가 완벽하지는 않다. 왜냐하면 인구 성장과 개발로 인해 탁월한 자연미가 훼손되고 있기 때문이다. 브라질에서 두 번째로 큰 도시인 이곳에는 6백만 명 이상이 살고 있으며, 리우 대도시 구역에는 1천 2백만 명 이상이 살고 있다. <Nature of Cities> 블로그에 글을 쓰고 있는 피에르 안드레 마틴은 이 도시가 대규모의 자연 구역을 보호하고 있지만(도시의 토지 약 3분의 1) 일상적으로 매일 접근할 수 있는 자연이 계속 없어지고 있다고 주장하고 있다. 마틴은 다음과 같이 밝히고 있다. "대규모 공원들이 도시의 변두리에 있으며 접근할 수 있는 입구가 적고 도시 중심부에서 멀리 떨어져 있다. 보존은 훌륭하게 잘 되어 있지만 멀리 떨어져서 대다수의 시민들은 이곳을 멀리서 바라보기만 하고 자연과 접촉할 기회는 적다. 리우의 자연 풍광은 전경이라기 보다는 배경에 더 가깝다(Martin 2012). 세실리아 헤르조그가 자신의 글에서 밝혔듯이 도시의 생물다양성과 자연 보존은 정치적 우선순위 목록에서 앞쪽에 있지 않다(Herzog 2012).

리우에는 놀라울 정도로 큰 공원들이 있으며, 리우의 환경부는 기존 공원과 녹지를 연결하기 위한 전략을 개발해 왔다. '그린 코리더'Green Corridors 계획이 2012년에 발표되었고, 헤르조그가 운영하는 비영리 기관인 INVERD가 이 아이디어들을 구현하는 데 도움을 주기 위해 움직이고 있다.

티주카 국립공원은 리우에서 가장 인상 깊은 대형 공원들 중 하나이며, 리우 시민들이 접근하기가 그렇게 용이하지는 않지만 리우의 중요한 보호 스토리를 간직하고 있다. 그 규모가 약 1,210만 평으로 '세계에서 가장 넓은 도시 숲'인 이곳은 도시 중심부에 있는 거대한 자연이다. 이 공원의 보호 및 회복에 관한 이야기는 1860년대로 거슬러 올라간다. 이때 이곳은 커피 재배지가 대규모로 들어서면서 벌거벗은 숲이 되었고 도시의 물 공급을 위협하게 되었다. 이에 페드로2세 황제는 이 지역을 다시 숲으로 만들라는 명령을 내렸다. 약 15년에 걸쳐 약 70,000그루의 토종 나무가 심겨졌다(Buckingham and Hansen 2015). 현재 이 공원은 주요 관광지가 되었으며 1년에 약 2백만 명의 사람들이 이곳을 찾는다. 또한 이곳의 생물다양성이 매우 높으며, 이와 더불어 멸종 위기종으로 등록되어 있는 식물 종 수도 상대적으로 많다(Pougy et al. 2014).

시설과 서비스가 열악한 무허가 주택 구역인 빈민가는 리우가 해결해야 할 또 다른 문젯거리로, 700개 이상의 빈민 공동체에 1백만 명 이상이 거주하고 있다. 도시 자연과 빈민가를 연결하는 일은 잘 맞지 않는 것이었으며, 2000년대 중반에 리우시는 빈민가가 대서양림으로 더 이상 확장되는 것을 막기 위해 벽을 세우기 시작했다.

작은 공원과 정원을 만들어서 빈민가에 녹지를 만들고 자연을 조성하기 위한 프로젝트들에 더 긍정적인 트렌드가 나타나고 있다. 한 예로 빈민가인 비디갈에 있는 시티Sitie 생태 공원을 들 수 있다. 이곳에서는 예전의 쓰레기장이 2,450평의 공원으로 바뀌었으며, 이를 위해 주민들이 여러 해 동안 노력했다. 주민들은 이곳에 사탕수수와 채소들을 심었고, 'It Becomes Alive'라는 단체의 도움으로 숲으로 만드는 작업도 진행 중에 있다. 조림에 필요한 묘목은 리우 식물원에서 제공했다. 이 프로젝트는 2015년에 디자인 코어Design Corps가 주는 SEED 상을 받았다(Design Corps 2015).

아이티 포르토프랭스: 마티상 공원
지진으로 폐허가 된 도시를 회복시키는 데 도움이 된 공원
힐러리 디타 비어드

아이티 수도인 포르토프랭스는 밀집된 도시 구조를 띄고 있으며, 이곳에 약 1백만 명이 살고 있어서 인구 밀도가 높은 편에 속한다. '남반구 최빈국'이라는 수식어가 붙는 아이티에서 2010년에 큰 지진이 발생하였으며, 이로 인해 수도인 포르토프랭스가 황폐화되었고 30만 명의 사상자와 백만 명이 넘는 이재민이 발생했다. 특히 마티상 지역은 감당할 수 없는 도전에 직면했다. 유해 환경이 매우 많은 '레드존'으로 지정된 이곳에서는 기업이나 기관이 부족했고, 수도나 전기 같은 공공 서비스가 열악했다. 그리고 3만 명이나 거주하고 있어서 인구 과잉 문제를 겪고 있었으며, 법 집행 기관도 없고, 환경 조건도 위험한 상황이었다(Pierre-Louis 2014).

지진이 발생하기 전, 2008년에 이 지역에 마지막 남아 있는 숲을 구하기 위해 '빠크 더 마티상'Parc de Martissant, 즉 '마티상 공원' 프로젝트가 시작되었다. 기본적인 공공 서비스도 거의 제공되지 않고 갱들의 폭력 사건이 끊임 없이 일어나고 있었지만 마티상 주민들은 이 프로젝트에 적극적으로 참여했다. 이 프로젝트에 동참한 한 젊은 주민은 다음과 같이 말했다. "이곳 마티상에 공원을 만드는 것은 우리의 자존감이 걸린 문제였다!"(피에르 루이스 2014).

이 프로젝트를 진행하기 위해 예전에 사유지였던 4곳을 공유지로 돌린다는 대통령령이 2007년에 발표되었다. 현재 이 공원에는 약 2만 평의 공공 장소가 있으며, 여기에는 커뮤니티 센터, 기념관, 정원들이 들어서 있다. 공원에는 식물원도 있고 약용 식물도 심겨져 있고 각종 문화, 교육, 레크리에이션 프로그램이 진행된다. 이곳에는 몇 백 년 되었거나 희귀하거나 멸종 위기에 처한 40여 종의 나무들이 있으며, 인구 밀도가 과도하게 높은 도시 지역 한가운데에서 생물다양성과 보존을 이루는 보호 구역으로서의 역할을 하고 있다. 현재 이 공원에는 주로 지역 주민인 200명의 직원이 있으며, 이들이 공원에서 일하면서 공원에 대한 주인 의식, 자부심, 애착심을 갖게 되었다. 이 공원은 하루 방문자 수가 약 200명에 이를 정도로 인기가 있으며, 주변에 살고 있는 사람들에게 피부에 와 닿는 긍정적인 효과를 주었다. 가령, 사람들이 덜 위험하고 사람들에게 더 가까이 다가가도 된다는 인식이 생겼다(Charles 2014).

환경 과학을 가르치는 교육과 훈련 프로그램을 확대해서 진행하려는 계획이 만들어졌으며, 이를 통해 사람들을 토종 식물과 자연 세계와 계속 연결시킬 수 있었다. 또한 커뮤니티 센터를 매개로 해서 주민들이 필요로 하는 것을 제공하고 있다. 가령, 폐기물도 수거하고, 건강 관리를 돕고, 학비 보조금을 지급하고 있다(Dreyfuss 2013).

키스 티드볼은 자신의 저서 <Greening the Red Zone: Disaster, Resilience and Community Greening>의 한 장에서 바이오필리아가 언제 필요한지에 대해 다음과 같이 설명하고 있다. "개인이든, 지역사회든, 한 나라 전체든 재난에 직면했을 때 위기를 극복하기 위해 회복탄력성을 도모해야 하며, 그 일환으로 자연과의 연대를 추구할 때 바이오필리아가 필요하다"(Tidball 2014, 50). 마티상 공원 사례는 재난 후 바이오필리아를 추구할 때 사람과 자연이 상호작용하게 만드는 것이 중요하며, 그렇게 하면 재난을 극복하고 재생 가능한 환경을 만들 수 있다는 것을 보여준다. 황폐해지고 소외되고 폭력이 난무하는 지역과 이곳에 살고 있는 사람들이 들인 노력이 거둔 결실은 공원을 개발하고 보호할 때 지역사회가 치유될 수 있다는 점을 확실하게 보여주고 있다.

B. 자연 센터

일리노이주 시카고: 에덴 플레이스 자연 센터

자연과의 연결, 자연에 대한 인식, 자연을 지키는 지도자 양성

칼라 존스

시카고에는 자연 센터가 많이 있으며, 이들 자연 센터는 도심에 살고 있는 시민들과 도시 안과 도시 주변에 있는 자연을 연결하는 고리가 되고 있다. 가장 활발하게 움직이고 있는 자연 센터들 중 하나로 에덴 플레이스 자연 센터

가 있다. 이곳에서는 자연과 다양한 경험을 하는 데 도움이 되는 프로그램이 많이 있다. 이 센터에서 운영하는 농장에서는 지역 사회 지원 농업 프로그램이 있으며, 농부 직거래 시장도 열린다. 자연과 친밀하게 교류하는 '와일드 인디고 자연 탐험' 프로그램이 있으며, 이 프로그램에 참여하면 종자를 얻을 수 있고, 탐조 여행을 갈 수 있고, 자연 속에서 산책도 할 수 있다.

자연을 탐구하고 배우는 것 이외에 '제왕나비 번식과 감시' 프로그램에도 참여할 수 있다. 이 자연 센터는 일리노이 제왕나비 서식지 및 일리노이 제왕나비라이브 장소로 공식 지정되었다. '제왕나비라이브'MonarchLIVE는 국경을 넘어 이동하는 종들을 위한 서식지 복원 및 교육 자원을 제공하는 프로그램이다(Eden Place Nature Center, Monarch Propagation and Monitoring n.d.). 이 프로그램에서는 이동 패턴을 더 잘 파악하기 위해 제왕나비에게 표식을 붙이는 작업도 진행한다.

또한 에덴 플레이스 자연 센터에서 운영하는 '리더스 인 트레이닝 프로그램'에서는 차세대 지도자를 훈련시키고 있다. 이 프로그램에 참여하는 사람들은 리더십의 기본을 배우고 자연 레크리에이션 활동에 참여한다. 주로 자전거 타기, 낚시, 캠핑을 한다. 이 프로그램은 장소를 기반으로 운영되며, 참가자들은 풀러 공원 인근의 자연 보호와 관련된 지역사회 봉사 프로젝트에 들어간다. 이 프로그램의 목표는 자연에서의 봉사 프로젝트를 통해서 환경을 관리하고, 자연에 감사하고, 지역사회에 환원하는 의지를 키우는 것이다(Eden Place Nature Center, Leaders in Training n.d.). 에덴 플레이스 자연 센터는 조지 워싱턴 카버 연구소에 있으며, 이 연구소는 자연에 감사하고, 과학과 기술과 공학과 수학을 소수 약자를 위해 활용할 것을 장려한다.

4부
성공과 미래의 지향점

바이오필릭 시티의 비전이 매력적이고, 현재 도시가 안고 있는 스트레스를 해소하고 필요를 충족시키기에 적합하다는 것을 독자들이 알았으면 한다. 바이오필릭 시티가 주는 이점은 매우 많으면서도 미치는 영향력도 크다. 즉, 다양한 종류의 생태 서비스를 제공하고, 정신 건강과 웰빙에도 도움이 된다. 그러나 바이오필릭 아젠다를 이루는 데 있어 도시가 해결해야 할 몇 가지 장애물과 과제가 있다.

13장에서는 최고의 바이오필릭 시티들을 사례로 해서 우리가 해야 할 것이 무엇이고 핵심 교훈으로 어떤 것이 있는지를 설명한다.

14장에서는 이들 도시가 직면했던 여러 난관들을 살펴보고, 바이오필릭 시티 운동을 초기에 이끈 일부 도시들을 설명한다.

15장에서는 바이오필릭 시티 운동의 미래, 특히 바이오필릭 시티 네트워크의 역할과 약속이 무엇인지를 살펴본다.

부록에서는 이 책을 이해하는 데 필요한 참고 자료(블로그, 영화, 웹 페이지 등) 목록을 제시한다. 또한 바이오필릭 시티에 대해 더 많이 배우고 구체적이고 의미 있는 조치를 취하고 싶은 독자들에게 유용할 만한 참고 문헌들도 제시한다.

13장

새로운 바이오필릭 시티들에서 얻는 교훈

건물, 이웃, 도시가 자연에 둘러싸여 있다고 상상해 보아라. 미래에 어떤 곳에 살고 싶은가? 방금 상상했듯이 자연과 조화를 이룬 곳에 살고 싶다는 생각이 들지 않는가? 나무, 토종 초목, 먹거리가 자라는 정원, 접촉할 수 있는 많은 동식물은 우리의 경이로움과 삶의 의미에 대한 요구를 채울 것이며, 이러한 것들이 바로 바이오필릭 설계와 계획의 핵심을 이루는 질과 조건이다. 필자는 바이오필릭 시티를 이야기할 때 philic사랑은 bio생명체만큼 중요하다는 점을 자주 말했다. 즉, '사랑'이라는 말에는 자연 세계와의 접촉이 필요하다는 의미가 내재되어 있으며, 우리 인간은 자연 세계와 원래 연결되어 있으며, 자연 세계를 돌보는 존재라는 의미도 포함되어 있다. '사랑'이라는 말이 중립적인 말은 아니다. 즉, 단순히 자연이 주는 혜택과 서비스를 사실적으로 표현하는 말이 아니다. (자연이 주는 혜택과 서비스를 사실적으로 표현하는 일반적인 용어로 '녹색 인프라'green infrastructure라는 말이 있다.)

또한 바이오필릭 시티에는 '생물중심주의'biocentrism가 내재되어 있다. 생물중심주의에 따르면 자연에는 '내재되어 있는'inherent 가치와 '본질적인'intrinsic 가치가 있다. 우리는 자연과 접촉하면 스트레스가 줄어들고 건강상 이점이 있다는 점을 자주 이야기하지만 이외에 다양한 형태의 많은 생명이 거주하면서 살아가는 공간으로서, 새로운 방식의 도시를 상상하고 있다. 인간은 미생물부터 포유류에 이르기까지 많은 생명과의 접촉을 통해 여러 면에서 이득을 얻고 있으며, 이들 종도 도시에서 살아가고 번성할 권리가 있다는 사실을 인정하고 있다.

미국과 세계 각지 도시에서 야생 동물과 함께 살아가는 것은 중요한 목표이자 도전 과제가 되었다. 이러한 노력의 중심에는 도시에 살고 있는 여러 다른 생명체를 어떻게 대해야 하고, 그 생명체들이 미치는 해를 피하기 위해 어떻게 해야 하고, 이들 생명체를 겸손하고 깊이 존중하기 위해 무언가를 해야 한다는 인식이 깔려 있다.

미국 동물보호센터에 있는 우리의 동료들은 인간 공존을 위한 가장 좋은 프레임워크로 바이오필릭 시티가 적합하다는 사실을 인정했으며, 이것이 실제로 무엇을 의미하는지에 대해 우리도 협력해 왔다. 도시에서 같이 살아가면서 모든 것을 공유하는 공간이라는 시각이 더 강해지고 있지만 이것이 유지되려면 훨씬 더 많은 노력이 필요하다. 우선적으로 진행되는 것과 민감하게 다루어지는 것들이 여러 도시들에서 다양한 방식으로 표현되는 것을 보고 있다. 일례로, 샌프란시스코에서는 조류 친화적인 설계 표준을 채택했다. 그리고 워싱턴 DC에서는 해충을 인도적으로 통제하는 것을 목표로 한 새로운 법안이 만들어졌는데, 야생동물보호법에서는 접착제 덫과 족쇄 덫 같은 것을 금지한다.

미국과 세계 각지의 여러 도시에는 이러한 유형의 운동을 선도적으로 이끄는 이들과 열정적인 추종자들이 있다. 코요테 프로젝트를 창립한 카밀라 폭스는 코요테와의 공존 전략을 알리고 있다. 또 다른 예로, 자라 맥도날드가 설립한 베이 에어리어 퓨마 프로젝트가 있다. 그녀는 샌프란시스코 베이 지역의 퓨마, 즉 산사자를 연구하고 관련 교육을 진행하고 있다. 이에 대한 내용을 박스 13.1에서 자세히 볼 수 있다.

박스 13.1 바이오필릭 시티 개척자: 자라 맥도날드

자라 맥도날드는 야생 동물에 대해서 지칠 줄 모르는 챔피언이다. 샌프란시스코 베이 지역의 퓨마에서부터 몽골리아 눈표범까지 그녀의 연구와 지지는 전 세계를 아우른다. 그녀는 고양이과 보호 펀드의 창업자이자 대표이며 2007년에 베이 에어리어 퓨마 프로젝트를 시작했다. 그녀의 대부분의 업무는 연구에 대한 지원과 야생 고양이 생물학에 대한 더 나은 이해에 대한 노력이다. 그녀와 그녀의 동료들은 GPS 목걸이를 활용하여 이들 고양이의 움직임 패턴과 서식지에 대한 필요를 연구한다. 그녀는 베이 에어리어 퓨마 프로젝트에서 대부분의 노력을 교육에 쏟고 있으며, 특히 학령 아동에 중점을 두고 있다. 그녀는 여러 연간 교육 강의를 진행하며 베이 지역의 학교에 자주 방문한다. 그녀가 고안한 캣 어웨어라는 교육 프로그램에는 3만명의 아이들이 참여했다. 그녀는 퓨마 와일드라는 이름의 교육 영상을 공개하였고 야생 고양이에 대한 공포심을 극복하기 위한 교육 방법을 계속해서 모색 및 개발하고 있다.

자라 맥도날드는 베이 에어리어 퓨마 프로젝트의 창시자이다(사진 제공: 베이 에어리어 퓨마 프로젝트).

자연 중심 도시의 가치 증진

최근에 만들어진 바이오필릭 시티를 경험하고 나서 사람들은 도시 계획 및 설계의 중심에 자연을 두고, 도시를 중심에 두고 주변에 자연을 둘 때 얼마나 큰 가치가 창출되는지를 알게 되었다. 바이오필릭 시티에는 경제, 생태, 건강 등 많은 이익이 있었으며, 도시 계획 및 의사결정을 주도하는 매력적인 프레임워크로 인정받고 있다.

특히 미래의 도시 생활을 구상함에 있어 마음에 와 닿는 방법들이 많이 제시되고 있다. 싱가포르나 웰링턴 같은 도시의 경우 도시 생활의 질이 자연에 대한 경험과 직접적이고 불가피하게 연결되어 있는 것으로 이해하고 있다. 싱가포르 자체를 정원 속 도시로 재해석한 것은 도시와 자연이 떨어져 있지 않고 도시와 함께 있는 곳으로 이해하는 것을 가장 잘 나타낸 예이다. 즉 도시에 살고 있는 사람들이 하루를 살아가는 매 순간 자연을 경험할 수 있어야 한다는 것을 실천하고 있는 셈이다. 미래 도시의 이미지는 웰링턴이 꿈꾸는 것과 같이 토종 새의 노래 소리를 들을 수 있는 곳이다. 그리고 싱가포르나 오슬로 같이 도시 자연 산책로와 인도를 도시 전체에 조성하기 위해 투자한 도시의 경우 자연 속에서, 자연을 지나서 쉽게 하이킹할 수 있는 곳이 미래 도시의 이미지이다.

바이오필릭 접근법을 개발함에 있어 쉽게 접근할 수 있는 첫 번째 단계는 도시에 이미 있는 자연을 찾는 것이다. 이 책에 제시된 사례 연구 및 협력 도시들에서 볼 수 있듯이 도시 안에서 많은 자연을 찾을 수 있을 것이다. 포틀랜드에 자리잡고 있는 복스 칼새가 펼치는 장관, 샌프란시스코 같은 도시를 통과해서 지나가는 수백 만 마리의 새들, 뉴욕의 개미들, 센트럴파크 땅 속에 살고 있는 미생물들의 생물다양성에 이르기까지 도시에는 이미 놀라운 자연이 있다.

이러한 자연을 복구하고 향상시킬 기회가 많이 있으며 이를 위해 많은 조치들이 시행되고 있다. 수직 녹색 벽과 같이 디자인에 특화된 작업에서부터 기존 자연 구역을 보호하고 복원하려는 노력에 이르기까지 많은 작업을 하고 있다. 이들 도시에서 취해지고 있는 여러 조치들은 여러 가지 면에서 대담하다. 싱가포르에서는 쿠텍푸아트병원을 새와 나비 서식지로 만드는 프로젝트가 진행되는 것을 보았고, 비토리아에서는 살부루아 습지를 이전의 자연 상태로 복원하는 것도 보았다. 자연을 우선순위로 둘 때 무슨 일이 가능한지를 보았고, 지구를 보존하는 일에 있어서 도시가 중요한 역할을 할 수 있고 그렇게 해야 한다는 데에 대한 확신도 얻게 되었다.

바이오필릭 도시화에서 얻을 수 있는 긍정적인 경제적 이익과 관련된 정책 및 도시 계획 논쟁에서 이익이 더 크다는 결론에 도달하는 것으로 보인다. 영국 버밍엄 예에서 보여주는 여러 가지 증거들은 바이오필릭 시티가 제공하는 생태 서비스의 경제적 가치를 이해하고 확인하기에 충분하다. 도시 생태 전략 혹은 도시 자연 전략은 추구하는 도시 목표 혹은 사회 목표를 달성하기 위한 가장 비용 효과적인 방법이다. 가령, 작은 투자로 사무실을 녹지화했을 때 직원들의 생산성이 높아져서 주목할 만한 경제적 이익을 낸다는 사실을 확인했다. 또 다른 예로, 학교를 설계할 때 바이오필릭 특징을 넣으면 아이들의 인지 능력과 발전 속도가 대폭 개선된다는 것도 확인했다. 시험 성적을 높이는 것이 목표이든 장기적으로 의료 비용을 줄이는 것이 목표이든 도시에 더 많은 자연을 투자하면 자연에 대한 시민들의 경제 의식이 형성될 것이며 경제적으로 가장 효과적인 선택지임에 틀림이 없다.

회복탄력성과 바이오필리아 연결

바이오필릭 시티는 서로 연결되어 있는 지구와 인류가 직면하고 있는 건강 문제를 효과적으로 해결할 수 있다. 도시 설계자들은 건강 증진을 위해 도시 설계가 중요하다는 사실을 재발견했다. 또한 건강 개념을 더 포괄적으로 다룰 필요성이 있다는 점에 있어서도 도시 설계가 무관하지 않다는 것을 알았다.

'사루토제닉'salutogenic 모델이라는 것이 있다. 이 모델에서는 몸과 마음의 건강에 영향을 미치는 모든 맥락이 도시와 지역 공동체에 있으며, 이를 이해하면 더 많은 가치를 얻어낼 수 있다는 것을 설명한다. 자연, 즉 자연이 많은 도시는 이 모델에서 이야기하는 유형의 이익을 준다. 우리는 더 많이 걸어야 된다는 것을 알고 있다. 그리고 육체적으로 더 활발하게 움직여야 하고, 더 건강하게 먹어야 하고, 느긋해야 하고, 친구 및 가족과 즐겨야 한다는 것도 알고 있다. 또한 공기, 물, 환경이 우리를 회복시키는 곳에서 살아야 한다는 것도 알고 있다. 지구의 대다수 사람들은 도시에 살 것이다. 미국의 현대 의료를 널리 퍼져 있는 병원균, 질병/비질병 분기, 반응형의 비싼 병원 기반 접근법으로 특징지을 수 있다. 지구촌 대다수의 사람들이 살게 될 도시의 자연은 강력한 만병통치약이자 미국의 현대 의료의 틈을 메울 수 있는 유용한 수단이다.

건강에 대한 포괄적인 관점과 인간 건강을 지키려는 목표를 이해함에 있어서 많은 사람들에게 점점 더 인기를 얻고 있는 회복탄력성이라는 렌즈를 사용할 필요가 있다. 이 프레임에는 확실히 많은 가치가 있다. 회복탄력성과 지속가능성을 갖춘 도시와 지역 공동체 아젠다를 발전시키는 데 있어서 바이오필릭 설계와 계획이 여러 가지 면에서 도움을 주고 있다는 점만 봐도 분명히 가치가 있다(Beatley 2009).

피터 뉴만 교수와 필자는 <Biophilic Cities Are Resilient, Sustainable Cities>라는 학술 논문을 몇 년 전 같이 저술했다(Beatley and Newman 2013). 바이오필릭 시티의 비전, 그리고 이 비전을 이루는 데 필요한 수단, 기술, 전략이 제대로 작동하면 많은 것을 한번에 이룬다. 바이오필릭 시티에서는 지구 및 지역에서 안고 있는 문제들, 즉 기후 변화, 지역사회 건강, 빈곤 문제 등을 다양한 방식으로 해결한다. 도시의 비전을 새로 짜야 하고, 자연을 도시의 중심으로 보아야 하는 시기를 정하라고 하면 그 시기는 바로 지금이다. 도시를 회복탄력성 있는 도시로 만드는 것은 주요 과제이자 우선적으로 해야 할 일이 되었다. 이 책에서 설명하고 있는 다양한 유형의 바이오필릭 프로젝트, 도구, 기술은 도시가 그러한 방향으로 나가는 데 있어 도움이 될 것이다.

기후 변화는 도시가 해결해야 할 큰 과제가 될 것이다. 해안 도시들은 빠르게 진행되는 해수면 상승을 경험할 것이고, 연안 폭풍과 홍수 피해가 더 많아질 것이다. 그리고 해양과 맞닿아 있는 도시 경계부에 대한 연구를 심각하게 진행할 필요가 있다. 생태계의 역할을 할 수 있는 더 역동적인 해안선을 확보해야 하고, 더 유연하고 적응성이 뛰어난 연안으로 만들어야 한다.

모든 바이오필릭 디자인 및 계획을 통해 도시의 회복탄력성을 더 높일 수 있다. 전 세계에 있는 도시들은 과도한 열을 처리해야 하는 과제에 직면해 있다. 나무를 심고, 녹색 지붕과 녹색 벽을 설치하고, 그늘진 장소를 마련하고,

증발 방식의 냉각 같은 방법들이 사용되고 있다. 극심한 대기 오염도 많은 도시에서 문제가 되고 있으며 이를 해결하는 데 바이오필릭 디자인이 큰 도움을 줄 수 있다. 멕시코시티나 뉴델리 같은 도시에서 녹색 벽과 도시 숲을 구축하는 것이 장기적으로 효과적인 대책이 될 수 있다. 버밍엄대학교의 롭 매켄지가 진행한 모델링 연구는 수직 녹색 파사드를 늘리면 도시 협곡의 이산화질소와 미세 먼지 농도를 제어하는 데 최소한 이론적으로는 꽤 큰 효과가 있다는 것을 보여주었다(Pugh, MacKenzie, Whyatt, and Hewitt 2012). 앞에서 언급한 '볼티모어의 건강한 항구 이니셔티브'의 사례처럼 유동성 습지대를 설치할 수 있다. 이렇게 하면 물을 여과하고 과잉 양분을 제거하는 데 도움이 될 수 있다. 또한 벽이 쳐져 있고 포장되어 있는 도시 환경에 다른 생물들을 위한 서식지와 녹색 가장자리를 조성하는 데 유용할 수 있다.

도시에서 식량을 생산하는 정원들은 자연 환경과 중요한 접촉점이 되는 동시에 식량 불안을 해결할 수 있는 방안이 될 수 있다. 최근에 이루어진 한 연구에 따르면 세계의 식량 5분의 1 분량이 도시에서 생산된다고 한다(Royte 2015). 이 수치는 앞으로 증가할 것이고, 옥상, 베란다, 뒷마당에서 식량을 재배하는 활동은 도시의 회복탄력성을 더 높게 만들 것이다.

게다가 도시 시설을 바이오필릭 방식으로 설계하면 자원 효율성을 높이고 건물의 에너지 소비를 줄여서 기후 변화 완화에 도움이 될 것이다.

다양한 도구와 전략 사용

최근에 떠오르고 있는 바이오필릭 시티들은 도시에 자연을 조성하기 위해 여러 가지 도구와 전략을 사용할 수 있다는 것을 명확하게 보여주고 있다. 샌프란시스코 같은 도시들에서는 새로운 종류의 개발을 허용했다. 즉 임시 녹지를 허용하고 하드스케이프를 보도 정원으로 전환하는 것을 허용했다. 또한 금융 혜택, 공공 교육, 연구와 개발도 허용했다. 이 모든 대책들 중 각 도시에 맞는 최고의 전략을 선택함에 있어 맥락이 중요하다. 바이오필릭 시티 프로젝트의 여러 목표들 중 전 세계 여러 도시들의 법령, 법규, 프로그램 자료를 수집 및 분석해서 활용하는 것이 있다. 이것은 매우 큰 과제다. 왜냐하면 현재 여러 도시들에서 많은 작업들이 진행 중에 있으며, 이들 도시에서 바이오필릭 도시화를 여러 다른 방법으로 발전시키고 있기 때문이다.

한 가지 묘책으로 모든 문제를 해결할 수 없다. 이 책에 소개된 사례들은 정책, 법, 프로그램을 강화함에 있어 이상적인 하나의 조합 혹은 패키지가 무엇인지를 생각하기에 부족함이 없다. 그런 점에서 보면 싱가포르는 최고의 모범 사례이다. 싱가포르는 도시 경관을 바꾸는 일을 강제성이 있는 정책으로 시행하였으며, 도시를 녹색으로 만드는 일에 보조금을 지급하였으며, 스카이라이즈 그리너리 어워드 같은 것으로 도시가 진행하는 혁신적인 행보를 알리고 기념하는 일을 했고, 잘 된 것과 잘 되지 않는 것을 연구하는 것에도 지원을 아끼지 않았다. 싱가포르는 이 중 어느 하나만 하지 않고 모든 것을 결합해서 진행하였다.

도시에서의 야생성 복원

도시에 살고 있는 사람들이 주변에 있는 무수히 많은 동식물과 다시 연계되도록 하는 것은 쉬운 일이 아니다. 우리는 이 책에 제시되어 있는 여러 사례들을 통해 이 문제를 해결할 방법들을 제시하고자 한다. 볼티모어에서는 초등학생부터 성인에 이르기까지 모든 시민들이 굴을 키우고 돌보는 일에 적극적으로 참여하도록 했다. 가령, 도시 내항 산책로 근처에 굴 공원을 설치하는 프로그램은 볼티모어 시민들이 자연과의 연계감을 되찾을 수 있게 하는 좋은 방법이다.

바이오필릭 시티 네트워크에 참여한 세인트루이스의 동료 연구원들은 매우 간단하지만 적절한 조사를 통해 시민들의 환경 지식 수준을 조사했다. 세인트루이스 시민들은 지역 이웃 수준에서 자연을 돌보고 있었으며, 여기서 흥미로운 결과들이 나왔다.

우리가 영감을 받고 싶어하는 것이 "도시에서 야생성을 되살려야 한다"라는 마크 벡오프의 말에 있을지도 모르겠다 (Bekoff, 2014). 많은 도시를 포함해서 일부 지역에서 야생성을 살리기 위한 노력에 많은 열정을 쏟아 왔으며, 이제는 새로운 유형의 시민을 키우는 일에 집중해야 할 필요가 있다. 가령, 우리 주변에 있는 자연에 호기심을 보이고 그 자연을 힘껏 돌보는 시민들을 육성해야 한다.

우리의 사고방식과 생각을 전환해야 한다. 즉, 우리 주변에 있는 자연을 바라보고, 그 자연을 돌보는 일에 열려 있어야 한다. 그리고 자연에 관심을 기울이고 그 자연에 관해 더 많이 배워나가야 한다. 벡오프는 "도시에서 야생성을 되살리는 것은 자연에 다시 사로잡히는 것이며, 이를 위해 자연에 대한 경이로움을 키워야 한다"라고 말했다(Bekoff, 2014, p.5). 벡오프의 주요 생각을 4가지 C, Compassion동정심, Connection연결, Curiosity호기심, Coexistence 공생으로 정리할 수 있다.

도시 자연에 대한 시야 확대

다음 두 가지 질문을 통해 바이오필릭 연구 영역을 파악할 수 있다. 첫째, '자연'을 구성하는 것이 무엇인가? 둘째, 도시에는 얼마나 많은 다른 유형의 자연이 있는가? 자연은 여러 면에서 사회적으로 구성된 아이디어 혹은 개념이다. 대부분의 사람들은 자연을 생각하면 원시적이고 훼손되지 않은 외진 곳을 떠올린다. 사람들이 가끔 방문하는 곳, 사람의 손길이 닿지 않은 채 그대로 남겨져 있는 최상의 장소를 생각한다.

1964년에 만들어진 야생법은 미국 환경 운동 관련 법안의 초석으로써 얼마 전에 50주년을 맞이했다. 인간은 예전에 상상했던 것보다 더 심각하게 그리고 더 오랜 세월 동안 자연 환경을 변형하고 자연 환경에 나쁜 영향을 미쳤으며, 그로 인해 '자연 그대로의 청정함'이 대부분 환상이라는 사실을 우리는 깊이 인식하고 있다. 그러나 미국 야생계를 이루는 대지는 정서적, 생태학적 이유로 매우 중요하며, 도시에서 멀리 떨어져 있는 이런 야생 구역을 보호하고 보존하는 일은 중요한 목표로 남아 있다. 또한 도시에서도 야생을 경험할 수 있다. 뉴욕시 공원과 고층 옥상에서 도시 캠핑을 즐길 수 있고, 하이킹, 수영, 카약 및 다른 여러 가지 방법으로 자연을 직접 즐기면서 자연이 주는 광대함, 예측 불가능성, '다른 것에서 느낄 수 없는 독특한 것'을 경험할 수 있다(그림 13.1 참고). 앞에서 많은 사례를 보았듯이, 야생이 멀리 있지 않다. 버지니아주 리치몬드에서 파이프라인 산책로를 따라 걸을 수 있고, 오리건주 포틀랜드에서 저녁이 되어 둥지를 찾아 떼로 몰려오는 복스 칼새를 볼 수 있다. 실제 자연을 체험하기 위해 수백 킬로미터를 가지 않아도 된다.

그림 13.1 도시에서 야생은 도시의 질을 정할 때 중요한 요소이다. 리치몬드나 버지니아 같은 도시에 가면 이런 야생을 강렬하게 경험하고 제대로 만끽할 수 있다(사진 제공: 저자).

이 책에서 언급한 도시들에 있는 여러 유형의 자연은 상당 부분 사람이 디자인하고 사람에 의해 관리되는 면이 있다. 그럼에도 불구하고 도시의 동식물상, 자연 프로세스, 자연 시스템에는 전체적으로 야생성이 남아 있다. 물론 상당 부분 훼손되고 변형되었다는 점도 알고 있다.

도시 속의 자연과 새로운 야생은 여러 가지 크고 작은 모습으로 나타난다. 하지만 도시에 살고 있는 사람들은 야생의 이런 놀라운 모습들을 물리적으로 혹은 시각적으로 포착하지 못한다. 가령, 에이미 새비지는 뉴욕에서 개미의 다양성과 생물학 연구를 수행해 왔으며, 연구 대상인 개미는 대부분 브로드웨이를 따라 나 있는 분리대에서 관찰된다. 그녀는 40여종의 개미가 도시를 어떻게 청소하는지를 포함해서 여러 가지 흥미로운 연구 결과를 보고했다(박스 13.2 참고). 브로드웨이 거리를 바쁘게 오가는 사람들과 이 사람들 지척에 있지만 정서적으로 와 닿지 않는 이 신비한 세계를 어떻게 연결할 수 있겠는가? 싱가포르와 샌프란시스코 같은 도시에 광대한 해안과 해양 생태계가 있지만 대부분의 시민들이 이 자연을 직접 보고 경험할 기회가 별로 없다. 앞서 나온 여러 장들에서 도시에 살고 있는 사람들이 도시에 있는 자연과의 교감을 어떻게 이루었는지를 보여준 희망적인 이야기들이 나왔었다. 싱가포르에서는 썰물 때 이루어지는 갯벌 산책이 있고, 웰링턴에서는 청정 수역 개념이 있었다. 도시에서 보기 어려운 이러한 자연에 대한 인식과 연결을 도모하기 위해 많은 일들이 일어날 수 있다.

바이오필릭 도시화가 등장하면서 자연적인 것과 인공적인 것이 섞인 새로운 것을 볼 수 있다. 이렇게 해서 만들어진 새로운 형태의 하이브리드형 도시 자연이 어떻게 다른지 규정하기 어려울 때가 있다. 밀라노의 수직 숲인 보스코 베르티칼레같은 프로젝트에는 약 800그루의 나무가 사용되었으며, 이들 나무 중 상당수가 꽤 크다. 이 프로젝트는 대형 건물에 적용되는 기존 공학 및 디자인 원칙과 실제 자연을 독창적으로 섞어 놓은 것이라고 할 수 있다.

박스 13.2 바이오필릭 시티 개척자: 에이미 새비지

에이미 새비지는 럿거스대학교에서 강의하고 있으며, 개미 전문가이다. 그녀는 생명과학 분야의 새로운 세대의 연구원 중 한 명이며 도시를 중심으로 연구한다. 도시 환경 내의 개미에 대한 통찰력을 기반으로 진행되는 새비지의 연구는 대중 언론으로부터 상당한 관심을 받고 있다. 그녀는 종종 뉴욕시 거리 중앙 분리대에서 개미를 발견하고 이러한 도시 환경 내에서 개미의 다양성과 행위에 대한 새로운 통찰력을 실험을 통해 확증하고 있다. 그녀는 또한 인간을 둘러싼 작은 단위의 생명체(심지어 현미경이 필요한 수준의 생명체까지)에 대해 연구하는 대규모 팀에 소속되어 있다. 그녀는 롭던 교수와 함께 아워 홈즈 프로젝트의 야생 동물에 대해 연구하며, 플로리다주의 안드레아 럭키와 함께 '개미 학교'라고 불리는 프로젝트를 진행한다. 개미 학교는 시민들에게 개미에 대해 교육하고 그들의 참여를 유도하는 현명한 시도이다. 개인들과 학교로부터 개미 샘플을 모으고, 이를 식별하기 위해 럭키와 그녀의 동료들에게 샘플을 보내고, 미국 전역의 개미 온라인 지도에 등록한다. 개미 학교는 삽화 형태의 색인으로 발전하여 사람들이 개미 종을 구분할 수 있게 도와준다.

에이미 새비지는 현재 럿거스대학교에서 강의하고 있으며, 뉴욕시의 개미 생물학에 대한 선구자적 연구를 진행하고 있다.

자연적인 모양, 형태, 소재가 중요하며, 이러한 것들에서 바이오필릭 이점이 어느 정도 확보되는지도 관건이다. 필자는 이러한 것들이 충분히 수용 가능하다고 믿는다(이러한 것들을 보고 경험할 수 있다는 것에서 행복을 느낀다). 그러나 자연적인 모양, 형태, 소재가 어떤 효과를 낼 것인지를 충분히 이해하려면 더 많은 연구가 필요하다. 실제로 성장하는 자연과 자연적인 모양과 형태를 섞어 놓은 사례들이 몇 가지 있다. 토론토 인근의 크레딧 밸리 병원에서는 나무 모양의 기둥과 '개간된 산림' 디자인을 볼 수 있다. 시카고의 아쿠아 타워 프로젝트에서는 흥미로운 바이오필릭 모양을 도입했으며, 이를 통해 바이오필릭 도시화가 진행되면 도시의 가치가 높아진다는 것을 보여주고 있다 (아쿠아 타워의 물결 모양 파사드는 건물을 해면 같이 보이게 만들고, 새가 건물에 충돌하는 것을 방지하는 역할도 한다).

일반 대중을 참여시키는 창의적인 방법 찾기

바이오필릭 도시화가 성공하려면 일반 대중을 참여시키고 끌어안아야 한다. 사실 이것은 바이오필릭 시티가 실제로 약속한 비전인데, 보통 개인과 가족이 바이오필릭 시티에 살면서 자연과 가까이 하고 자연에 대해 깊은 호기심을 느낄 수 있게 만드는 것이 바이오필릭 시티가 추구하는 비전이다.

일반 대중을 참여시키기 위해 여러 창의적인 활동이 진행되고 있으며, 새로운 디지털 기술도 다수 활용되고 있다. 이러한 노력의 이면에는 다양한 시민 과학 이니셔티브가 일정한 역할을 했다. 일례로, 시카고 야생 동물 워치는 링크파크 동물원 도시 야생 동물 협회와 아들러 플라네타륨 주니버스 프로그램의 협업으로 진행되었다. 이 프로젝트에서는 100대의 모션 감지 작동 카메라 트랩을 도시 곳곳에 설치했고, 수집된 사진에 있는 야생 동물을 식별하는 일에 시민들이 참여하게 했다. 이 프로젝트를 통해 시민들은 도시 야생 동물에 관해 많이 알게 되었고, 집이나 회사 주변에 놀라운 생명들이 얼마나 많이 있는지를 확실하게 알게 되었다.

또 다른 예로 바이오스캔이 있으며, 이는 LA 자연역사박물관에서 시작한 것이다. 이 프로젝트에 참여한 30가정의 집 뒷뜰에는 박물관측이 제공한 곤충 채집기가 설치되었다. 이 프로젝트를 통해 생물학적으로 새로운 발견을 하게 되었다. 즉, 전혀 새로운 30종의 파리가 확인되었다. 프로젝트에 참여한 가족 이름 뒤에 파리 이름을 붙였다(Hartop et al. 2015). 전자 기기나 인터넷 같은 기술이 나오면서 특히, 아이들이 이들 기술에 많은 시간을 빼앗기고 있지만 이들 기술이 주변의 자연에 일반대중들을 참여시키는 새로운 방법도 많이 만들어내고 있다.

가령, 동식물과 균류를 확인하는 데 도움이 되는 새로운 스마트폰 앱이 많이 나오고 있으며, 자연을 즐기고 경험하는 일을 더 쉽게 할 수 있는 정보를 제공하는 앱도 많이 있다. 일부 앱으로 공원 위치를 알 수 있으며, 어떤 앱으로는 나무를 가장 많이 보고 자연을 가장 많이 경험할 수 있는 산책로를 확인할 수 있으며, 새로 나온 어떤 앱은 여러분 주변에 얼마나 많은 자연이 있는지를 알려준다.

멜버른은 도시 숲을 늘리기 위해 많은 노력을 기울였으며, 멜버른의 사례에서 일반 대중이 얼마나 창의적으로 참여할 수 있는지를 알 수 있다. 77,000그루의 각 나무에 고유번호와 이메일 주소를 부여하고, 시민들이 좋아하는 나무에게 감사 이메일을 보낼 수 있게 했다. 약 3,000통의 이메일이 나무에게 보내졌으며, 상당 수 이메일은 호주가 아닌 다른 나라에 살고 있는 사람들에게서 왔다(Tan 2015). 여러분이 이들 나무에게 이메일을 보내면 실제로 답장도 온다. 이런 전략이 도시 숲을 보호하고 확장하는 일에 장기적으로 어느 정도의 인식과 지원을 이끌어낼지 알 수 없지만 도시가 추진하는 바이오필릭 노력에 긍정적인 방향을 일으키기에 확실하고도 창의적인 방법임에는 틀림이 없다.

멜버른은 시민들이 나무와 자연을 접할 수 있는 일들을 많이 진행했다. 워크숍과 온라인 포럼을 열었으며, 최근에는 도시 전역에서 생물다양성 탐사 활동을 성공적으로 진행했다. 멜버른은 지역사회를 자연에 동참시키는 긍정적인 사례를 만들었으며, 다른 도시들도 이를 따르고 있다.

바이오필릭 시티, 정치적 지원과 정치적 리더십

감사하게도 바이오필릭 설계와 계획이 적용되어서 자연을 가까이 접할 수 있는 도시 생활을 실현한 사례들이 많이 있다. 바이오필릭 시티 프로젝트가 시작된 초기 몇 년 동안은 파트너 도시들과 협력해서 혁신적인 사례들을 파악하고, 연구하고, 문서화하는 일에 주력했다. 앞에서 언급했듯이 도시들은 많은 수단, 전략, 기법을 매우 창의적으로 활용하고 있다.

도시마다 환경적, 사회적, 정치적, 경제적 조건이 다르기 때문에 다른 곳에서 사용된 수단과 아이디어가 어떤 곳에서는 적절하지 않을 수 있다. 이 책에 제시된 사례들은 전 세계 각지에서 진행된 것이므로 이들 사례에서 실현 가능성이 다분한 통찰력을 얻을 수 있다. 위로부터 정치적 지원을 받으면 일이 성사되는 데 도움이 되고, 바이오필릭 프레임에 신뢰성을 확보할 수 있다는 것에 이견이 있을 수 없다. 웰링턴의 경우 도시 자연을 위한 시장의 전폭적인 열의와 지원이 큰 역할을 했다. 시카고, 밴쿠버, 런던, 뉴욕 같은 도시에서는 적극적인 지원을 아끼지 않은 사람들이 일을 진척시켰고 긍정적인 영향력을 이끌어냈다.

초기에 선도적으로 진행된 거의 모든 바이오필릭 시티의 경우 시장 수준에서의 강력한 정치적 지원이 성공에 주도적인 역할을 했다. 진취적이면서 앞을 내다보는 리더십이 필수적이며, 다음 세대를 이끌 도시 지도자들에게 교육을 시키고 그들의 역량을 키우는 것이 중요하며, 이를 통해 바이오필릭 아젠다가 중단되지 않고 계속 나아갈 수 있게 해야 한다.

지방자치단체나 주민회의 수준에서도 리더십이 필요할 수 있고, 실제로 있어야 한다. 지역사회를 좋게 만들고 그들이 살고 있는 곳을 피부에 와 닿는 의미 있는 단계까지 녹지화하는 데 있어 자신의 삶을 헌신한 탁월한 사람들이 많이 있다. 자연을 성장시키고 지역사회를 강화하는 일은 영감이 충만한 해당 지역 지도자를 통해 이루어지는 경우가 많다. 그런 지역사회 지도자로 베니스 윌리엄스가 있다. 그는 밀워키의 앨리스즈 가든을 이끌고 있다(박스 13.3 참고).

박스 13.3 바이오필릭 시티 개척자: 베니스 윌리엄스

식량 재배와 지역사회 성장

베니스의 조상들은 대대로 농부였으며, 그녀 역시 앨리스즈 가든에서 농사, 정원 가꾸기, 요리를 넘치는 영감과 사랑으로 즐기고 있다. 앨리스즈 가든은 지역사회를 기반으로 운영되는 혁신적인 정원이자 도시 녹지로써 위스콘신주 밀워키 린드세이 하이츠에 있다. 그녀는 앨리스즈 가든의 상임 감독관으로써 이 정원과 정원에서 진행하는 프로그램을 통해 삶이 주는 기회를 향상시키기 위해 끊임 없이 노력해 왔다. 그녀는 자신이 하는 일을 비전이 있는 것으로 언급하곤 하는데, 그녀가 하는 일은 기본적으로 사람들을 모으고, 그들이 지금과 다른 미래를 배우고 상상하고 성장해 나가는 공간과 기회를 만드는 것이다. 앨리스즈 가든에서는 요가부터 요리 수업에 이르기까지 매우 다양한 프로그램을 진행하며, 근처 동네 청년들에게 일자리와 수입을 제공하기도 한다. 이 정원에서 그녀가 하는 일은 정원, 음식, 요리를 활용해서 사람들의 건강을 좋게 만들고 마음을 평화롭게 하는 것이다.

특히 혁신적인 프로그램으로 '필드핸즈 앤 푸드웨이즈'가 있으며, 이 프로그램에서는 아프리카계 미국인의 음식과 농업 기법을 가르치고 기린다. 윌리엄스의 활동 덕분에 앨리스즈 가든은 지역사회에서 중요한 만남의 장소가 됐고, 프로그램을 통해 농산물을 재배할 뿐만 아니라 개인과 지역사회의 회복탄력성을 실현하는 장소가 되었다.

다음 페이지에서 계속

또한 그녀는 '몸과 영혼 치유 아트 센터'의 책임자로써, 이 센터는 지역 교회 지하실에 지역사회를 위한 주방을 운영하고 있다. 그녀의 이러한 활동들은 아래에서 위로 상향식으로 성장하고, 저소득 계층과 소외된 지역사회에 미치는 바이오필릭 프로그램이 왜 필요한지, 바로 그러한 곳에서 지역사회 정원과 도시 농업의 힘이 가장 필요하다는 것을 보여준다.

베니스 R. 윌리엄스는 현재 위스콘신주 밀워키에 있는 앨리스즈 가든 도시 농장과 몸과 영혼 치유 아트 센터에서 상임 감독관으로 일하고 있다(사진 제공: 베니스 윌리엄스).

여러 단체의 지원 활용

이 모든 것을 하나의 조직이나 담당 부서에서 할 수는 없다. 성공적인 바이오필릭 시티의 경우 여러 조직이 협업하여 일을 진행한다. 바이오필릭 시티 건설에 참여하는 조직들은 저마다 다른 아젠다와 관점을 가지고 있지만 이것들을 모두 담아낼 수 있다면 그만큼 더 많은 가치가 만들어진다.

도시를 확실하게 녹지화하는 데 있어 규모가 크고 재정적으로 튼튼한 하나의 조직이 만들어져야 하는 것은 아니다. 샌프란시스코 같은 도시의 경우 네이처 인 더 시티 같이 자원 봉사자 중심으로 운영되는 소규모 단체들이 핵심적이고 중요한 영향을 미쳤다.

하향식 활동 및 상향식 활동을 창의적으로 함께 진행함으로써 바이오필릭 도시화에 유익함이 더해졌다. 도시에 새로운 자연을 만들고 기존에 있던 자연을 보호하는 일에 있어 우리를 감동시킨 많은 이야기의 주인공은 개인 활동가와 바이오필릭 시티 옹호론자들이다. 이들과 관련된 이야기는 바이오필릭 시티를 주장하는 소수의 사람들이 무엇을 이룰 수 있는지를 보여준다.

다단계, 다각적 사고

이 책에서 언급한 많은 사례들이 보여주듯이 도시에서 자연을 성장시킬 수 있는 방법은 여러 가지가 있다. 바이오필릭 시티라고 하면 일상생활에서 많은 시간을 보내는 집과 사무실은 물론이고, 우리가 생활하는 모든 주변에 자연이 있는 곳으로 설명된다. 업무 환경에 소규모라도 자연이 있다면 좋은 효과가 있다는 연구 결과가 많이 나오고 있다. 즉, 업무 생산성이 높아지고 건강도 좋아진다고 한다. 이런 관점에서 본다면 바이오필릭 시티의 집과 사무실에는 자연 요소가 우선시되어야 한다. 집과 일하는 공간에 자연을 두는 일은 바이오필릭 디자인에서 이미 많은 성과를 내고 있는 분야다. 단순히 집이나 사무 공간뿐만 아니라 건물을 설계할 때도 자연 요소를 도입한 탁월한 사례들이 많이 있다. 가령, 밀라노에 있는 보스코 베르티칼레의 경우 주거용 타워에 숲을 조성했고, 조지타운대학교의 힐리 패밀리 센터 같은 공공 기관 건물을 설계할 때도 자연을 도입한 사례가 많이 있다. 보스턴의 스팔딩 재활병원 같은 의료 시설과 건강 증진 시설에도 마찬가지로 자연 요소를 도입했다. 이런 사례들이 점점 늘어나고 있으며, 건물을 설계할 때 자연이 필수 요소가 될 수 있다는 주장을 뒷받침하고 있다.

생활 공간과 업무 공간을 하나하나 독립적으로 보지 않고 전체 풍경과 지리적 환경에 포함시켜서 보아야 한다. 즉, 옥상이나 방에서부터 도시 구역이나 생태 지역에 이르기까지 전체적인 지리적 스펙트럼을 고려해야 한다. 이때 모든 규모와 모든 공간을 포괄적으로 보아야 한다.

규모에 따라 해야 할 일이 다름

도시 계획 분야에서 '전술적 도시화'(Lydon and Garcia 2015 참고)라는 개념과 아이디어가 많은 관심을 끌었으며, 이 책에서 소개한 많은 프로젝트와 이니셔티브도 여기에 해당된다. 소규모 지역에서 적은 비용으로 지역 중심으로 장기 진행된 노력들은 해당 지역에서 큰 변화를 이끌어낼 수 있다. 팝업 정원이 만들어질 수 있고, 주차장 공간을 일시적으로 다른 용도로 사용할 수 있다. 이런 활동으로 단기적인 변화를 꾀할 수 있고, 도시에서 무엇이 가능하고 사람들이 무엇을 원하는지를 파악하면서 사람들의 인식을 바꾸는 데 도움이 될 수 있다.

한편, 바이오필릭 계획을 수립할 때 도시 전체를 염두에 두고 해야 하며, 이때 단일 지역이나 구역에만 국한시키지 않고 계속 발전되고 널리 확산되는 데 도움이 될 수 있을 정도로 이니셔티브와 규정을 만들어야 더 많은 가치를 이끌어낼 수 있다. 가령, 로스엔젤레스강의 경우 대규모 개선, 투자, 복원이 진행되었고, 오슬로는 도시의 숲과 피오르드를 연결하는 주요 강을 복원하는 야심찬 계획을 세웠으며, 이와 같은 계획들의 대상, 목표, 비전은 모두 거대했다. 토론토에서 녹색 옥상 설치를 법적으로 규정한 것과 같이 도시 전체에 적용되는 바이오필릭 정책을 채택하면 도시 전역에 큰 영향을 미칠 수 있고 전술적 개입으로는 진행할 수 없는 규모가 크고 지속적인 변화를 이끌어낼 수 있다. 정책이 적용되는 지리적 규모와 지점이 모두 다르므로 각 규모와 지점에 맞게 행동과 개입이 이루어져야 한다.

도시에 있는 많은 기업의 창의적인 기업가적 열정을 활용하고, 민간 부문이 가진 힘을 끌어들여야 한다. 싱가포르 같은 도시에서 선의의 경쟁을 한 건축가들이 가장 독특하고 창의적인 방법으로 호텔이나 사무실에 자연을 둘 수 있다는 것을 배웠으며, 이를 통해 그들의 힘과 영향력이 얼마나 큰지도 알게 되었다.

공공 정책은 사기업의 창의성을 강화하는 데 도움이 될 수 있다. 그 예로, 싱가포르의 국립공원위원회가 녹색 프로젝트에 재정 보조금을 지급한 것을 들 수 있다. 게다가 싱가포르 사례는 바이오필릭 설계 및 계획에 민간 부문을 참여시키는 것이 얼마나 중요한지를 보여준다. 호텔과 사무실 복합 공간의 경우 바이오필릭 설계에 투자함으로써 많은 이점을 확보할 수 있다. 싱가포르의 대표적인 오피스/호텔인 파크로얄의 커뮤니케이션 담당 이사인 리킨셍은 자연 및 정원 요소들이 주는 직접적인 유익함을 강조해서 이야기했다. "객실과 내부 공간에 녹지를 많이 만들면서 손님들의 생활의 질이 높아졌고 싱가포르의 열대 이미지를 크게 높일 수 있었다"(Sustainability Leaders n.d.). 이것만으로도 충분한 이점이 있지만 여기에서 그치지 않고 디자인이 개선되었고, 일반인들이 보는 눈과 인식도 좋아졌다. "우리 호텔에서 진행한 녹색 이니셔티브와 에너지 개선 계획으로 인해 건물의 성능이 전반적으로 좋아졌고, 이로 인해 비용이 절감되었고, 언론의 주목도 더 많이 받게 되었고, 파크로얄이 세계적으로도 유명하게 되었다"(Sustainability Leaders n.d.).

바이오필릭 시티의 자연 관련 직업

바이오필릭 시티를 만들기 위해 어떤 역할과 어떤 직업이 필요한가? 대답은 '그들 모두'다!

물론 건축가, 조경사, 도시 설계자들에게는 특별히 중요한 역할이 있다. 이들은 기존 환경에 새로운 형식의 자연을 도입하고, 건물과 도시를 더 생동감 있게 재구성해야 한다. 또한 바이오필릭 시티의 비전이 여러 도시에서 계속 진행되고 사람들로부터 반향을 일으키면서 건물과 프로젝트를 통틀어서 큰 그림을 그릴 줄 아는 기획자의 역할이 더 중요해질 것이다. 바이오필릭 시티가 지금까지는 유용한 디자인 정도로 인식되었지만 이제는 전 세계적인 도시 운동으로 넘어가고 있는 것이 분명해 보인다. 도시 계획 전문가들은 지역사회 관련 계획을 수립할 때 바이오필릭 관점에서 보고, 도시에 자연을 도입하는 계획을 세울 때 총체적이고 포괄적인 방식으로 접근한다. 또한 여러 다른 부분이 어떻게 조화를 이룰지도 본다.

바이오필릭 시티 아젠다를 진행하려면 여러 분야의 전문가들이 함께해야 한다. 의학과 공중 보건은 반드시 참여해야 하는 영역이다. 의사와 공중보건 공무원은 바이오필릭 시티와 생활양식에 대해 가장 확실한 목소리를 내고 있다. 현재 많은 의사들이 '자연을 정기적으로 처방'하고 있다. 주된 이유는 자연을 접하면 큰 이점이 있다는 것을 알고 있기 때문이다. 가령, 워싱턴 DC의 DC Parks Rx라는 프로그램에서 이와 같이 하고 있는데, DC에서 의사가 처방한 자연을 체험할 수 있는 곳이 어디인지를 의사와 환자에게 알려준다. 소아과 의사인 로버트 자르가 이끌고 있는 이 프로그램은 도시의 공원 데이터베이스를 구축하였으며, 우편번호를 치면 필요한 정보를 얻을 수 있다(Sellers 2015).

  바이오필릭 디자인과 계획의 의미를 적극적으로 찾아서 이해하고, 응용해서 작업할 수 있는 과학자들이 필요하다. 이 과학자들이 학문적 권위를 잃지 않으면서도 자연 세계의 지혜, 아름다움, 힘, 신비로움까지 전달할 수 있어야 한다. 윌리스 J. 니콜스(그를 아는 이들은 그를 'J'라고 함)를 독특한 예로 들 수 있다. 그는 물의 정서적 가치와 치료 능력을 역설하는 과학자다. 다이빙, 수영, 서핑 등 무엇을 하든, 물을 그냥 바라보기만 하든, 바다에서 물소리를 듣기만 하든 물에는 사람을 정서적으로 안정시키고 치료하는 능력이 있다는 것이 그의 일관된 주장이다(박스 13.4 참고).

  미래의 바이오필릭 시티를 설계할 때 엔지니어들을 참여시키는 것이 중요하다. 도시에서 다른 생명체와 공생하고, 이들 생명체가 도시에서 이동하고 생존할 수 있는 서식지를 확보하기 위한 타당성 있는 전략을 마련하려면 보존생물학자와 조경사뿐만 아니라 토목 엔지니어도 반드시 참여해야 한다. 앨버타주 에드먼턴에서는 지금까지 27개의 야생 동물 통로를 설계하고 만들어서 성공적으로 운영했다. 이것이 가능했던 것은 상당 부분 기술 매뉴얼 덕분이었다. 이 기술 매뉴얼은 야생 동물 통로가 기존의 도로 설계와 어떤 방식으로 통합될 수 있는지를 명확하게 제시했다. 토목 엔지니어가 이 설계에 직접 참여하지 않았다면 이 도시의 생태학적 연결 원칙이 제대로 만들어지기 어려웠을 것이다. 이런 점에서, 바이오필릭 시티의 미션과 가치를 정할 때 엔지니어를 참여시키고, 교육시켜서, 조언을 구하게 하는 것은 중요한 일이다.

박스 13.4 바이오필릭 시티 개척자: 윌리스 J. 니콜스

블루 마인드

세계에서 물을 가장 신봉하는 사람인 니콜스는 '블루 마인드를 가지세요'라는 말을 자주 한다. 그는 원래 바다거북 연구원이었으며, 지금은 물의 힘을 알리는 일에 매진하고 있다. 그에 따르면 물이 우리의 마음을 치유하고, 우리의 삶을 향상시키고, 우리의 뇌와 정신 건강과 신체 건강에 좋은 영향을 미친다고 한다. 니콜스는 물의 이런 다양한 힘을 교육하는 일에 앞장 서왔다. 그의 베스트셀러 책인 <Blue Mind>는 물에 관한 연구와 문헌을 종합적으로 정리한 최초의 책이다. 그가 매년 개최하는 블루 마인드 컨퍼런스에는 다양한 학계 관계자, 해양 및 수상 활동가, 어떤 형태로든 물에 영향을 받은 사람들이 참여한다. 그는 발표회나 컨퍼런스에서 작은 블루마블을 사람들에게 나누어준다. 이 블루마블은 푸른 행성을 상징하며, 각 사람이 다른 사람들에게 선물이나 감사의 표시로써 이 마블을 줄 것을 권유한다. 현재 약 1백만 개의 블루마블이 뿌려졌다.

베스트셀러 책인 <Blue Mind>의 저자인 윌리스 J. 니콜스는 물에는 바이오필릭 힘이 있다는 것을 열정적으로 주장하고 있다(사진 제공: 저자).

박스 13.5 바이오필릭 시티 개척자: 나탈리에 예레미첸코

자연을 대변하는 예술가/엔지니어

나탈리 예레미첸코의 공식 직함은 NYU의 예술/예술 교육학과 부교수이다. 그녀의 매우 독창적이고 강력한 작품 활동을 한 마디로 정의하기 어렵다. 그녀는 예술가, 엔지니어, 신경 과학자, 발명가이다. 그녀가 진행한 대부분의 프로젝트에는 도시 자연을 확실하게 보여주는 독창적인 방법이 항상 들어 있으며, 이를 통해 자연을 지지하는 새로운 아이디어나 기법을 제시한다. 창의성과 독창성은 그녀의 트레이드마크이며, 이는 그녀가 몇 년 동안 진행했던 많은 프로젝트에서 입증되었다. 그녀는 자신의 프로젝트들을 환경 건강 클리닉이라고 부른다. 이것은 가상 클리닉이며, 이 클리닉에서는 환자를 'patients'가 아니라 'impatients'라고 한다. 그녀의 프로젝트에서 '애그-백스'ag-bags는 수직 환경에서 식량을 재배하는 독창적인 방식이며, '나방 극장'은 도시에 사는 곤충의 존재를 부각시켜 보여주고 곤충 서식지 환경을 좋게 만들 방법을 찾는다. 도롱뇽 고속도로는 위험한 도로를 도롱뇽이 안전하게 지나갈 수 있는 통로이다. 나비 다리는 도시 환경에서 나비들이 제대로 이동하고 서로 더 잘 연결될 수 있도록 하는 프로젝트이다.

나탈리에 예레미첸코는 NYU에서 교수로 있는 예술가이자 엔지니어로, 환경 건강 클리닉을 이끌고 있다(사진 제공: 나탈리에 예레미첸코).

그러나 화가, 조각가, 시인, 작가, 사진 작가 같은 예술가도 필요하다. 도시 자연과 관련이 없는 전문 분야에서 일하고 있는 개인들에게서 특히 영감을 받는다. 그중 한 명으로 뉴욕대학교의 나탈리 예레미첸코가 있다. 그녀의 작업에는 예술, 공학, 디자인이 모두 동원되며, 그녀 자체가 공학, 뇌과학, 미술, 변호 분야를 넘나들며 일을 하고 있기도 하다. 그녀의 이력과 그녀가 영감 받은 프로젝트들 중 일부를 위의 박스 13.5에 소개해 두었다.

결론

바이오필릭 시티 아젠다가 실현되려면 협업이 필요하다. 또한 창의적이고 지속가능한 파트너십이 요구된다. 도시에 자연을 키우고 회복시키는 것과 도시에 자연을 구축하는 비전을 진척시키려면 함께 일하려는 공동 노력이 반드시 필요하다. 사실, 이 책에 소개된 바이오필릭 시티들이 그와 같이 성공할 수 있었던 것은 공공 부문과 민간 부문이 협력했고, 각 도시의 관련 부서에서 의사소통하고 협업했기 때문이며, 비영리 기관과 여러 단체들이 도시 환경에 더 많은 자연을 키우기 위해 힘을 보탰기 때문이다.

바이오필릭 시티는 강력하고 광범위한 사회 연결망을 필요로 한다. 싱가포르 사례에서 알 수 있듯이 정부는 많은 것을 할 수 있다. 그러나 시민 사회 조직과 진행 프로세스를 개발하기 위한 노력도 반드시 있어야 한다. 그래야 바이오필릭 시티를 만들기 위한 노력과 이니셔티브가 추진된다. 이 모든 것이 구축될 때 협업 노력의 기반이 마련된다. 바이오필릭 시티들에서 가장 인상적인 성과들 중 많은 것이 비영리 단체와 비정부 기구를 통해 이루어졌다. 밀워키의 도시 생태 센터가 좋은 사례이다. 이 센터는 2012년에 3호점을 열었으며, 주변 동네에서 다양한 교육 및 레크리에이션 프로그램을 제공할 수 있었다.

    샌프란시스코의 프렌즈 오브 더 어반 포레스트, 포틀랜드 오듀본 협회, LA의 프렌즈 오브 더 로스엔젤레스강 같은 비정부 기구들은 바이오필릭 시티를 적극적으로 지원하는 풀뿌리 민주주의를 구축하는 데 있어 중요한 역할을 하고 있다. 그리고 생태계와 우리 이웃 모두에게 무엇이 필요한지를 파악하고 이를 갖추기 위한 설계, 계획 수립, 구축까지 모든 것을 도맡아 진행한다.

14장

남아 있는 장애물과 도전 과제 극복

바이오필릭 시티의 비전을 달성하려면 직면하고 있는 주요 장애물들과 난관들 중 일부를 해결하기 위한 노력을 기울여야 한다. 도시나 지역마다 가장 중요하거나 공통된 장애물들이 있다. 이 책은 자연에 얼마나 강력한 힘이 있는지를 명확하게 보여주고 있다. 이 책에 제시된 여러 가지 이유만으로도 도시를 설계하고 발전 계획을 수립할 때 자연은 가장 중요한 핵심 요소이어야 하고, 도시가 앞으로 나아가는 비전을 세울 때도 높은 우선순위를 받고 강조되어야 한다. 이러한 아이디어와 실제 예에 충분한 설득력이 있음에도 불구하고 바이오필릭 시티 아젠다의 완전한 실천에 있어 상당한 장애물들이 여전히 남아 있다.

인간과 자연의 분리

자연과 확실하게 분리되어 있다는 인식이 우리에게 아직 많이 남아 있으며, 이런 인식을 불식시키기 위한 노력이 계속 진행되고 있다. 우리에게는 자연에 대한 두려움이 아직도 남아 있다. 우리 주변의 알려지지 않은, 볼 수 없는 자연에 대한 두려움일 수 있고(예: 박테리아), 코요테나 산사자에 대한 두려움일 수 있고, 도시와 근교를 침범하는 스컹크에 대한 두려움일 수도 있다. 우리 마음에 야생에 대한 생각을 회복시켜야 하는 과제가 있으며, 이를 위해 우리 자신이 더 넓은 자연 세계의 일부라는 마인드를 가지기 위해 많은 노력을 기울여야 한다. 인간은 종으로서 거만하고 자기 도취에 빠져 있어서 다른 종과 다른 형태의 생명이 가지고 있는 아름다움과 경이로움과 환상적인 것을 보지 못하는 경향이 있으며, 이러한 우리의 모습을 극복해야 하는 것도 우리가 해결해야 할 과제 중 하나다.

개발도상국에서 우선적으로 해야 할 일

이후 수십 년 동안 보게 될 전 세계 인구 증가의 대부분은 개발도상국의 도시들에서 일어날 것이다. 우리가 이 책에서 논의한 바이오필릭 설계 및 계획 모델이 개발도상국의 그런 도시들의 조건과 얼마나 관련이 있을까? 가령, 빈곤, 가난, 건강에 좋지 않은 생활 조건을 해결해야 하는 빈민이 많은 가난한 도시에서 자연과 접촉하라는 일이 사치로 보이지는 않을까?

전 세계적으로 수백 만명의 인구가 살고 있는 비공식 정착지에 자연을 어떻게 조성하고 가꾸어야 그곳에 살고 있는 사람들의 생활 조건을 개선시킬 수 있는지에 대해 깊이 생각해야 한다. 비공식 정착지에서 바이오필리아가 어떻게 도움을 줄 수 있을지에 대한 예가 몇 가지 있지만 충분치 않다. 그런 환경에서 자연이 물을 깨끗하게 하고, 폐수를 처리하고, 식량을 만들고, 일자리를 주는 데 도움이 된다는 것을 우리는 알고 있다. 바이오필릭 설계와 계획의 실행 사례가 계속 만들어지고 성숙해짐에 따라 이에 관련된 수단, 기술, 영감을 주는 이야기가 덩달아 계속 나올 것이다.

계획 및 개발 관련 규정 개선

도시의 계획 및 개발 관리 시스템을 개선한 예(시애틀의 그린 팩터, 싱가포르의 랜드스케이프 교체 정책)가 많이 있지만 더 많이 필요하다. 도시 개발을 관리하고 규제하는 과정이 진행되다 보면 자연은 부수적인 대상이 되거나 뒷전으로 밀리는 경우가 자주 있다. 도시가 성장하고 재성장하고 변화하는 과정 중에 자연을 효과적으로 고려할 수 있는 방법과 관련해서 더 많은 아이디어가 필요하다. 종합적인 바이오필릭 개발 규정이 어떻게 보여야 하고, 어떤 요소로 구성되어야 하는지를 명확하게 정의할 수는 없지만 아이디어는 계속 나와야 하고 그러다 보면 가시적인 성과가 나올 것이다. 계획 및 개발 규제 프레임워크를 만들 때 자연을 더 명확하고 더 중요한 요인으로 고려한다면 많은 일들이 실현될 것이다.

바이오필릭 도시화 아젠다는 지역마다 다르게 나와야 하며, 지역 특성에 맞는 추가 수단, 정책, 실행 메커니즘이 필요하다. 특히 전 세계적으로 도시가 자연에 미치는 영향을 해결하기 위한 수단과 전략을 더 많이 만들어야 한다. 지역마다 나름 직면한 여러 가지 문제를 해결하기 위해 일부 도시에서는 공공 물건 조달 시 녹색과 지속가능성을 고려하고 있으며, 어떤 도시는 저탄소, 공정 무역 상품 및 제품 구매를 내세우고 있다. 그러나 이런 아이디어들을 추진할 때 더 많은 주의가 요구된다.

미학, 자연, 전문 역할에 대한 엄격한 시각

도시에 적절하고 아름다운 자연을 구성하는 것에 관련된 태도는 확실히 변하고 있지만 장애물들도 아직 남아 있다. 토종 식물이 자라고 있는 도시 건물 주변에 식물을 심으려고 할 때 그 공간이 어수선해지고 깔끔하지 않다는 느낌을 주게 되면 사람들의 반대 의견에 부딪는다. 싱가포르의 혁신적인 건축회사인 WOHA의 공동 창업자인 리차드 하셀은 건축계에 있는 자신의 동료들 중 일부가 자신이 만든 건물(예: 자연을 강조한 파크로얄 호텔)에 대해서 그다지 좋은 평가를 내리지 않는다고 말한다. 호평하지 않는 업계 동료들은 풍부한 식물과 자연 요소들이 현재 건축 양식에 적절하지 않다고 본다.

박스 14.1 바이오필릭 시티 개척자: 레나 찬

바이오필리아와 생물다양성

레나 찬만큼 도시 내 생물다양성에 대해 열정적으로 옹호하는 실질적인 리더는 전 세계적으로 찾기 힘들다. 싱가포르 국립공원위원회 내 생물다양성 센터의 책임자로서 그녀는 삼십 명 정도의 연구원을 이끌고 있으며, 다양한 도시 내 보호 프로그램과 계획을 주도하며, 전 세계 여러 도시들을 위한 혁신적인 모델들을 다수 수행한다. 그녀는 싱가포르 생물다양성 지표의 핵심 건축가이며, 이 지표는 전 세계 여러 도시에서 사용되며 국제적인 기준이 되었다. 찬은 도시 생물다양성 보호 아젠다와 바이오필릭 디자인 및 계획 수립에 대한 필수적인 연관성을 인지하고 있으며, 국제 컨퍼런스에서 이러한 관점을 보여주었다. 그녀는 영국 런던의 임페리얼 컬리지에서 생태학과 기생충학 박사 학위를 받았다. 그녀는 과학자 커뮤니티와 도시 계획자, 건축가, 정책가들 사이에서 효과적인 연결 역할을 수행하고 있다.

레나 찬은 싱가포르 국립공원위원회 내 생물다양성 센터에서 책임자로 일하고 있다.

인테리어 디자인에서부터 도시 공학에 이르기까지 여러 영역의 많은 전문가들은 바이오필릭 시티를 만들고 성장시키는 일에 참여할 수 있고 참여해야 한다. 그러나 이들 중 많은 이들은 전문가적인 사고 방식에 집착하고 있으며, 이런 집착이 그들의 참여를 어렵게 만들고 있다. 도로 공학자들은 자동차 연결에 대해 생각하는 것만큼 야생 동물 통로나 야생 동물 연결에 대해 생각하고 있지 않으며, 그렇게 해야 한다는 것에 대해서도 빠르게 인식하고 있지 않다.

자연이 주는 이익의 현실화 및 자본화

도시에서 자연이 성장할 때 사회, 건강, 환경 측면에서 많은 유익함이 있다는 사실을 더 많이 알게 되었다. 도시를 계획하는 사람, 설계하는 사람, 공무원도 생태계 서비스에 경제적 가치가 얼마나 많은지를 이제 잘 이해하게 되었다. 자연이 주는 유익함을 활용하고, 도시와 대도시에서 더 많은 자연을 성장시키기 위해서 해결해야 할 과제가 아직 많이 있다. 자연에 투자하면 정신 건강과 신체 건강이 향상되고 스트레스도 줄어든다는 사실을 알고 있지만 건강상 이점을 정확하게 예측하고 계산하는 것은 여전히 어려운 일로 남아 있다. 즉, 우리의 경제 및 정책 프레임워크 안에서 천식, 당뇨병, 심장병의 감소가 공중 보건 비용을 얼마나 낮추었는지를 숫자로 나타내기 어렵다(그림 14.1 참고). 버밍엄 같은 파트너 도시들은 장기적인 건강 혜택을 시민들에게 주기 위해 바이오필릭 관련 계획을 많이 세우고 있다. 그러나 이로 인해 발생한 이익을 측정하고 확인하기 위한 메커니즘을 발견하는 일은 아직 어렵다.

그림 14.1 도시 환경과 자연 사이의 분기점을 극복하는 것이 풀어야 할 과제로 남아 있다. 도시에 자연이 있다는 것을 인정하지만 시간을 보내고 방문할 수 있는 자연이 특정 장소(예: 공원)에만 존재한다는 사실도 알고 있다. 싱가포르는 이러한 분기점을 극복하려고 시도하면서 자연이 건강에 유익하다는 점을 주장하고 있다. 사진은 쿠텍푸아트병원으로, '정원 속 병원'을 상상하기에 좋은 예이다(사진 제공: 저자).

도시에서 생물다양성을 지원하는 방법은?

우리가 사용하고 있는 바이오필릭 설계 전략의 생태학적 효과성에 관해 해결되지 않은 질문들이 심각한 의문들로 아직 남아 있다. 우리는 바이오필릭 시티를 생물학적인 피난 장소와 도시의 방주로 생각한다. 또한 지구의 서식지가 손실되고 파괴되고 있는 상황에서 이러한 손실을 보상하는 데 도움을 줄 수 있는 곳으로 생각하고 있다. 생태 지붕이나 수직 녹색 벽이 생물다양성 보존에 얼마나 기여하는지를 충분히 아는가? 또한 도시에 소규모 녹지를 둔다고 해서 생태학적 누적 효과가 얼마인지 아는가? 도시 생태학 문헌과 과학은 계속 성장 및 확대되고 있지만 바이오필릭 설계와 계획을 추진하는 데 크게 영향을 미칠 중요한 질문들에 대한 해답이 아직 나오지 않은 상태다.

시간 불일치

많은 도시에서 정확히 어떤 유형의 자연을 그리고 있는지는 논쟁의 포인트이다. 일례로 외래종이 들어오면 지역 토종의 생물다양성에 문제가 생긴다는 논쟁도 일어나고 있으며, 실제 예를 샌프란시스코에서 확인할 수 있다. 샌프란시스코의 경우 유칼립투스와 몬테레이 소나무 같은 외래종을 바꾸자는 제안이 있었고 이에 대해 격한 논쟁이 있었다. 찬반 양쪽의 주장에는 합당한 설득력이 있다. 토종 나무는 샌프란시스코에 잘 적응하고 토종 동식물을 더 잘 지원한다는 장점이 있다. 이에 반해 시민들은 토종인지 외래종인지에는 별 관심이 없고 그냥 나무를 좋아하고 살아 있는 나무에서 큰 즐거움을 얻는다. 이런 점에서 보면 정답이 쉽지는 않다.

때때로 이 논쟁들에서 참조 시점을 잡기도 한다. 즉, 200년이나 300년 전의 자연으로 복원하고 회복시키는 것을 목표로 세우기도 한다. 아니면 시간을 당겨서 조금 더 최근의 자연을 목표로 제시하기도 한다. 그리고 토종과 외래종을 섞은 새로운 생태계를 만들자는 주장이 나오기도 한다. 자연 옹호론자들 사이에서도 우선순위와 가치가 달라서 장애물이 되기도 한다.

양날의 검인 기술

우리 중 많은 이들은 디지털 미디어와 기술(예: 인터넷, 스마트폰 등)에 대한 사용량 증가 및 의존성이 늘어나고 있으며, 이로 인해 산만함이 더해지고 있다는 사실을 인지하고 있으며, 특히 젊은이들 사이에서 그 정도가 더 심하다. 결국 자연으로부터 멀어지고 야외 활동을 하지 않게 되었다(Louv 2008, 2012 참고).

이 책에서 파악된 많은 장애물이 잠재적으로는 기회로 보일 수도 있다. 그런 기술을 확인하고 그런 기술이 바이오필리아 실현에 어떻게 기여할 수 있는지를 우리는 잘 이해하고 있다. 디지털 기술을 활용해서 자연을 학습하고 자연을 연결하려는 감각과 경험이 많아지고 있다. 영국 출신의 수 토마스는 '테크노바이오필리아'technobiophilia라는 용어를 만들었으며, 이는 인터넷과 사이버 공간에는 이미 바이오필릭 감수성이 반영되었다는 것을 표현하기 위해 만들어졌다(가령, 웹을 서핑surfing, 즉 항해한다고 말하고, 웹 클라우드cloud라는 표현도 사용하며, 잠깐 떠오른 생각을 트위팅tweeting, 즉 짹짹거리기라고 말하기도 한다(Thomas 2013)(박스 14.2 참고). 토마스는 사이버 세계에 대해 보다 더 균형 잡힌 견해를 피력하면서 자연과의 실질적인 연결을 강화하는 방법들도 많이 제안하고 있다. 야생을 다시 찾기 위한 노력에 새로 나오는 디지털 도구들이 많은 도움을 준다는 사실은 의심의 여지가 없다. iBird에서 iTree까지, 근처 산책로와 공원을 파악하는 데 도움을 주는 앱에서부터 자연과의 친밀감을 떨어뜨리기보다는 더 향상시키는 데 도움을 주는 새로운 증강 현실 기술에 이르기까지 많은 디지털 수단이 나올 것이며, 여기에는 큰 잠재력이 내재되어 있다.

박스 14.2 바이오필릭 시티 개척자: 수 토마스

테크노바이오필릭 시티 디자인

수 토마스는 뉴 미디어 분야 교수였으며 현재는 스스로를 '독립적인 학자이자 디지털 개척자'라고 묘사한다. 그녀는 테크노바이오필리아 용어를 만들었으며 같은 이름의 책을 쓴 저자이다. 토마스는 혁신적인 연구와 글쓰기를 통해 가상공간과 디지털 세상은 실제 세상에서 사람들이 발견하는 만큼의 바이오필릭 수준을 반영한다고 주장하였고 인터넷 상의 언어를 예시로 설명한다. 예를 들어, 사람들은 웹을 클라우드라고 이야기하고 트위터(짹짹거리다)와 같은 이름의 소셜 미디어를 사용한다. 그녀는 테크노바이오필리아의 특징을 "생명체 및 생명체와 비슷한 프로세스에 집중하려는 본능적인 경향이 기술 분야에서 나타난다. 이는 매일 온라인 상에서 관찰되며, 여러 인터넷 상의 이야기에 깊게 스며 들어 있다"라고 규정하고 있다. 더욱이 토마스는 사람이 실제 자연과 접촉해야 함을 이해하고 있으며, 디지털 혁명을 통해 자연과의 연결성이 더욱 강화될 수 있음에 감사해야 한다고 주장한다. 그녀의 제안은 심오하고 중요하다. 그녀는 사이버 파크와 같은 아이디어를 탐험하기 위해 다른 사람들과 함께 일한다. 실제 공원은 디지털 기술의 혜택과 기회를 활용할 수 있는 곳이다. 그녀는 디지털 기술을 활용해서 공원과 자연의 가치를 낮게 여기는 젊은 세대들과 닿을 수 있다고 주장한다. 그녀의 책은 디지털적인 삶과 관습이 사람들의 삶을 더욱 바이오필릭적으로 만들 수 있는 여러 방법을 다룬다.

수 토마스는 <테크노바이오필리아>의 저자이다. 그녀는 인터넷과 가상 공간이 실제 자연과의 연결성을 촉진하는 중요한 역할을 한다고 주장한다(사진 제공: 수 토마스).

새로운 디지털 기술을 이용하면 자연 세계와의 연결을 강화할 수 있다. 자연을 간접 경험할 수 있는 수단으로 인터넷을 사용하지 않는다면 몰라도 집이나 사무실에 있는 컴퓨터로 인터넷을 통해 자연을 만날 수 있다. 그러나 매를 보여주는 카메라를 포함해서 야생 생물을 보여주는 카메라의 인기가 높은데, 카메라를 이용하면 각종 자연과 야생 생물을 가까이서 볼 수 있기 때문이다. 일반인이 야생에 나가서 이렇게 가까이서 야생 생물을 보는 것은 어려운 일이다.

바이오필릭 도시화를 위한 금융

대부분은 아니지만 이 책에서 논의한 바이오필릭 설계, 계획 조치, 전략들 중 많은 것은 경제적으로도 좋은 결과를 낸다. 그리고 경제적 수익을 보수적인 관점에서 보더라도 최고의 투자로 보인다. 그러나 도시 자연의 재정적 측면을 창의적으로 처리하기 위해 해야 할 일이 여전히 남아 있다.

바이오필릭 시티들 중 프로젝트 진행을 위해 어떻게 자금을 모으고 있는지에 대한 인상 깊은 이야기가 많이 나오고 있다. 공공 부문에서는 새로운 과세와 공공 금융 수단을 개발하고 있다. 가령 빗물 시설 사용료를 받아서 일부 바이오필릭 투자에 기금으로 사용하고 있다. 콜로라도의 경우 주에서 발행하는 로또 기금 대부분은 공원과 산책로 조성에 사용되고 있다(Great Outdoors Colorado). 1983년 이후 25억 달러 이상의 기금이 조성되었다. 또 다른 곳에서는 몇 가지 창의적인 노력들도 진행되었다. 자연에 투자했을 때 일어나는 자산 가치 증가를 인식하고, 이를 통해 조세 담보 금융과 다른 형식의 수익자 부담을 활용하려는 방안이 만들어지기도 했다. 로스앤젤레스도 이러한 유형의 아이디어를 활용해서 LA강을 따라 계획된 서식지 개선 및 복원 작업에 필요한 자금을 모았다.

킥스타터나 인디고고 같은 크라우드 펀딩 플랫폼이 나오면서 바이오필릭 프로젝트를 지원할 수 있는 또 다른 기회가 생겼다. 특히 유망한 모델을 IOBY에서 볼 수 있다. IOBY는 브루클린에 기반을 둔 크라우드 펀딩 회사로, 소규모의 다양한 녹색 프로젝트를 위해 약 130만 달러를 이미 모금했다. IOBY가 혁신적인 이유는 인근 지역에 초점을 맞추고 후원자들도 프로젝트에서 제안한 지역이나 근처에 살고 있는 사람들이라는 점이다. 그리고 후원하는 프로젝트에 자원 봉사자로 참여할 것을 독려하고, 실제로 활발하게 참여하고 있다.

순수한 바이오필리아

한 가지 중요한 과제가 남아 있다. 자연이 주는 혜택을 공평하게 분배하고, 부족한 자연 환경이 주는 부담도 공평하게 분배해야 한다는 것이다. 우리는 그것을 단지 바이오필리아라고 부를 수 있지만 바이오필릭 시티 운동이 발전적으로 진행됨에 따라 더 많은 주의를 기울여야 한다. 도시 자연 분배의 부당함과 불공평이 인종이나 수입에 따라 매우 심한 경우도 꽤 있다. 최근 연구에 따르면 나무 캐노피 범위가 수입과 밀접한 관련이 있다는 결과가 나왔다는 점에서 불공평 문제는 해결해야 할 중요한 과제이다(Schwarz et al. 2015).

최근 뉴욕시에서 진행된 도시 녹화 프로젝트인 하이 라인 파크 프로젝트가 비판을 받았다. 이 프로젝트가 진행되면서 첼시 지역에서 주택 가격 상승이라는 의도치 않은 결과가 일어났기 때문이다(그림 14.2 참고). 이런 현상을 환경 젠트리피케이션 혹은 생태 젠트리피케이션이라는 말로 표현하고 있다(Dooling 2009; Haffner 2015). 이런 문제에 대해 훨씬 더 깊은 주의가 필요하며, 바이오필릭 도시화 아젠다를 발전시키기 위해서는 더 많은 생각과 창의적인 실천이 요구된다. 즉 혜택을 가장 적게 받는 사회 구성원들에게 불공평하거나 불공정한 영향이 미치지 않도록 해야 한다.

그림 14.2 뉴욕시의 하이 라인 파크는 버려진 고가 철도를 인기 있는 선형 공원으로 개조한 것으로 유명하다. 이 공원이 특별한 공원이라는 사실은 틀림이 없지만 프로젝트가 진행되면서 젠트리피케이션과 이주 문제가 관심사로 떠올랐다. 프로젝트를 계획한 사람과 바이오필릭 시티를 옹호하는 이들은 새로운 방안을 개발할 때 이와 같은 녹색 프로젝트로 인해 의도치 않은 경제적, 사회적 결과가 생기지 않도록 주의해야 하며, 프로젝트로 인해 얻은 이익이 많은 이들에게 공정하게 분배되도록 해야 한다(사진 제공: 저자).

기술과 전략에 관한 건전한 논의가 새로 계속 진행되고 있으며, 상향식 및 분산형 접근법에 대한 주장이 힘을 얻고 있다. 가령, 더 작은 녹지 공간을 만들고 균등하게 분배하는 방법이 제시되고 있다. 그리고 '녹색만 있으면 충분'이라는 새로운 아이디어도 나왔는데, 이 아이디어는 자연 개선을 인근 지역의 일자리와 산업 시설 정화와 연계시키자는 것이다. 또한 젠트리피케이션으로 인한 영향을 완화 및 최소화하려는 노력도 제안되었다(Wolch, Byrne, and Newell 2014). 하이 라인 파크 같은 프로젝트에서 발생한 이익을 균등하게 분배할 수 있게 하는 수단과 메커니즘이 많이 나와 있다(예: 지역사회 이익 협약, 이익을 저중소득자를 위한 주택으로 흘러가게 하는 조세 금융 담보 도입). 그러나 이에 그치지 않고 다른 도구와 전략을 개발하고 시험 적용할 필요가 있다. 한마디로 말해서 바이오필릭 시티는 자연이 풍부한 도시이자 공정한 도시이어야 한다.

결론

앞서 이야기한 것들은 바이오필릭 시티를 지향하는 도시와 그 도시에서 도시 바이오필리아를 주장하는 이들이 직면한 주요 과제들이다. 좋은 소식이 있다. 바이오필릭 시티를 향해 나가는 움직임이 견고하며, 세계 각지의 도시들이 이들 문제를 해결하기 위해 열심히, 그리고 창의적으로 노력하고 있다. 새롭고 혁신적인 자금 모금 및 정부 전략이 개발되고 있으며, 모든 종류의 자연을 대상으로 올려 놓고 어떻게 설계한 것인지를 고민하고 있다. 많은 도시가 자연에 접근하는 것과 자연을 즐기는 것에 있어서 불평등 문제가 심각하다는 사실을 인식하고 있으며, 이 문제를 해결하기 위한 단계적인 조치들을 진행하고 있다. 도시들은 새로 발생하는 과제들을 해결하기 위해 매우 실용적인 방법으로 실험을 진행하고 있으며, 창의적인 방법으로 살펴보고 있다. 여러 도시들에서 진행된 실험과 혁신을 이 책에 제시된 짧고 긴 사례에서 확인할 수 있다. 물론 과제들이 모두 해결된 것은 아니다. 사례들을 보면 새로운 아이디어가 나오기도 하고, 새로운 이야기가 만들어지기도 하고, 실제 실행 예들도 확인할 수 있다. 이들 사례를 통해 배우고 영감을 받을 수 있을 것이다.

15장

결론
미래의 도시 재구상

전 세계의 도시 인구 비율이 점점 더 높아지고 있다. 따라서 현재 시점에서 도시에서 사는 사람들이 그 도시를 어떻게 느끼고 있으며 도시가 어떤 기능을 해야 하는지를 다시 생각할 필요가 있다. 우리가 건강하고, 재미있고, 의미 있는 삶을 영위하기 위해 자연은 선택이 아니라 절대적으로 필요한 요소라는 것은 이 책의 기본 전제이다. 자연과 함께하면 정신적, 육체적 상황이 긍정적으로 좋아진다는 것을 보여주는 연구와 문헌이 매우 많이 나왔다. 이러한 자연에는 우리를 진정시키고, 스트레스를 줄이고, 분위기를 더 좋게 만들고, 인지 능력을 향상시키는 힘이 있다. 자원이 고갈되고 있고 갈등과 분쟁이 지속되고 있는 이 세상에서 얼마간의 동정심과 관대함이 추가로 필요할 수 있다. 남반구의 많은 도시에서는 해양 어족 자원 남획에서부터 극히 나쁜 공기 질에 이르기까지 건강 및 환경과 관련된 여러 상황과 재난에 직면해 있다. 물론 가장 중요한 관심사인 기후 변화도 빼놓을 수 없다. 이 책에 있는 아이디어와 사례에서 제안하는 것과 같이 자연으로 돌아가고 도시에 자연을 돌려준다면 위에서 언급한 모든 문제의 해결에 도움이 될 것이다. 경제적으로 보더라도 자연과 자연계를 포용하는 것보다 더 크고, 지속가능성을 더 확실하게 보장하고, 더 오랜 기간 동안 경제적으로 유익함을 주는 투자는 찾아볼 수 없다.

물론 장애물이 많이 남아 있다. 전진을 가로막는 몇 가지 장애물을 앞 장에서 개략적으로 설명했다. 가령, 도시 녹화를 위해 개별적으로 진행되는 해결책이 일관성과 기능성을 갖추고 정상적으로 운영되는 도시 생태계와 마치 하나였던 것처럼 조화롭게 추가되는 방법 등에 대해서도 이야기했다. 다른 더 큰 문화적 장애물도 남아 있다. 우리는 자연을 '도시 밖 다른 곳에 있는' 어떤 것으로 이해하고 있으며, 위안을 찾거나 정신을 회복하기 위해 가끔 방문하는 멀리 떨어져 있는 오염되지 않은 장소로 이해하고 있다. 자연과 야생을 이해하는 새롭고도 강력한 방법을 만들어야 한다. 그러나 연구 결과 좋은 소식이 있다. 사람의 두뇌는 모든 형태의 자연에 반응하고 인식한다는 것이다. 즉, 녹색 지붕이나 거리에 줄지어 서 있는 나무나 홀로 서 있는 나무에도 그렇게 한다는 것이다. 사실 자연은 먼 곳에 있을 필요가 없으며, 오히려 우리 근처에 있어야 한다.

바이오필릭 시티에서 기울이는 노력들은 지구 모든 곳에 있는 자연과 종에도 고려되어야 한다. 바이오필리아를 가장 넓게 풀어 쓰면 '자연 사랑'이며, 이에 따라 바이오필릭 시티의 핵심 가치는 자연을 보존하고 복원하고 보호하는 것이 된다. 그리고 지역에 있는 자연을 보호하고 어느 한 지역에서만 자연을 확대하는 것이 아니라 지구촌에 있는 모든 자연에 대해서도 그렇게 하는 것이 중요하다. 구체적으로 탄소 발자국을 줄이는 것과 같이 도시에서 사용하는 자원을 줄이려는 노력을 해야 한다(밴쿠버나 에드먼턴 같은 캐나다 도시들은 도시 계획에 일정한 목표를 명시했다). 그리고 도시를 개발하고 확장할 때 자연과 자연계에 미치는 위험을 낮추는 방법을 찾기 위해 고민하고 협의 과정을 거쳐야 한다. 또한 지구의 다른 곳에 있는 자연을 지원하는 글로벌 리더십을 모색하기 위한 방법도 찾아야 한다. 바이오필릭 시티에서 자연에 대해 취하고 있는 절실한 조치에 실질적인 의미를 부여하는 방법을 추가로 찾아야 하며, 이것은 미래에 해야 할 가장 중요한 영역들 중 하나다.

도시를 계획하는 사람들은 도시에 대해 다른 용어와 다른 틀을 이용하고 있다. 가장 많이 쓴 틀로는 지속가능성, 즉 지속가능한 도시가 있었고, 최근에는 또 다른 강력한 틀로 회복탄력성, 즉 탄력적인 도시를 이용하고 있다. 이들 용어는 도시를 어떻게 생각하는지를 나타내는 것으로써 여전히 중요하며, 버리기 보다는 계속 가지고 가야 한다. 현재 지속가능성과 회복탄력성을 모두 확보한 도시는 거의 없으며, 이를 이루기 위해서는 어려운 작업이 남아 있다. 그러나 바이오필릭 시티는 강력하면서도 필수적인 추가 틀을 제공한다. 다른 곳에서 언급되었듯이 바이오필릭 시티는 지속가능하면서도 회복탄력성을 갖춘 도시다(Beatley and Newman 2013). 그러나 더 중요한 것이 있는데, 바이오필릭 시티라는 틀은 다른 것에서 빼먹은 것을 알게 한다. 자주 말했듯이 philic사랑이 bio생명체만큼 중요하다. 즉 이 틀은 영향을 미치고 애착을 두어야 할 필수 요소인 셈이다. 이 세상에서 우리와 함께 살아가고 있는 다른 많은 형태의 생명에 대한 의무감과 자연에 대해 우리가 해야 할 돌봄의 가치를 명확하게 인정해야 할 필요가 있다는 사실을 바이오필릭 시티라는 틀 안에서 알게 된다. 설계 및 계획 수립 시 자연을 우선적으로 고려해야 하고 다른 형태의 생명을 위한 공간을 만들고 다른 생명의 고유한 가치를 인정해야 한다. 우리가 도시에서 경험하는 경이로움과 경외심을 축하하고, 다른 생명들에 대해 확실하게 가지고 있는 동정심과 공감을 축하하기 위한 공간도 있다.

우리를 힘들게 하는 많은 사회적 문제를 해결할 수 있는 수단으로 자연을 제시하고 싶은 유혹이 생기며, 몇 가지 증거가 우리를 그런 방향으로 움직이게 만들고 있다. 다양한 종류의 병원과 의료 시설에서 치료 과정에 자연과 자연계를 끌어들이는 방식으로 설계 작업을 진행하고 있다. 이 책에 제시된 여러 예를 생각해 보자. 싱가포르의 쿠텍푸아트병원, 보스턴의 스팔딩 재활병원, 토론토의 크레딧 밸리 병원 등 많은 곳이 있다. 자연은 우리를 야외로 이끌고, 건강이 더 좋아지고 생산성이 더 높아지고 즐거움이 넘치는 사무실 및 작업 환경을 만든다. 자연에는 노인과 어린이가 함께 놀 수 있게 하는 놀라운 힘이 있다. 특히 고령화 사회가 안고 있는 문제를 해결하는 데 있어서 자연은 노인들에게 삶의 의미, 다른 것과의 연결, 몸과 마음의 건강을 줄 수 있다. 이 책에서 보았듯이 빈곤 감소에 역점을 두고, 곤란을 겪고 있는 젊은이들에게 의미 있는 직업을 제공하고, 폭력과 범죄 발생 가능성을 줄이는 데 있어서 자연과 바이오필릭 시티가 일정 부분 기여할 수 있다. 유익함을 과장하지 않도록 주의해야 한다. 그러나 솔직히 말해서 그렇게 하기가 점차 어려워 보인다. 도시와 도시를 구성하고 있는 여러 모임 사이에 서로 얽혀 있는 문제와 해결해야 할 과제들이 많이 있기 때문에 자연에 관한 호기심과 자연에 대한 배려가 핵심 DNA인 바이오필릭 시티, 즉 풍부한 자연이 있는 도시를 만든다는 비전에는 매우 강력하고 효과가 있는 방법이 전방위적으로 들어간다.

특정 바이오필릭 시티의 목표와 비전이 표현되는 방법, 도시마다의 특별한 외양과 느낌, 실질적인 의미는 장소에 따라 다를 것이다. 문화, 기후, 도시 역사, 기타 요인들이 도시마다 확실히 다르기 때문에 도시에서의 자연 확장, 복원, 통합 방법은 도시마다 다르게 제시될 것이다. 가령, 사막 환경에서는 녹색 지붕이 제대로 유지되지 못하고, 토종 식물, 조류, 나무도 지역에 따라 완전히 다를 것이다. 한 도시에서 작동하는 것이 또 다른 도시에서는 제대로 작동하지 않을 수 있다. 우연한 사고, 실험, 뜻밖의 재미가 특정 조례나 수단이나 프로젝트의 추진 동력이 될 수도 있다. 이 복잡한 이슈를 해결하기 위해 창의적이어야 하고 많은 자원을 투입해야 하고 서로 협력해야 한다.

글로벌 바이오필릭 시티 네트워크의 역할

여기서 설명한 이러한 이유들, 그리고 여기서 제시되지 않은 다른 이유들로 인해, 바이오필릭 시티 글로벌 네트워크를 만들기 위해 움직이고 있다. 이에 관한 정보를 더 자세히 알고 싶으면 www.biophiliccities.org를 참고한다(그림 15.1 참고). 글로벌 네트워크에 파트너로 참여한 초기 도시들에서 영감을 얻었고, 글로벌 네트워크에 참여하고 싶어 하는 신규 도시들을 위한 지침이 2013년 후반에 발표되었다. 이 글로벌 네트워크는 실제로 많은 것을 보여주면서 상당한 견인력을 발휘하고 있어서, 앞으로도 계속 잘 해 나가기를 바란다. 개인이든 단체든 온라인 서약에 서명만 하면 이 네트워크에 가입할 수 있다. 도시 차원에서 파트너로 참여하려면 조금 더 많은 것을 해야 한다. 가령, 바이오필릭 시티가 되기 위해 해야 할 일과 글로벌 네트워크에 가입하기 위한 의지를 나타내는 결의문이나 선언문을 채택해야 한다(주체는 시 의회가 될 수도 있고 다른 선출 기관일 수도 있다).

전 세계적으로 바이오필릭 시티의 개념을 정립하고 발전적으로 실천하려면 미완으로 남아 있는 많은 과제를 해결해야 한다. 정책과 연구 측면에서 아직 해답을 찾지 못한 질문들이 많이 남아 있다. 또한 실행해야 할 일도 많이 남아 있다. 이들 질문에 대한 답이 나오기를 기다릴 필요는 없으며, 시민들이 자연에 몰입하는 경험을 할 수 있도록 도시가 훨씬 더 많은 일을 할 수 있다는 사실을 알고 있다. 또한 도시에는 사람들에게 그 존재를 알리고 보살필 자연이 많이 있으며, 그러한 자연을 더 많이 지원하고 성장시킬 기회도 아주 많다는 사실을 알고 있다.

그림 15.1 4일 동안 열렸던 바이오필릭 파트너 도시 모임 마지막 날 찍은 사진이다. 이 모임에서 바이오필릭 시티 글로벌 네트워크가 공식적으로 시작되었다(사진 제공: 저자).

글로벌 네트워크가 어떤 기능을 수행하고, 무슨 과제와 활동을 할 것인지는 아직 확정되지 않았다. 잘 작동하는 것과 그렇지 않은 것에 관한, 그리고 도시와 자연을 통합하려는 노력들 중 성공적으로 진행된, 혹은 성공적으로 진행되지 않은 것에 관한 통찰력과 정보를 공유하기 위한 수단으로서 계속 유지될 것으로 본다. 글로벌 네트워크를 통해 각종 정보를 공유할 수 있으며, 좋은 설계 및 계획 실천 방안도 함께 나눌 수 있을 것이다. 또한 상호 발전에 도움을 줄 전문가를 만날 수 있고 비슷한 상황의 도시도 만날 수 있을 것이다. 그리고 자연과 관련해서 도시가 취할 더 적극적이고 확실한 역할을 논의할 수 있는 정치적, 사회적 힘이 될 것이다. 우리는 개인, 조직, 공식 파트너인 도시들이 이 글로벌 네트워크에 참여할 것을 권장한다. 뒤에 나오는 '참고 문헌'에서 추가 정보를 어디서 찾을 수 있는지 확인할 수 있다. 또한 하나의 도시와 대도시 권역에 있는 개인, 그룹, 기업들을 연결해야 할 필요성이 매우 크다는 것을 깨닫고 있다. 이에 워싱턴 DC(바이오필릭 DC)나 필라델피아(바이오필리) 같은 도시에서 풀뿌리 그룹이 나타나고 있는 것을 보고 있으며, 그들의 노력을 지원하기 위해 우리가 할 수 있는 일을 찾아서 하고 있다.

우리는 책, 사례 연구, 블로그, 영화를 통해서 많은 도시의 이야기를 이미 밝힌 바 있으며, 앞으로도 그러한 작업을 더 많이 진행할 것이다. 글로벌 네트워크가 바이오필릭 시티 운동이 발전하는 것을 지원할 수 있기를 바란다. 그리고 도시 계획을 수립하고 관리함에 있어 자연에 더 큰 중요성을 부여하려는 도시의 시민, 단체, 정부 당국자를 계속 지원할 것이다. 상황이 이러하므로 우리는 여러분의 도움을 필요로 한다. 그리고 이 책을 읽는 독자들이 손을 내밀어서 자신의 기술과 에너지를 적용할 수 있는 지금까지와는 다른 방법을 모색해 보기를 바란다.

전 지구적으로 보면 벅찬 시간을 보내고 있지만 다르게 보면 흥미로운 시간이기도 하다. 왜냐하면 자연 세계와 깊이 연결된 도시에서의 생활을 다시 상상하고 있기 때문이다. 이 여행에 동참해서, 바이오필릭 시티의 미래를 만드는 일에 독자 여러분의 에너지, 연민, 묘안을 여러분의 도시와 자연을 향해 던질 수 있기를 바란다. 여러분을 초대한다!

부록A

참고 자료

바이오필릭 시티를 계속해서 살펴보고 싶으면 다음에 제시된 자료들을 참고한다.

웹 페이지와 웹 자료

- The Biophilic Cities Project. http://biophiliccities.org/
- Children and Nature Network. http://www.childrenandnature.org/
- European Green Capital City. http://ec.europa.eu/environment/europeangreencapital/about-the-award/index.html
- Harvard School of Public Health Program in Nature, Health, & the Built Environment. http://www.chgeharvard.org/category/nature-health-built-environment
- TKF Foundation/Nature Sacred. http://naturesacred.org/
- Therapeutic Landscapes Network. http://www.healinglandscapes.org/
- Wellington—A Biophilic City. https://www.youtube.com/watch?v=7HqCfyjstyo
- WILD Cities/WILD Foundation. http://www.wild.org/where-we-work/wild-cities/

블로그

- The Dirt: Uniting the Built and Natural Environments. http://dirt.asla.org
- The Nature of Cities. http://www.thenatureofcities.com/

도서

- Beatley, Timothy. 2011. Biophilic Cities: Integrating Urban Design and Nature. Washington, DC: Island Press.
- Beatley, Timothy, 2014. Blue Urbanism: Connecting Cities and Oceans. Washington, DC: Island Press.
- Bekoff, Marc. 2014. Rewilding Our Hearts: Building Pathways of Compassion and Coexistence. Novato, CA: New World Library.
- Cooper Marcus, Clare, and Naomi Sachs. 2013. Therapeutic Landscapes: An Evidence-Based Approach to Designing Healing Gardens and Restorative Outdoor Spaces. New York: Wiley.
- Kaplan, Stephen, and Rachel Kaplan. 1989. The Experience of Nature: A Psychological Perspective. Cambridge: Cambridge University Press.
- Kellert, Stephen. 2014. Birthright: People and Nature in the Modern World. New Haven, CT: Yale University Press.
- Kellert, Stephen. and E. O. Wilson. 1995. The Biophilia Hypothesis. Washington, DC: Island Press.
- Kellert, Stephen R., Judith Heerwagen, and Martin Mador. 2008. Biophilic Design: The Theory, Science and Practice of Bringing Buildings to Life. Hoboken, NJ: Wiley.
- Louv, Richard. 2008. Last Child in the Woods: Saving Our Children from Nature-Deficit Disorder. Chapel Hill, NC: Algonquin Books.
- Louv, Richard. 2012. The Nature Principle: Reconnecting with Life in a Virtual Age. Chapel Hill, NC: Algonquin Books.
- Nichols, Wallace J. 2014. Blue Mind. New York: Little, Brown and Company.

- Sampson, Scott D. 2015. How to Raise a Wild Child: The Art and Science of Falling in Love with Nature. New York: Houghton Mifflin Harcourt.
- Selhub, Eva M., and Alan C. Logan. 2012. Your Brain On Nature: The Science of Nature's Influence on Your Health, Happiness, and Vitality. New York: Wiley Press.
- Stoner, Tom, and Carolyn Rapp. 2008. Open Spaces, Sacred Places. Baltimore: TKF Foundation.
- Tova Bailey, Elizabeth. 2010. The Sound of a Wild Snail Eating. Chapel Hill, NC: Algonquin Books.
- Thomas, Sue. 2013. Technobiophilia: Nature and Cyberspace. New York: Bloomsbury Academic.
- Wilson, E. O. 1984. Biophilia. Cambridge, MA: Harvard University Press.
- Wilson, E. O. 2007. The Creation: An Appeal to Save Life on Earth. New York: Norton.

논문

- Aspinall, P., P. Mavros, R. Coyne, and J. Roe. 2013. "The Urban Brain: Analysing Outdoor Physical Activity with Mobile EEG." British Journal of Sports Medicine (March): 1–6.
- Beatley, Timothy. 2014. "Launching the Global Biophilic Cities Network." http://www.thenatureofcities.com/2013/12/04/launching-the-global-biophilic-cities-network/.

- Beatley, Timothy, 2014. "The Need for and Vision of Biophilic Cities." http://humanspaces.com/2014/10/17/on-the-need-for-and-vision-of-biophilic-cities/.
- Beatley, Timothy, and Peter Newman. 2013. "Biophilic Cities Are Sustainable, Resilient Cities." Sustainability 5(8): 3328–3345. http://www.mdpi.com/2071-1050/5/8/3328.
- Blaustein, Richard. 2014. "Urban Biodiversity Gains New Converts: Cities around the World Are Conserving Species and Restoring Habitat." BioScience 63 (2): 72–77. http://bioscience.oxfordjournals.org/content/63/2/72.full.
- Hanscom, Greg. 2014. "Why Our Cities Need to Be Ecosystems Too." http://grist.org/cities/habitats-for-humanity-why-our-cities-need-to-be-ecosystems-too/.
- Patel, Neel V. 2014. "Migrating to the City: How Researchers Are Beginning to Think Differently about Urban Biodiversity." http://scienceline.org/2014/06migrating-to-the-city/.
- Schwartz, Ariel. 2013. "Why We Need Biophilic Cities." http://www.fastcoexist.com/1679821/why-we-need-biophilic-cities.
- van der Wal, Ariane J., Hannah M. Schade, Lydia Krabbendam, and Mark van Vugt. 2013. "Do Natural Landscapes Reduce Future Discounting in Humans?" Proceedings of the Royal Society B 280 (1773): 2295–. doi:10.1098/rspb.2013.2295.
- Weinstein, N., A. K. Przybylski, and R. M. Ryan. 2009. "Can Nature Make Us More Caring? Effects of Immersion in Nature on Intrinsic Aspirations and Generosity." Personality and Social Psychology Bulletin 35(10): 1315–1329.

보고서

- Browning, William. 2014. "The 14 Patterns of Biophilic Design." http://www.terrapinbrightgreen.com/report/14-patterns/.
- Terrapin Bright Green. The Economics of Biophilia: Why Designing with Nature in Mind Makes Financial Sense. http://www.terrapinbrightgreen.com/report/economics-of-biophilia/.

영화와 비디오

- Biophilic Design: The Architecture of Life. http://www.biophilicdesign.net/film-trailer.html.
- The Nature of Cities. http://topdocumentaryfilms.com/nature-cities/.
- Singapore: Biophilic City. https://www.youtube.com/watch?v=XMWOu9xIM_k.

부록B

참고 문헌

- 2012-Vitoria-Gasteiz. 2012, January 1. http://ec.europa.eu/environment/europeangreencapital/winning-cities/2012-vitoria-gasteiz/.
- Agencia de Gestión Urbana de la Ciudad de México. 2014, January 15. "Arma tu azotea verde y obtén descuento en predial." http://www.agu.df.gob.mx/sintesis/index.php/arma-tu-azotea-verde-y-obten-descuento-en-predial/.
- Alday, I., M. Jover, and C. Dalnoky. 2008. El Parque del Agua Luis Buñuel =: Le parc de l'eau Luis Buñuel = The Water Park Luis Buñuel. Zaragoza: Expoagua Zaragoza.
- Anchorage Park Foundation. n.d. "Anchorage Trails Initiative." http://anchorageparkfoundation.org/programs/trails-initiative/.
- Arch Daily, 2015. "Bosco Verticale / Boeri Studio" found at: http://www.archdaily.com/777498/bosco-verticale-stefano-boeri-architetti, November 23.
- Architect's Newspaper. 2013. "Unveiled> 300 Lafayette." Architect's Newspaper (November 11).
- Architectural Review, 2011. "Stacking Green House by Vo Trong Nghia, Daisuke Sanuki and Shunri Nishizawa, Saigon, Vietnam," July 27. http://www.architectural-review.com/today/stacking-green-house-by-vo-trong-nghia-daisuke-sanuki-and-shunrinishizawa-saigon-viet nam/8617710.fullarticle.
- Aspinall, Peter, Panagiotis Mavros, Richard Coyne, and Jenny Roe. 2013. "The Urban Brain: Analysing Outdoor Physical Activity with Mobile EEG." British Journal of Sports Medicine. 49(4): 72–76.

- Atchley, R. A., D. L. Strayer, P. Atchley. 2012. Creativity in the Wild: Improving Creative Reasoning through Immersion in Natural Settings. PLoS ONE 7(12): e51474. doi:10.1371/journal.pone.0051474.
- Audubon Society of Portland. 2015. "Swift Watch." http://audubonportland.org/local-birding/swiftwatch.
- Bahl, V. 2014, December 8. "Revolutionising the Factory." http://www.newindianexpress.com/education/student/Revolutionising-the-Factory/2014/12/08/article2560123.ece.
- Barrett, Tom, 2012. "A plan to knit the city back to the land", Milwaukee Sentinel Journal, September 22. http://www.jsonline.com/news/opinion/a-plan-to-kint-the-city-back-to-the-land-md6tom5170774146.html.
- Barton, Jo, and Jules Pretty. 2010. "What Is the Best Dose of Nature and Green Exercise for Improving Mental Health? A Multi-Study Analysis." Environmental Science and Technology 44:3947–3955.
- Beatley, Timothy. 2009. Planning for Coastal Resilience. Washington, DC: Island Press.
- Beatley, Timothy. 2011. Biophilic Cities: Integrating Nature into Urban Design and Planning. Washington, DC: Island Press.
- Beatley, Timothy. 2012. "Exploring the Nature Pyramid." Nature of Cities blog. http://www.thenatureofcities.com/2012/08/07/exploring-the-nature-pyramid/.
- Beatley, Timothy, and Peter Newman. 2013. "Biophilic Cities Are Sustainable, Resilient Cities." Sustainability (June). http://www.mdpi.com/2071-1050/5/8/3328.
- Biografía Julio Carlos Thays. n.d. http://www.buenosaires.gob.ar/jardinbotanico/biografia-julio-carlos-thays.

- BirdNote. 2013. "The Aqua Tower—Architecture with Birds in Mind." http://birdnote.org/show/aqua-tower-architecture-birds-mind.
- Boeri, Stefano. 2015. "The Brief." http://www.architectsjournal.co.uk/buildings/bosco-verticale-by-stefano-boeri-architetti/8679088.article.
- Bratman, Gregory N., J. Paul Hamilton, and Gretchen Daily. 2012. "The Impacts of Nature Experience on Human Cognitive Function and Mental Health." Annals of the New York Academy of Sciences 1249:118–136.
- Bratman, Gregory N., J. Paul Hamilton, Kevin S. Hahn, Gretchen C. Daily, and James J. Gross. 2015. "Nature Experience Reduces Rumination and Subgenual Prefrontal Cortex Activation." Proceedings of the National Academy of Sciences 112(28): 8567–8572. doi: 10.1073/pnas.1510459112.
- Buckingham, Kathleen, and Craig Hanson. 2015. "The Restoration Diagnostic: Case Example: Tijuca National Park, Brazil." Washington, DC: World Resources Institute. http://www.wri.org/sites/default/files/WRI_Restoration_Diagnostic_Case_Example_Brazil.pdf.
- Buffalo Bayou and Beyond: Visions, Strategies, Actions for the 21st Century. 2002. https://issuu.com/buffalobayou/docs/2002masterplan.
- Bullen, James. 2015. "More Trees on Your Street Help You Feel Younger." www.smh.com.
- Cape Town. 2012. "City Statistics." https://www.capetown.gov.za/en/stats/Documents/City_Statistics_2012.pdf.

- Catlow, Agnes. 1851. Drops of Water: Their Marvelous and Beautiful Inhabitants Displayed by the Microscope. London: Reeve and Benham.
- Cave, Damien. 2012. "Lush Walls Rise to Fight a Blanket of Pollution." New York Times (April 9). http://www.nytimes.com/2012/04/10/world/americas/vertical-gardens-in-mexico-a-symbol-of-progress.html?_r=2&partner=rss&emc=rss&.
- Charles, W. 2014. "Parc Natural de Martissant: A Project Model to Be Replicated." Lakay Weekly—Le nouvelliste en anglais (October 30). http://lenouvelliste.com/lenouvelliste/articleprint/137566.
- Chengdu Planning and Management Bureau. 2003, October. Ecological Chengdu Green Tiangfu: A Briefing on the Ecological Belt around Chengdu. Chengdu: Author.
- Chiang, Kelly, and Alex Tan, eds. 2009. Vertical Greenery for the Tropics. Singapore: NParks.
- Chicago Green Roofs. 2016. http://www.cityofchicago.org/city/en/depts/dcd/supp_info/chicago_green_roofs.html.
- Chicago Wilderness. n.d. http://www.chicagowilderness.org.
- City and County of San Francisco, Planning Department. 2011. Standards for Bird-Safe Buildings, adopted July 14. http://sf-planning.org/standards-bird-safe-buildings.
- City of Birmingham, UK, 2013. "Green Living Spaces Plan." http://www.birmingham.gov.uk/greenlivingspaces.
- City of Edmonton. 2015. "Designing for Wildlife Passage in an Increasingly Fragmented World." Edmonton, AB: Author.
- City of Philadelphia, Department of Public Works. 2011, June 1. "Green City, Clean Waters." Philadelphia, PA: Author.

- City of Portland, Oregon. 2001. "Portland's Willamette River Atlas." http://www.portlandoregon.gov/bps/47531.
- City of Portland, Oregon. Parks and Recreation. 2016a. "History, 1852–1900." https://www.portlandoregon.gov/parks/article/95955.
- City of Portland, Oregon. Parks and Recreation. 2016b. "Eastbank Esplanade." http://www.portlandoregon.gov/parks/finder/index.cfm?&propertyid=105&action=viewpark.
- City of Portland, n.d. "Green Streets." https://www.portlandoregon.gov/bes/45386
- City of Richmond. 2009. "Richmond Downtown Plan." Richmond, VA: Author.
- City of Richmond. 2012. "Richmond Riverfront Plan." Richmond, VA: Author.
- City of St. Louis. n.d. "Sustainability Plan." https://www.stlouis-mo.gov/sustainability/plan/.
- City of Vancouver. 2010. "Greenest City Action Plan." http://vancouver.ca/files/cov/greenest-city-action-plan.pdf.
- City of Vancouver. 2012. "Grants from Greenest City Fund Top $500,000 in First Year." http://vancouver.ca/news-calendar/grants-from-greenest-city-fund-top-500-000-in-first-year-.aspx.
- Columbia Slough Watershed Council. 2016. "Slough School Overview." http://columbiaslough.org/index.php/slough_school/.
- Cracknell, Deborah, et al. 2015. "Marine Biota and Psychological Well-Being: A Preliminary Examination of Dose–Response Effects in an Aquarium Setting." Environment and Behavior. http://eab.sagepub.com/content/early/2015/07/27/0013916515597512.full.pdf.

- Crompton, John, and Marsh Darcy Partners. 2011. "Bayou Greenways—A Key to a Healthy Houston." (August).
- Curbed. 2013. "From Gas Station to Glass Station at Houston and Lafayette." Curbed (April 2). http://ny.curbed.com/archives/2013/04/02/from_gas_station_to_glass_station_at_houston_and_lafayette.php.
- Daly, John, Margaret Burchett, and Fraser Torpy. 2010. "Plants in the Classroom Can Improve Performance." http://www.wolvertonenvironmental.com/Plants-Classroom.pdf.
- Daugherty, Charles. 2013. "Growing the Halo." www.visitzealandia.com/growing-the-halo/.
- Design Corps. 2015. "Urban Park and Institute Sitie." https://designcorps.org/2015-seed-award-winners/.
- dlandstudio, n.d. "Gowanus Canal Sponge Park," found at: http://www.dlandstudio.com/projects_gowanus.html.
- Donovan, Geoffrey, and David T. Butry. 2010. "Trees in the City: Valuing Street Trees in Portland, Oregon." Landscape and Urban Planning 94:77–83.
- Donovan, Geoffrey, et al. 2011. "Urban Trees and the Risk of Poor Birth Outcomes." Health and Place 17:390–393.
- Dooling, Sarah. 2009. "Ecological Gentrification: A Research Agenda Exploring Justice in the City." International Journal of Urban and Regional Research 33(3): 621–639.
- Dreyfuss, J. 2013. "FOKAL and Parc de Martissant: An Urban Success." Haiti Cultural Exchange (December 10). http://haiticulturalx.org/archive-fokal-and-parc-de-martissant-an-urban-success-written-by-joel-dreyfuss.

- Eden Place Nature Center. n.d. "Leaders in Training." http://www.edenplacenaturecenter.org/leaders-in-training.html.
- Eden Place Nature Center. n.d. "Monarch Propagation and Monitoring." http://www.edenplacenaturecenter.org/monarch-propagation-and-monitoring.html.
- Education Outside, n.d."About." https://www.educationoutside.org/.
- Elzeyadi, Ihab M.K., 2011. "Daylighting-Bias and Biophilia: Quantifying the Impact of Daylighting on Occupants Health." http://www.usgbc.org/sites/default/files/OR10_Daylighting%20Bias%20and%20Biophilia.pdf.
- Faggi, A. 2012, October 26. "Botanical Gardens: More Than Places at Which the Plants Are Labelled." http://www.thenatureofcities.com/2012/10/26/botanical-gardens-more-than-places-in-which-the-plants-are-labelled/.
- Farrow, Tye. 2007/2008. "Designing Strong LInks to Nature." International Hospital Federation Reference Book. http://farrowpartners.ca/images/stories/articles/05-sustainable-design/IntlHospitalFedReview_TBRHSC.pdf.
- Feda, D. M., A. Seelbinder, S. Baek, S. Raja, L. Yin, and J. N. Roemmich. 2015. Neighbourhood Parks and Reduction in Stress among Adolescents: Results from Buffalo, New York. Indoor and Built Environment 24(5): 631–639.
- Feinberg, J. A., et al. 2014. "Cryptic Diversity in Metropolis: Confirmation of a New Leopard Frog Species (Anura: Ranidae) from New York City and Surrounding Atlantic Coast Regions." PLOS One (October 29). doi: 10.1371/journal.pone.0108213.

- Forest Park Conservancy. 2016. "Hikes and Events." http://www.forestparkconservancy.org/forest-park/events/.
- Freeman, David. 2015. "Bright Lights Bring More Bad News for Urban Bats." Huffington Post (June 8). http://www.huffingtonpost.com/2015/06/08/bats-light-bad-news_n_7521274.html.
- Garric, Audrey. 2015. "WIldlife Pushed Back as City Encroaches on Nairobi National Park." Guardian (March 8). http://www.theguardian.com/world/2015/mar/08/nairobi-national-park-endangered-city-wildlife-lions.
- Gaston, K. J., et al. 2007. "Urban Domestic Gardens: Improving Their Contributions to Biodiversity and Ecosystem Services." British Wildlife 18:171–177.
- Goertzen, M. 2015, March 22. "Envisioning a More Walkable Anchorage." Alaska Dispatch News. http://www.adn.com/61degnorth/article/envisioning-more-walkable-anchorage/2015/03/22/.
- Goodyear, Sarah. 2013. "Liking Your Neighbors Could Help Prevent You from Having a Stroke." CityLab. http://www.citylab.com/housing/2013/09/liking-your-neighbors-could-help-prevent-you-having-stroke/6951/.
- Government of Cape Town. n.d. "Cape Town's Unique Biodiversity and Plant and Animals." http://www.capetown.gov.za/en/EnvironmentalResourceManagement/publications/Documents/Biodiv_fact_sheet_08_ThreatenedSpecies_2011-03.pdf.
- Greater London Authority. n.d. "All London Green Grid." https://www.london.gov.uk/priorities/environment/greening-london/improving-londons-parks-green-spaces/all-london-green-grid.

- Greater London Authority. n.d. "Big Green Fund." https://www.london.gov.uk/priorities/environment/greening-london/improving-londons-parks-green-spaces/big-green-fund.
- Greater London Authority. 2014. "The GLA Releases a Green Roof Map of London." http://climatelondon.org.uk/articles/the-gla-releases-a-green-roof-map-of-london/.
- Greater London Authority. n.d. "More Trees for a Greener London [RE:LEAF Prospectus]." https://www.london.gov.uk/sites/default/files/RELEAF%20prospectus.pdf.
- Guenther, Robin, and Gail Vittori. 2013. Sustainable Healthcare Architecture. New York: John Wiley.
- Haffner, Jeanne. 2015. "The Dangers of Eco-gentrification: What's the Best Way to Make a City Greener?" Guardian (May 6). http://www.theguardian.com/cities/2015/may/06/dangers-ecogentrification-best-way-make-city-greener.
- Harless, John. 2013. "A Tree Spat Grows in San Francisco: Plans to Replace Nonnative Varieties with Indigenous Ones Have Run Into Opposition from Residents. Wall Street Journal. http://www.wsj.com/articles/SB10001424127887323300004578558103268015398.
- Harper, Margaret, John Patterson, and John Harper. 2009. "New Diatom Taxa from the World's First Marine Bioblitz Held in New Zealand." Acta Botanica Croatica 68(2): 339–349.
- Hartop, Emily A., Brian V. Brown, R. Henry, and L. Disney. 2015. "Opportunity in Our Ignorance: Urban Biodiversity Study Reveals 30 New Species and One New Nearctic Record for Megaselia (Diptera: Phoridae) in Los Angeles (California, USA). Zootaxa 3941(4). http://biotaxa.org/Zootaxa/article/view/zootaxa.3941.4.1.

- Hawthorne, Christopher. 2010. "Jeanne Gang Brings Feminine Touch to Chicago's Muscled Skyline." Los Angeles Times (January 17). http://articles.latimes.com/2010/jan/17/entertainment/la-ca-aqua17-2010jan17.
- Hedblom, Marcus, Erik Heyman, Henrik Antonsson, and Bengt Gunnarsson. 2014. "Bird Song Diversity Influences Young People's Appreciation of Urban Landscapes." Urban Forestry and Urban Greening 13(2014): 469–474.
- Hero MotoCorp Garden Factory and Global Parts Center–William McDonough Partners. n.d. http://www.mcdonoughpartners.com/projects/hero-motocorp-garden-factory-and-global-parts-center/.
- Herzog, Cecilia. 2012. "A Green Dream to Counter 'Greenwashing' in Brazilian Cities." The Nature of Cities blog. http://www.thenatureofcities.com/2012/12/02/a-green-dream-to-counter-greenwashing-in-brazilian-cities/.
- Heschong Mahone Group, Inc. 2003. "Windows and Offices: A Study of Office Worker Performance and the Indoor Environment." Prepared for the California Energy Commission. http://www.energy.ca.gov/2003publications/CEC-500-2003-082/CEC-500-2003-082-A-09.PDF.
- Heyman, Glen. 2013. "Reimagining Nairobi National Park: Counter-Intuitive Tradeoffs to Strengthen This Urban Protected Area." The Nature of Cities Collective blog. http://www.thenatureofcities.com/2013/04/03/reimagining-nairobi-national-park-counter-intuitive-tradeoffs-to-strengthen-this-urban-protected-area/.
- Hickman, Matt. 2015. "Urban Pollinators Fly High along Oslo's Flower-Lined Highway." www.mnn.com.

- Hoh, Fadian. 2013, May 23. "Over 100 New Marine Species Discovered in Singapore." Strait Times. http://www.straitstimes.com/singapore/over-100-new-marine-species-discovered-in-singapore.
- Holling, Crawford Stanley (Buzz). 1973. "Resilience and Stability of Ecological Systems." Annual Review of Ecology and Systematics 4:1–23.
- Houston Wilderness. 2007. Houston Atlas of Biodiversity. College Station, TX: Texas A&M University Press.
- Huang, Danwei, et al. 2009. "An Inventory of Zooxanthellate Scleractinian Corals in Singapore, Including 33 New Records." Raffles Bulletin of Zoology (Suppl. 22): 69–80.
- Inhabitat. n.d. "VERDMX's Soaring Vertical Gardens Clean Mexico City's Air." http://inhabitat.com/verdmx-vertical-gardens-scour-mexico-city-air/verdmx-mexico-city-vertical-garden-2/?extend=1.
- Jane, J. n.d. "Seoul Urban Renewal: Cheonggyecheon Stream Restoration." http://policytransfer.metropolis.org/case-studies/seoul-urban-renewal-cheonggyecheon-stream-restoration.
- Jha, aLok. 2009, June 2. "City Birds Sing Higher than Country Cousins, Scientists Find." Guardian. http://www.theguardian.com/environment/2009/jun/03/great-tit-city-bird-song.
- Journee, Stephen. 2014. Wellington Down Under, Wellington, NZ: Grantham House Publishing.
- Kadas, Gyongyver. 2006, December. "Rare Invertebrates Colonizing Green Roofs in London." Urban Habitats. http://www.urbanhabitats.org/v04n01/invertebrates_full.html.

- "Kaka Numbers Recovering in Wellington." n.d. http://halo.org.nz/kaka-numbers-recover-wellington/.
- Kamin, B. 2011, May 9. "A Mayor Who Left His Mark on Chicago's Cityscape." http://articles.chicagotribune.com/2011-05-09/news/ct-met-kamin-daley-0508-20110509_1_mayor-richard-j-daley-cityscape-millennium-park.
- Kaplan, Rachel, and Stephen Kaplan. 1989. The Experience of Nature: A Psychological Perspective. Cambridge University Press.
- Kardan, Omid, Peter Gozdyra, Bratislav Misic, Faisal Moola, Lyle J. Palmer, Tomáš Paus and Marc G. Berman. 2015. "Neighborhood Greenspace and Health in a Large Urban Center." Scientific Reports 5 (article number: 11610). http://www.nature.com/articles/srep11610?utm_source=tech.mazavr.tk&utm_medium=link&utm_compaign=article.
- Karlovitis, Bob. 2014. "Sounds of Nature Get a 'Remix' for Phipps Project." http://triblive.com/aande/music/6196763-74/says-sounds-aresty.
- Kellert, Stephen. 2002. Children and Nature: Psychological, Sociocultural, and Evolutionary Investigations. Cambridge, MA: MIT Press.
- Kellert, Stephen. 2005. Building for Life: Designing and Understanding the Human–Nature Connection. Washington, DC: Island Press.
- Kellert, Stephen R., and Elizabeth F. Calabrese. 2015. "The Practice of Biophilic Design." http://www.biophilic-design.com/.

- Kellert, Stephen R., Judith Heerwagen, and Martin Mador, 2008. Biophilic Design: The Theory, Science and Practice of Bringing Buildings to Life. Hoboken, NJ: Wiley.
- Keltner, Dacher, and Jonathan Haidt. 2003. "Approaching Awe—A Moral, Spiritual, Aesthetic Emotion." Cognition and Emotion 17(2): 297-314.
- Kenward, Alyson, Daniel Yawitz, Todd Sanford, and Regina Wang. 2014. Summer in the City: Hot and Getting Hotter. Climate Central. http://www.climatecentral.org/news/urban-heat-islands-threaten-us-health-17919.
- Khanna, Parag. 2010, August 6. "Beyond City Limits." Foreign Policy. http://foreignpolicy.com/2010/08/06/beyond-city-limits/.
- Kim, Eric S., Nansook Park, and Christopher Peterson. 2013. "Perceived Neighborhood Social Cohesion and Stroke." Social Science and Medicine 97: 49-55.
- Kim, E.S., A.M. Hawes, and J. Smith, 2014. "Perceived Neighborhood Social Cohesion and Myocardial Infarction," J Epidemiol Community Health. Nov; 68(11): 1020-1026.
- Kim, E.S., Park, N., Peterson, E., 2013. "Perceived neighborhood social cohesion and stroke", Soc Sci Med. 97: 49-55, Aug.
- Kowarik, Ingo, and Andreas Langer. 2005. "Natur-Park Südgelände: Linking Conservation and Recreation in an Abandoned Railyard in Berlin." In Wild Urban Woodlands: New Perspectives for Urban Forestry, ed. Ingo Kowarik and Stefan Körner, 287-299. New York: Springer.

- Lay, B. 2014, May 9. "Otter Makes Bishan Park Its New Home, Causes Everybody to Say 'Awww'." http://mothership.sg/2014/05/otter-makes-bishan-park-its-new-home-causes-everybody-to-say-awww/.
- Lee, Kate E., Kathryn Williams, Leisa Sargent, Nicholas Williams, and Katherine Johnson. 2015. "40-Second Green Roof Views Sustain Attention: The Role of Micro-breaks in Attention Restoration," Journal of Environmental Psychology 42:182–189.
- Lichtenfeld, Stephanie, Andrew J. Elliot, Markus A. Maier, and Reinhard Pekrun. 2012. "Fertile Green: Green Facilitates Creative Performance." Personality and Social Psychology Bulletin 38(6): 784–797.
- Logan, Jason. 2009, August 29. "Scents and the City." New York Times. http://www.nytimes.com/interactive/2009/08/29/opinion/20090829-smell-map-feature.html.
- Los deportes extremos tienen su lugar en el Parque Costanera Norte. 2013, October 9. http://www.buenosaires.gob.ar/noticias/macri-presento-el-parque-costanera-norte-para-la-practica-de-skate.
- Louv, Richard. 2008. Last Child in the Woods: Saving Our Children from Nature-Deficit Disorder. Chapel Hill, NC: Algonquin Press.
- Louv, Richard. 2012. The Nature Principle: Reconnecting with Life in a Virtual Age. Chapel Hill, NC: Algonquin Books of Chapel Hill.
- Lydon, Mike, and Anthony Garcia. 2015. Tactical Urbanism: Short-Term Action for Long-Term Change. Washington, DC: Island Press.

- Lynch, Yvonne. 2015. "Enhancing Urban Ecology for the City of Melbourne." Webinar presentation, Biophilic Cities Webinar Series. https://www.youtube.com/watch?v=W6tpNXXUmow.
- Maas, J., R. A. Verheij, P. P. Groenewegen, S. de Vries, and P. Spreeuwenberg. 2006. "Green Space, urbanity and Health: How Strong Is the Relation?" Journal of Epidemiology and Community Health 60(7): 587–592.
- Maas J., R. A. Verheij, S. de Vries, P. Spreeuwenberg, F. G. Schellevis, P. P. Groenewegen. 2009. "Morbidity Is Related to a Green Living Environment," Journal of Epidemiology and Community Health 63(12): 967–973.
- MacKerron, George, and Susana Mourato. 2013. "Happiness Is Greater in Natural Environments." Global Environmental Change. doi:10.1016/j.gloenvcha.2013.03.010.
- Magellan Development Group. 2010. "Aqua Apartments's Awards." http://www.magellandevelopment.com/Aquas-awards-peta-proggy-award-given-to-jeanne-gangs-eco-friendly-Aqua-design/.
- Martin, Pierre-André. 2012. "Putting Nature Back into the Natural Beauty of Rio de Janeiro." The Nature of Cities blog. http://www.thenatureofcities.com/2012/11/10/putting-nature-back-into-the-natural-beauty-of-rio-de-janeiro/.
- Marzluff, John M., et al, 2010. "Lasting recognition of threatening people by wild American crows, " Animal Behavior, Vol 79, Issue 3, March 2010, Pages 699–707.

- Metro. 2014. "Metro News: Community Nature Project Gets $5.2 Million Boost from Metro Grants." http://www.oregonmetro.gov/news/community-nature-projects-get-52-million-boost-metro-grants.
- Metro. 2016. "Nature in Neighborhoods Grants." http://www.oregonmetro.gov/tools-partners/grants-and-resources/nature-grants.
- Miles, Irene, with William C. Sullivan and Frances E. Kuo. 2000. "Psychological Benefits of Volunteering for Restoration Projects." Ecological Restoration 18(4): 218–227.
- Mooney, Chris. 2015, May 26. "Just Looking at Nature Can Help Your Brain Work Better, Study Finds." Washington Post. https://www.washingtonpost.com/news/energy-environment/wp/2015/05/26/viewing-nature-can-help-your-brain-work-better-study-finds/.
- Mordas-Schenkein, L. 2014, October 4. "The World's Tallest Vertical Garden Lives and Breathes in Sydney." http://inhabitat.com/the-worlds-tallest-vertical-garden-lives-and-breathes-in-sydney/one-central-park-facades/.
- Municipalidad de la Ciudad de Buenos Aires. n.d. "Costanera Sur—Parque Natural y Reserva Ecológica—Ciudad Buenos Aires." http://www.patrimonionatural.com/html/provincias/cba/costanerasur/descripcion.asp.
- Muschamp, Herbert. 2000, April 29. "R. L. Zion, 70, Who Designed Paley Park Dies." New York Times. http://www.nytimes.com/2000/04/28/arts/r-l-zion-79-who-designed-paley-park-dies.html.

- Ng, Peter K. L., Richard T. Corlett, and Hugh T. W. Tan, eds. 2011. Singapore Biodiversity: An Encyclopedia of the Natural Environment and Sustainable Development. National University of Singapore.
- Nichols, Wallace J. 2014. Blue Mind. New York: Little, Brown.
- NParks. 2009. Trees of Our Garden City. Singapore: Author.
- "Oregon Field Guide: Forest Park BioBlitz." 2012. YouTube video, 9:00, May 18, 2012. http://www.youtube.com/watch?v=7hV_tvnbWJ8.
- Orive, L., and R. Dios Lema. 2012. "Vitoria-Gasteiz, Spain: From Urban Greenbelt to Regional Green Infrastructure." In Green Cities of Europe: Global Lessons on Green Urbanism, 155–180. Washington, DC: Island Press.
- Osgood, Melissa. 2014. "Daylight Is the Best Medicine, for Nurses." mediarelations.cornell.edu.
- Oslo City Council, 2008. Oslo Towards 2025: The 2008 Municipal Master Plan, Oslo, Norway.
- Oslo City, n.d. "Oslo Application for the European Green Capital City," Oslo Norway.
- Oslo Kommune, 2007. Grantplan for Oslo, Plan-og bygningsetaten, Oslo Kommune.
- Park Royal Hotels and Resorts, 2013. "PARKROYAL ON PICKERING NOW OPEN," found at: https://www.parkroyalhotels.com/en/news-room/news-listing/global/2013/prsps-parkroyal-on-pickering-now-open.html#.V6imClUrLnA.

- Perinotto, Tina. 2015, "Green and Wellbeing Are the New Black, Sitting Is the 'New Smoking'." The Fifth Estate. http://www.thefifthestate.com.au/innovation/design/green-and-wellbeing-are-the-new-black-sitting-is-the-new-smoking.
- Perkins and Will. 2013, April 24. "Perkins and Will Defines Inclusive Design at New Spaulding Rehabilitation Hospital." http://perkinswill.com/news/new-spaulding-rehabilitation-hospital.html.
- Phipps Conservatory. n.d. "Center for Sustainable Landscapes." https://phipps.conservatory.org/green-innovation/at-phipps/center-for-sustainable-landscapes.
- Pierre-Louis, M. D. 2014. "A Daunting Challenge: Creating an Urban Park in an Impoverished Neighborhood of Port-au-Prince, Haiti." In Greening in the Red Zone: Disaster, Resilience and Community Greening, ed. K. G. Tidball and M. E. Krasny, 45–50. Dordrecht, Netherlands: Springer.
- Pougy, Nina, et al. 2014. "Urban Forests and the Conservation of Threatened Plant Species: The Case of the Tijuca National Park, Brazil." Natureza & Conservação 12(2): 170–173.
- Project for Public Spaces. n.d. "Paley Park." http:/placemaking.pps.org/great_public_spaces/.
- PUB. 2016, March 20. "ABC Waters Makes the Next Big Leap with 20 More Projects." http://www.pub.gov.sg/mpublications/Pages/PressReleases.aspx?ItemId=464.
- Pugh, Thomas A. M., A. Robert MacKenzie, J. Duncan Whyatt, and C. Nicholas Hewitt. 2012. "Effectiveness of Green Infrastructure for Improvement of Air Quality in Urban Street Canyons." Environmental Science and Technology 46(14): 7692–7699. doi: 10.1021/es300826w.

- Ramirez, Kelly S., et al. 2014. "Biogeographic Patterns in Below-Ground Diversity in New York City's Central Park Are Similar to Those Observed Globally." Proceedings of the Royal Society B 281(1795). doi: 10.1098/rspb.2014.1988.
- Raven-Ellison, Daniel. 2014, May 27. "Why Greater London Should Be Made Into an Urban National Park." Guardian. http://www.theguardian.com/local-government-network/2014/may/27/greater-london-national-park-city.
- Reserva Ecológica Costanera Norte: Biodiversidad. n.d.. http://recostaneranorte.blogspot.com/p/biodiversidad.html.
- Reynolds, Gretchen. 2015, July 22. "How Walking in Nature Changes the Brain." http://well.blogs.nytimes.com/2015/07/22/how-nature-changes-the-brain/?_r=0.
- River Revitalization Foundation. n.d. "Greenway." http://riverrevitalizationfoundation.org/greenway/.
- River Revitalization Foundation. 2010, June. Milwaukee River Greenway Master Plan. http://riverrevitalizationfoundation.org/wp-content/uploads/2014/10/100622_Final-Report_WEB.pdf.
- Roe, Jenny, and Peter Aspinall. 2011. "The Restorative Outcomes of Forest School and Conventional School in Young People with Good and Poor Behavior." Urban Forestry and Urban Greening 10:205–212.
- Rogers, Shannon H., John M. Halstead, Kevin H. Gardner, and Cynthia H. Carlson. 2011. "Examining Walkability and Social Capital as Indicators of Quality of Life at the Municipal and Neighborhoods Scales." Applied Research Quality Life 6:201–213.

- Royal Forest and Bird Protection Society. 2007. "Marine Bioblitz Uncovers Biodiversity Bonanza." www.scoop.co.nz/.
- Royte, Elizabeth. 2015. "Urban Farms Now Produce 1/5 of the World's Food. GreenBiz. http://www.greenbiz.com/article/urban-farms-now-produce-15-worlds-food.
- Sabatini, Joshua. 2016, April 19. "SF to Require Rooftop Solar Installations on New Buildings." SF Examiner. http://www.sfexaminer.com/san-francisco-require-rooftop-solar-installations-new-buildings/.
- Sable-Smith, B. 2013, November 1. "What's the Great Rivers Greenway District?" https://www.stlbeacon.org/#!/content/33431/greenway_explainer_102813.
- San Francisco Great Streets Project. 2011. "Parklet Impact Study, San Francisco." http://nacto.org/docs/usdg/parklet_impact_study_sf_planning_dept.pdf.
- San Francisco Permaculture Guild. n.d. "Beekeeping Apprenticeship Program." http://www.permaculture-sf.org/beekeeping-apprenticeship-program/.
- San Francisco Recreation and Parks Department. 2016. "WIld Habitat Conservation." http://sfrecpark.org/parks-open-spaces/natural-areas-program/wild-habitat-conservation/.
- Saw, Le E., Felix K. S. Lim, Luis R. Carrasco. 2015, July 29. "The Relationship between Natural Park Usage and Happiness Does Not Hold in a Tropical City-State." PLOS One. http://journals.plos.org/plosone/article?id=10.1371/journal.pone.0133781.

- Savvage AM, Hackett B, Guénard B, Youngsteadt EK, Dunn RR. Fine-scale heterogeneity across Manhattan's urban habitat mosaic is associated with variation in ant composition and richness. Insect Conservation and Diversity. 8: 216-228. doi: 10.1111/icad.12098.
- Schwarz, Kristen, et al. 2015. "Trees Grow on Money: Urban Tree Canopy Cover and Environmental Justice." PLOS One. http://journals.plos.org/plosone/article?id=10.1371/journal.pone.0122051.
- Science News. 2012. "City Birds Adapt to Their New Predators." https://www.sciencedaily.com/releases/2012/11/121107073044.htm.
- Seggelke, L. 2008, April 23. "Green Building and Climate in Chicago." http://www.sustainable-chicago.com/2008/04/23/green-building-and-climate-in-chicago/.
- Sellers, Frances Stead. 2015, May 28. "D.C. Doctors Rx: A Stroll in the Park Instead of a Trip to the Pharmacy." Washington Post. https://www.washingtonpost.com/national/health-science/why-one-dc-doctor-is-prescribing-walks-in-the-park-instead-of-pills/2015/05/28/03a54004-fb45-11e4-9ef4-1bb7ce3b3fb7_story.html.
- Shanahan, Danielle, et al., 2016. "Health Benefits from Nature Experiences Depend on Dose," Scientific Reports, June 23. http://www.nature.com/articles/srep28551
- Siemens. 2011. "International Green City Index." http://www.siemens.com/entry/cc/features/greencityindex_international/all/en/pdf/report_africa_en.pdf.
- Slobodchikoff, C. N., B. Perla and J. L. Verdolin. 2009. "Prairie Dogs: Communication and Community in an Animal Society." Harvard University Press, Cambridge, MA.

- Soumya, Elizabeth. 2015, July 31. "The Night-Time Hunt for the Secretive Urban Slender Loris of Bangalore." Guardian. http://www.theguardian.com/cities/2015/jul/31/urban-slender-loris-bangalore-india-animal.
- Spaulding Rehabitation Hospital. 2013. "Spaulding Rehabilitation Hospital Unveils Its State-of-the-Art New Hospital to the Public." www.spauldingrehab.org/asdf.
- Stanley Park Ecology Society. n.d.(a). "The Coyote Shaker." http://stanleyparkecology.ca/wp-content/uploads/2012/02/The-Coyote-Shaker-July-2011.pdf.
- Stanley Park Ecology Society. n.d.(b). "Co-Existing with Coyotes." http://stanleyparkecology.ca/conservation/co-existing-with-coyotes/.
- Stephens, Suzanne. n.d. "Aqua Tower." GreenSource. http://greensource.construction.com/green_building_projects/2010/1001_Aqua-Tower.asp.
- Stewart, Barbara. 2002, July 24. "A New Kind of New Yorker, One with 82 Legs." New York Times. http://www.nytimes.com/2002/07/24/nyregion/a-new-kind-of-new-yorker-one-with-82-legs.html.
- Stewart, Matt. 2013. "Bird-Safe Havens Morgan's New Halo." http://www.stuff.co.nz/environment/8799333/Bird-safe-havens-Morgans-new-halo.
- St. Louis-MO Gov. n.d. "Milkweeds for Monarchs." https://www.stlouis-mo.gov/monarchs/.
- Sustainability Leaders. n.d. "Singapore Sustainability Leaders: PARKROYAL on Pickering," http://sustainability-leaders.com.

- Tan, Monica. 2015, July 15. "Leaf Letters: Fan Email for Melbourne's Trees Pours in from around the World." Guardian. http://www.theguardian.com/australia-news/2015/jul/15/leaf-letters-fan-mail-melbourne-trees-pours-in-around-the-world.
- Tempelhof. n.d. "An Overview of Pioneer Projects." http://www.thf-berlin.de/en/get-involved/pioneer-projects/.
- Terrapin Bright Green LLC. 2012. The Economics of Biophilia: Why Designing with Nature in Mind Makes Financial Sense. New York: Terrapin Bright Green.
- Thomas, Sue. 2013. Technobiophilia: Nature and Cyberspace. London: Bloomsbury Academic.
- Thome, Wolfgang. 2015. "Conservation Godfather: Why Rail Will Run through NairobiNational Park." http://www.eturbonews.com/62100/conservation-godfather-why-rail-will-run-through-nairobi-nationa.
- Tidball, K. 2014. "Urgent Biophilia: Human–Nature Interactions in Red Zone Recovery and Resilience." In Greening in the Red Zone: Disaster, Resilience and Community Greening, ed. K. G. Tidball and M. E. Krasny, 50. New York: Springer.
- Transbay Transit Center. n.d. "City Park." http://transbaycenter.org/project/transit-center/transit-center-level/city-park.
- Troy, Austin, J. Morgan Grove, and Jarlath O'Neill-Dunne. 2012. "The Relationship between Tree Canopy and Crime Rates across an Urban–Rural Gradient in the Greater Baltimore Region." Landscape and Urban Planning 106(3):262–270.

- Trust for Public Land (TPL). 2014, October. The Economic Benefits of San Francisco's Park and Recreation System. https://www.tpl.org/sites/default/files/files_upload/San%20Francisco%20Economic%20Value%20Study%20report%20final%20low-res.pdf.
- UNESCO. 2015. "Cape Floral Region Protected Areas." http://whc.unesco.org/en/list/1007.
- United Nations. 2014. World Urbanization Prospects: The 2014 Revision. Highlights (ST/ESA/SER.A/352). https://esa.un.org/unpd/wup/Publications/Files/WUP2014-Highlights.pdf.
- United States National Park Service. n.d.. "Chain of Rocks Bridge: Madison, Illinois to St. Louis, Missouri." https://www.nps.gov/nr/travel/route66/chain_of_rocks_bridge_illinois_missouri.html.
- University of Birmingham, n.d. "About BIFoR," Birmingham Institute for Forest Research. http://www.birmingham.ac.uk/research/activity/bifor/about/index.aspx.
- University of Birmingham, 2015. "Minding the gap . . . city bats won't fly through bright spaces." http://birmingham.ac.uk/new/latest/2015/06/03Jun15Mindingthegap%E2%80%A6Citybatswontflythroughbrightspaces.aspx.
- Urban Ecology Center. n.d. "Neighborhood Environmental Education Project (NEEP)." http://urbanecologycenter.org/what-we-do/neep.html.
- Urban Ecology Center. 2014. "2013–2014 Annual Report." http://urbanecologycenter.org/.
- Urban Park Rangers Weekend Adventures. n.d.. https://www.nycgovparks.org/programs/rangers/explorer-programs.

- Usborne, Simon. 2014, September 25. "47 Per cent of London Is Green Space: Is It Time for Our Capital to Become a National Park?" Independent. http://www.independent.co.uk/environment/47-per-cent-of-london-is-green-space-is-it-time-for-our-capital-to-become-a-national-park-9756470.html.
- van der Wal, A. J., H. M. Schade, L. Krabbendam, M. van Vugt. 2013. "Do Natural Landscapes Reduce Future Discounting in Humans?" Proceedings of the Royal Society B 280: 20132295. http://dx.doi.org/10.1098/rspb.2013.2295.
- Vertical Garden Patrick Blanc. n.d. http://www.verticalgardenpatrickblanc.com/realisations/sydney/one-central-park-sydney.
- Villagran, Lauren, 2012. "Bidding Farewell to Mexico City's Green Mayor," Next American City, April 30, 2015. https://nextcity.org/daily/entrybidding-farewell-to-mexico-citys-gree-mayor.
- Wang, Hui, Yuko Tsunetsugu, and Julia Africa. 2015. "Seeing the Forest for the Trees." Harvard Design Magazine. http://www.harvarddesignmagazine.org/issues/40/seeing-the-forest-for-the-trees.
- Ward Thompson, C., J. Roe, P. Aspinall, R. Mitchell, A. Clow, D. Miller. 2014. "More Green Space Is Linked to Less Stress in Deprived Communities: Evidence from Salivary Cortisol Patterns." Landscape and Urban Planning 105:221–229.
- Weinstein, N., A. K. Przybylski, and R. M. Ryan. 2009. "Can Nature Make Us More Caring? Effects of Immersion in Nature on Intrinsic Aspirations and Generosity." Personality and Social Psychology Bulletin 35: 1315–1329.

- Wellington City Council. 2015. "Our Natural Capital: Wellington's Biodiversity Strategy and Action Plan, 2015, Wellington, New Zealand. Urban Ecology Center. 2013–2014 Annual Report. http://wellington.govt.nz/your-council/plans-policies-and-bylaws/policies/biodiversity-strategy-and-action-plan.
- Wellington Zoo. 2014, December 3. "Wellington Zoo Celebrates Five Years of the Nest Te Ko⁻hanga." Media release. http://www.scoop.co.nz/stories/AK1412/S00104/wellington-zoo-celebrates-five-years-of-the-nest-te-kohanga.htm.
- Wells, Nancy M. 2000. "At Home with Nature: Effects of 'Greenness' on Children's Cognitive Functioning." Environment and Behavior 32(6): 775–794.
- Wheeler, B. W., M. White, W. Stahl-Timmins, and Michael Depledge. 2012, "Does Living by the Coast Improve Health and Wellbeing?" Health Place 18(5): 1198–1201. doi: 10.1016/j.healthplace.2012.06.015. Epub 2012 Jul 1.
- Wilson E. O. 1984. Biophilia, Cambridge, MA: Harvard University Press.
- Wohlforth, Charles. 2015, June 5. "History of Anchorage's Trails and Greenbelts." http://www.alaskapublic.org/2015/06/05/history-of-anchorages-trails-and-greenbelts/.
- Wolch, Jennifer R., Jason Byrne, and Joshua P. Newell. 2014. "Urban Green Space, Public Health, and Environmental Justice: The Challenge of Making Cities 'Just Green Enough.'" Landscape and Urban Planning 125:234–244.

- Wolf, K. L., and K. Flora 2010. "Mental Health and Function: A Literature Review." In Green Cities: Good Health. Seattle: College of the Environment, University of Washington. www.greenhealth.washington.edu.
- Woodman, Ellis. 2015. "Bosco Verticale by Stefano Boeri Architetti." Architect's Journal. http://www.architectsjournal.co.uk/buildings/bosco-verticale-by-stefano-boeri-architetti/8679088.article.
- World Landscape Architecture. n.d. "Kallang River Bishan Park." http://worldlandscapearchitect.com/kallang-river-bishan-park-singapore-atelier-dreiseitl/.
- Wright + Associates. n.d. "Waitangi Park." http://www.waal.co.nz/our-projects/urban/waitangi-park/.
- Wyland Foundation, n.d. "Wyland Walls" http://www.wylandfoundation.org/community.php?subsection=wyland_walls.
- Yeang, K., and T. R. Hamzah. n.d. "Solaris Fusionopolis." http://www.greenroofs.com/content/articles/126-SOLARIS-at-Fusionopolis-2B-From-Military-Base-to-Bioclimatic-Eco-Architecture.htm#.V1zWRab2aUk.
- Yu, Kongjian. 2010. "Qiaoyuan Park, Tianjin-An Ecosystem Services-Oriented Regenerative Design." Topos 70:28.
- Zealandia. n.d. "Forest Restoration." http://www.visitzealandia.com/what-is-zealandia/conservation-restoration/forest-restoration/.
- Zealandia. n.d. "Our Groundbreaking Fence." http://www.visitzealandia.com/what-is-zealandia/conservation-restoration/our-groundbreaking-fence/.
- Zealandia. n.d. "Progress to Date." http://www.visitzealandia.com.

- Zelenski, John, Raelyn L. Dopko, and Colin Capaldi, 2015. "Cooperation is in Out Nature: Nature Exposure May Promote Cooperation and Environmentally Sustainable Behavior" Journal of Environmental Psychology. 42: 24-31.

부록 C

인명・지명・기타

ㄱ

가든스 바이 더 베이 프로젝트 • Gardens by the Bay project
가레스 모건 • Gareth Morgan
가로수 프로그램 • Street Tree Program
가스테이스 애비뉴 • Gasteiz Avenue
간접 자연 • indirect nature
강 되살리기 재단 • River Revitalization Foundation
강 르네상스 • River Renaissance
개미 학교 • School of Ants
건강한 항구 이니셔티브 • Healthy Harbor Initiative
건설부 • Building and Construction Authority
게오르그 엘리아센 • Georg Eliassen
게이트웨이 • Gateway
게이트웨이 아치 • Gateway Arch
경제개발부 • Department of Economic Development
고와너스 샛강 • Gowanus Creek
고와너스 운하 • Gowanus Canal
곤지안유 • Kongjian Yu
골든 게이트 파크 • Golden Gate Park
골든게이트 오듀본 협회 • Golden Gate Audubon
골목 플랫 이니셔티브 • Alley Flat Initiative
공공 장소를 위한 프로젝트 • Project for Public Spaces
공공사업부 • Department of Public Works
공공시설청 • Public Utility Board
공원과 수로 • Parks and Waterways
공원위원회 • Parks Board
공유 공간 요건 • Open Space Element
공유지를 위한 신탁기금 • Trust for Public Land
공익 디자인 • Public Interest Design
국제 녹색 도시 지수 • International Green City Index
그라운드워크 런던 • Groundwok London

* 일러두기: 부록C는 쪽 번호 없는 한글 영문 대조

그래고리 브랫맨 • Gregory Bratman
그레고어 로버트슨 • Gregor Robertson
그레셤 • Gresham
그레이터 런던 당국 • GLA: Greater London Authority
그레이터 밀워키 재단 • Greater Milwaukee Foundation
그레이터 포틀랜드 • Greater Portland
그레이트 리버 그린웨이 디스트릭트 • Great Rivers Greenway District
그레이트 볼티모어 굴 파트너십 • Great Baltimore Oyster Partnership
그레이트 스트리트 프로젝트 • Great Streets Project
그로브 스트리트 • Grove Street
그로우잉 스마터 • Growing Smarter
그로우잉 파워 • Growing Power
그리니스트 시티 액션 플랜 • Greenest City Action Plan
그리니스트 시티 펀드 • Greenest City Fund
그리피스 공원 • Griffith Park
그린 리빙 스페이스 플랜 • Green Living Spaces Plan
그린 마크 플래티넘 어워드 • Green Mark Platinum Award
그린 스트럭처 플랜 • Green Structure Plan
그린 스트리츠 이니셔티브 • Green Streets Initiative
그린 시티, 클린 워터스 • Green City, Clean Waters
그린 코리더 • Green Corridors
그린 팩터 • Green Factor
그린벨트 난초 보호 프로젝트 • Orchid Conservation Project in the Green Belt
그린벨트 프로텍터 프로그램 • Green Belt Protector program
그린벨트/생물다양성 추진단 • Green Belt and Biodiversity Unit
그린소스 • GreenSource
그린스킨즈 • GreenSkins
글렌 캐니언 공원 • Glen Canyon Park
글렌 헤를리 • Glen Herlihy
글로브앳나이트 • Globe at Night
기후 변화 액션 플랜 • Climate Change Action Plan

긴잎갈퀴 • Galium boreale

ㄴ

나다니엘 백쇼 워드 • Nathaniel Bagshaw Ward
나다카 네이처 파크 • Nadaka Nature Park
나무 협의회 • The Tree Council
나비 다리 • Butterfly Bridge
나이로비 국립공원 • Nairobi National Park
나이로비 그린라인 • Nairobi Greenline
나탈리에 예레미첸코 • Natalie Jeremijenko
내부 그린벨트 • Interior Green Belt
내셔널 플래닝 어워드 • National Planning Award
낸시 웰스 • Nancy Wells
네스트 트 코항가 • Nest Te Kohanga
네이처 인 네이버후즈 • Nature in Neighborhoods
네이처 인 더 시티 • Nature in the City
넵튠 컵 스폰지 • Neptune's cup sponge; Cliona patera
노스 리버프론트 트레일 • North Riverfront Trail
노스 애비뉴 댐 • North Avenue Dam
노스 엔드 • North End
녹색 골목 시범 프로젝트 • Green Alley Demonstration Project
녹색 골목 핸드북 • Green Alley Handbook
녹색 인프라 • green infrastructure
녹색 지붕 개선 기금 • Green Roof Improvement Fund
녹색 지붕 그랜트 프로그램 • Green Roof Grant Program
농업 벨트 • Agricultural Belt
뉴욕시 공원 관리소 • New York City Department of Parks and Recreation
뉴질랜드 자연보호부 • New Zealand Department of Conservation
뉴타운 스위트 • Newtown Suites
닉 그레이슨 • Nick Grayson
님라나 • Neemrana

ㄷ

다넬 브리스코 • Danelle Briscoe
다니엘 레이블-엘리슨 • Daniel Raven-Ellison
다니엘 샤나한 • Danielle Shanahan
다이수케 사누키 • Daisuke Sanuki
대서양림 • Atlantic Forest
더글러스퍼 숲 • Douglas-fir forest
데니스 헤이스 • Denis Hayes
델마 루프 • Delmar Loop
도롱뇽 고속도로 • Salamander Highway
도시 공원 순찰대 • Urban Park Rangers
도시 생태 센터 • Urban Ecology Center
도시 숲 비주얼 • Urban Forest Visual
도시 숲 전략 • Urban Forest Strategy
도시 워터 트레일 • Urban Water Trail
도시 조류 보호 프로젝트 • Urban Bird Conservation Project
도시 회복탄력성 센터 • Center for Resilient Cities
도시근교 그린벨트 • Peri-Urban Green Belt
두바이 인터내셔널 어워드 • Dubai International Award
디랜드스튜디오 • DLANDstudio
디스커버리 하이킹 • Discovery Hikes
디어위드 • deerweed
디자인 코어 • Design Corps
딘 프리츠 스타이너 • Dean Fritz Steiner

ㄹ

라 크레츠 크로싱 • La Kretz Crossing
라 플라야 파크 • La Playa Park
라구나 혼다 병원/공원 • Laguna Honda Hospital and Park
라나 자데쓰 • Rana Zadeth

라두스가텐 25 • Radhusgatten 25
라듐 병원 • Radium-hospitalet
라루랄 • La Rural
라스 가비오타스 • Las Gaviotas
라이트 어소시에이츠 • Wraight and Associates
라이트하우스 포 더 블라인드 앤 비저빌러티 임페어드 • Lighthouse for the Blind and Visibility Impaired
랜드스케이프 교체 정책 • Landscape Replacement Policy
런던 나무 주간 • London Tree Week
런던야생생물트러스트 • London Wildlife Trust
레나찬 • Lena Chan
레이비 버드 존슨 야생화 센터 • Lady Bird Johnson Wildfire Center
레이첼 • Rachel
레인트리 • rain tree
로마 프리에타 • Loma Prieta
로버트 L. 시온 • Robert L. Zion
로버트 와일랜드 • Robert Wyland
로버트 자르 • Rober Zarr
로스 파토스 • Los Patos
로스앤젤레스강 활성화 마스터 플랜 • Los Angeles River Revitalization Master Plan
로이킨트 건축사무소 • Rojkind Arquitectos
로저 울리히 • Roger Ulrich
롭 던 • Rob Dunn
롭 매켄지 • Rob MacKenzie
루엘 베르테 • Ruelle Verte
루이스 부누엘 워터파크 • Water Park Luis Bunuel
루이스 설리반 • Louis Sullivan
루츠 오브 투모로우 • Roots of Tomorrow
루트 66 • Route 66
루트롤라 라이프 프로젝트 • Lutreola Life Project
리 브리지 • Lee Bridge

리더스 인 트레이닝 프로그램 • Leaders in Training Program
리버 링 • River Ring
리버사이드 파크 • Riverside Park
리버프론트 공원 • Riverfront Park
리빙 빌딩 챌린지 • Living Building Challenge
리빙 포레스트 • Living Forest
리사이클 힐 • Recycle Hill
리아탄 • Ria Tan
리암 오브라이언 • Liam O'Brien
리앗텡릿 • Liat Teng Lit
리우 식물원 • Rio Botanical Garden
리우데라플라타 • Rio de la Plata
리우자도라 • Rio Zadorra
리차드 M. 데일리 • Richard M. Daley
리차드 루브 • Richard Louv
리차드 리키 • Richard Leakey
리차드 플라센티니 • Richard Placentini
리차드 하셀 • Richard Hassell
리콴유 • Lee Kuan Yew
리킨셍 • Lee Kin Seng
릭 브룩스 • Rick Brooks
린드세이 하이츠 • Lindsay Heights
린든 골목 • Linden Alley
링크파크 동물원 • Lincoln Park Zoo

ㅁ

마가렛 해리슨 • Margarett Harrison
마르셀로 에브라르드 • Marcelo Ebrard
마요라 카터 • Majora Carter
마운트 빅토리아 • Mount Victoria
마운트 수트로 • Mount Sutro

마운트 앨버트 • Mount Albert
마운트 테이버 • Mount Tabor
마운트 테이버에서 강까지 프로그램 • Tabor to the River program
마운트 후드 • Mount Hood
마을부 • Department of Neighborhoods
마이크 놀란 • Mike Nolan
마이클 A. 너터 • Michael A. Nutter
마이클 디플레지 • Michael Depledge
마이클 브라운가르트 • Michael Braungart
마켓 앤 옥타비아 에어리어 계획 • Market and Octavia Area Plan
마크 벡오프 • Marc Bekoff
마크 시몬스 • Mark Simmons
마티상 공원 • Martissant Park
매라달스벡켄강 • Maerradalsbekken River
매트 버린 • Matt Burlin
맥도웰 소노란 보호 위원회 • McDowell Sonoran Preserve Commission
맥도웰 소노란 보호 협회 • McDowell Sonoran Conservancy
맥도웰 소노란 토지 신탁 • McDowell Sonoran Land Trust
맥도웰 소노란 현장팀 • McDowell Sonoran Field Institute
맵피니스 프로젝트 • Mappiness Project
머라이어 글리슨 • Mariah Gleason
메노모니강 • Menomonee River
메리디안 에너지 • Meridian Energy
메트로 • Metro
멕시코 자유꼬리박쥐 • Mexican free-tailed bat
모리시오 맥리 • Mauricio Macri
몬테레이 측백나무 • Monterey cypress
몬테레이 파인 • Monterey pine
몸과 영혼 치유기술센터 • Body and Soul Healing Arts Center
물가의 날 • Water's Edge Day
뮤니시플 개발 플랜 • Municipal Development Plan

뮤니시플 마스터 플랜 • Municipal Master Plan
미국 국립 광학천문대 • National Optical Astronomy Observatory
미국 동물보호센터 • Humane Society of the United States
미국 산림청 • US Forest Service
미국 시장 회의 • USCM: United States Conference of Mayors
미니 공원 프로그램 • Mayor's Pocket Parks
미션 디스트릭트 • Mission District
미스톨우 앤 홀리 • mistletoe and holly
미지형 • microtopography
밀워키 강 그린웨이 연합 • Milwaukee River Greenway Coalition
밀워키 그린웨이 마스터 플랜 • Milwaukee Greenway Master Plan
밀워키 로타리 센테니얼 수목원 • Milwaukee Rotary Centennial Arboretum
밀워키 식량위원회 • Milwaukee Food Council
밀워키 저널 센티널 • Milwaukee Journal Sentinel
밀워키 커뮤니티 세일링 센터 • Milwaukee Community Sailing Center
밀크위즈 포 모나크 • Milkweeds for Monarchs

ㅂ

바바라 브라운 윌슨 • Barbara Brown Wilson
바빌론 • Babylon
바이 아메리카 • Buy America
바이오스캔 • BioSCAN
바이오필릭 시티 네트워크 • Biophilic Cities Network
바이오필릭 시티 인과 경로 모델 • Biophilic City Causal Pathways model
바이오필릭 시티 프로젝트 • Biophilic Cities Project
바이유 그린웨이 이니셔티브 • Bayou Greenways Initiative
바이유 와일더니스 • Bayou Wilderness
밴쿠버 재단 • Vancouver Foundation
버니 크라우스 • Bernie Krause
버드노트 • BirdNote
버밍엄 플로럴 트레일 • Birmingham Floral Trail

버블 플레이그라운드 • bubble playground
버팔로 바이유 생태 지역 • Buffalo Bayou Eco-Region
버팔로 바이유 앤 비욘드 마스터 플랜 • Buffalo Bayou and Beyond Master Plan
버팔로 바이유 • Buffalo Bayou
버팔로 바이유공원 • Buffalo Bayou Park
번트 마운드 • burnt mounds
베니스 윌리엄스 • Venice Williams
베르데강 • Verde River
베스 노르드룬드 • Beth Nordlund
베이 에어리어 퓨마 프로젝트 • Bay Area Puma Project
벨 섬 • Belle Isle
벨리사리오 도밍게즈 병원 • Belisario Dominguez Hospital
보 트롱 니야 • Vo Trong Nghia
보나페티 • Bon Appetit
보리스 존슨 • Boris Johnson
보스코 베르티칼레 • Bosco Verticale
보스턴 하버워크 • Boston Harborwalk
보타닉 가든 • Botanic Gardens
복스 칼새 • Vaux's swift
볼리바르 플랫 • Bolivar Flats
볼티모어 워터프론트 파트너십 • Baltimore Waterfront Partnership
볼티모어의 건강한 항구 이니셔티브 • Baltimore's Healthy Harbor Initiative
부에노스아이레스 녹색 계획 • Plan Buenos Aires Verde
북극 자전거 클럽 • Arctic Bicycle Club
불릿 센터 • Bullitt Center
브라운 아카데미 스쿨 • Brown Academy School
브라운즈 아일랜드 댐 워크 • Brown's Island Dam Walk
브랜든 스펙케터 • Brandon Specketer
브롱크스 • Bronx
브루클린 크릭 바신 • Brooklyn Creek Basin
브리드 • Breathe

브리아나 버그스트롬 • Briana Bergstrom
브리아나 셰이퍼 • Brianna Shaeffer
블랙 컨트리 • Black Country
블루 그린웨이 • Blue Greenway
블루검 유칼립투스 • blue-gum eucalyptus
블루플랜 • Blue Plan
비디갈 • Vidigal
비버 테르 • Vivers Ter
비샨-앙모키오 공원 • Bishan-Ang Mo Kio Park
비아 베르데 • Via Verde
비아버디 • Via Verde
비-코즈 • Bee-Cause
비콘 푸드 포레스트 • Beacon Food Forest
비콘 힐 • Beacon Hill
비토리아 • Vitoria-Gasteiz
비토리아-가스테이스 • Vitoria-Gasteiz
비토리아시 난초 보호 프로젝트 • Orchid Conservation Project in the City of Vitoria-Gasteiz
빅 그린 펀드 • Big Green Fund
빅 띠킷 • Big Thicket
빅 플로트 • Big Float
빅 피셔 • Vic Fisher
빌 맥도너 • Bill McDonough
빌 브라우닝 • Bill Browning
빠크 더 마티상 • Parc de Martissant

ㅅ

사루토제닉 • salutogenic
사무엘 팔레이 광장 • Samuel Paley Plaza
사우스 마운틴 • South Mountain
사우스 브롱크스 • South Bronx

사우스 필리 • South Philly
산림 치료 기지 • Forest Therapy Base
산림위원회 • Forest Commission
살부루아 • Salburua
상상 자연 • symbolic nature=vicarious nature
샌프란시스코 공공수도사업소 • San Francisco Public Utilities Commission(SFPUC)
샌프란시스코 밸리 • San Fernando Valley
샌프란시스코 베이 트레일 • San Francisco Bay Trail
샌프란시스코 유니파이드 스쿨 디스트릭트 • San Francisco Unified School District
샌프란시스코 파크 얼라이언스 • San Francisco Parks Alliance
샌프란시스코 베이 에어리어 • San Francisco Bay Area
생물다양성 가이드 • The Biodiversity Guide
생물다양성 센터 • Center for Biodiversity
생물다양성 전략 및 조치 플랜 • Biodiversity Strategy and Action Plan
생물다양성탐사 • bioblitz
생물중심주의 • biocentrism
생물학적 농업 무역 박람회 • Biological Agriculture Trade Fair
생태 네트워크 접근 방식 • Ecological Network Approach
생태 문해력 • ecoliteracy
생태 복구 구역 • ecological restoration zone
샤이나 스토트 • Shayna Stott
서든 리지스 • Southern Ridges
서튼공원 • Sutton Park
서프라이더재단 • Surfrider Foundation
세계 조류의 날 • World Bird Day
세계 환경의 날 • World Environment Day
세계자연보전기금 • World Wildlife Fund
세리아 웨이드 브라운 • Celia Wade-Brown
세발가락나무늘보 • three-toed sloth
세실리아 헤르조그 • Cecilla Herzog
세인트 어베인 • St. Urbain

세인트루이스 광장로 • Rue du Square St-Louis
세일러 그로브 • Saylor Grove
세일리시해 • Salish Sea
센테나리오 공원 • Centenario Park
센테니얼 트레일 • Centennial Trail
센트럴 루프 • Central Loop
센트럴 프리웨이 • Central Freeway
센트럴파크 지네 • Nannarrup hoffmani
센트룸 • SENTRUM
셈코프 • Sembcorps
션리 니시자와 • Shunri Nishizawa
소공원 프로그램 • Pocket Parks Program
솔라리스 • Solaris
솔라튜브 • Solatube
쇠네베르거 수겔란드 • Schoneberger Sudgelande
수 토마스 • Sue Thomas
수겔란드 자연 공원 • Natur-Park Südgelände
수잔 스티븐스 • Suzanne Stephens
수질 오염 방지법 • Clean Water Act
수퍼트리 • supertree
슈퍼펀드 국가 우선 목록 • Superfund National Priorities List
스윗 워터 오가닉스 • Sweet Water Organics
스카이라이즈 그리너리 어워드 • Skyrise Greenery Awards
스카이라이즈 그리너리 인센티브 계획 • Skyrise Greenery Incentive Scheme
스카이라이즈 그리닝 • Skyrise Greening
스카이라인 워크웨이 • Skyline Walkway
스콧 미라클 그로 • Scotts Miracle-Gro
스태킹 그린 하우스 • Stacking Green House
스탠다드 게이지 철로 • Standard Gauge Railway
스테파노 보에리 • Stefano Boeri
스튜디오 강 • Studio Gang

스트레이츠 타임즈 • Straits Times
스트리트 파크 • Street Parks
스티브 저니 • Steve Journee
스티븐 카플란 • Stephen Kaplan
스티븐 켈러트 • Stephen Kellert
스틸 브리지 • Steel Bridge
스팔딩 재활병원 • Spaulding Rehabilitation Hospital
슬라우 스쿨 • Slough School
승스완 • Sognsvann
시민 과학 참여 프로그램 • Participation Program in Citizen Science
시민 보호 프로젝트 • Citizen Conservation Projects
시스터즈 아일랜드 해양공원 • Sisters' Islands Marine Park
시애틀 공공시설청 • Seattle Public Utility(SPU)
시애틀시 마을계 • City of Seattle's Office of Neighborhoods
시카고 야생 동물 워치 • Chicago Wildlife Watch
시카고 와일더니스 • Chicago Wilderness
시티 생태 공원 • Sitie Ecological Park
시티그린 • CityGreen
신린요쿠 • shinrin-yoku
싱가포르 국립공원위원회 • Singapore National Parks Board
싱가포르 아트스쿨 • Singapore School of Arts
싱가포르 지수 • Singapore Index

ㅇ

아그네스 캣로우 • Agnes Catlow
아닐로 • annillo
아돌프 수트로 • Adolph Sutro
아들러 플라네타륨 주니버스 • Adler Planetarium's Zooniverse
아르멘티아 • Armentia
아르헨티나 자연과학 박물관 • Museo Argentino de Ciencias Naturales
아만다 벡 • Amanda Beck

아일랜드베이 해양 교육센터 • Island Bay Marine Education Center
아조테아 베르데 • Azoteas Verdes
아츠 인터섹션 • Arts Intersection
아케르 브리게 • Aker Brygge
아케르셀바강 • Akerselva
아쿠아 타워 • Aqua Tower
아쿠아 탕기 • Akau Tangi
아키텍트 • Architect
아틀리에 드라이세이틀 • Atelier Dreiseitl
아틀리에 장 노벨 • Ateliers Jean Novel
아티-카피티 • Athi-Kapiti
안드레아 럭키 • Andrea Lucky
안드레아스 비예르케 • Andreas Bjercke
안셀도 브레다 • Anseldo Breda
알나강 • Alna River
알데이 호버 • Alday Jover
알래스카 디스패치 뉴스 • Alaska Dispatch News
알렉산드라 • Alexandra
알렉스 푸이그 • Alex Puig
암트랙 • Amtrak
애그-백스 • ag-bags
애비 아레스티 • Abby Aresty
액션 플랜 오브 아젠다 21 • Action Plan of Agenda 21
액티브, 뷰티풀, 클린 워터 프로그램 • ABCActive, Beautiful, Clean Waters Program
앨리스즈 가든 • Alice's Garden
앰버 하셀브링 • Amber Hasselbring
앳워터 빌리지 • Atwater Village
앵커리지 공원 재단 • Anchorage Park Foundation
앵커리지 산책로 계획 • Anchorage Trails Plan
앵커리지 산책로 이니셔티브 • Anchorage Trails Initiative
야생 동물 통로 공학적 설계 지침 • Wildlife Passage Engineering Design Guidelines

야생동물보존협회 • Wildlife Conservation Society
야생동물보호법 • Wildlife Protection Act
야생법 • Wilderness Act
양봉 견습 프로그램 • Beekeeping Apprenticeship Program
어반 포레스트 플랜 • Urban Forest Plan
어반 홀쭉이로리스 프로젝트 • Urban Slender Loris Project(USLP)
얼터네이티브 20 • Alternative 20
업랜드 링 • Upland Ring
에덴 플레이스 자연 센터 • Eden Place Nature Center
에리히 프롬 • Erich Fromm
에릭 샌더슨 • Eric Sanderson
에릭 쉠버거 • Eric Shamburger
에버니저 하워드 • Ebenezer Howard
에브로강 • Ebro River
에스겔 길레스피 공원 • Ezekiel Gillespie Park
에이미 새비지 • Amy Savage
에코 루프 인센티브 프로그램 • Eco-Roof Incentive Program
에코-디스트릭트 • eco-districts
에코크래프트 홈즈 • EcoCraft Homes
엑스무어 포니 • Exmoor pony
엠베카데로 • Embarcadero
역학과 공동체 건강 저널 • Journal of Epidemiology and Community Health
열대 플라워링 클라임버 • tropical flowering climbers
영국 스포츠 의학 저널 • British Journal of Sports Medicine
오로라 마하신 • Aurora Mahassine
오리컨 코스트 • Oregon Coast
오스틴 지역사회 설계 & 개발 센터 • Austin Community Design and Development Center
오슬로 소음 액션 플랜 • Oslo Noise Action Plan
오슬로 오페라 하우스 • Oslo Opera House
오웬 자카리아세 • Owen Zachariasse
오크퀘스트 • OakQuest

오타리-윌턴 부시 • Otari-Wilton's Bush
오픈레드백 프로젝트 • OpenREDBAG Project
올 트레일즈 챌린지 • All Trails Challenge
올드 체인즈 오브 록 브리지 • Old Chains of Rock Bridge
올라리주 마켓 가든 • Market Gardens of Olarizu
올라리주 보태니컬 가든 • Olarizu Botanical Garden
올라리주 • Olarizu
옴스테드 브라더스 • Olmsted brothers
옹 삼림 보호구역 • Ngong Forest Sanctuary
옹문숨 • Wong Mun Summ
와이탕기공원 • Waitangi Park
와일드 싱가포르 • Wild Singapore
와일드 인디고 자연 탐험 • Wild Indigo Nature Explorations
와일드우드 트레일 • Wildwood Trail
와일랜드 재단 • Wyland Foundation
왕립조류보호협회 • Royal Society for the Protection of Birds
외부 그린벨트 • External Green Belt
우드랜드 트러스트 • The Woodland Trust
우라테 마켓 가든 • Market Gardens of Urarte
우르카 • Urca
워싱턴 파크 • Washington Park
워터뷰 디스트릭트 • WaterView District
원 노스 커뮤니티 코트야드 • One North Community Courtyard
원 센트럴 파크 • One Central Park
월리스 J. 니콜스 • Wallace J. Nichols
웨스턴타이거제비꼬리나비 • Western Tiger Swallowtails
웨스트 윈드 • West Wind
웨이드 브라운 • Wade-Brown
웰 빌딩 스탠다드 • WELL Building Standard
웰링턴 해양 보존국 • Wellington Marine Conservation Trust
위기종 목록 • Endangered Species List

윈드 스컬프처 워크 • Wind Sculpture Walk
윌 앨런 • Will Allen
윌래밋 유역 환경 프로그램 • Willamette Watershed Environmental Program
윌래밋강 아틀라스 • Willamette River Atlas
윌래밋강 • Willamette River
윌리안 펜 • Willian Penn
윌리엄 맥도너+파트너스 • William McDonough + Partners
윌리엄 맥도너 • William McDonough
유디트 히어와겐 • Judith Heerwagen
유럽녹색수도 • European Green Capital
유럽생태네트워크 • European Ecological Network Natura
유스 웍스 밀워키 • Youth Works Milwaukee
윤리적으로 동물을 대하는 사람들 • People for the Ethical Treatment of Animals (PETA)
응텡퐁 종합병원 • NTFGHNg Teng Fong General Hospital
이나키 알데이 • Inaki Alday
이미지네이처 스테이션 • ImagiNature Stations
이미진 오스틴 • Imagine Austin
이본 린치 • Yvonne Lynch
이스트뱅크 에스플러네이드 • Eastbank Esplanade
이안 맥하그 • Ian McHarg
익스플로러토리엄 • Exploratorium
인근 환경 교육 프로젝트 • Neighborhood Environmental Education Project
인도 야생생물 협회 • Wildlife Institute of India
인디고고 • Indiegogo
인민행동당 • People's Action Party
인스피라타이후이스 • Inspiratiehuis
인터내셔널 하이라이즈 어워드 • International High Rise Award
인터와인 얼라이언스 • Intertwine Alliance
인핸싱 더 헤일로 • Enhancing the Halo
일리노이 제왕나비 라이브 • Illinois MonarchLIVE

잉그리드 뉴커크 • Ingrid Newkirk

ㅈ

자가 보고 • self-reported
자나 소더런드 • Jana Soderlund
자도라강 • River Zadorra
자라 맥도날드 • Zara McDonald
자라고사 • Zaragoza
자발가나 • Zabalgana
자비에르 모라토 • Javier Morato
자연 개선 구역 • Natural Improvement Zones
자연 건강 개선 구역 • Natural Health Improvement Zones
자연 피라미드 • Nature Pyramid
자연지역기금 • Natural Areas Bond
잔느 강 • Jeanne Gang
잠자리 보호 프로젝트 • Odonata Conservation Project
재클린 크레이머 • Jacqueline Cramer
적응형 팔레트 • Adaptive Palettes
정원 도시 • Garden City
정원 속 도시 • City in a Garden
제니 로 • Jenny Roe
제왕나비 번식과 감시 • Monarch Propagation and Monitoring
제인 라우 • Jane Rau
제인 마틴 • Jane Martin
제임스 헤일즈 • James Hales
제임스강 • James River
제임스강 리버프론트 플랜 • James River Riverfront Plan
젬 • Jem
조 코트 • Joe Kott
조나단 로즈 컴퍼니 • Jonathan Rose Companies
조류 안전 건물 표준 • Standards for Bird-Safe Buildings

조류 친화 모니터 인증 • Certified Bird-Friendly Monitors
조류 친화 인증서 • Certified Bird-Friendly
조망-은신 이론 • Prospect-Refuge Theory
조세 담보 금융 • Tax Increment Financing(TIF)
조지아 해협 연맹 • Georgia Strait Alliance
존 노퀴스트 • John Norquist
존 마즐루프 • John Marzluff
주기악 개 썰매 모는 사람 협회 • Chugiak Dog Mushers Association
주의 회복 이론 • Attention Restoration Theory(ART)
주황색가슴 흑색큰부리새 • channel-billed toucan
줄리아 트리만 • Julia Triman
줄리안 아빌 공원 • Julian Abele Parks
중요한 자연 자원 구역 관리 계획 • Significant Natural Resource Areas Management Plan
지구의 날 • Earth Day
지속가능 우수 관리 프로그램 • Sustainable Stormwater Management Program
지역 보호 전략 • The Regional Conservation Strategy
지역 사회 지원 농업 • Community Supported Agriculture
직접 자연 • direct nature
질란디아 신탁 위원회 • Zealandia Trust Board
질란디아 • Zealandia

ㅊ

차풀테펙 애비뉴 • Chapultepec Avenue
찰스 다우러티 • Charles Daugherty
참여자 행위 연구 • participatory action research
챠오위안 공원 • Qiaoyuan Park
청계천 복원 프로젝트 • Cheonggyecheon Stream Restoration Project
청두 기획국 • Chengdu Planning Bureau
체사피크만 재단 • Chesapeake Bay Foundation
첵자와 • Chek Jawa

칠드런즈 포레스트 • Children's Forest

ㅋ

카로리 야생 보호구역 • Karori Wildlife Sanctuary
카로리 • Karori
카를로 피다니 필 지역 암센터 • Carlo Fidani Peel Regional Cancer Center
카를로스 테이 식물원 • Jardin Botanico Carlos Thays
카를로스 테이 • Carlos Thays
카밀라 폭스 • Camilla Fox
카베리 카 굽타 • Kaberi Kar Gupta
카카 • kaka
카푸르파지 • Kapur Paji
칼라 존스 • Carla Jones
칼랑강 • Kallang River
캐서린 베르너 • Catherine Werner
캐스트아이언 디스트릭트 • Cast Iron District
캐슬린 울프 • Kathleen Wolf
캐틀린 가벨 스쿨 • Catlin Gabel School
캔댄스 실비 • Candance Silvey
캔들스틱 포인트 • Candlestick Point
캘리포니아 과학 아카데미 • California Academy of Sciences
캣 어웨어 • CAT Aware
커뮤니티 가든 • community garden
커뮤니티 인 블룸 • Community in Bloom
커뮤니티 챌린지 그랜트 프로그램 • Community Challenge Grant program
커틴대학교 지속가능성 정책단 • Curtin University Sustainability Policy Institute
컬럼비아 슬라우 레가타 • Columbia Slough Regatta
컬럼비아 슬라우 유역 위원회 • Columbia Slough Watershed Council
컬럼비아 협곡 • Columbia Gorge
컬럼비아강 • Columbia River
케냐 야생 생물 협회 • Kenya Wildlife Society

케냐 제조업체 협회 • Kenya Association of Manufactures
케이트 E. 리 • Kate E. Lee
케이티 라이언 • Catie Ryan
케이프 플로라 지역 • Cape Flora Region
켄양 • Ken Yeang
켈트너 • Keltner
코르코바도산 • Corcovado mountain
코스타네라 노르테 • Costanera Norte
코스타네라 수르 생태 보호 구역 • Costanera Sur Ecological Reserves
코스트 버크위드 • coast buckweed
코어 포 에듀케이션 아웃사이더 • Corps for Education Outside
코요테 프로젝트 • Project Coyote
콘 슬로보치코프 • Con Slobodchikoff
콜로니얼 놉 • Colonial Knob
콜론 공원 • Colon Park
콜린스가 • Collins Street
콩그레스 애비뉴 브릿지 • Congress Avenue Bridge
쿠텍푸아트병원 • Khoo Tech Puat Hospital(KTPH)
쿡폭스 아키텍츠 • COOKFOX Architects
크레딧 밸리 병원 • Credit Valley Hospital
크루키드 네스트 • Crooked Nest
크리스토퍼 호손 • Christopher Hawthorne
크리시 필드 • Crissy Field
큰도마뱀 • tuatara
클라이미트 센트럴 • Climate Central
키베라 • Kibera
키스 티드볼 • Keith Tidball
키위 • kiwi
킥스타터 • Kickstarter

ㅌ

타냐 덴클라-콥 • Tanya Denckla-Cobb
타바칼레라 공원 • Parc de la Tabacalera
타운벨트 • Town Belt
타이 패로우 • Tye Farrow
타이거 온 마켓 • Tigers on Market
타푸테랑가 해양 보호구역 • Taputeranga Marine Reserve
태너 스프링스 파크 • Tanner Springs Park
태너 크릭강 • Tanner Creek River
테드폴 테일즈 프로그램 • Tadpole Tales program
테라고나 • Terragona
테라핀 브라이트 그린 • Terrapin Bright Green
테크노바이오필리아 • technobiophilia
텍사스대학교-오스틴캠퍼스 • University of Texas-Austin
템펠호프 • Tempelhof
토니 놀스 해안 산책로 • Tony Knowles Coastal Trail
토드 볼 • Todd Bol
토론토 국유림 • Tonto National Forest
톰 맥콜 • Tom McCall
톰 바렛 • Tom Barrett
투렌스케이프 • Turenscape
투이 • tui
툴롱 • Tualong
트랜스베이 트랜짓 센터 • Transbay Transit Center
트리니티 보텀랜드 • Trinity Bottomlands
트리즈 포 시티즈 • Trees for Cities
트리필리 • TreePhilly
트릴하 트랜스카리오카 • Trilha TransCarioca
트윈픽스 생태구역공원 • Twin Peaks Bioregional Park
티주카 국립공원 • Tijuca National Park

ㅍ

파라그 카나 • Parag Khanna
파올로 솔레리 • Paolo Soleri
파이프라인 워크 • Pipeline Walk
파크 암 글라이스드라이에크 • Park am Gleisdreieck
파크 웨스트 프리웨이 • Park West Freeway
파크 커넥터 네트워크 • Park Connector Network
파크로얄 온 피커링 호텔 • PARKROYAL on Pickering hotel
파투마 에마드 • Fatuma Emmad
판다곰 연구 및 번식 센터 • Research base of Giant Panda Breeding
팔라우 우빈 • Palau Ubin
팔레르모 공원 • Parque Palermo
팔레이공원 • Paley Park
패트릭 블랑 • Patrick Blanc
퍼머컬처 • permaculture
퍼스 • Perth
퍼시픽 가스 전기 • Pacific Gas and Electric
퍼시픽 플라이웨이 • Pacific Flyway
퍼킨스 앤 윌 • Perkins and Will
펄 디스트릭트 • Pearl District
페드로 메네즈 • Pedro Menezes
펠리페 카릴로 푸에르토초등학교 • Felipe Carillo Puerto primary school
포레스트 공원 • Forest Park
포레스트 캐노피 • forest conopy
포레스트 파크 마라톤 • Forest Park Marathon
포린폴리시 • Foreign Policy
포틀랜드 오듀본 협회 • Portland Audubon Society
포틀랜드 포레스트 파크 • Portland's Forest Park
폭스 베이케이션즈 • Fox Vacations
폰디 시장 • Fondy market
폰타 도 피카오 • Ponta do Picao

풀러 공원 • Fuller Park
풍홍위엔 • Poon Hong Yuen
프랜시스 슬레이 • Francis Slay
프레더릭 로 옴스테드 • Frederick Law Olmsted
프레시디오 트러스트 • Presidio Trust
프레시디오 • Presidio
프렌즈 오브 더 로스엔젤레스강 • Friends of the LA River
프렌즈 오브 더 어반 포레스트 • Friends of the Urban Forest
프로기상 • Proggy Award
프리맨틀 • Fremantle
플라워 가든 • Flower Garden
플란 베르데 • Plan Verde
플리즈 터치 가든 • Please Touch Garden
피에르 안드레 마틴 • Pierre Andre Martin
피오르드 도시 플랜 • Fjord City Plan
피크닉 섬 • Picnic Island
피터 뉴먼 • Peter Newman
피터 브라스토 • Peter Brastow
피패치 얼랏먼트 정원 • P-patch allotment garden
필 대드선 • Phil Dadson
필 포시스 • Phil Forsyth
필드핸즈 앤 푸드웨이즈 프로젝트 • Fieldhands and Foodways Project
필라델피아 수도국 • Philadelpha Water Department(PWD)
필리 오차드 프로젝트 • Philly Orchard Project
핍스 식물원/보태니걸 정원 • Phipps Conservatory and Botanical Gardens
핍스 하우스 • Phipps Houses

ㅎ

하그리브스 어소시에이츠 • Hargreaves Associates
하버드라이브 고속도로 • Harbor Drive Highway
하버워크 • HarborWalk

하우스비스코겐 • Husebyskogen
하이 라인 파크 • High Line Park
하이트 • Haidt
항구 물레바퀴 • Harbor Water Wheel
해리슨 디자인 • Harrison Design
해리엇 제임슨 • Harriett Jameson
해비타일 • Habitile
해안녹색부전나비 • coastal green hairstreak
해청마흔그룹 • Heschong Mahone Group
핸더슨 웨이브 • Henderson Waves
햄스테드 히스 • Hampstead Heath
허버트 드라이세이틀 • Herbert Dreiseitl
허버트 수콥 • Herbert Sukopp
헤이즈 밸리 팜 • Hayes Valley Farm
헬시 코너 스토어 • Healthy Corner Store
호세 듀플레시스 • Josee Duplessis
호세 엔젤 쿠에르다 • Jose Angel Cuerda
호손 공원 • Hawthorne Park
호손 브리지 • Hawthorne Bridge
호트파크 • HortPark
홀쭉이로리스 • Loris tardigradus
환경 건강 클리닉 • Environmental Health Clinic
환경 공공 장소 관리부 • Department of Environment and Public Space
환경 부문 협의회 • Environment Sector Council
환경 지속가능성 기획단 • Office of Environmental Sustainability
환경국 • Bureau of Environmental Services
환경보호국 • Environmental Protection Agency
환경부 • Environment Department
회색머리날여우박쥐 • gray-headed flying fox
휴대용 뇌파 검사 • electroencephalography(EEG)
휴먼 액세스 프로젝트 • Human Access Project

휴스턴 와일더니스 • Houston Wilderness
히어로 모토코프 • Hero MotoCorp
힐러리 디타 비어드 • Hilary Dita Beard
힐리 패밀리 센터 • Healy Family Center

숫자

158 세실 스트리트 158 • Cecil Street
300 라파예트 •300 Lafayette
5월 광장 • Mayo plaza

영어

ALGG • All London Green Grid
ASOP • Audubon Society of Portland
BETA • Biophilia Enhanced Through Art
BUGS 이니셔티브 • Biodiversity in Urban Gardens Initiative
C2C • Cradle to Cradle
CBI • City Biodiversity Index
CEA • Center for Environmental Studies
CMBI • Comprehensive Marine Biodiversity Inventory
COTA • City of Toronto Act
CSL • Center for Sustainable Landscapes
CUGE • Centre for Urban Greening and Ecology
E. O. 윌슨 • E. O. Wilson
FUF • Friends of the Urban Forest
GARP • Greened Acre Retrofit Program
GLA • Greater London Authority
HERD 저널 • Health Environments Research and Design Journal
ICF • Institute of Chartered Foresters
LA 자연역사박물관 • Los Angeles Natural History Museum
LEED • Leadership in Energy and Environmental Design

POP • Philadelphia Orchard Project
SAA 아키텍츠 • SAA Architects
SEED • Sustainable Education Every Day
SITES • Sustainable Sites Initiative
SMIP • Stormwater Management Incentive Program
SPES • Stanley Park Ecology Society
SSBX • Sustainable South Bronx

'바이오필릭 시티: 자연과 인간이 공존하는 지속가능한 도시'는
와디즈 크라우드펀딩 서포터 분들의 참여로 출간되었습니다.

강인묵 고현석 김동언 김민균 김민정 김백진
김성민 김영웅 김응천 김재정 김정섭 김정은
김종호 김진성 김태중 김태훈 김형진 김혜윤
박강현 박기태 박상우 박상철 박준일 박해원
박형재 송지나 안준용 유경아 유영민 유진
윤동건 윤성민 이기배 이민찬 이상민 이순영
이종원 이준성 이지수 이찬이 이태겸 이태현
이형석 이호성 정용우 정창윤 조태민 최민희
최주성 피종철 현성호 황윤상

책 판매를 통한 차밍시티의 순수익 10%는
도시의 문제 해결을 위해 기부됩니다.

2019년 3월 와디즈 크라우드펀딩을 통해 진행한
첫 번째 차밍시티의 출판물 <싱가포르의 기적>의 수익 일부는
지파운데이션을 통해 2019년 12월 쪽방촌 어른신께 후원 되었습니다.

바이오필릭 시티